해조의 화학과 이용

이종수

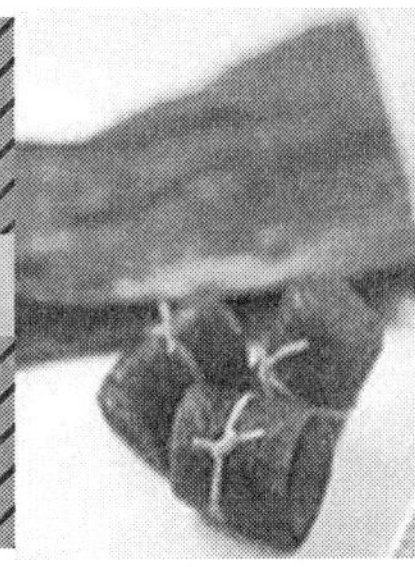

도서출판 효 일
www.hyoilbooks.com

머리말

해조류는 역사적으로도 오래 전부터 인류가 식용이나 산업용으로 다양하게 이용하여 왔다. 특히, 우리나라에서 갈조류의 하나인 미역은 우리가 태어나면서부터 어머니가 섭취한 미역국을 통하여 우리 몸의 영양을 공급해 준 첫 식품으로서 의미도 크다. 일반적으로 해조류하면 우리가 자주 시장에서 볼 수 있고 먹는 김, 미역, 다시마 정도로만 생각하고 크게 관심을 두지 않아왔다. 수산물과 관련한 서적에서도 어패류가 중심이 되어 있으며 해조류는 그 일부분으로만 소개되고 있다.

그러나, 최근 들어 건강이나 웰빙에 관심이 높아지면서 해조류의 다양한 기능성, 생리활성이 주목을 끌고 있다. 또한, 종의 다양성이나 자원의 풍부함, 재생산이 가능한 바이오 매스로서 미래의 식량 자원, 에너지 자원으로서도 기대되는 바가 클 뿐 아니라 해조류의 광합성에 의한 지구 온난화 방지에도 크게 기여할 것으로 생각된다.

그동안 저자는 해조류의 과학에 관련한 강의와 연구를 해 오면서 해조류의 중요성을 절감하였으며, 해조류에 관련한 전문서적이 필요함을 절실히 느껴 오던 중 수년간의 강의 내용과 자료들, 외국의 문헌 등을 정리하여 이 책을 발간하게 되었다.

해조류의 화학 성분이나 이용 등에 관하여 전공을 하는 학생이나 초보자들도 이해하기 쉽도록 각 분야별로 나누어 설명하였으며, 부록에는 해조류의 학명과 한국명, 일본어명, 영어명을 찾아볼 수 있도록 학명 및 명칭 대조표와 아울러 간단한 해조 표본 만드는 방법도 설명하여 두어 많은 참고가 될 것으로 기대한다.

그러나, 내용 중에는 부족한 부분도 많이 있을 것으로 생각되어 금후, 새로운 자료나 내용을 보완하여 나갈 계획이다.

2008년 7월

저 자 이 종 수 씀

CONTENTS

CONTENTS

CONTENTS

CONTENTS

CONTENTS

CONTENTS

CONTENTS

CONTENTS

CONTENTS

CONTENTS

CHAPTER

01 해조의 종류

CHAPTER 01

해조의 종류

1 해조류의 정의

일반적으로 해조류는 바다에 생육하고 육안으로 관찰할 수 있는 크기가 큰 다세포성 원생생물로 녹조류(green algae), 갈조류(brown algae), 그리고 홍조류(red algae)를 말한다. 갈조류와 홍조류는 오로지 바다에서만 생육하지만 녹조류의 경우 전체 종수에서 해산 종이 차지하는 비율은 약 13.8%로 대부분이 담수종이다. 해조류를 넓은 의미로 보면, 현미경적인 미세한 크기의 남조식물의 남조류(blue-green algae), 황갈조식물의 규조류(diatom), 황적조식물의 와편모조류(dinoflagellate)도 포함한다. 이들 세 가지 조류 중 와편모조류는 대부분 바다에 서식하고 규조류는 해양과 담수에서 거의 비슷하게 나타나며, 남조류는 해수, 담수, 공기, 온천, 사막 같은 극한환경에서도 생존하여 지구의 어디서든 나타난다.

또한, 해조류는 영양체의 생활기간에 따라 일년생과 다년생 해조류로 나눈다. 일년생 해조류는 단순한 세포분열에 의하여 개체가 증식하는 단세포체로 시작하여 다세포체 또는 영양체가 1년에 한번씩 주기적으로 나타나며, 일년 동안에 한 세대 또는 여러 세대가 나타나는 조류로서 김, 미역, 줄파래, 참모자반, 괭생이모자반 등이 있다. 다년생 해조류는 다세포 조직으로 된 영양체가 일년 이상 생육하는 것으로 영양체의 직립부(erect part)는 포자를 방출한 후 고사하나 부착기(holdfast)는 남아

그곳에서 새싹을 내는 풀가사리, 톳, 진두발이 있으며 직립부의 하부가 수 년간 남고 상부만 탈락되어 새로운 엽상부를 만드는 감태, 다시마, 대황 등이 있으며, 생식세포를 방출하면 다소 쇠퇴하지만 그래도 적립부의 대부분이 그대로 남아서 계속 생장하며 생식세포를 만드는 우뭇가사리 등이 있다. 이들 대부분은 생활사에서 단세포의 포자 혹은 접합자의 형태로 유생시기를 가진다.

1) 해조류의 발생

30억년 전에 해양이 생겨났다고 하는 설이 있으며, 그 후 수억년 뒤에 처음으로 생명을 가진 단세포 생물이 생기고, 이어서 무척추 동물이 탄생하였으며, 그 후에 해조가 출현하였다고 알려지고 있다. 10억년 전이 되어서 해조의 일종인 collenia가 번성하게 되었다.

현재 알려지고 있는 세계 최고의 오래된 화석은 1940년 아프리카의 South Rhodesia에서 발견한 해조로 추정되는 것으로부터의 분비물로 석회질로 되어있다. 실제로 해조가 화석이 되어 남아 있는 것으로 가장 오래된 것은 러시아의 Kola 반도에서 발견된 것으로서 변성암이 생성된 후, 그 위에 퇴적한 수성암 속에 해조와 비슷한 것이 많으며, 이는 일종의 녹조류와 유사하다고 한다. 이들을 함유한 지층은 지금부터 17억~18억년전에 생성된 것이다. Collenia가 화석화한 것은 우리나라 황해도의 상원 등에서 발견된 화석에서도 볼 수 있는데, 이는 약 10억년전 선캄브리아기 말기에 번성했던 collenia로서 현재는 멸종되어 볼 수 없는 종이다.

6억 년 전이 되어서는 해조류의 증가와 더불어 이매패류나 권패류등이 발생한 것으로 보인다. 그후, 천만년전이 되면서는 현재의 한반도, 일본 열도의 골격이 형성되고 주변의 바다에는 한류나 난류로부터 흘러온 포자에 의해 해조류가 나타나게 되었다. 200만년전이 되어서는 인간이 지구상에 출현하게 되고 우리나라에도 구석기시대와 1만년전에는 신석기 시대를 거치면서 주거 문화에서 패류와 해조류를 채취하는 어로생활하였던 것을 패총이나 이탄 등의 유물로부터 추측할 수 있다. 원시인들은 해조나 그 주변에 서식하는 패류를 채취하여 생으로 먹거나 건조하여 이용하였을 것으로 추정된다. 지금까지 발견된 여러 곳의 패총에서는 다양한 종류의 조개류들의 껍질이 발견되었으나, 해조류들은 부패하기 쉬워 이용한 흔적을 찾기가 쉽지 않다.

2) 해조와 해초

일반적으로 바다에는 해조(海藻)와 해초(海草)가 서식하고 있다. 이들은 모두 수산식물이지만 구별하여 생각하지 않으면 안된다. 종종 틀리게 사용하는 경우가 있다. 즉, 해조는 sea algae, sea weed 또는 marine algae로, 해초는 sea grass라고 하지만 해조는 육상 식물처럼 뿌리, 줄기, 잎으로 명확하게 분화하지 않은 것으로 전체를 엽상체((thallus)라고 한다.

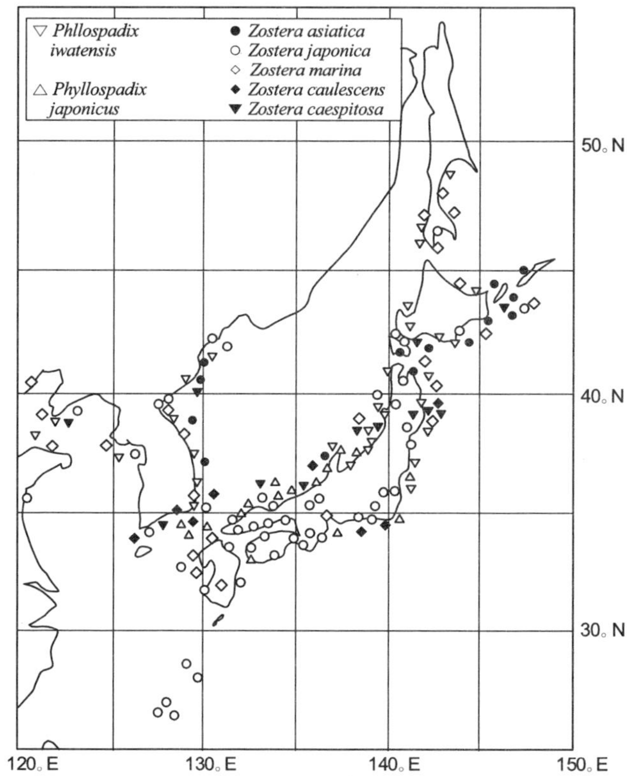

그림 1.1 우리나라와 일본 근해의 주요 해초 7종의 분포

그러나, 해초는 해산 현화식물(phanerogam)을 의미하며 잎, 줄기, 뿌리가 명확하게 구분되는 것이 해조와 다르다. 해초는 꽃이 피지만 육상식물처럼 화려하지 않으며, 육상식물과 마찬가지로 씨앗이 발아하여 즉시 차세대의 식물체로 성장한다. 해초의 대표적인 종은 세계적으로 공통인 잘피가 있다. 잘피(sea grass)는 해초, 혹은 거머리말로 불리며, 바닷물에 적응되어 살고 있는 고등 현화식물로서 잎, 줄기

뿌리 조직이 뚜렷하게 구분되어 해조류와는 구별된다. 전 세계적으로 약 50~60 여 종의 해초가 거의 모든 해안에 분포하고 있고 해안과 하구 생태계에 매우 중요한 역할을 한다. 우리나라 연안에 서식하는 잘피는 거머리말속 5종(거머리말, *Zostera marina*, 왕거머리말, *Z. asiatica*, 포기거머리말, *Z. caespitosa* 수거머리말, *Z. caulescens*, 애기거머리말, *Z. japonica*)과 새우말(*Phyllospadix Iwatensis*), 게바다말(*P. japonicus*), 줄말(*Runia maritima*)의 8종이 서식하는 것으로 나타났다.

우리나라 연안에 서식하는 종은 크게 거머리말로 불리는 잘피와 말잘피로 크게 나누는데 잘피는 남해안과 서해안의 갯벌에 분포하며 큰 뿌리를 가지고 있고, 말잘피는 동해안의 바위 암반에 부착하며 잔뿌리가 많다. 말잘피는 갈고리 형태의 씨앗 형태를 보이는데 이는 바위암반에 부착하기 위한 하나의 기작으로 보인다.

유럽에서는 잎이 뱀장어를 닮았다고 하여 eel grass라고도 부른다. 이들은 내만의 사니질에 서식하며 이러한 곳은 열대 우림이나 열대 초원에 필적할 만한 생산력을 가지고 있다. 이들 군락은 높은 생산력을 가진 부생 식물연쇄에 있어서 물질순환의 기반으로서 역할 뿐 아니라 잘피장이라 하여 물고기들의 먹이가 되는 생물들이 많이 서식하기 때문에 어민들이 귀하게 보호하고 있는 곳이다. 이곳은 연안 생태계를 유지하기 위해서도 중요한 장소이다.

그림 1.1에는 주요한 해초의 분포를, 표 1.1에는 우리나라 근해에서 볼 수 있는 해초의 종류를 나타내었다. 이들 중, 비교적 널리 알려져 있는 것이 말잘피류와 잘피류로서 말잘피류는 주로 암초지대에, 잘피류는 저질이 주로 모래나 뻘흙인 곳에 군생한다. 택지조성 등을 위하여 바다를 매립할 경우, 강우에 의하여 많은 량의 토사가 바다에 유입되어 그곳의 저질이 모래나 뻘흙으로 덮이면 이제까지 볼 수 없었던 잘피류가 재빨리 번식하기 시작하며 때로는 어선의 스크류에 감겨 어업자들에게 피해를 주기도 할 뿐 아니라 수영을 하는 해수욕객에게도 불쾌감을 주기도 한다.

표 1.1 우리나라 부근의 해초

학명	한국명	종류수	분포역
Hydrocharitaceae			
Enhalus		1	
E. acoroides			열대~아열대
Thalassia		1	
T. hemprichii			열대~아열대
Halophil		2	
H. ovalis			열대~온대
H. decipiens			열대~아열대
Zosteraceae			
Zostera	거머리말속	5	
Z. marina	거머리말		온대
Z. asiatica	왕거머리말		온대~아한대
Z. caulescens			온대
Z. caespitosa	포기거머리말		온대~아한대
Z. japonica	수거머리말		열대~아한대
Phyllospadix		2	
P. iwatensis	새우바다말		온대~아한대
P. japonicus	게바다말		온대
Cymodoceaceae			
Cymodocea		2	
C. rotundata			열대~아열대
C. serrulata			열대~아열대
Halodule		2	
H. uninervis			열대~아열대
H. pinifolia			열대~아열대
Sylingodium		1	
S. isoetiferium			열대~아열대

3) 해초의 이용

해초는 창포와 비슷한 좁고 넓은 줄기와 잎을 가지며 어느 것이나 섬유다발이 발달해 있어 섬유질이 풍부하여 이런 면에서 여러 가지로 이용되어 왔다. 오래전에는 잘피류를 6~7월 경 채취하여 적당한 곳에 쌓아 두고 부패시켜 논밭에 비료로 쓰거나, 말린 것을 불에 태워 그 재로부터 잿물을 만들어 사용하였다고 한다. 또, 북부 유럽에서는 짚을 넣어 만드는 담요에 짚 대신으로 사용하였으며 Alga vitrarium이라고 하여 잘 깨어지는 물건을 포장할 때 충진물로도 이용하였다고 한다. 잘피류는 일부 지방에서는 건조한 것을 엮어서 말의 등에 비치는 햇볕 가리개로서도 이용하였다. 이런 조잡한 것들을 만들 때는 해초를 바닷가에서 적당히 말린 것을 사용하지만, 좀 더 고급품의 경우는 철분을 함유한 뻘흙 속에서 며칠동안 묻어 두었다가 씻어서 말려 칠기와 같은 색깔로 변하고 광택이 있는 것을 사용하였다고 한다. 이들을 온천에 삶아서 건조처리 한 것을 짚으로 엮어 짠 모자에 도롱이의 주저리처럼 끼워두면 비바람도 새지 않고 오래 견딜 수 있는 모자를 만들 수 있었다고 한다. 현재는 민예품 정도로 이용되는 정도이다. 현재와 같은 섬유류가 없었고 또, 해초의 희소가치가 높지 않았던 시대에는 해초를 채취하여 얼마든지 여러 가지로 이용하는 것이 가능하였다고 생각한다.

4) 해산 포유동물의 주된 먹이가 되는 해초

듀공(dugong)이라는 해수는 초식성으로서 잘피가 주된 먹이이다. 일본 오키나와에서 포획되는 듀공의 위 내용물을 보면 해초의 줄기와 뿌리가 거의 전부이다. 또, 호주 북부의 Arafura해에서 포획된 것의 위 내용물은 해초의 줄기가 주체로서 홍조류의 진두발(*Chondrus ocellatus*)도 있다고 하며, 석회조류도 섭취하는 것으로 추정된다. 또한 위에서 어류나 해삼류도 관찰되었고, 수족관에서 사육시 청각이나 꼬시래기를 급이시에도 섭취하며, 호주에서 태풍으로 인하여 해초가 없어졌을 당시에는 모자반류도 섭취하였다는 보고도 있다. 그러나 이와 같은 일들은 해초가 없을 때의 일이며, 본질적으로는 듀공은 해초를 즐겨 편식하는 동물이라고 할 수 있다. 일본 오키나와에서는 해인초를 먹기 때문에 듀공을 불로장수에 효능이 있다고 여겨 밀렵이 끊이지 않았다고 한다.

동일한 포유류로서 매너티(Manatee)라는 해수도 초식성이며 성체는 체장 3~4m, 체중 500kg에 달하는 대형의 비만체로 하루 약 20kg, 년간 8톤에 달하는 수초를 먹이로 섭취한다. 포유동물류는 대체로 두꺼운 피하지방을 갖고 있는데 매너티의 경우도 3cm 전후의 두꺼운 지방층을 피하에 가지고 있다. 수족관에서 사육하는 경우는 해초 이외에 상치나 시금치, 당근을 주기도 한다.

5) 해초의 보호

최근 환경 파괴로 인하여 지구의 미래에 대한 우려의 목소리가 높아지고 있으며, 특히, 산호초의 파괴 등 해양 환경이 갈수록 악화되고 있다. 앞서 언급한 바와 같이 해초는 단순히 해수들의 먹이에 지나는 것이 아니라 각종 바다 생물들이 자라고 성장하는 생활의 터전을 제공하고 있어 생태계에서의 비중이 매우 높다. 우리나라의 동해안과 남해안 일부에서 백화 현상의 증가로 인하여 1차적으로 광합성 식물인 해초가 사라지고 황폐화되는 안타까운 실정에 있다. 바다를 터전으로 하여 살아가는 어민들 뿐 아니라 우리 모두가 이와 같은 바다의 소중함을 느끼고 좀 더 많은 관심과 정책으로 해초의 복원을 통한 환경 보호에 더욱 힘써야 할 것이다.

6) 해조와 육상식물

모든 생명은 바다에서 탄생되었고 약 4억 5천만년 전까지 지구상의 모든 식물이 바다에 살았다고 추측된다. 그 후 4억년 동안 선태, 양치, 나자식물 및 현화식물과 같은 다양한 육상 식물로 진화하였다. 해양식물이 육지로 진출하게 된 것은 그들의 형태와 생식 방법이 발달하면서 물에 대한 의존도가 차츰 줄어들었기 때문으로 설명된다. 오늘날 선태, 양치 및 나자 식물 중에서 바다에 서식하는 종은 단 한 종도 보고되지 않았으며, 20만종 이상 진화하여 거의 모든 육상과 담수 서식처에 적응한 피자식물에서조차도 이러한 종을 찾아볼 수 없다. 단지 잘피류의 한 집단만이 진정한 해산식물이다. 따라서 바다는 고생대 데본기 이전부터 현재까지 조류 영역으로 남아 있다.

육상식물은 해양식물, 특히 녹조류에서 진화한 것으로 학자들은 추정한다. 수생식물이 육지로 진출하기 위해서는 엄청난 변화를 겪게 된다. 그 중에서 한가지가 대기 중에서 발생하는 수분 손실을 방지하기 위해 육상식물은 대기중에 노출되는 줄기와 잎에 큐티클(cuticle)층을 형성해야 한다. 또한 해조류와는 달리 육상식물은 공기가 몸을 지탱해 주지 못하므로 스스로 몸을 지지할 수 있는 구조를 만들어야 하고 육상부와 지상부로 나뉘므로 물과 영양분을 뿌리에서 잎으로 이동시킬 수 있어야 하며 잎에서 만든 당을 식물 전역에 공급할 수 있는 물관과 체관과 같은 관다발계를 만들어야 한다. 해조류는 물속에서 생존하기 때문에 배우자나 자손이 멀리 퍼지는 동안에도 수분이 있는 상태로 유지되므로 나출된 포자를 방출하지만, 육상식물은 배우자나 발생중인 배(embryo)가 건조해지지 않도록 하는 배우자 주머니를 생성해야 한다. 이처럼 수생식물이 육상식물이 되기까지는 다양한 진화과정을 거쳐야 했다.

해조류는 뿌리, 줄기, 잎의 구분이 없고, 대부분의 조체(thallus)가 부드럽고 잎 모양이나 띠 모양을 하고 있지만, 모자반과 같은 일부 해조는 조체가 딱딱하고 그 모양도 마치 뿌리, 줄기, 잎이라고 할 정도로 특수하게 분화되어 있다. 그 외부 형태가 어떻든 간에, 이들은 내부조직에서도 물이나 영양을 체내로 이동시키는 물관이나 체관조직이 없다. 뿌리처럼 보이는 부착기는 조체를 단단한 물체에 고정시키는 역할만 하고, 외형상 줄기나 잎과 같은 부분도 몸의 표면에서 직접 해수 중의 영양분을 흡수하고 빛에너지를 이용하여 녹말을 만든다. 해조류는 물의 흐름에 따라 흔들리기 때문에 육상식물과는 달리 몸의 지탱에 필요한 기계조직이 필요없다.

육상식물은 봄에 새싹이 돋고 여름에 잎이 무성해지며 가을이면 단풍이 들고 겨울에는 앙상한 나무가지만 남는다. 그러나 해조류의 사계는 정반대로 미역은 가을에 번성하기 시작해 겨울과 봄에 가장 무성하며 여름에는 미역군락이 쇠퇴한다. 우리나라와 같은 온대지방에서는 3~5월에 해조류가 번성하고 여름에는 쇠퇴하는 것이 일반적인 경향이다. 하지만, 종(species)에 따라 성장기, 성장성기, 쇠퇴기 등 계절적 소장이 다르다. 이것은 해조류 엽체가 계절에 따라 수온, 일조시간, 광량 등과 같은 환경요인에 의해 생장, 생식 및 쇠퇴하기 때문이다.

2 해조의 종류와 분류

지구의 탄생과 더불어 장구한 세월을 지나면서 현재와 같은 해조류들이 생육하게 되었다. 현재 지구상에는 3,000만 종이 넘는 동물과 50만 종의 식물, 8만종의 조류가 고도 2만 미터의 성층권으로부터 심해저 1만 미터까지의 넓은 공간에서 서식하고 있다. 이 중 해조의 종류는 25,000여 종 정도로서 전체적으로 보면 전 식물의 5% 정도에 지나지 않으며 오늘날 바다에 출현하는 식물의 90% 정도가 조류에 속한다. 그 중에서도 유용하게 이용되고 있는 것은 갈조류, 홍조류, 녹조류에 속하는 극히 일부의 대형종에 지나지 않는다.

지금까지 알려진 세계 전체의 해조류 종을 보면 녹조류는 125속 6,500종(우리나라 근해에는 252종)이며 이 중 2/3가 해산종이다. 갈조는 240속 1,500종(우리나라 근해에는 379종)으로 3속을 제외하고 모두가 해산종이다. 홍조는 총 400속 4,000종(우리나라 근해에는 903종)이 있으며 이중 12속 50종은 담수산이다. 해조류의 계통적으로 분류시 문(Division)과 강(Class)은 표 1.2와 같다. 그러나 학자에 따라 분류의 기준이 달라, 동일한 것이라도 다른 문이나 강 또는 새로운 강으로 분류하기도 하여 다소 혼란이 있기도 하다.

표 1.2 해조의 문과 강

문(Division)	강(Class)
Bacillariophyta 규조식물문	Bacillariophyceae(Diatomophyceae) 규조강
	Penatibacillariophyceae 우상규조강
	Centrabacillariophyceae 중심규조강
Charophyta 윤조식물문	Charophyceae 윤조강
Chlorophyta 녹조식물문	**Chlorophyceae 녹조강**
	Bryopsidophyceae 깃털말강
	Prasinophyceae 담녹조강
	Oedogoniophyceae 붓뚜껑말강
	Zygnemaphyceae 별해캄강
	Conjugatophyceae 접합조강
	Loxophyceae 사편모조강
Prasinophyta 담녹조식물문	Prasinophyceae 담녹조강
Prochlorophyta 원녹조식물문	Prochlorophyceae 원녹조강
Xanthophyta 황녹조식물문	Xanthophyceae 황녹조강
Chromophyta 황색조식물문	Eustigmatophyceae 진안점조강
Chrysophyta 황갈조식물문	Chrysophyceae 황갈조강
Cryptophyta 은편모조식물문	Cryptophyceae 은편모조강
Cyanophyta 남조식물문	**Cyanophyceae 남조강**
Dinophyta 와편모조식물문	Dinophyceae (Dinoflagellatae) 와편모조강
Euglenophyta 유글레나식물문	Euglenophyceae 유글레나강
Euphycophyta 진조식물문	Chlorophyceae,Phaeophyceae,Rhodophyceae
Glaucophyta 회조식물문	Glaucophyceae 회조강
Haptophyta 착편모조식물문	Haptophyceae(Prymnesiophyceae) 착편모조강(후각편모조강)
Myxophyta 점조식물문	Myxophyceae 점조강
Phaeophyta 갈조식물문	**Phaeophyceae 갈조강**
	Cyclosporeae 원포자강
	Heterogeneratae 이형세대강
	Isogeneratae 동형세대강
Pyrrhophyta 황적조식물문	Desmophyceae(=Desmocontae) 대편모조강
Rhaphidophyta(Chloromonadophyta) 침편모조식물문	Raphidophyceae(Chloromonadophyceae) 침편모조강(녹편모조강)
Rhodophyta 홍조식물문	**Rhodophyceae 홍조강**
	Florideophyceae 진홍조강
	Bangiophyceae(=Protoflorideophycea) 김파래강(보라털강, =원시홍조강)
Schizophyta 분열조식물문	Schizophyceae 분열조강

생물의 분류는 유전적인 형질에 의하여 분류하거나 형태, 색깔등에 의한 자연적인 분류법등 여러 가지가 있으나, 해조류는 1836년 아일랜드의 Dublin 대학의 Harvey 교수가 처음으로 조체의 색깔에 따라 녹조류, 홍조류, 갈조류로 분류하여 현재도 이용되고 있다. 이러한 해조류의 분류는 실제로 함유되어 있는 색소에도 차이가 있을 뿐 아니라 그 외에도 여러 가지 차이점을 볼 수 있다. 몇가지 차이를 표 1.3에 나타내었으며, 종류별 대표적인 특징을 설명한다.

표 1.3 대표적인 해조류 종류별 특징

분류	녹조류	갈조류	홍조류
색깔	녹색	갈색	적색
주색소	엽록소 a,b	엽록소 a,c	엽록소 a,d
보조색소	β-carotene, xanthophyll	β-carotene, fucoxanthin	β-carotene, phycobilin
광합성	유	유	유
저장산물	녹말	laminaran	홍조전분
서식지	조간대상부	조간대중, 하부	조하대
환경	담수, 해수(13.8%)	해수	해수
대표종	파래, 청각	미역, 다시마	김, 우뭇가사리

1) 녹조류

녹조류는 서식환경에 따라 담수산과 해산 녹조류로 구분하고 생존 방식에 따라 부유성과 고착성으로 나누어 볼 수 있다. 또한, 단세포인 것과 군체를 형성하거나 다세포인 것이 있고, 세포는 단핵인 것과 다핵인 것이 있는 등 녹조류는 매우 다양한 형태를 가진다. 단세포성 부유성 녹조류는 훈장말속(*Pediastrum*)과 *Botryococus braunii*가 있고 담수에선 부유성 다세포 녹조류(*Oedogonium, Ulothrix, Chadophora*)도 관찰된다. 일반적으로 갈파래, 파래와 대마디말 같은 녹조류는 조간대 상부에 서식하지만, 녹조류의 초록갈파래는 해저 10~30m에서, *Caulerpa fergusonii*와 청각속의 몇 종은 수심 100m에서, 대마디말속의 1종은 수심 80m에서 채집된 바도 있다. 녹조류는 단세포 혹은 다세포로 구성되어 있으며 형태는 세포성, 반관상, 관상으로 다양하고, 대부분 담수에 분포하며 해수 중에도 존재한다. 고등식물과 마찬가지로 색소체는 엽록소a, b와 xanthophyll, carotene과 같은 carotenoid도 함유하고 동화물질은 녹말(전분)이다. xanthophyll에는 lutein, violaxanthin, neoxanthin, anthraxanthin, zeaxanthin을, carotene은 α-, β-, γ-carotene을 주로 함유하고 있으며, phycobilin 단백질은 존재하지 않는다. 엽록체 구조는 이중막이며 세포벽은 cellulose로 구성되어 있고 무성생식(이분법, 유주자, 자생포자, 부동포자형성)과 유성생식(동형접합, 이형접합, 난접합 생식)에 의해 개체군을 유지한다. 세포의 편모는 2개 또는 4개가 있어 이동이 가능한 유주자(zoospore)와 배우자(gamete)가 있다. 유주자는 동형편모(isokonted flagella)이거나 정단편모(acrokonted)이고 때로는 다편모(stephanokonted flagella)이다.

표 1.4 녹조류 녹조강의 분류체계

목(Order)	과(Family)	속(Genus)
초록실목	매생이과 초록혹과 홑파래과 초록실과	매생이속 초록혹속 홑파래사촌속, 홑파래속 주름말속
녹색반점말목	녹색반점말과 연두자리말과	곤지점말속, 연두말속, 게파래속 연두자리말속
갈파래목	갈파래과	애기파래속, 파래속, 갈파래속, 개홑파래속
초록털말목	초록털말과	가시털말속, 초록털말속
대마디말목	잎맥말과 대마디말과	잎맥말속 염주말속, 대마디말속, 헛뿌리말속
대롱말목	대롱말과 공말과	대마디붙이속 그물공말속
청각목	깃털말과 옥덩굴과 청각과 엉킨실과	깃털말속 옥덩굴속, 옥덩굴붙이속 청각속 엉킨실속, 엉킨실붙이속

담수산 녹조식물은 단세포체 또는 군체로서 대부분 부유생활을 하며 다세포체인 종류라도 세포가 단순히 일렬로 나열되어 있는 매우 간단한 사상체 형태이다. 전체

녹조류 중에서 담수산이 약 90% 정도를 차지한다. 해산 종의 경우는 단세포성 부유생물도 있으나 대부분이 다세포성 해조류이다. 아열대와 열대 해역에는 석회질을 가진 몸이 딱딱한 석회조류 같은 특수한 종류도 있다. 녹조류는 엽록체의 미세구조, 광합성 색소, 동화물질, 편모의 구조 및 세포막 물질등으로 보아 다른 어느 조류보다 선태식물이나 양치식물에 가깝다. 따라서, 육상식물은 녹조류에서 진화한 것으로 추정하고 있다.

녹조류는 녹조강에 7개 목(초록실목, 녹색반점말목, 갈파래목, 초록털말목, 대마디말목, 대롱말목, 청각목), 16개과(family)에 27개 속(genus)이 있다

2) 갈조류

갈조류는 전 세계에 약 240속 1,500종 분포하고 바위 암반에 서식하거나 다른 해조류 위에 착생(epiphyte)한다. 어떤 종은 숙주 조직 내부로 침투하는 내생식물(endophyte)도 있으나, 조류 내에 합성되는 색소가 있기 때문에 기생(parasitism) 관계는 아닐 것으로 추측된다. 갈조류는 조간대에서 조수 간만의 차이에 따라 연속적인 대(zonation)를 형성한다. 대서양 연안에서는 조간대 상부에서 하부에 이르기까지 뜸부기속((*Pelvetia*), *Fucus*속(*F. spiralis, F. vesiculosus, F. serratus*), 다시마속(*Laminaria digita, L. hypeborea*)의 형태로 대를 형성한다. 갈조류의 대표적인 분류군인 다시마류는 최대 4~5m까지 성장하며, 북쪽 대서양에 분포하는 식물군 가운데 가장 크지만, 미국 태평양 해안에 출현하는 해조류에 비하면 작다. 미국의 다시마목인 *Nereocystis*와 *Macrocystis*는 길이가 수십 미터에 다다르고 공기주머니로 수면에 떠 있다.

갈조류는 녹조류에 비해 서식 수심이 깊고 모두 다세포성이며 조류 중에서 가장 잘 분화된 체제를 가진다. 세포가 가지는 광합성 색소는 엽록소 a와 c, xanthophyll류(갈조소, diatoxanthin, dianoxanthin, neofucoxanthin, ecnenone, canthraxanthin)와 carotene(β-, ε-carotene)을 함유하고 있으며, phycobilin 단백질은 없다. 광합성을 통하여 만들어지는 동화 산물은 탄수화물인 laminaran, mannitol과 fucosan 등이다. 세포막은 cellulose 및 펙틴성의 알긴산으로 구성이 되어 있고 특이하게 mono 및 diiodoacetic acid가 함유되어 있다.

생식방법은 무성생식(사분포자, 유주자, 배아 형성)과 유성생식(동형접합, 이형접합, 난접합)이 있다. 조체는 갈색소인 fucoxanthin을 함유하여 갈색 계통의 몸 빛깔을 띠게 된다.

갈조류는 수명에 따라 일년생과 다년생으로 나눈다. 일년생인 그물바탕말속(*Dictyota*), *Taonia*, 솜털속(*Ectocarpus*)의 엽상체는 일시적 직립체가 사라지고 포복지에 의한 무성생식을 하는 경우가 있다. 다년생은 엽상체가 여러 해 동안 유지되는 것으로 *Ascophyllum nodosum*은 매년 1개의 기포(공기 주머니)가 생성되므로 1년 동안 생장한 길이는 기포와 기포 간격과 일치한다. 마찬가지로 다시마의 일종 *Laminaria digitata*는 매년 생장하는 부위는 새로운 조직으로 형성되나, 말단 부위가 붕괴되므로 최대 길이를 형성하는데 두 해가 걸린다. 또 다른 다시마의 일종(*L. hypeborea*)은 매년 모든 얇은 막이 새롭게 생기거나 줄기에 의해 다년생이 유지된다. 엽상 분열조직은 짧은 기간동안 기능을 다 했을 때 사실상 오래된 모든 얇은 막은 떨어져 나간다.

갈조류는 극히 소수를 제외하고 모두 바다에 살고, 큰 것은 수십 미터에 달하는 것도 있다. 온대나 고위도 해역에서는 홍조식물에 비해 종 수는 적지만 양적으로는 연안 식생에 있어서 우세하다. 산업적으로 중요한 종류가 많으며, 우리나라에서는 미역, 다시마와 모자반 등으로 대표된다.

갈조류는 갈조강에 12개의 목(솜털목, 바위딱지목, 갯쇠털목, Dictyota목, 민가지말목, 바위수염목, 고리매목, 채찍말목, 털비말목, 산말목, 다시마목, 모자반목), 27개 과, 67개 속이 있다.(표 1.5).

표 1.5 갈조류 갈조강의 분류체계

목(Order)	과(Family)	속(Genus)
솜털목	솜털과	솜말속, 솜털속, 좀솜털속, 긴털실말속, 그물무늬말속
	열매실말과	열매실말속
	바다오디과	바다오디속
바위딱지목	바위딱지과	바위딱지속, 엇바위딱지속
갯쇠털목	갯쇠털과	갯쇠털속
	바다깃꼴과	바다깃꼴속, 물잔털속
Dictyota목	Dictyota과	뼈대그물말속, 그물바탕말속, 개그물바탕말속, 두켜부채속, 자루부채속, 가죽그물바탕말속, 부챗말속, 가시그물바탕말속, 반주름속
민가지말목	끈말더부살이과	끈말더부살이속
	민가지말과	민가지말속, 연두털말속, 잔가지말속, 부푼말속
	모자반털과	모자반털속, 반지털속, 파도초롱속
	헛가지말과	헛가지말속
	패과	패속
	바위두룩과	바위두룩속, 다발좀털속, 바위주름속
	둥근반점말과	물수염말속, 난쟁이말속, 둥근반점말속
	미끈가지과	미끈가지속
바위수염목	바위수염과	곱슬수염속, 바위수염속
	넓은미역쇠과	넓은미역쇠속
고리매목	고리매과	볼래기말속, 그물바구니속, 미역쇠속, 고리매속
채찍말목	채찍말과	채찍말속
털비말목	털비말과	의관말속, 털비말속
산말목	산말과	산말속
다시마목	미역과	나래미역속, 감태속, 대황속, 미역속, 넓미역속
	끈말과	끈말속
	다시마과	구멍쇠미역속, 쇠미역속, 개다시마속, 다시마속
모자반목	개모자반과	삼나무말속, 헛모자반속, 외톨개모자반속
	뜸부기과	말속, 뜸부기속
	모자반과	톳속, 모자반속, 왕관잎모자반속

3) 홍조류

홍조식물은 붉은색 계통의 색깔을 함유하기 때문에 붙여진 이름으로, 극히 일부가 단세포나 군체를 형성하고 대부분은 바다에 사는 다세포성 해조류이다. 지리적으로는 온대 및 열대 해역에서 많은 종류가 분포하며, 김과 우뭇가사리 등 유용종이 매우 많다. 홍조류는 수심 깊은 곳까지 도달하는 짧은 단파장을 광합성에 이용한다. 홍조류는 조간대 하부, 해수가 고여 있는 조수 웅덩이, 약한 빛이 있는 곳이나 다른 해조류로 덮여 있는 그늘진 곳에서 주로 서식한다. 홍조류의 진핵생물이며 색소체는 엽록소 a,d, carotene(α-, β-carotene), xanthophyll류(lutein, zeaxanthin, violaxanthin, anthraxanthin)을 가지고 있으며, 녹조류나 갈조류와는 달리 phycobilin 단백질인 홍조소(phycoerythrin), 남조소(phycocyanin)를 함유한다. 동화물질은 α-D-galactose와 글리세롤이 결합된 다당류인 1,4-polyglucan으로 홍색이나 홍자색을 띠는 홍조 녹말이다. 홍조식물은 녹조류와 갈조류의 포자와는 달리 생활사의 어느 단계에서도 편모를 갖지 않아 운동성이 없다. 번식법은 포자에 의한 유성생식과 무성생식을 하지만 세대교번이 명료한 것이 많다. 세포벽은 cellulose, pectin 이외에 한천, carrageenan과 같은 콜로이드 물질로 되어 있다. 홍조류의 대표종으로는 김, 우뭇가사리, 풀가사리, 꼬시래기, 진두발, 도박, 지누아리, 가시우무, 비단풀, 서실류 등이 있다.

홍조류는 홍조강에 총 17개목, 42개과, 156속으로 구성되어 있다(표 1.6).

표 1.6 홍조류의 분류체계

목(Order)	과(Family)	속(Genus)
마디털목	마디털과	마디털속
붉은털목	붉은털과	갯불꽃속, 붉은털속
김파래목	김파래과	김파래속, 김속
붉은솜목	붉은솜과	붉은솜속, 나룻말속, 자리풀속
팔손이풀목	팔손이풀과 버짐더부살이과	팔손이풀속 버짐더부살이과
국수나물목	놀래기과 가위손말과	놀래기속 방사털속, 가위손말속, 흐늘풀속, 가락말속

	분홍국수말과 국수나물과	가지나물속, 분홍국수말속 국수나물속, 새우나물속
산호말목	산호말과	화살깃산호말속, 게발속, 마디말속, 오뚜기말속, 산호말속, 가시돌잎속, 애기산호말속, 혹돌잎속, 적속, 게발혹속, 방석쩍속, 돌나무쩍속, 바위혹속, 비늘말속, 적붙이속, 꼬치말속, 수세미말속, 우무쩍속, 자라껍데기속, 넓적산호말속
우뭇가사리목	우뭇가사리과	개발속, 우웃가사리속, 개우무속
분홍딱지목	분홍딱지과	바위딱지속
갈고리풀목	갈고리풀과	여우꼬리말속, 갈고리풀속, 나도꿩꼬리속, 꿩나래속
돌가사리목	가시덤불과 미끌풀과풀 풀가사리과 돌가사리과 실풀과 가시우무과 붉은땀띠과 끈적이과 혹돌가사리과 바다표고과 꿩꼬리풀과 부채살과 잎송진내과 갈래잎과 끈적살과 디코카르푸스과 미끌부채과	가시덤불속 자주비로드속, 미끌풀속,붉은대롱속,팔로와속,미끈솔말속 풀가사리속 돌가사리속, 진두발속, 갈래부채속 흐늘열매풀속, 실풀속, 납작풀속 가시우무속 붉은잎속, 붉은땀띠속 끈적이속, 가는잎속 혹돌가사리속 빨간얼룩이속, 바다표고속 꿩꼬리풀속 좀박새기속, 줄풀속 잎송진내속 갈래잎속 붉은상추말속, 끈적살속, 부들도박속 마른나무말속 미끌부채속
곱슬이목	플로카미움과	곱슬이속
도박목	지누아리과	까막살속, 바다선인장속, 지누아리속, 보들지누아리속, 만축속, 새우발속, 틀니지누아리속, 복실도박속
꼬시래기목	꼬시래기과	좀꼬시래기속
싹새기목	싹새기과	싹새기속
로디매니아목	참피아과 마디잘록이과 로디매니아과	사슬풀속 분홍애기풀속, 바다잘록이속 누른끈적이속, 조막풀속, 물버섯속, 분홍치속
비단풀목	다홍풀과	다홍풀속, 분홍풀속, 엇가지풀속

비단풀목	보라잎과	분홍잎속, 각시혀속, 바다갈잎속, 민잎맥속, 보라잎속,
	빨간검둥이과	붉은혀속, 민엷은잎속, 줄엷은잎속, 빗살잎속, 반맥비단속, 비단망사속, 그물잎속, 엷은잎속, 갈래댕기속, 덮게엷은잎속, 바다참나무잎속, 다잎맥속, 하늘잎속, 갈래줄풀잎속, 분홍잎사촌속, 댕기잎속 다홍나래풀속, 서실더부살이속, 바위털속, 개서실속, 고들서실속, 빗꼴털속, 해인초속, 타래말속, 거미줄속, 서실혹속, 서실속, 반달타래속, 새빨간검둥이속, 새붉은실속, 참빗풀속, 연서실속, 붉은실속, 나래붉은깃속, 빨간검둥이속, 보라색우무속

CHAPTER

02

우리나라의 해조류 서식환경과 분포

CHAPTER 02

우리나라의 해조류 서식환경과 분포

1 해조류의 서식과 성분에 미치는 환경요인

1) 광선

해조류에 있어서 광선은 광합성시 광을 직접 이용하고 해조류의 수직적 분포에 영향을 주는 중요한 환경요인 중의 하나이다. 따라서 해조류는 광이 없는 곳에서는 생존이 불가능한데, 바닷물은 공기라는 매질과는 달리 빛을 투과시키는데 한계가 있다. 해수 중에 투과되는 광량은 태양의 고도, 광선의 각도, 해수표면적 반사 및 부유질의 양과 관련이 있다.

한 예로 동해는 해수 중에 부유물이 적기 때문에 바닷물이 맑으며 반대로 황해는 많은 부유성 물질로 인해 탁도가 매우 높다. 밝은 해수의 경우 수심 1m에 달하는 광선은 30~38%에 불과하며 수심이 깊어짐에 따라 광량은 감소하여 50m이하에서는 1%의 광선만이 관찰된다. 연안수와 같이 투명도가 낮은 상태에서는 광선의 99.5%가 수심 10m이내에서 흡수된다. 그러므로, 수심 500m 정도의 깊은 곳에서는 광선이 감지되지 않아 균류와 박테리아를 제외한 식물류는 자랄 수 없다. 즉, 해조류는 광선이 이용될 수 있는 수심 200m이내에서만 서식할 수 있다.

수중에서 광선은 선택적으로 흡수된다. 즉, 파장이 긴 빨강, 주황과 노랑광선은 수면 상층에서 먼저 흡수되고 짧은 파장의 파랑과 남색은 더 깊은 곳까지 투과한다.

하지만, 현탁물이 많은 수계에서는 짧은 파장의 광선이 얕은 곳에 흡수되며 긴 파장의 광선은 깊은 곳에서 흡수된다. 또한, 식물은 체내의 엽록소에서 가시광선을 이용하여 유기화합물을 생성하므로, 해조류의 함유 색소에 따라 이용하는 광질이 달라져 그들의 생육대가 결정된다. 즉 녹색, 청색 및 자색광이 우세한 수심에서는 홍조식물이 잘 적응하는 것으로 보아 광합성은 광질 즉 광의 파장과 관련이 있다. 따라서 파래, 김 및 풀가사리 등은 광선이 강한 얕은 곳에 생육하며 우뭇가사리와 대황 등은 광선에 대한 적응성이 약하기 때문에 깊은 곳에 서식한다.

2) 수온

수온은 광량과 함께 해조류의 생장 및 성숙을 제한하는 중요한 환경요인이다. 해조류는 수온의 변화에 내성을 가지는 정도에 따라 나눌 수 있는데, 작은 수온 변화에만 견딜 수 있는 해조류를 협온성(stenothermal)이라고 하며 수온 변화에 대한 광범위한 내성을 가지는 것을 광온성(eurythermal)이라고 한다.

광선이 해조류의 수직분포와 관련이 있는데 반해, 수온은 이들의 수평분포 및 생육시기와 관련된다. 수온은 직접적으로 해조류의 광합성과 호흡과정에 영향을 미치며 간접적으로는 어두운 곳에서 호흡할 때 수중에 유용한 용존산소량의 감소에 관련이 있다. 이산화탄소의 유효량은 육상과 달리 바다에는 탄산염의 분해로 광합성에 필요한 양은 충분히 공급되고 있으며 밤에는 호흡에 필요한 용존 산소를 제한하며 해수중의 이산화탄소의 량이 증가함으로서 해조류의 성장을 조절한다.

또, 수온은 계절적 변화와 더불어 동일 수계에서도 상층과 심층에 수온변화가 다르고 위치에 따라서도 다르다. 즉 대양의 표층수온의 변화의 폭은 열대해역에서 2~3℃이며, 온대에서는 10℃ 전후로 열대보다 넓고, 표층수온은 기온과 밀접한 관계가 있으며 그 변화는 대양보다 연안수가 심하다. 한 예로, 미역양식의 경우 초겨울 내만성 어장에 시설한 미역은 성장이 빠르고 외양에 시설한 미역은 성장이 늦으며 반대로 봄에는 내만에서는 미역 양성기간이 짧아 빨리 끝나고 외양이 늦게 끝나는 이유는 수온의 변화가 연안의 내만이 빠르기 때문이다. 이 중 가장 심한 수온의 변화는 해안의 조류이다. 이런 곳은 여름에는 태양의 복사열로 이상고온이며 겨울에는 이상저온이 된다. 그러므로 수온은 대부분 해조류의 지리적 분포를 지배하고 있으며 많은 종들이 좁은 온도의 범위에서만 견딜 수 있으며 서식은 낮은 온도에서 산소가 과포화 상태로 되어 있는 곳에 더 무성하게 번식한다. 그 예로는 한대, 온대 연안의 식물이 열대에 비하여 엽체가 대형이며 많은 종류가 서식하고 있다.

3) 저질

해조류가 어떤 곳에, 어떻게 부착하고 있는가를 살펴보면 해조류가 생육하는 지반, 즉 바닥은 암반, 암초, 돌, 조개껍질, 뻘 등이나 대체로 암반에 여러 가지 해조들이 성장하며 어떤 좋은 콘크리트, 토목공사용 목재, 다른 식물이나 동물들의 몸에 부착하지만 자갈이나 둥근 돌은 파도에 의해서 돌이 구르기 때문에 해조가 잘 붙지 못하며 모래밭에서는 육상식물의 뿌리와 비슷한 부착기를 모래 속에 파묻고 사는 특별한 해조류도 있으나 뻘로 된 곳에서는 직접 생육하지는 못한다.

해조류가 육상의 식물과 다른 것은 육상식물은 뿌리에서 영양분을 흡수하나 해조류는 몸 전체에서 흡수하므로 부착하는 저질은 단순히 엽체를 고정시키는데 지나지 않으므로 부착기질은 미끄러운 것보다는 표면이 거칠게 요철된 곳에 포자가 부착 고정되어야 해류나 조류의 영향으로 유실되는 것을 예방할 수 있다. 또 우뭇가사리 등은 바위에 석회조가 붙은 위에 잘 부착하는 것을 볼 때 바위질의 경도와도 관계가 있는 것 같다. 이와 같은 원리를 이용하여 양식하고 있는 것이 우뭇가사리, 미역, 기타 유용해조류, 양식장 조성을 위한 투석식 양식 방법이다. 이와 같이 해조류가 어떤 해조류에 붙어산다는 것은 자기의 생존에 적당한 환경임을 의미하므로 해조류 생육에 저질이 중요한 영향을 미친다.

4) 염분

해수는 염화나트륨과 그 외의 염류를 함유하고 있다. 해수가 함유하고 있는 염류의 총 중량을 바닷물의 무게에 대한 천분율(‰ : permille)로 나타낸 것이 염분이다. 염분은 수온과 함께 바닷물의 밀도 즉 비중을 결정한다. 따라서 비중이 높은 바닷물은 염분이 많고 비중이 낮은 바닷물은 염분이 적다.

해조류는 종에 따라 좋아하는 염분 농도가 다르며 생육할 수 있는 염분의 한계범위도 각각 다르다. 즉 염분에 대한 적응성이 강한 광염성 해조류로는 김, 파래 등을 들 수 있으며, 주로 내만에서 양식이 되고 있는 이유의 하나이다. 반대로 적응범위가 좁은 것은 협염성 해조류로서 미역을 예로 들 수 있는데 외양에서 양식이 되고 있다.

한편 수심에 따라 해조류의 염분에 대한 적응성이 다르다. 얕은 곳인 조간대 상부에 서식하는 해조류인 파래류는 염분에 대한 적응성이 강하여 분포범위가 넓다. 파래, 풀가사리, 김과 같이 얕은 곳에 서식하는 해조류는 간조시 대기 중에 노출됐을 때나 비가 와서 염분이 내려갔을 때, 혹은 청명한 날씨에 햇빛에 건조되어 염분이 올라갔을 때도 성장이 일어나며 이것으로 천해에 서식하는 해조류는 대부분 환경에 대한 적응성이 강하여 분포범위가 넓다는 것을 알 수 있다.

또한, 염분은 해조류의 형태에도 영향을 주고 있다. 예를 들면 김의 경우 포자를 염분이 높은 바닷물에서 발아시키고 생육하면 엽폭이 넓은 김이 되고 적갈색을 가지지만, 저염의 해수에서 발아시켜 생육하면 가늘고 길며 옅은 담적색을 나타낸다. 이를 통해 염분의 농도에 따라서도 형태와 색깔이 달라진다는 것을 알 수 있다.

5) 수소이온농도(pH)

대부분의 해조류는 pH가 7.5~8.4의 중성 또는 약한 알카리성의 환경 속에서 생활하고 있다. 그러나 간조시 조간대에 서식하고 있는 해조류는 그들 자체의 광합성으로 말미암아 상당한 pH 변화의 영향을 받게 된다. 즉 한정된 바닷물에서 약 알칼리성으로 생활하던 해조류는 대기에서 해수에 용해된 탄산가스가 탄산염, 중탄산염으로 되어있는 것을 이산화탄소로 분리하여 광합성에 이용하면 탄산염의 양은 계속 증가되므로 pH가 상승한다.

해조류에 대한 pH의 생리적 영향은 많이 연구되고 있지 않았으나, pH의 변화가 광합성에 있어서 이산화탄소의 흡수 뿐 만 아니라 호흡작용에도 영향을 미치는 것으로 보아 pH의 변화는 해조류의 생장에도 영향을 준다. 또한 해조류는 약한 알칼리성인 바닷물에서 살아가므로 알칼리성에 대해서는 잘 적응하지만 산성에는 매우 약하다. 예를 들면, 공장에서 배출된 산성인 공업폐수는 공장주변에 서식하는 해조류를 폐사시켜 임해공업 인근에 있는 양식장과의 분쟁에 따른 사회문제를 일으킨다.

6) 물의 유동

바닷물은 항상 여러 형태로 유동을 하고 있다. 특히 표층수는 유동이 가장 현저하며 이 유동을 일으키는 것은 파도, 바람, 조류 등이다. 파도와 해조류와의 관계를 보면 외양에 면하고 파도가 센 암반과 내만의 조용한 곳을 비교하였을 때 파도가 센 곳은 파도의 작용에 의해서 해조류의 발육에 필요한 대기중의 탄소, 탄산가스등의 용해를 증가시켜주고, 영양염 흡수와 대사작용을 촉진시켜 줌으로써 해조의 착생 및 성장에 영향을 주는데, 파도가 잔잔한 수역은 암초 표면에 뻘 등의 부유물등이 퇴적하여 특정한 해조류 이외에는 착생 및 성장이 곤란하다. 그러므로 물의 유동은 해조류의 생리작용에 영향을 주고 있다. 그 예로 김, 미역 양식의 경우, 유속이 빠른 양식장에서 성장이 양호하다.

7) 건조

간출(노출)은 지역 및 계절에 따라서 차이가 있으나 해안의 특정부분에 1일 2회의 고조(만조)와 저조(간조)로 바닷물이 가득 차거나 노출이 된다. 이 지역을 조간대라고 부르는데 이곳에 서식하는 해조류는 바닷물이 빠졌을 때 수권환경에서 육상환경의 변화를 경험하게 된다. 즉 공기 중에 그대로 노출됨에 따라 해조류 조체가 건조되는 현상을 가져온다. 해조류가 대기 중에 노출되면, 증발이 일어나면서 염분의 농도가 높아져 염분에 대한 스트레스에 시달리고 해수에서 영양염을 흡수하지 못하기 때문에 영양염 결핍현상이 일어난다.

건조는 표면적과 부피의 비율과 관련되기 때문에 작은 생물이 더 쉽게 건조된다. 해조류 표면의 수분 증발은 온도에 따라 다르므로 야간보다는 주간에 수분 손실이 높다. 또한 계절별 변화를 보면, 여름철에 노출된 해조류는 겨울철에 비해 더 많은 피해를 입는다. 따라서 여름철 낮 시간에 해조류가 대기에 노출되면 그 피해는 최대가 된다.

해조류가 건조에 저항하는 능력은 해수농도의 변화에 견디는 능력과 생리적으로 동일하며 이러한 변화는 조간대에서 흔히 볼 수 있다. 얕은 곳은 저염분 상태이고, 여름철 밝은 날에는 강렬한 태양복사 에너지로 고온의 영향을, 겨울철에는 저온의 영향을 받는다. 따라서 해조류의 서식처는 노출에 따른 건조, 염분, 온도, 광선 등의 심한 환경요인 변화에 내성이 있느냐에 따라 결정된다.

일반적으로 조간대에 서식하는 해조류인 파래, 김 등은 해수의 염분 농도변화에 내성이 있는데 비해 점심대에 서식하는 해조류는 작은 폭의 염분변화에서만 견딘다. 한 예가 항상 수중에서 생활하는 우뭇가사리류를 포함한 많은 홍조류는 태양의 직사광선이나 대기 중에 노출되면 곧 사망한다. 조간대의 해조류가 노출시 건조에 대해 내성이 있는 것은 해조류의 몸을 형성하는 체세포를 채운 세포액 농도와 원형질의 탈수에 대한 저항력과 세포막의 상태에 따라서 좌우된다. 세포막의 상태는 세포액의 농도변화가 일어나기 어렵다. 즉 세포내 물의 출입에 의해 세포 내용물의 확장 또는 신축 현상으로 세포막도 변화한다. 따라서 세포막이 강하면 건조에 의하여 세포액이 유출되지 않는다.

한편, 원형질 탈수에 대한 저항은 삼투압과 밀접한 관계를 갖고 있다. 즉 세포내부의 삼투압이 너무 높으면 유해한 원형질의 분리가 일어날 수 없으며 만약 특별히 높은 내부 삼투압에 의해 원형질이 분리됐을 경우에는 살아갈 수 있는 내부 삼투압 및 원형질 분리에 견디는 큰 힘을 갖는 점으로 보아 조간대의 해조류는 건조에 대항하여 염류를 축적하는 삼투압 조절기구가 있어 원형질 분리를 억제하거나 확산되도록 한다.

8) 영양염류

해조류가 생장하기 위해서는 질소, 인 등의 무기 영양소와 철, 마그네슘, 칼슘, 구리 등의 미량원소를 필요로 한다. 해조류의 영양원으로 많이 요구되는 질산염, 암모늄염, 인산염 등의 영양염은 외양수 보다는 육수의 영향을 많이 받는 연안수에 많다. 따라서 해조류는 필요한 영양염류를 바닷물 속에서 흡수할 때 선택적으로 흡수하여 세포 내에 축적하고 있는 현상을 볼 수 있다. 그 예로서 일반적으로 해수 중에는 염소, 나트륨 등이 가장 많으나 세포 내에는 오히려 칼륨 등이 가장 많다. 그리고, 해수에는 0.03~0.07ppm의 요오드가 함유되어 있는데 그것은 약 30,000배가 세포액속에 농축되어 있음을 알 수 있다. 이와 같이 소수의 필수원소는 변화할 수 없는 양으로 포함되어 있으나 다량을 요구하고 있음을 알 수 있다.

해양생산력의 제한요인이 되는 필수원소는 질소, 인 등이며 이들은 인산염, 질산염의 형태로 되어 해조류 생장에 영향을 준다. 이러한 영양염의 공급은 유기물질의 수중분해, 용승류, 조류의 수직 순환에 의해서 표층수의 영양염이 재분배되어 보충된다. 이와 같이 질소, 인은 식물성 플랑크들 형성 및 해조류의 생장과 밀접한 연관성이 있다. 그 예로서 미역, 김 양식의 경우 생장이 부진하고 색깔이 좋지 않을 때 시비를 실시하는 것은 수중에 영양염의 공급하기 위한 것이다.

9) 포식과 경쟁

해조류는 해양생태계에서는 먹이사슬의 일차생산자로서 어류나 무척추 동물과 같은 조식자의 먹이로 이용된다. 따라서 해조류의 서식 및 분포는 조식자의 영향을 받는다. 결국 해조류는 종에 따라 각기 다르게 포식압(grazing pressure)에 견디는 생존 전략을 가지고 있다. 즉 조식자가 싫어하는 화학물질을 분비하거나, 석회질 또는 아주 단단한 세포벽으로서 포식을 어렵게 하고, 때로는 해조류의 빠른 생장능력으로 포식의 영향을 최소화 시키도록 적응되어 있다. 예를 들면, 갈조류의 산말류(*Desmarestia* sp.)는 세포 내에 황산을 함유량을 높여 포식을 회피한다.

또한, 해조류의 서식 및 분포에 영향을 미치는 생물학적 요인 중의 하나가 종내, 또는 종간의 경쟁이다. 해조류는 생장에 필요한 영양염이나 기질을 획득하기 위해 환경적인 요인에 대해 경쟁을 한다. 종 내에서는 주로 개체의 밀도에 따라 영양염, 광, 기질에 대해 경쟁의 강도가 달라지기 때문에 결국 해조류의 생장이 영향을 받는다. 동일한 원칙으로 해조류가 동일한 환경요인을 가지고자 한다면 종이 달라도 경쟁은 발생하고 다른 분류군 사이에서도 경쟁이 발생한다. 한 예로, 해조류는 기질을 획득하기 위해서 부착동물과도 경쟁을 하게 된다.

2 우리나라 해조류의 서식대

해조류는 주위의 환경요인, 즉 광선, 염분, 수온과 간출 등에 적응한 결과 뚜렷한 서식대를 형성한다. 서식대는 조수간만의 차가 큰 곳에서는 뚜렷하게 관찰되어 해조류의 분포에 따라 건조, 광선 및 다른 환경요인에 견디어 내는 한계를 쉽게 판단할 수 있다. 하지만, 지형이 불규칙하거나 조간대의 폭이 넓은 곳에서는 서식대가 넓게 퍼져있어 서식대의 관찰이 어렵다. 이 서식대는 결코 조간대에 제한되어 있지 않고, 알맞은 조건하에서 뚜렷한 띠 모양으로 분포하고 있는 해조류가 있어 광선이 도달되는 모든 곳에서는 관찰할 수 있으며 서식대가 뚜렷하지 않고 저면의 경사가 완만한 곳에서는 수심에 따라 해조류의 서식 종이 구별된다. 이처럼 해조류의 서식대를 수직분포와 수평분포를 구분할 수 있다.

1) 수직분포

해조류가 살고 있는 해안의 암벽을 살펴보면 각종 해조류들이 수직적인 층을 이루어 서식하고 있음을 알 수 있다. 조간대 지역은 조석에 따라 주기적으로 대기에 노출되므로 해수면 높이, 간조시간의 길이 등에 따라 온도, 건조, 섭식시간의 길이가 달라진다. 조간대 생물은 대부분 육상과 해양환경이 교차되는 환경에 어느 정도 적응하여 생활할 수 있으나 환경이 혹독해지면 여기에 견디는 정도는 생물의 종류에 따라 달라진다.

따라서 조간대에서는 해수면 높이에 따라 생물의 종류가 다르게 나타난다. 해수면 높이에 따라 달라지는 조간대 생물의 분포를 대상분포(帶狀分布, zonation)라고 한다. 이러한 현상 때문에 해조류의 서식층은 상부에서 하부의 순서로 비말대(조상대), 조간대, 조하대(점심대), 최심대의 4개로 구분한다(그림 2.1).

(1) 비말대(飛沫帶) 또는 조상대(潮上帶)

바닷물이 파도에 부딪쳐서 튀어나오는 물이 미치는 습기에 의해서 생육하는 식물의 서식대로 특별한 지의류 등이 서식하여 이곳의 바위는 언제나 검게 덮여져 있는 고조선 수면의 윗부분인 상부지대이다.

(2) 조간대(潮間帶)

간조선과 만조선 사이로 해수가 드나드는 장소로 파래와 같은 녹조류와 돌김, 보라털과 같은 홍조류, 톳과 지충이 같은 갈조류가 서식하고 있어 생태적 조건에 따라 다시 상, 중, 하부로 구분하기도 한다. 조간대 생물의 대상분포는 세계적으로 공통된 현상이다.

암반조간대는 3개의 분포대로 나누고 이를 각각 상부조간대(혹은 비말대, supralittoral zone), 중부조간대(midlittoral zone), 하부조간대(infralittoral zone)로 구분한다. 조간대 생물의 분포를 몇 개의 분포대로 나눌 것인가는 지역의 특성에 따를 수밖에 없으나 생물의 종류가 확연히 달라지는 높이를 기준으로 나누는 것이 일반적인 방법이다.

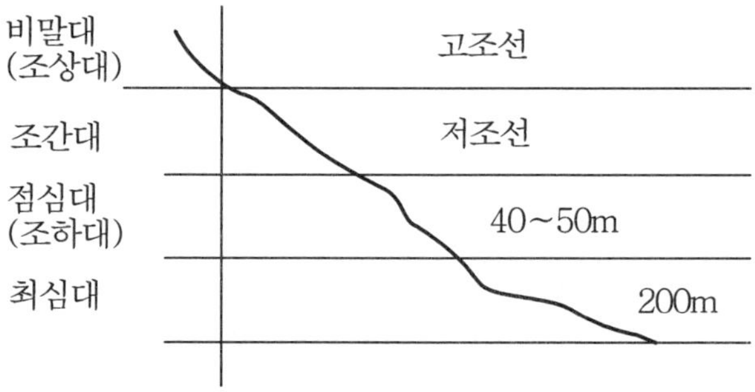

그림 2.1 서식대의 구분

(3) 점심대(漸深帶) 또는 조하대(潮下帶)

간조선 이하에서부터 수심 40~50m정도까지로 대부분의 조류 즉 갈조류의 곰피, 감태류, 홍조류의 우뭇가사리 등이 서식한다.

(4) 최심대(最深帶)

점심대보다 깊은 곳으로 수심 200m까지의 지역을 말한다. 해조류는 종류에 따라서 수직분포의 범위가 일정하며 제각기 다른 해조류가 부착하는 지역을 서식대로 본다면 간출시의 환경변화와 광선에 대한 적응성의 차이가 서식대의 폭을 결정한다고 볼 수 있다.

2) 수평분포

해조류의 수평분포를 결정하는 환경요인은 수온이다. 특히 수온이 최고인 시기의 평균온도의 등온선과 관계가 있으며 종류에 따라 여름의 등온선, 겨울의 등온선과 관계가 있다. 이것은 해조류의 생활사가 복잡하여 생활사의 어느 단계에 어떤 온도의 분포가 제한요인으로 되어 있느냐에 따라 결정된다. 예를 들면 미역의 수평분포의 북방한계는 겨울철 수온이 2℃되는 수역이다.

해조류는 수온의 적응범위에 따라 광온성 해조와 협온성 해조류로 나뉘며, 이에 따라 지리적 분포가 광온성 해조류는 넓고 협온성 해조류는 좁다. 김의 경우, 지리적 분포가 매우 넓은 종으로 온대에서 한대, 아열대에서도 관찰된다. 또한 해조류의 지리적 분포는 수온과 관련된 해류의 흐름과 밀접한 관련이 있다. 일반적인 해조류의 분포는 열대에는 녹조류, 온대에는 홍조류, 한대에는 갈조류가 우세하게 분포하고 있으나 종에 따라 분포는 각기 다르다. 한 예로 갈조류라도 다시마류는 한대에서 우세한 반면 모자반류는 온대해역에서 번성한다.

3 우리나라의 해조류 분포

우리나라 연안에 분포하는 해조류는 대부분은 온대성이며 남하하는 한류의 영향을 받아 아한대성 해조류가 약간 존재한다. 해역별로는 동해안, 남해안 및 서해안 각각의 지리적 특색을 가지고 있으므로 해조류의 서식상태도 차이가 있다. 즉 동해안은 한류의 영향으로 북방계 해조가 많고 서해안은 수온으로 보면 동해안과 별 차이는 없으나 한류가 존재하지 않아 북방계 해조류가 적다.

한국 연안의 해조류 서식대는 처음에 지역적으로 북동해구(동해안 북부), 남동해구(동해안 중부, 남부), 남해구, 서해구 및 제주구의 5개 구역으로 구분하고 각 구역의 특징과 해조류 조성을 언급하였으나, 한국 해조류의 식생형 분포를 해역별로 구분하기 보다는 지역의 특성 즉, 내만성과 외양성으로 구분하여 남해안을 동부와 서부로, 서해안을 중부와 남부로 더욱 세분하기도 하고, 남해구에 포함되어 있는 울릉도와 독도를 독립시켜 독도구라는 하나의 독립된 분포구를 설정한 반면에, 독도구를 더욱 세분하여 각각 울릉도구 및 독도구로 설정함이 타당하다고 주장한 학자도 있다.

또한, 남해구와 서해구의 경계에 있는 소흑산도와 추자군도를 제주구에 포함시킬 것을 제안하기도 하였으며, 남해구의 서쪽 북방 한계선을 태안반도의 외해까지 연장시킴이 타당하다고 한 바 있다. 하지만 본 장에서는 동해안, 서해안, 남해안으로 해조상을 분류하였고 울릉도와 독도 및 제주도는 남해안 해조상에 포함시켰다.

1) 동해안의 해조류

(1) 동해안의 해황

동해안의 남부해안은 북태평양의 서부해안을 따라 북상하는 쿠로시오(黑潮)의 분지인 대마난류의 영향을 받는데, 이 대마난류는 다시 대한해협을 통과하여 동해안을 따라 북상하는 동한난류가 된다. 한편, 동해안 북부해안은 리만해류의 분지인 북한한류의 영향을 받는다. 이처럼 동해안은 북상하는 동한난류와 남하하는 북한한류의 두전선의 영향을 받는 곳으로 전선은 대체로 강원도 근해에서 형성된다.

동해의 환경요인을 보면, 수온은 여름철에는 대마난류의 확장, 담수의 유입, 태양의 복사열 증가로 인해 남부에서는 26~27℃, 북부에서는 18~20℃이며, 겨울철 수온은 남부에서 10℃ 이상이고 북부에서 4℃ 이하의 저온을 보임으로써 동해안 수온의 연교차는 북부에서 약 20℃, 남부해역에서 약 13℃이다.

염분은 남부에서 33.0~34.5‰ 이며 북부에서 여름철에는 33.0~31.0‰, 겨울철에 34.1‰를 나타낸다. 또한 동해안 조수간만의 차는 타 해안에 비해 적어 부산 근해에서 1~2m 내외이고 동해에서는 0.3~0.5m이다.

조석의 양상은 대한해협 근해에서는 반일주조(semi-diurnal tides)가 우세한 혼합조(mixed tides)로서 일조부등(diurnal inequalitide)이 상당히 있으며 1일 2회의 고조와 저조를 보이나, 동해안 지역의 대부분에서는 일조부등이 더욱 심하여 1일 1회조가 되지만 봄과 가을철에는 규칙적인 1일 2회조를 나타낸다. 평균 해수면은 3월에 최저이고 8월에 최고가 되며 그 차는 약 0.3m가 된다.

(2) 해조류의 수평분포

동해안은 해조류의 종조성을 기준으로 하여 동해안 북부지역(원산만 이북)과 동해안 중・남부지역(원산만-영일만)의 2개 지역으로 나눈다. 해조류의 종조성은 동해안 북부가 북방계 29%, 온대계 52%, 남방계 2% 그리고 범세계종 18%로 구성되어 있으며, 동해안 중, 남부가 북방계 10%, 온대계 70%, 남방계 4% 그리고 범세계종 16%로 구성되어 있다. 동해안에서는 한대성 식물로 알려진 다시마가 국한되어 분포하며, 열대성 해조류인 모자반과 우리나라, 일본, 중국에만 주로 분포하는 미역의 동해안에 분포의 북방한계선을 가진다.

(3) 해조류의 수직분포

동해안 해조류의 수직구조는 중, 남부에서만 조사되어 이곳의 수직분포만을 다루었다. 동해안 중부의 조석 간만의 차는 30m 내외로 국내의 타 해안에 비해 매우 작으나 파도 등의 영향으로 해조류의 수직분포는 이보다는 넓은 범위가 된다. 조석간만의 차가 적은 관계로 평균 해수면이 제일 낮은 2월의 조간대는 상부에 죽은 해조류들이 붙어 있어서 그 변화가 쉽게 관찰된다. 수평적 띠의 구조는 동해안 남부에서는 사계절 모두 상・중・하부로 구분되나, 중부에서는 여름에 상・하부로만 나누어지는 경향이 있다.

또한 동해안 남부의 간절곶 및 기장을 중심으로 갈조류의 바위수염(*Myelophycus simplex*), 패(*Ishige okamurae*), 넓패(*I. sinicola*), 뜸부기(*Pelvetia siliquosa*) 그리고 홍조류의 참풀가사리(*Gloiopeltis tenax*)가 분포적인 측면에서 남해안의 서부지역과 전이대를 형성한다. 조간대 상부에 서식하는 해조류의 빈도는 계절에 따라 매우 큰 변화를 보이는데 김파래(*Bangia atropurpurae*) 및 김류(*Pophyra* spp.)는 겨울에서 봄철까지만 자라고, 불등풀가사리(*Gloiopeltis furcata*)는 가을에 반상근에서 출현하여 늦은 봄철까지 번무하며, 염주말(*Chaetomorpha moniligera*)은 여름철에 번성한다. 조사지역에 따라서는 파래류(*Entermorpha* spp.)가 내만성의 해안에 우점하기도 한다. 참국수나물(*Nemalion vermiculare*)은 동해안 중・남부의 안이, 장호 및 영일만의 대보에서 여름철에만 채집된다.

조간대 중부에는 개서실(*Chondria crassicaulis*)이 사계절을 통하여 출현하여 가을철에 번성하고, 애기마디잘록이(*Lomentaria hakodatensis*)는 사계절 모두 흔하게 채집되나 특히 겨울철에 번성한다. 작은구슬산호말(*Corallina pilurifera*)은 사계절 모두 높은 빈도로 분포한다. 동해안 남부에서는 구멍갈파래(*Ulva pertusa*) 및 모란갈파래(*U. conglobuta*)가 봄에서 가을철까지 우점한다.

조간대 하부 즉, 점심대 상부에는 지충이(*Sargassum thunbergii*) 및 작은구슬산호말이 높은 빈도로 서식하고 패모자반(*S. yezoense*)이 여름철에 번성한다. 한편, 조사지역에 따라서는 톳(*Hiziki fusiformis*)이 여름에, 개그물바탕말(*Dilophus okamurae*)이 봄에, 참그물바탕발(*Dictyota dichotoma*)이 가을에, 그리고 참보라색우무(*Symphyocladia latiuscula*)가 겨울철에 각각 번무하기도 한다. 동해안 중부의 갈남에서는 수심 0.5~3.0m에서 작은구슬산호말, 참보라색우무, 붉은까막살(*Carpopeltis cornea*), 왜모자반, 애기돌가사리(*Gigartina intermedia*) 등이 출현하였으며, 수심 3.0m 이하에서는 옥덩굴(*Caulerpa okamurae*)이 밀생하고, 하부로 갈수록 큰서실(*Laurencia japonica*)의 빈도가 증가하는 추세를 나타냈다.

조간대 하부에 분포하는 지충이는 동해안의 영일만과 울산에서 우점하고 왜모자반은 한국 동해안의 남부와 울릉도에 걸쳐 조간대 하부에 우점을 한다. 동해의 강릉 주변 안인진에서는 모자반이 드물게 출현하며 수심 7m까지만 출현한다. 쇠미역사촌과 미역은 8~9m에서만 큰 무리를 이루며, 다시마는 수심 10m 이하에서만 관찰된다. 특히, 북방계 해조류인 야키시리구멍쇠미역은 18m의 깊은 수심에서만 서식한다.

동해안 오호리에서 관찰된 해조류의 수직분포는 수심 뿐 만 아니라 파도에 대한 노출정도에 따라 다르게 나타났다. 파도로부터 보호된 내만지역에는 모자반, 진두발, 참지누아리가 서식하고 파도에 노출된 지역에서는 쇠미역사촌이 주를 이루었다. 오호리에서도 역시 북방계 생물로 간주될 수 있는 삼나무말, 야키시리구멍쇠미역 등이 서식하여 동해안의 다른 해역과 유사하다. 동해에서 울릉도는 독특한 해조상을 보이는 곳으로 제주도에 주로 분포하는 남방계 해조류인 감태, 분부챗말 등이 서식한다. 동해의 중앙에 위치하면서도 생물상은 남해의 특징을 가지고 있어 남해안에서 언급하였다.

(4) 우점종

동해안 중부의 속초와 갈남에서 출현하는 우점종은 미역, 왜모자반 및 참보라색우무였으며, 준우점종으로는 김파래, 작은구슬산호말 및 개서실이었다. 동해안 남부의 울산에서 출현하는 우점종은 지충이(봄), 구멍갈파래(여름철) 및 작은구슬산호말(가을과 겨울철)이었으며, 준우점종으로는 괭생이모자반으로 조사되었다. 동해안 중부에서 조사된 생물량은 갈남에서 164.9~206.2 gdw·m^{-2}, 주문진에서 65.0~794.0 gdw·m^{-2}로 조사되어 조사지역과 기간에 따라서 매우 큰 편차를 나타낸다.

2) 서해안의 해조류

(1) 서해안의 개황

서해의 표층 순환은 쿠로시오 해류, 계절풍 및 복잡한 지형의 세 가지 요소에 의해 크게 좌우된다. 여름철에는 쿠로시오 해류가 제주도의 서쪽을 지나면서 분지되어 황해난류가 되어 황해로 유입되어 서해 전역에 열대수를 공급한다. 겨울철에는 강한 북서풍에 의하여 황해해류는 심한 대류작용이 일어나 한국과 중국연안을 따라 남하하는 저온 및 높은 탁도의 연안류가 형성되는데, 이러한 현상은 국내의 타 해안에서는 관찰되지 않는다.

서해의 표면 수온은 여름철에는 북부해역에서 24~25℃, 남부에서 27~28℃이며, 겨울철에는 대륙성 기후의 영향을 받아 북부에서 2~4℃, 남부에서 7~8℃로 황해냉수로 덮이며, 연교차는 20~22℃이다. 서해의 염도는 하천수의 유입으로 연 변화가 심하며, 다른 해안에 비해 저염도를 나타낸다. 표층 염도는 여름철에는 서해 중앙부에서 31.2~31.8‰, 한국 연안에서 31‰ 이하를 보이고, 겨울철에는 북부에서 31~32‰, 남부에서 33~34‰이다.

대조차는 서해안 남부에서 2.5~3.0m이나 북쪽으로 올라감에 따라 점차 증가하여 목포 외해에서는 4.0m, 대천과 소연평도에서 6.0m이며, 인천에서는 8.0m가 된다. 이러한 서해안의 대조차는 국내의 타 해안에 비하여 매우 특이한 현상일 뿐만 아니라 세계적으로도 흔하지 않다. 조석의 양상은 반일주조가 우세한 혼합조로서 일조부등이 매우 적으며 상례적으로 1일 2회의 고조와 저조를 나타낸다. 평균 해수면은 황해난류, 태양열, 하천수 및 바람 등의 효과가 종합되어 8월에 최고로 높아지고

2월에 가장 낮으며, 그 차는 0.5m이다.

(2) 해조류의 수평분포

서해구의 남쪽 분포 한계선을 흑산도 근해로 정하고 이곳의 해조상 조성이 북방계 6%, 온대계 71%, 남방계 4% 및 범세계종 20%로 구성됨을 밝히고 있다. 그러나 서해구와 남해구의 한계선은 현재까지도 논란의 여지가 있는데, 서해구의 남쪽 경계를 흑산도 보다는 훨씬 북쪽에 위치한 태안반도 근해의 격렬비열도로 보는 것이 타당하다고 주장하기도 한다.

서해안은 대부분이 갯벌로 덮여 있으며 암반이 있다 하여도 굴 껍질, 높은 탁도와 낮은 수온 등의 영향으로 해조류의 식생은 타 해안에 비하여 매우 빈약한 상태이다. 예를 들면 서해안에서 140종, 파도리 84종, 태안반도 109종, 서해안 중부 151종, 삽시도 42종, 변산반도 53종, 무안 18종이 출현하는 것으로 나타났다.

(3) 해조류의 수직분포

서해안의 조간대는 타 해안과 비교하여 대조차가 크기 때문에 상부에 서식하는 해조류는 개체수 및 종수가 매우 제한되어 있다. 조수 웅덩이와 북서방향의 습기가 많은 바위틈에는 조간대 중, 하부에서 관찰되는 해조류가 발견되기도 하지만 조간대 상부의 전형적인 특징이 아니기 때문에 여기서는 제외하였다.

조간대 상부에는 불등풀가사리가 봄철에 번성하며, 바위수염은 주로 봄부터 가을에 흔하게 채집되지만, 여름철에 특히 번성한다. 어떤 지역에서는 애기우뭇가사리(*Geladium divariatum*)와 애기가시범불(*Caulacanthus okamurae*)이 높은 빈도로 자라기도 한다. 조간대 중부에는 작은구슬산호말이 봄과 가을철에, 그리고 지충이는 여름과 가을철에 많은 양이 채집된다. 조간대 하부에서는 톳이 늦가을에, 구멍갈파래는 늦봄에 번성한다. 또한, 지충이가 조간대 중부에서부터 이곳 하부까지 서식한다. 지역에 따라서는 미끈풀(*Dumontia simplex*)이 봄철에, 진두발이 여름철에 번성한다.

또한, 서해안 남부에서는 지역에 따라 애기돌가사리 및 참까막살(*Carpopeltis affinis*)이 우점하기도 한다. 한편, 패는 분포론적으로 남해안에서는 흔하게 관찰되나 서해안의 중부에서는 거의 채집되지 않으며 다만 서해안 남부에서만 주로 채집된다. 동해안에서 겨울철에 번성하는 김파래와 김류는 서해안에서는 우점하지 않는다.

흥미로운 사실은 뜸부기가 태안반도의 외해에서 번성한 기록이 있으나, 최근 보고에 의하면 그 빈도가 매우 낮아 해조류 식생 변화가 큰 것으로 보인다. 서해안에서도 비교적 물이 밝은 외해에 위치한 섬은 연안 암반조하대보다 조하대상부에서의 해조상은 상대적으로 다양하다. 한 예로 어청도에서는 조하대 깊은 곳까지 들니모자반과 알쏭이모자반이 분포하는 것은 연안에 위치한 태안과는 전혀 다르고, 남해의 생물상에 가깝다.

(4) 우점종

서해안에서 우점적으로 출현하는 종은 작은구슬산호말(파도리, 격포), 지충이(격포, 삽시도, 변산반도) 및 불등풀가사리(가학리)이며, 준우점종으로는 구멍갈파래, 애기우뭇가사리 및 톳 등으로 나타났다. 그 중에서 애기우뭇가사리는 서해안에서만 준우점하며 그 외에는 한국 연안에서 흔하게 채집되는 종이었다. 서해안 중부에서 조사된 생물량은 41.0~549.0 gdw·m^{-2}였고, 파도리에서는 137.0~314.0 gdw·m^{-2}로 조사되어 조사 지역과 기간에 따라서 매우 큰 편차를 나타냈다.

3) 남해안의 해조류

(1) 남해안의 개황

남해안의 서부 해안은 쿠로시오 난류로부터 분지된 해류의 영향을 받으며, 이 해류는 해안을 따라 평행하게 동진하여 대한해협의 근해에서 대마난류로 되고, 이 대마난류가 대한해협을 통과하여 동해안을 따라 북상한다. 따라서 남해안은 전체적으로 쿠로시오 난류의 영향권에 속해있다.

남해안의 표면수온은 겨울철에는 남해안 서부의 난류역에서 9~12℃, 대한해협의 대마난류역에서 12~14℃이며, 여름철에는 남해안 전 지역에서 25~28.5℃로 거의 동일한 수온분포를 보인다. 수온의 연교차는 남해안 서부해역에서 8℃, 남해안 동부해역에서 13℃ 내외를 나타낸다. 염분은 겨울철에는 쿠로시오 지역에서 34.6‰

이상이고, 대만난류 지역에서 34.4~34.6‰, 대한해협에서 32.0~32.4‰의 분포를 보인다.

대조차는 부산항에서 약 1.2m이나 서쪽으로 가면서 증가하여 충무에서 2.4m, 삼천포에서 2.8m, 그리고, 여수 및 완도에서 3.0m이며, 해안에서 멀어지면서 외해의 대조차는 2.0m이다. 조석의 양상은 반일주조가 우세한 혼합조로서 일조부등이 약간 있으나 규칙적인 1일 2회의 고조와 저조를 나타낸다. 평균 해수면은 2월에 최저이고 8월에 최고로 되며, 그 차는 약 0.3m가 된다.

(2) 해조류의 수평분포

남해안과 울릉도 독도의 표면수온이 같기 때문에 이들 지역을 남해구로 설정할 경우 해조류 종조성은 북방계 6%, 온대계 76%, 남방계 5% 및 범세계종 13%로 구성되어 있다. 남해안과 울릉도에서는 출현한 종수를 보면 남해안에서 348종, 거문도에서 230종, 남해도에서 108종, 임포에서 115종, 울릉도에서 162종이 보고되어 지역에 따라 108~348종 까지 다양한 출현 종수를 보였다. 남해 연안에 위치한 욕지도와 제주도 서귀포 앞 문섬을 예로 들면 욕지도의 경우, 수심 약 5m까지 해조류인 돌가사리가 우점하고 수심 15m까지는 애기외톨개모자반, 굵은 석묵, 외흐늘풀 등이 우점한다.

제주도의 암반 조하대는 남해의 연안역의 도서지역의 수온이 낮고 탁도가 높은 반면에 제주도 해역은 대마난류의 영향으로 수온이 높고 탁도가 낮다. 따라서 제주도 연안에서는 아열대 또는 열대에 서식하는 해조류의 일부가 관찰된다. 제주도 문섬에서는 수심 약 10m까지 갈래잎, 모자반, 감태가 우점적으로 출현하고 수심 15m정도에서는 괭생이모자반이 군락을 이루고 있다.

감태와 부챗말은 우리나라의 최남단 해안에서만 관찰되는 종으로 부챗말은 수심 10m이하에서 관찰되며 감태는 수심 20m까지 계속 나타난다. 남해 연안가로부터 제주도로 가면서 나타나는 중요 생물로는 납작갈라갈라, 잎맥말, 그물바구니등이 있다. 이들 모두는 남방계 해조류로 제주도로 갈수록 수온이 높아지기 때문에 서식하는 것으로 생각된다.

(3) 해조류의 수직분포

조간대 상부에는 불등풀가사리가 겨울철에 출현하여 초여름에 번성하고 가을철에는 반상근의 형태를 보인다. 애기가시덤불이 연중 분포하나 겨울철에 특히 번성하며, 애기우뭇가사리와 더불어 자라기도 한다. 김류가 겨울에서부터 봄철까지 번성한다. 그리고 바위수염이 사계절 분포하나 지역에 따라서는 여름철에 사라지기도 한다. 조간대 중부에서는 갈조류인 패와 넓패가 넓게 분포하고 가을에 가장 번성한다. 돌가사리(*Gigartina tenella*), 애기돌가사리 및 구멍갈파래가 연중 채집되나 특히 봄에서 여름철에 다량으로 채집된다. 또한 지역에 따라서는 조간대 중상부에 참풀가사리가, 중하부에 애기풀가사리(*Gloiopeltis companata*)가 여름철에 번성하나, 2종은 동해안과 서해안에서는 관찰되지 않는다.

조간대 하부에는 구멍갈파래와 지충이가 중부에서부터 하부에 이르기까지 높은 빈도로 존재하고 이들은 봄에 생산량이 가장 높다. 들은 초겨울에서 초봄까지 많은 양이 채집되며, 괭생이모자반은 여름에서 겨울철까지 다량으로 채집된다. 개서실은 여름에서 가을철에 번성하며, 작은구슬산호말 및 뜸부기가 연중 분포한다. 참보라색우무가 남해안 동부에서 주로 초겨울에 분포하는데, 동해안 남부의 울산에서도 초겨울에 번성하는 공통적인 특징을 보인다. 한편, 해운대의 동백섬에서는 저조선에서 점심대까지 왜모자반, 진두발, 미역, 붉은은행초(*Rhodoglossum japonicum*), 외톨개모자반(*Myagropsis myagloides*), 감태가 분포한다. 청산도의 점심대에서는 감태와 잔가시모자반(*Sargassum micracanthum*)이 채집된다.

울릉도 조간대의 해조류 수직분포는 상부에서 하부까지 파래류-개서실이 분포하며 저조선 부근에는 왜모자반, 대황(*Eisenia bicyclis*)이 분포한다. 독도의 해조류 수직분포는 상부에서 하부까지 울릉도와 동일하나 저조선 근처에는 가시뼈대그물말(*Dictyoteris prolifera*), 꼬마모자반(*Sargassum nipponicum*)이 분포하며 최하부에는 대황이 해중림을 이룬다. 장발이서실, 가시뼈대그물말, 괭생이모자반이 수심 3~5m까지 분포하며, 수심 15m까지 대황이 광범위하게 분포한다.

동해안, 남해안, 울릉도의 점심대에 분포하는 해조류의 특징은 대황과 미역이 남해안과 울릉도에서 공통적으로 서식하는 것을 제외하면 지역간에 공통으로 분포하는 종은 없다는 것이다(표 2.1). 이는 점심대에 서식하는 해조류의 연구가 미진하기 때문으로 사료된다.

표 2.1 우리나라 동해, 남해안 동부, 울릉도의 조하대에 분포하는 해조류

구분	동해안	남해안	울릉도
조하대 상부	쇠미역사촌 알쏭이모자반 참보라색우무 붉은까막살 보라잎	구멍갈파래, 청각 미역, 왜모자반 외톨개모자반 꽈배기모자반 개서실, 돌가사리	감태 미역 참산호말 가는개도박
조하대 중부	미역, 구멍분홍치 야끼시리구멍미역쇠 마디잘록이, 검은서실	감 태 잔가시모자반	사카이대마디말 미끈뼈대그물말 괭생이모자반 애기마디잘록이
조하대 하부	다시마 쇠고기산말 참가시그물바탕말	참곱슬이 볏붉은잎 가는보라색우무	쇠꼬리산말 실그물바탕말 분부챗말

(4) 우점종

남해안에서 우점적으로 출현하는 종은 지충이, 톳 및 작은구슬산호말이며, 준우점종으로는 구멍갈파래, 패 및 애기돌가사리였다. 그 중에서 패와 애기돌가사리는 남해안에서만 우점하는 것으로 나타났다. 청산도에서 우점하는 종은 톳, 참산호말(여름), 괭생이모자반(겨울) 이었으며, 준우점종은 불등풀가사리, 작은구슬산호말, 구멍갈파래, 지충이이다. 남해도의 우점종은 지충이, 준우점종은 톳, 패, 구명갈파래로 나타났으며, 임포의 우점종은 지충이, 준우점종은 구멍갈파래, 톳, 애기돌가사리, 작은구슬산호말로 조사되었다. 울릉도에서 출현하는 우점종은 무절산호조류(*Clustus coralline* algae), 감태(*Ecklonia cava*), 미끈뼈대그물말 및 미역이며, 준우점종으로는 작은구슬산호말, 참산호말(*Collarina officinalis*) 및 괭생이모자반으로 나타났다. 최근 남해안의 남해도에서 조사된 생물량은 평균 105.2 gdw·m^{-2}이었으며, 다른 기록을 살펴보면 1.1~191.39 gdw·m^{-2}로 국내의 다른 해안에 비하여 조사지역에 따른 편차가 매우 크게 나타났다.

CHAPTER

03

세계의 해조자원과 이용

CHAPTER 03

세계의 해조자원과 이용

1 세계의 해조 생산량

해조의 이용을 검토하기 위해서는 세계 전체나 우리나라에서 이용 가능한 해조의 량이 어느 정도인가를 먼저 파악할 필요가 있다. 세계의 해조 생산량은 FAO의 자료에 의하면 그림 3.1과 같이 1970년대 이후로 전체적으로는 점차 증가 추세를 보여 1970년에는 180만 톤이었으나 1993년에는 700만 톤으로 크게 증가하였다. 이것은 1976년까지 중국의 갈조 생산량이 FAO 통계에서 누락되어 있었으나 그 후, 연안에서 생산되고 있는 다시마의 생산량이 추가되었기 때문이다. 국가별 생산량을 보면 그림 3.2와 같이 중국이 63.2%로 압도적으로 많고, 한국, 일본이 각각 9.6%, 9.7%로 그 다음을 차지한다.

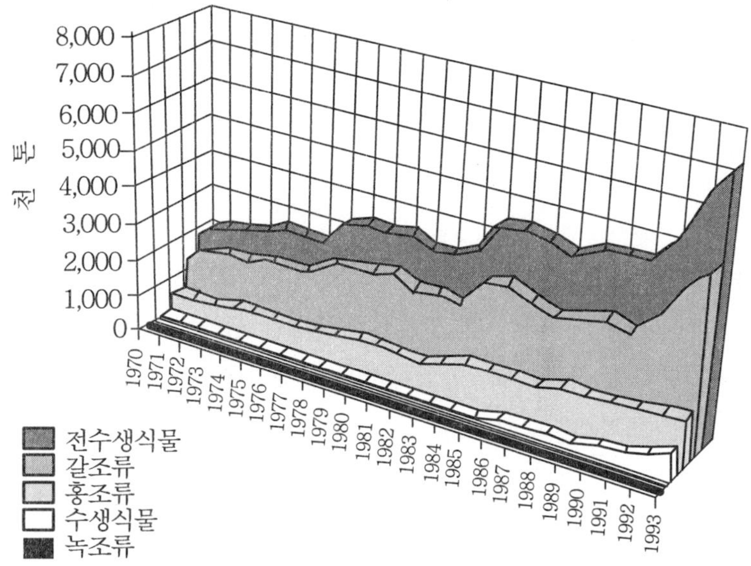

그림 3.1 세계의 해조류 생산량 추이(1970~1993, FAO/FIDI 자료)

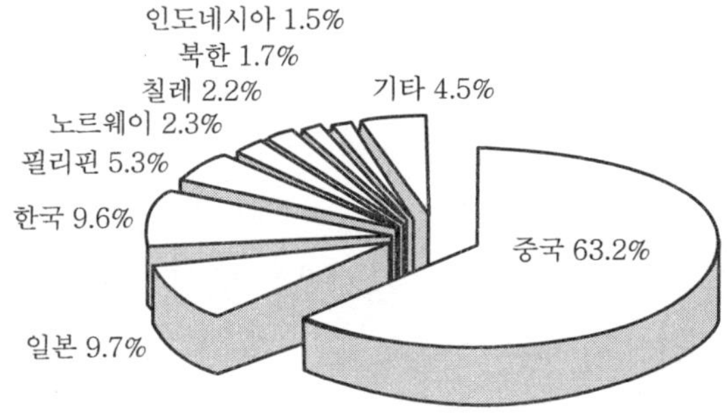

그림 3.2 국가별 해조류 생산량의 비율(1993)

2 세계 각국의 해조 생산량과 이용

1) 아시아

(1) 한국

우리나라에서의 해조 양식은 남해안에 집중되어 있으며, 해역별 해조 생산량을 그림 3.3에 나타내었다. 우리나라의 해조 생산량은 생중량으로 약 78만 톤이며, 그 중 97%인 75만 톤이 양식산이다. 한국에서는 남해안에서 생산량이 많으며, 참김류, 다시마, 미역, 톳, 모자반, 파래, 청각 등이 생산되고 있다. 그림 3.3에 그들 각각의 생산량을 나타내었다.

김류는 거의 대부분이 40여년 전부터 시작된 양식산으로 천연산은 감소 추세에 있다. 미역은 1964년부터 종묘생산에 의한 양식이 시작되었으며, 한국에서 가장 힘을 쏟고 있는 해조이다. 해마다 생산량은 증가하고 있으나, 천연산은 극히 일부에 지나지 않는다. 다시마류는 천연산은 극히 일부이며, 대부분이 참다시마(*Laminaria japonica*)와 애기다시마(*L. religiosa*)의 양식산이며, 양식 어장도 늘어나 생산량이 점차 늘고 있다. 일본이 수출이 많은 톳의 경우도 연간 생산량의 변동이 크지만 증가 추세이다.

톳은 탄닌을 많이 포함하고 있어 철로 된 솥에서 삶아서 탄닌류를 제거하고 부드럽게 만들어 천일건조하여 수출하고 있다. 이것을 말린 톳이라 하며 해변에서 그대로 말린 것을 소건 톳이라고 한다. 이들 생산품은 말리거나 염장 등으로 가공되어 주로 일본에 수출한다. 이들 현황을 그림 3.4, 5, 6, 7, 8에 나타내었는데, 염장 미역이 상당한 양을 차지하고 있으며 마른 김과 마른 톳이 그 뒤를 잇고 있다.

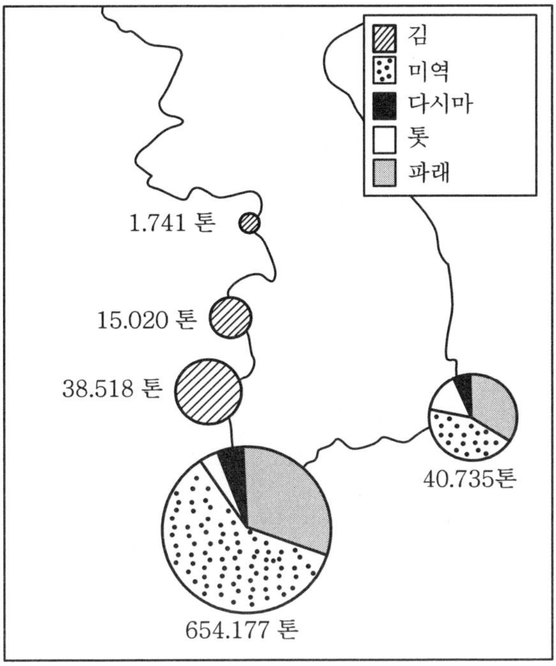

그림 3.3 한국의 해역별 식용 해조의 응식생산량

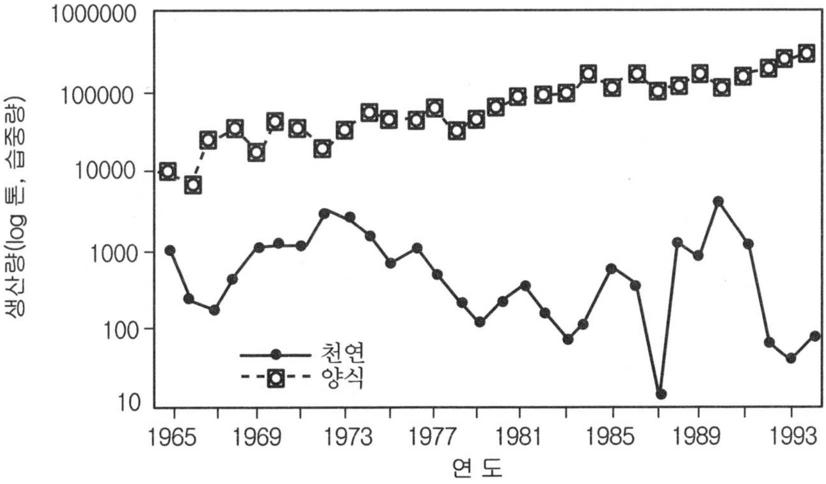

그림 3.4 한국의 김 생산량 추이

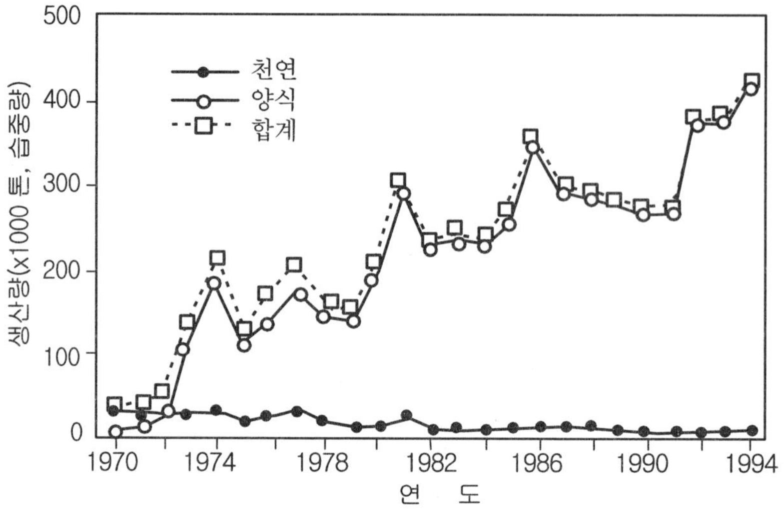

그림 3.5 한국의 미역 생산량

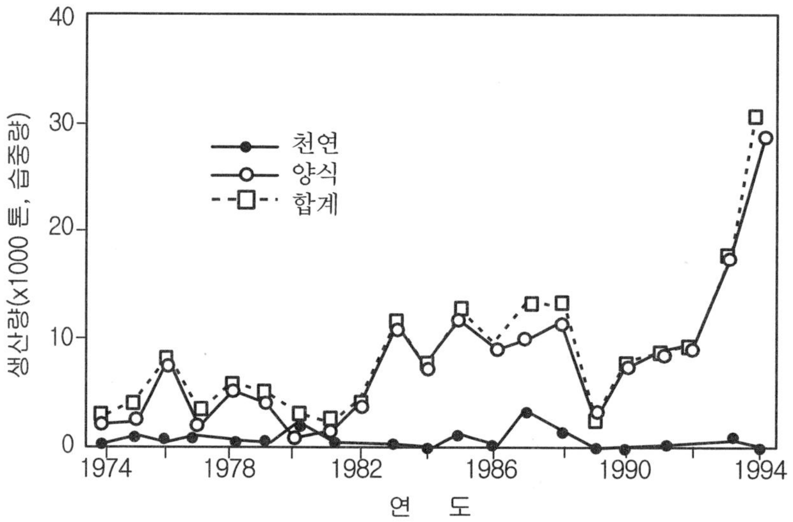

그림 3.6 한국의 다시마 생산량

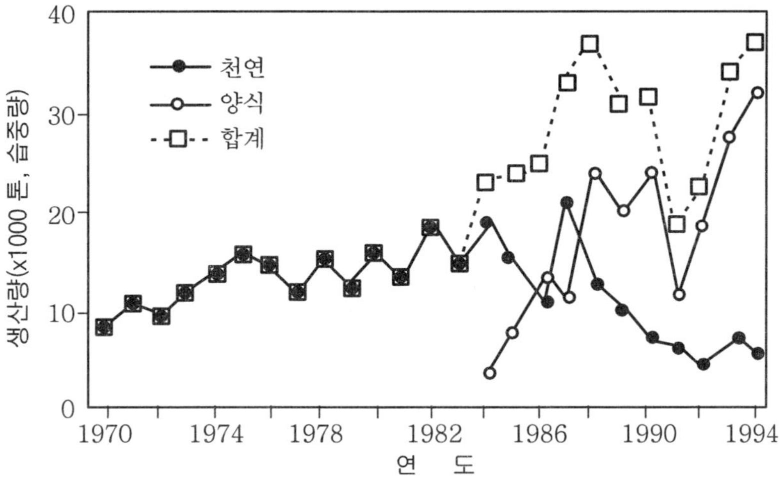

그림. 3.7 한국의 톳 생산량

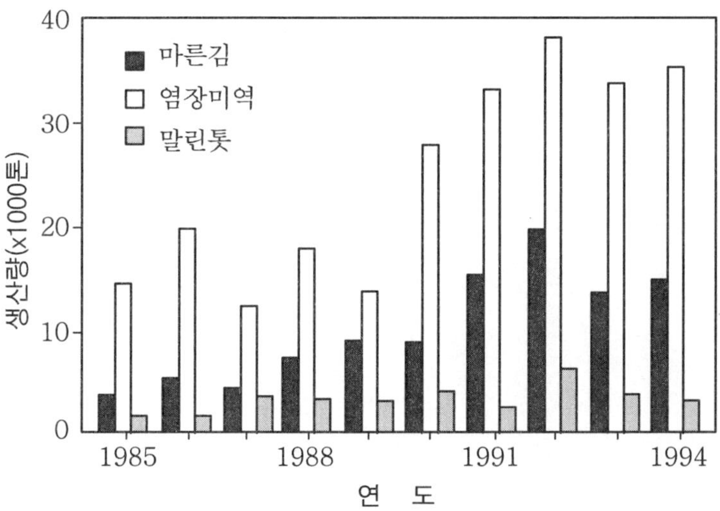

그림 3.8 한국의 해조 가공품 생산량

또, 한천 가공업도 발달하였으며, 1985년부터 1993년도 까지 한천 생산량을 그림 3.9에 나타내었다.

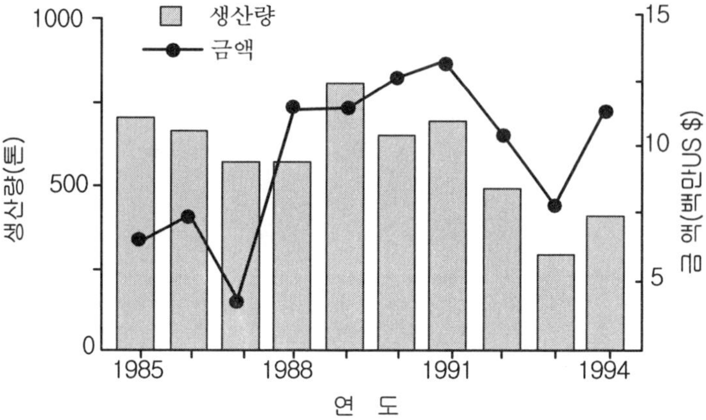

그림 3.9 한국의 한천 생산량

다시마는 끓여먹는 요리로서, 미역도 데치거나 삶아서 나물로 사용한다. 김은 중국과 마찬가지로 김을 발라 구워 먹는데 주로 참기름을 사용한다. 김에 많이 함유된 carotene류는 조체에서 기름으로 녹아나오도록 하는데 유용한 방법이다. 일본에도 이러한 김이 수입되고 있어 식당에서 쉽게 찾아볼 수 있으며, 돌김은 김 특유의 향기가 좋아 인기가 높다. 한국에서 어떤 해조가 어떤 방법으로 식용되는지를 표 3.1에 나타내었다.

표 3.1 한국에서 해조의 식품으로서 이용방법

종류	학명	처리방법	조리방법
녹조류	**Chlorophyta**		
참홋파래	*Monostroma complex*	날것, 건조	나물, 국, 샐러드, 구이
납작파래	*Entermorpha complex*	〃, 〃	나물, 국, 샐러드, 구이
매생이	*Capsosiphon fulvescens*	날것	국
청각	*Codium fragile*	날것, 건조	나물, 국, 김치
갈조류	**Pheophyta**		
고리매	*Scytosiphon lomentaria*	날것	나물, 국, 샐러드
곰피	*Ecklonia stolonifera*	날것, 건조	샐러드
미역	*Undaria finnatifida*	〃, 〃, 염장	나물, 국, 샐러드, 튀각
넓미역	*U. peterseniana*	〃, 〃, 〃	나물, 국, 샐러드, 튀각
다시마	*Laminaria japonica*	〃, 〃	국, 샐러드, 튀각
애기다시마	*L. religiosa*	〃, 〃	국, 샐러드, 튀각
뜸부기	*Pelvetia siliquasa*	〃, 〃	나물, 국, 샐러드
톳	*Hizikia formis*	〃, 〃	나물, 국, 샐러드
괭생이모자반	*Sargassum horneri*	날것	나물, 국, 샐러드
홍조류	**Rhodophyta**		
김	*Porphyra complex*	날것, 건조	나물, 국, 샐러드, 구이
참국수나물	*Nemalion vermiculare*	〃	나물, 샐러드
우뭇가사리	*Gelidium amansii*	건조	나물, 샐러드, 한천추출
개우무	*Ptercladia capillacea*	건조	나물, 샐러드, 한천추출
불레기말	*Gloiopeltis furcata*	날것, 건조	나물, 국, 샐러드
풀가사리	*G. tenax*	〃, 〃	나물, 국, 샐러드
미끌지누아리	*Glateloupia turuturu*	〃, 〃	나물, 국, 샐러드
꼬시래기	*Glacilaria vercosa*	〃, 〃	나물, 국, 샐러드
서실	*Chondria crassicaulis*	〃, 〃	나물, 국, 샐러드

(2) 일본

1997년도까지 일본의 다시마류(*Laminaria*), 미역류, 김류의 생산량과 생산액을 보면 표 3.2와 같다. 생산량과 액수 모두 김류가 가장 많고 미역, 다시마가 그 뒤를 잇고 있다. 양식 김류의 연간 생산량은 습중량으로 40만 톤으로 20×20cm 크기로 1장에 3.75g(건중량)으로 만든 마른 김의 수는 연간 변동이 크지만 1994년에 120억장에 이른다. 일본인들만 먹는 것으로 본다면, 1인당 년간 100장 정도 소비하는 것이 된다.

표 3.2 일본의 해조 생산량(천톤)과 생산액(억엔)

	종류	1985	1991	1992	1993	1994	1997
생산량	다시마류	54	43	73	60	58	55
	미역류	112	99	112	90	88	100
	김류	352	403	383	363	483	407
	합계	518	545	568	513	521	562
생산액	다시마류	90	135	134	145	119	92
	미역류	143	182	158	136	159	164
	김류	1,236	1,173	1,110	1,084	1,336	1,026
	합계	1,450	1,490	1,393	1,365	1,614	1,276

일본농림수산성, 어업, 양식업통계년보(1998)

일본에서 김의 양식은 1670년대 현재의 동경만에서 시작되었다고 한다. 그러나 그 당시에는 왜 9월 하순에 바다에 말목을 세워 놓으면 2주 정도 지나서 김의 싹이 나는지에 대하여는 전혀 알지 못했다. 그러나 1949년 영국의 Drew Baker 여사가 김의 과포자가 패각 등의 표면에서 발아하면 그 내부로 들어가 김과는 다른 형태로 되고 그 위에 만들어진 포자가 발아하여 김이 된다는 획기적인 발표를 하였다.

이렇게 생활사가 밝혀진 후에 일본의 많은 조류 연구자들이 인공 채묘에 대하여 연구하여 비로소 양식기술이 확립되게 되었다. 그 결과, 1965년에는 연간 35억장을 생산하게 되었고 1970년 이후 매년 60~100억장씩 증가하여 생산 조절을 하지 않으면 안 되게끔 되었다. 이 정도의 김 생산량으로는 일본 자체 만으로서는 생산 과잉이 될 우려가 있어 보다 고품질의 김을 생산하든지 미국이나 그 외 다른 나라에서의 소비가 증가하도록 노력하고 있다. 기타 동일한 참김 중에도 특히 향기가 좋은 돌김이 라고 칭하는 것이 있으나, 단가가 비싸고 양적으로도 미미하여 일본 전체로서의 통계 자료도 찾아볼 수 없다.

천연과 양식 미역의 생산량을 그림 3.10에 나타내었다. 일본에서의 미역은 거의 대부분 양식된 것이며, 최근에는 생산량이 다소 감소하는 경향이 있다. 일본에서 미역의 양식은 1942년에 북해도에서 그리고 만주의 대련에서 시험적으로 하였으나 실용화에 이르지는 못하였다.

1955년 경부터 일본 동북 지방에서부터 四国지방의 대학, 연구소 등 시험연구 기관에서 사업화를 위하여 연구가 활발하게 진행되어 1965년 경부터 본격적인 양식이 시작되었으며, 1974년에는 천연산을 상회하는 15만 톤을 생산하게 되었다.

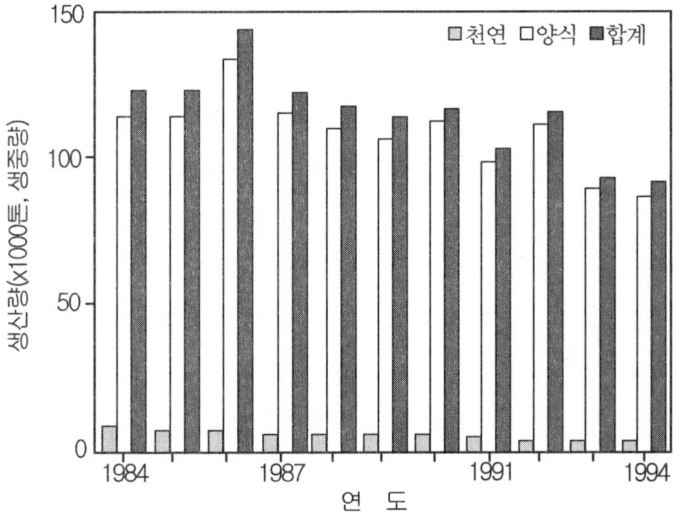

그림 3.10 일본에서 천연 및 응식 미역의 연간 생산량

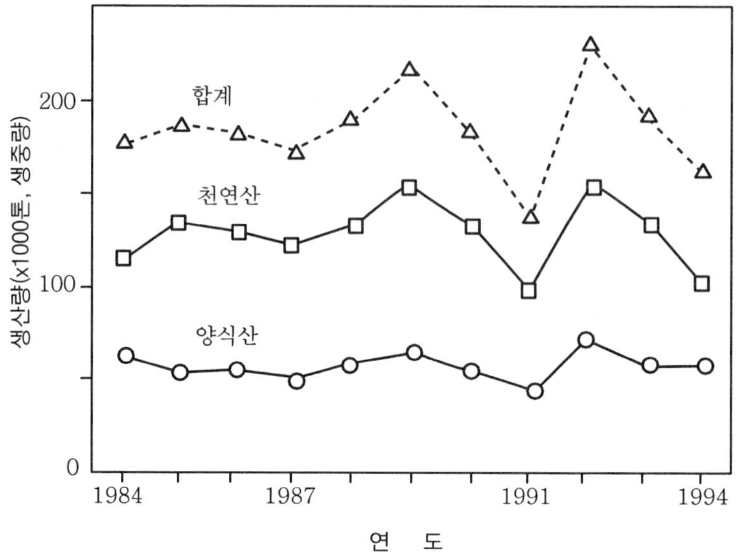

그림 3.11 일본에서 천연 및 양식 다시마의 연간 생산량

그림 3.11은 천연 및 양식 다시마의 생산량으로서 미역과는 달리 다시마는 양식 다시마가 천연산의 절반 정도이다. 다시마 양식은 북해도에서 1965년경 연구가 시작되어 수년 후에 속성 양식법이 확립되었다. 속성 양식법은 2년생 다시마 크기와 무게의 것을 1년에 만드는 것으로 北海道, 東北地方, 德島県, 九州에 이르기 까지 널리 보급되었다. 물론 종묘는 北海道나 東北地方에서 생산된 것을 공수하여 사용하는데, 성장은 빠르지만 다시마다운 맛이나 향이 부족하다.

이처럼, 일본에서 해조 양식은 활발하게 이루어지고 있으나, 이에 상응하는 어업인 세대수는 1984년 22,000세대에서 1994년에는 9,000세대로 매년 감소하고 있다. 연안이나 원양 어업에 종사하는 사람 수도 매년 줄어들어 어업자의 고령화와 함께 후계자 문제가 금후 큰 과제이다.

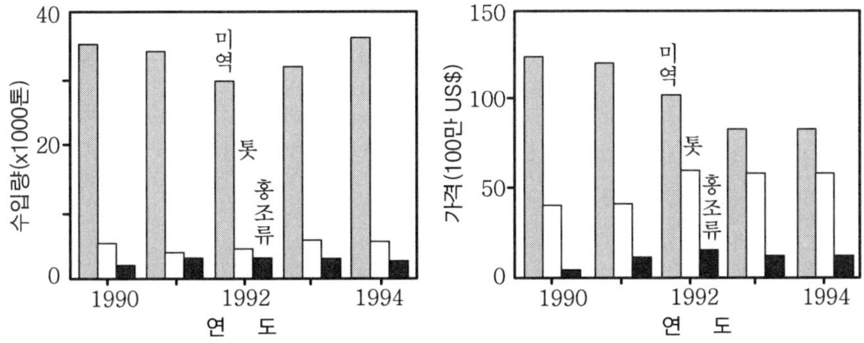

그림 3.12 식용 갈조 미역과 톳, 홍조류의 수입량과 금액

일본은 해조 생산국이지만 미역이나 톳 등은 외국에서 수입하고 있으며, 그 양과 금액을 그림 3.12에 나타내었다. 한천의 원조 정도는 아니지만 미역이 약 3만톤, 톳이 약 5천 톤 정도 중국이나 한국에서 수입되고 있다. 한천 원조와 알긴산 등 해조 콜로이드 공업용 원조의 수입량은 그림 3.13에 나타내었다. 또, 일본에서 생산되어진 한천의 양과 한천 관련 물질의 생산량은 그림 3.14와 같다. 한천 생산량은 1970년에 약 2,700톤 정도 이었으나 점차 감소하여 1995년에는 약 1,000톤 정도였으나 agarose등 한천 관련물질의 수출도 크게 감소하였다. Carrageenan 관련물질도 수입되고 있는데 정제 carrageenan을 수입하는 게 아니라 미정제품을 수입하여 일본에서 정제하거나 일본에서 조제하여 판매하는 것들이다. 수입국은 미국이 가장 많고 이어 덴마크, 한국의 순이다(그림 3.11, 12, 표 3.3).

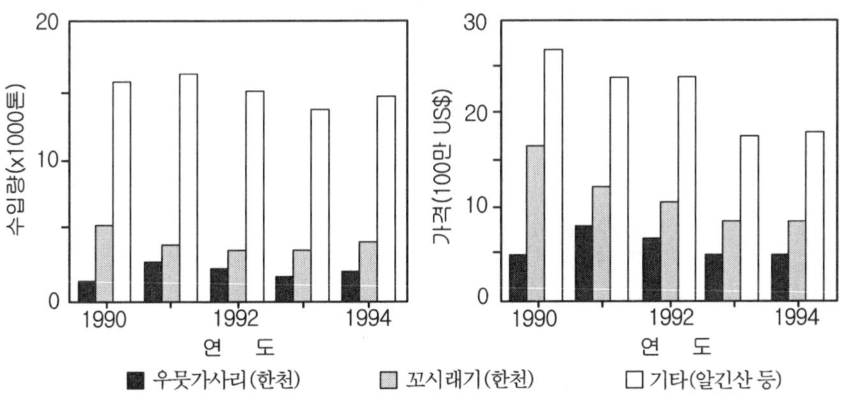

그림 3.13 일본에서의 해조 콜로이드용 원료의 수입량

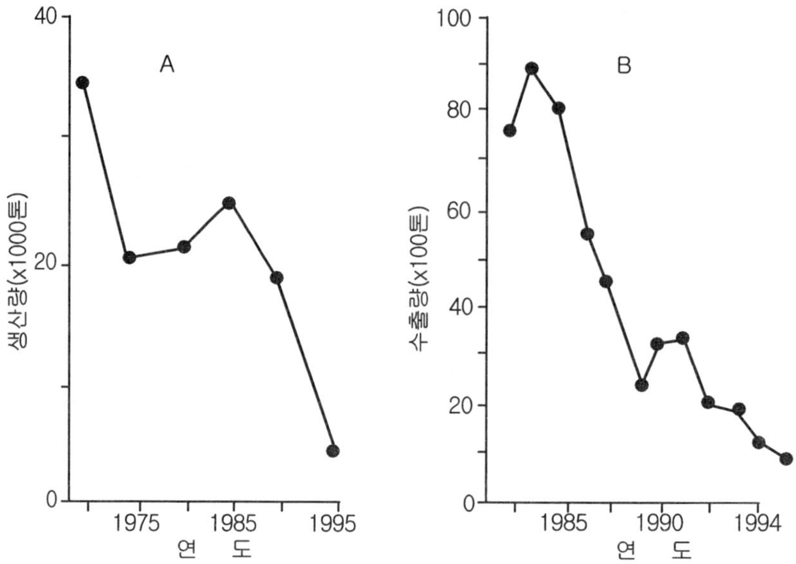

그림 3.14 한천의 연간 생산량과 관련 물질의 수출량

표 3.3 1997년 일본의 각국으로부터 carrageenan 수입량

국명	수입량(톤)
한국	250
필리핀	229
덴마크	375
프랑스	172
미국	415
인도네시아	223
칠레	42
스페인	12
계	1,718

▷ 역사적으로 본 일본의 해조 이용

① 유적에서 해조류가 발견된다

패총, 니탄 등의 유적에서 대황, 모자반, 톳, 미역의 화석이 발견된 것으로부터 약 1만년전 신석기 시대로부터 해조가 이용되었던 것이 추정된다. 이 시대의 해조는 염

분의 보급원으로서 또, 내륙에 사는 수렵인들과의 동물성 단백질 교환품으로 사용되었을 것으로 보인다.

② 북해도의 다시마가 중국에서 이용

기원전 820년경 중국 주나라에서 일본 북해도산 다시마가 이용되었던 것으로 보인다. 그 후에도 다시마는 중국에 진상되기도 하였으며, 불로 장수약으로 또는 요오드 부족에 의한 풍토병 치료약으로도 쓰인 것으로 보인다.

③ 선사시대의 해조 이용

繩文, 弥生, 古墳 시대를 지나 4, 5세기경까지의 선사시대에 해조가 어떻게 이용되었는지 명확히 알 수 없는 부분도 있으나, 식용 이외에 다음과 같은 목적으로도 사용되었을 것으로 보인다.

④ 해조신사 시작되다

大和조정이 들어선 무렵 해조의 채취, 금지에 있어서 현재로 말하자면 자원관리를 행하여 풍작을 기원하는 제례를 하게끔 되었다. 제례를 행하는 신사, 신궁은 伊勢신궁이 유서 깊은 곳이다.

⑤ 공물

奈良시대에 접어들어 공물 중에는 해조가 정식으로 포함되었으며, 해조의 종류는 신사에 따라 달랐다.

⑥ 해조염의 제조

弥生 시대에는 원시적인 제염법으로 해조로부터 식염을 만들게 되었다. 식염은 조염 굽기란 방법으로 해조를 해변에 쌓아두고 여기에 해수를 몇 번이고 부어서 건조를 반복한 다음 이것을 구워서 염회를 만들어 이것을 물에 녹여 불용물을 제거하고 끓여서 만든다.

⑦ 불을 만드는 소재로서의 해조

고사기에 의하면, 해조는 식용으로는 거의 쓰이지 않고, 궁전에서 등불을 밝히는

도구로서 이용된 듯하다.

⑧ 노래로도 불린 해조

일본 최고의 가요인 萬葉集에는 해조에 관련한 길고 짧은 노래가 100여편 정도 보인다. 이들로부터 해조를 뜯거나 줍기도 하여 이를 식용으로 할 뿐 아니라 인간 생활에 없어서는 안 될 식염의 제조와 비료로 사용되어졌을 것이라고 추측할 수 있다.

⑨ 세금으로 바쳐진 해조

大和조정에서 처음으로 정하여 養老년간(720년경) 개정된 大宝율령은 일본에서 가장 오래된 세제를 나타낸 것이다. 이중에 국가 부역에 대신하여 각지의 산물을 징수하였는데, 이중에 수산물이 29종, 이 중 해조가 8종이었다. 10세기가 되어서 일본 최초로 세제가 법제화된 延喜式에는 해조류의 공납가치는 낮으나 14종이 수록되어 있다.

⑩ 해조가 식용으로서의 가치가 증대되다

延喜式에 의하면 중국에서 과자, 젓갈등 조미료가 전래되면서 해조의 스프나 해조초 등에 의해 다양한 먹는 방법이 늘어났다. 그러나 귀족층에 의해 해조식이 번성하였으나, 그 후, 무사계급의 출현으로 귀족계급이 몰락하게 됨과 함께 감소하였다. 그 후, 불교가 들어오면서 소위 정진요리로서 보급되어 해조식이 재평가되었다.

⑪ 군사식량으로서의 해조

전국시대가 되어, 전투식량으로서 건조 해조를 휴대하게 되었다. 또, 성안에 비축하여 성 안에서 먹을 비상식량으로 저장하였다. 熊本성에서는 창고에 가득히 해조가 비축되어 있던 것이 성을 무너뜨리는 과정에서 확인되었다고 한다.

⑫ 기근시의 식량

江戸시대에 큰 기근이 들어 구황 식량을 저장하도록 정부에서 장려하게 되었다. 이 식량 중에 미역, 다시마등 저장성이 좋은 것이 포함되어 있었다.

⑬ 경사에 쓰인 해조

현재에도 결혼 봉물에 다시마가 반드시 쓰인다. 당시에는 궁중에서 경사스런 일에 쓰였으나, 그 관습이 민간에도 전하여져 현재에 이르고 있다.

(3) 중국

중국에서의 해조 생산은 일본도 비슷하지만 1950년경까지는 증식수단으로서 갯바위 청소나 투석에 의해 이루어져왔다. 그 후, 양식이 활발히 이루어지게 되면서 그림 3.15 ~ 17에 나타낸 것과 같이 양식 다시마, 양식 김과 미역의 생산량이 습중량으로 100만톤에 이르게 되었다. 특히, 다시마는 약 10배 이상 증가하였으며, 그 중 30%는 알긴산 제조 원료로 쓰이며, 제품은 일본을 비롯한 여러나라에 수출되고 있다. 양식 김의 생산량 증가도 급격히 늘고 있으며, 톳이나 *Eucheuma*도 생산한다. 해조공업의 생산량은 알긴산 8,000톤, mannite 200톤, 한천 250톤, carrageenan 400톤 정도로 추정된다. 북부의 산동성에서는 오래전부터 우뭇가사리류가 500~600톤 정도 채취되고 있으며, 연간 100톤 정도가 일본에 수출되고 있다. 품질적으로는 좋은 원료가 채취되지만 건조 등의 처리가 좋지 않은 듯하다. 꼬시래기는 海南島에서 채취되며, 廣東省, 福建省 일부는 한천의 메카로 양식이 이루어지고 있다.

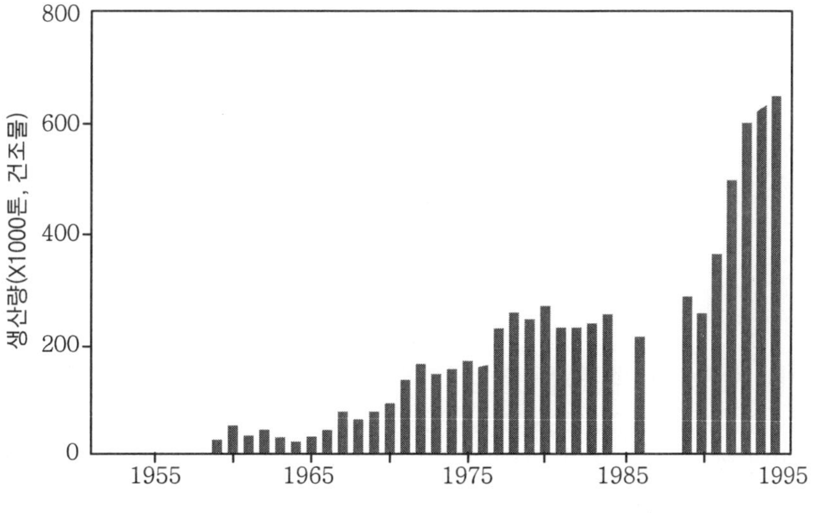

그림 3.15 중국에서 양식 다시마의 생산량 추이

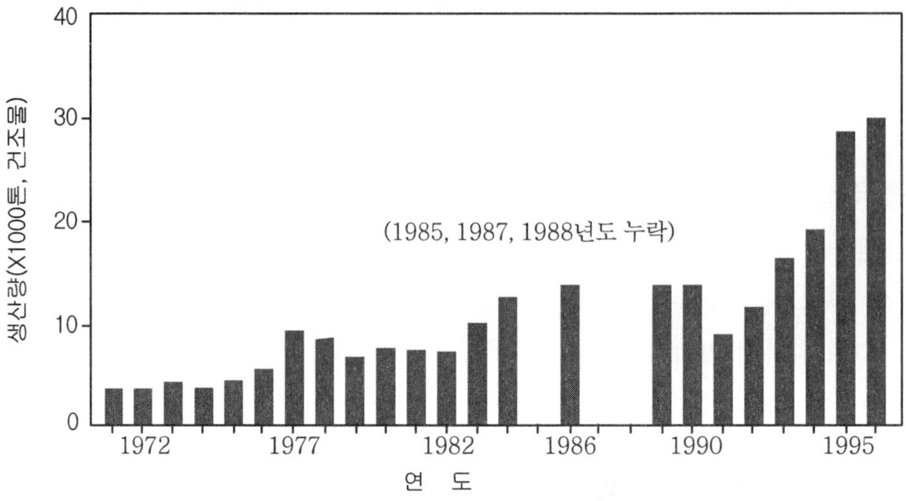

그림 3.16 중국에서 응식 김의 생산량 추이

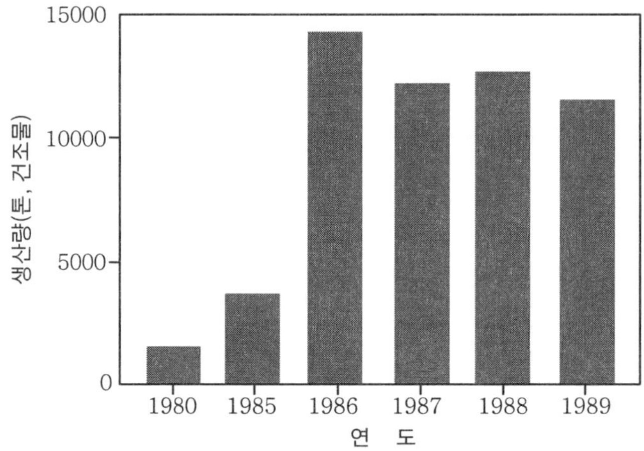

그림 3.17 중국에서 응식 미역의 생산량 추이

중국에서는 예로부터 전래되어온 경험 의학에 의한 처방을 모아 엮은 한방의 대사전인 本草綱目 52권이 1590년대 초기에 출판되었다. 해조는 해약으로 부르며, 중국 고대로부터 불로장수의 해조라 하여 신선채라고도 불린 김은 별명을 紫菜, 우무가사리를 石花菜, 풀가사리는 鹿角菜, 각시 꼬시래기는 龍鬚菜라하여 菜라는 글자를 붙인다.

현재는 식용되고 있는 것 대부분이 양식산을 이용하며, 가늘고 잘게 썰어 돼지고기와 함께 얕은 맛을 내어 끓여 먹기도 한다. 중국에서 해조 이용은 요오드 부족으로 인한 갑상선 이상의 질병의 예방과 치료에 이용한다. 모자반속의 괭생이모자반의 포자가 착생한 부분은 수용성 알긴산이나 fucoidan등의 점성이 큰 산성 다당류가 많아, 이를 갈아서 마처럼 조미하여 밥에 비벼 먹는다. 김은 국으로 만들어 먹기도 하지만, 기름을 발라 구워 먹는 것이 일반적이다.

(4) 필리핀

필리핀에는 약 600여종의 해조가 서식하고 있는데 이들은 식용종, 한천, carrageenan, 알긴산의 원조로 대별된다. 필리핀의 해조 생산량은 양식의 발달과 함께 1978년에 건중량으로 12,000톤이었던 것이 1993년에는 약 40,000톤으로 매년 증가하였다. Luzon섬 북부 Ilocus Norte주에서는 11월부터 2월에 걸쳐 암초지대에 서식하는 둥근돌김을 건조하여 샐러드를 만들거나 스프에 넣어 먹는다. 원조를 세척하여 100~150×100cm, 두께 5mm 정도의 판상으로 만들어 천일건조하여 만드는데, 참김류나 청각류의 시판품에 비해 상당히 고가라고 한다. 그러나 이들 참김류는 북부 Luzon섬 연안의 사람들이 주로 이용하며, 필리핀에는 적어도 30종 이상의 유용 해조가 채취되고 있다고 한다. 이중에는 carrageenan 이나 한천의 원조로서 쓰이는 것도 있지만 날것으로 샐러드 풍으로 먹는 것이 많다. 루손섬 북부의 Burgos 지방에서 채취되는 돌김은 모두가 둥근돌김으로서 채취한 곳에서 바로 해수로 씻어 100×50~60cm로 각을 떠서 말리며, 채취량이 적을 때는 크기를 절반으로 줄인다고 한다. Laoag의 일요일 아침시장에서는 해조가 매매되고 있는데, 날것으로는 청각, 옥덩굴속(*Caulerpa*), 파래 등이, 건조품으로서는 돌김, 꼬시래기류가 보인다. 청각은 조미료를 뿌려 먹으며, 파래는 스프에 넣어 먹거나, 청각과 옥덩굴속과 같은 해조로 샐러드를 만들어 먹는 방법도 있다고 한다. 꼬시래기류는 일단 뜨거운 물에 데쳐서 토마토나 양파등과 같이 샐러드 요리를 하여 먹는다. 마른 돌김은 상당히 고가로서 보통 스프에 넣어 먹든가 신맛이 나는 sinigang 스프에 넣어 먹는다.

모자반도 샐러드 식으로 하여 야자즙에 식초나 레몬을 가한 것과 곁들여 먹는다. 특히, 라임칼라라는 해조식품은 이 해조의 점질물을 생선이나 육류와 함께 만든 요리이다. Marine Colloid사의 지도로 *Eucheuma*의 양식이 활발해졌으며, 이로 인해

어업자의 수입이 크게 늘었다고 한다.

(5) 베트남

베트남 연안에는 연안의 섬에서 나는 것을 합쳐 약 1,000종의 해조가 서식한다. 이들 해조는 사람이나 동물에 이용되는데, 김류는 스프로, 꼬시래기류는 샐러드나 젤리상으로 하여 먹는다. *Eucheuma*도 데쳐서 탈색된 것을 설탕과자로 하여 이용하고 있다. 또, 꼬시래기류는 한천에, 모자반은 알긴산에 돌가사리등 홍조류는 carrageenan의 원료로서 이용된다.

의료용으로 쓰이는 것도 있는데, 꼬시래기류는 완하제나 종양, 종기, 궤양, 두통 등에 이용되고 있다. 다시마 분말을 바탕으로 식염이나 화학조미료를 가하여 약용차로서도 널리 쓰인다. 다시마에 함유된 여러 가지 화학성분의 이용한 기호음료도 있다. 베트남에서 모자반은 식용으로서 뿐 아니라 약용, 알긴산 제조, 비료 등으로서도 쓰이고 있는데, 남부에서 중부에 이르는 해안가에서는 물로 씻어 말린 모자반을 볶아서 약용차로도 이용하고 있다. 건조중량당 0.05~0.6% 정도 함유되어 있는 요오드의 체내 섭취가 목적이다. 주된 종류는 이 지역에서 많이 채취되는 모자반속의 *Sargassum maclurei*이다. 꼬시래기와 모자반류는 소, 돼지, 식용 가금류 등의 사료로서도 이용된다.

한천의 제조는 1974년부터 시작되었는데, 최근에 2개의 회사가 가동하여 하루 250kg, 연간 80~100톤을 생산하며, 모자반은 극히 일부이지만 알긴산 제조에 이용되며, 양파, 마늘, 토마토 재배에 비료로도 이용된다.

(6) 태국

태국에서는 한정된 지역에서만 해조를 식용으로 이용한다. 꼬시래기류, 참김류, 돌가사리류는 제품을 표백한 후 다른 재료와 함께 야채샐러드로 하거나 스프에 넣어 먹으며, 상업적으로 중요한 해조류는 꼬시래기류와 참김류이다. 태국에서 꼬시래기류는 14종이 알려져 있으며, 일본에서는 볼수 없는 *Gracilaria. changii, G. salicornia, G. fisheri, G. tenuistipitata*등 4종이 식용, 한천 원료, 전복의 먹이로 채취되고 있다. 식용이나 전복먹이, 말레이시아로의 비공식 수출량 등은 확실히 알

수 없으나, 약 100~200톤 정도로 추정된다. 참김류는 암초나 간조시에 드러난 곳에서 채취되며, 식품으로서 고가이다.

해조공업은 최근 시작된 꼬시래기로부터 한천 제조뿐으로서 연간 약 40톤 정도가 만들어진다.

(7) 말레이시아

말레이시아와 중국 어민들은 옥덩굴과 파래를 샐러드용으로 채취한다. 또, 우뭇가사리류, 꼬시래기, *Eucheuma*등도 젤리모양의 디저트용으로 또, 동물용 사료, 비료나 전통 의약으로 이용되고 있다. 그러나 말레이시아에서는 산업적인 규모의 해조공업이 없으며, 매우 적은 규모의 한천 제조가 행하여진다. 한천, carrageenan, 알긴산은 모두 수입에 의존한다. 채취된 *Eucheuma* 전량은 필리핀 세부에 carrageenan 원료로 수출된다. 말레이시아는 해조콜로이드 시장으로서 기대되는 나라로서 1987년에는 미화 260만 달러의 한천을 수입하였다. 금후, 해조양식과 해조공업이 기대된다.

(8) 인도네시아

인도네시아는 세계 해조시장의 중요한 위치를 차지하며, 1985년까지는 천연산의 해조를 채취하였으나, 그 후, *Eucheuma*와 꼬시래기류가 양식되기 시작하여 1985년까지 수출량이 3,000톤이었던 것이 총 14,000톤이 생산되어 수출량은 9,700톤에 이르게 증가하였다. 최근의 해조 생산량과 수출량을 표 3.4에 나타내었다.

표 3.4 인도네시아의 해조 생산량과 수출량

연도	생산량(톤)	수출량(톤)
1991	23,137	10,773
1992	25,260	12,046
1993	34,619	16,132
1994	26,894	16,100

그러나, 모자반류와 꼬시래기류 등은 아직도 이전과 같이 천연산도 채취된다. Marine Colloid사의 지도로 *Eucheuma*의 양식이 늘어 어민들 수입도 증가하였다.

모자반도 샐러드처럼 만들어 야자즙에 식초나 레몬을 넣은 것과 함께 먹는다. 라임 칼라라고 하는 해조식품은 이 해조를 생선이나 육류와 함께 만든 요리이다. 참가시우무도 표백 건조한 조체를 삶아서 얻는 점성이 있는 것에 설탕, 코코넛유 등을 섞어서 젤리로 만들어 먹는다. 또, 세균 배양 시에도 사용한다.

표 3.5 **식용 및 약용으로 사용되는 인도네시아의 해조**

종류	학명	조리방법
녹조류	**Chlorophyta**	
개청각	*Acetabularia major*	분비선병치료, 완하제
창자파래	*Codium tenue*	샐러드, 해조스프, 구충제
김파래	*C. tomentosum*	샐러드, 해조스프, 구충제
넓적파래속	*Entermorpha compressa*	샐러드, 스프, 갑상선, 기침, 기관지염, 해열, 피로회복
〃	*E. intestinales*	샐러드, 스프, 갑상선, 일사병치료
〃	*E. prolifera*	해조스프, 해열제, 기침치료
파래속	*Ulva lactuca*	해조스프, 해열제, 부종, 비뇨기병, 수종치료
갈조류	**Pheophyta**	
진두발속	*Sargassum aquifolium*	알긴산원조, 스프, 젤리, 비뇨기병, 갑상선치료, 화장품
〃	*S. polycystum*	알긴산원조, 스프, 젤리, 비뇨기병, 갑상선치료, 화장품
〃	*S. siliquosum*	알긴산원조, 젤리, 샐러드, 해열제, 갑상선치료
홍조류	**Rhodophyta**	
김	*Porphyra complex*	해조젤리, 해조스프, 갑상선종, 비뇨기, 수종치료
참각시혀	*Calogrossa leprieuri*	갑상선종, 비뇨기, 수종치료
〃	*C. adnata*	샐러드, 해조스프, 구충제
	Eucheuma gelatinae	코코넛우유, 해조스프
	E. muricatum	젤리, 캐라기난원조, 갑상선종, 기침, 천식, 기관지염치료
우뭇가사리	*Gelidium amansii*	한천원조, 젤리, 만성위염치료
〃 속	*G. latifolium*	한천원조, 젤리, 만성위염치료
꼬시래기	*Glacilaria vercosa*	한천원조, 샐러드, 해조스프, 갑상선종, 비뇨기병치료
〃 속	*G. eucheumoides*	한천원조, 만성위염치료, 기관지염, 비뇨기병치료
지누아리	*Grateloupia filicima*	샐러드, 해조스프, 염장품, 젤리, 구충제
서실속	*Laurencia obtusa*	샐러드, 해조스프, 염장품, 젤리

인도네시아에서 해조공업은 1930년대에 한천 제조가 시작되어 1975년에 10개의 제조사가 생겨났으며, 1993년에는 15개의 회사로 늘었으나, 1975년부터 지속적으로 제조하는 곳은 1개사뿐이다. Carrageenan은 1988년 발리섬에서 시작하여 1995년에는 7개의 공장이 가동되고 있다. 알긴산 공업은 1992년부터 시작되어 연간 300톤 규모로 생산되고 있으며, 원료부족으로 원조의 양식도 검토하고 있다. 이처럼 해조공업이 발달하고 있으나, 150톤의 carrageenan, 360톤의 한천, 3,100톤의 알긴산을 수입하고 있다.

표 3.5에 인도네시아에서 채취되는 해조류와 식용 및 전통 의약으로의 사용 내역을 나타내었다. 한천은 영어로 Agar라고 표현하고 있으나, 어원은 인도네시아어 Agar-agar로 '우무 제조에 사용되는 해조'란 뜻이며 꼬시래기 이외에 비단풀 등 해조도 포함된다.

(9) 미얀마

미얀마에 서식하는 해조류는 307종으로 알려져 있으며, 미얀마에서 채취된 *Catenella*는 현지의 시장에서 팔리고 있는데 날것으로 또는 삶아서 참기름이나 조미료를 뿌려서 먹는다. 또 파래류와 *Catenella*를 섞은 식용 해조 sheet가 만들어 진다. 최근에는 Seaweed Technology란 회사가 참가시우무를 원료로 국내 시장에서 판매할 수 있도록 즉석면과 같은 sheet를 제조하고 있다. 이와 같은 sheet는 갑상선 종양의 치료, 고혈압의 예방, 불면증, 위장병, 변비, 소화기계 내장의 기생충 제거, 장수 영양 보조제로서 이용되고 있다. 연안에서 생활하는 사람들은 모자반, 지누아리과의 도박속(*Halymenia*), 가시우뭇가사리속, 꼬시래기류등을 샐러드와 같은 형태로 먹지만, 대부분의 사람들은 바다의 채소인 해조의 영양 등에 관해서는 잘 모르고 있다.

꼬시래기류에서 한천의 제조는 현재 이루어지지 않고 있으며, Carrageenan은 25톤 규모의 작은 회사에서 생산되어 국내에서 소비되고 있다. 알긴산은 대규모의 공업적 생산은 되지 않고 있으나, 앞으로 규모가 커질 가능성이 있다.

(10) 방글라데시

경제적 가치가 있는 해조는 10여종 정도이며, 사람의 식용으로서는 날것이나 건조품이 이용되고 소규모지만 동물 사료로서도 쓰인다. 여기에 사용된 해조 중량은 1989년에 약 15톤 정도였으며, 해조 자체는 수입하지 않고 있으나, 1987년에 한국과 일본에서 약 2톤 정도의 한천을 수입하였다. 해조의 양식이나 해조공업은 이루어지지 않고 있으나, 정부나 대학에서는 검토를 하고 있는 것 같다.

(11) 인도

인도 연안의 해조 분포와 자원량, 이용, 양식 등에 관하여는 많은 보고가 있는데, 616종의 해조가 알려져 있고, 1997년에 현존하는 것으로 약 168,000톤의 자원이 있는 것으로 추정하고 있다. 인도에서는 한천과 알긴산이 제조되고 있으며, 여기에 필요한 원조가 건중량으로 3,000~3,500톤이 사용되고 있다. 이들 원조를 이용하여 여러 회사가 이용하고 있는데, 한천은 4개사에서 약 90톤을, 알긴산은 12개사에서 400톤 정도를 생산하고 있다.

인도에는 봄베이에서 비행기로 1시간 정도 떨어진 Bhavnagar에 국립 연구소 CSMCRL(The Central Salt and Marine Chemical Research Institute)이 있어 해조의 양식과 이용 등에 관하여 폭넓게 연구하고 있다.

2) 오세아니아

(1) 뉴질랜드

뉴질랜드 주변에는 약 1,000여종의 해조가 서식하고 있다. 원주민인 마오리족에 의해 1940년 경부터 해조의 채취가 행하여져 왔으나, 현재도 여전히 해조 수입국의 하나이다. 마오리족은 뉴질랜드의 김 *Porphyra columbina*를 즐겨 먹는다.

50년 전부터 수개의 회사가 해조공업을 검토하였으나, 대규모 회사를 설립하는데는 이르지 못하였다. 한천은 10톤 정도를 수출하기도 하였으나, 현재는 1개사가 세균 배양기로 쓸 정도의 양을 생산하고 있을 뿐이다. Carrageenan은 kappa형의 것을 필리핀이나 인도네시아에서 수입한 *Eucheuma*를 원료로 1980년에는 연간 1,000톤 정도를 생산하여 그 중 40톤 정도를 애완동물 사료에 첨가하는데 소비하였다. 알긴산은 생산되고 있지 않다.

농업 면에서 오래 전부터 액체비료가 사용되고 있는데 해조를 이용한 액체비료가 생산되고 있으며, 그 생산량은 2,000,000 ℓ 정도로 소규모이지만 이웃 호주나 브라질, 미국에 수출하고 있다.

김의 양식도 소규모이지만 시도되어, 1994년 1톤 정도를 생산하였으나 그 이듬해에는 생산되지 않았다. 1987년에는 서부의 Kaliental만에서 미역이 자라고 있다는 보고가 있었다.

(2) 호주

호주에서 채취하는 Kelp는 건조 후 분말화하여 알긴산을 제조하는 스코틀랜드의 회사에 수출하고 있으며 극히 소량은 국내에서 값비싼 과일이나 야채 재배에 액체비료 원료로서 판매되고 있다. 이 시장은 서서히 증가하고 있으며, 연간 건조중량으로 150톤 정도가 사용되고 있다. Kelp를 채취하는 어업자는 가끔 우뭇가사리도 채취하여 건조한 것을 포장하여 일본에 한천 원료로 수출하고 있다. 그러나 원조 품질이 좋지 않아 요즈음은 채취하지 않는 것 같다. *Macrocystis*는 1963년 알긴산 제조회사가 채취선을 이용하여 채취하기도 하였으나, 수온, 영양염류 등의 변화로 채취량의 변동이 심하였다. 때문에 1973년에 알긴산 제조를 중단하였으나, 그 후 수온과 영양염류가 정상으로 회복되어 자원량도 1988년에는 1986년도 수준을 회복하였다. 현재는 소량이기는 하지만 전복의 양식 사료로 쓰이고 있으나, 해조만 먹이는 것보다는 배합사료를 주거나 가끔 해조를 공급하는 것이 성장에 좋은 것 같다.

미역도 1987년에 호주에서 발견되었다는 보고가 있었는데, 뉴질랜드의 Oriental bay의 것과 마찬가지로 이들은 일본에 목재를 운반하는 운반선의 ballast water에 일본산 미역 포자가 혼입되어 호주에서 성장한 것으로 보인다. 타스마니아의 회사는 생중량으로 약 30톤의 미역을 잠수하여 직접 채취하여 건강식품이나 고급식당, 호텔에 제공하며 홍콩, 뉴질랜드, 필리핀 등지에 수출한다. 해조 양식은 하고 있지 않으나, 김은 수입을 하고 있다.

알긴산은 1963년에 제조하기 시작하였으나, 원조 부족으로 1973년에 폐쇄되었다. 꼬시래기로 제조한 한천은 2차 대전 중에는 약 70톤에 이르렀으나, 1950년에 생산이 중단되었다.

호주와 뉴질랜드는 양국 모두 한천 원조를 생산은 하고 있으나 집하조직이 발달되지 못하였고, 두 나라 모두 해조 채취가 규제되고 있어 수출이 원활하게 이루어지지 않고 있다.

(3) 남태평양 군도

이곳에는 약 550여종의 해조가 서식하고 있으나 이에 관련한 정보가 많지 않다. 유일하게 경제적 가치가 있는 해조는 양식 *Eucheuma*로서 연간 생산량이 1983년에 3톤 정도이었으며, 1986년에 240톤, 1995년에 394톤까지 증가하였다. 이 해역의 해조는 주로 어민들의 식량으로 이용되며, 양식한 *Eucheuma*로서 carrageenan을 만드는 곳이 유일하게 Kiribashi 섬에 있다.

3) 지중해

(1) 이스라엘과 동부 지중해 해역

이스라엘에서는 해조의 양식이나 채취가 이루어지지 않고 있다. 소량이지만 식용으로 이용되고 있는데, 식용 조류는 김류와 청각류이다.

지중해 여러나라에서는 통조림이나 냉동 모자반류가 비타민, 무기질, 식물섬유가 풍부한 해조로서 이집트에서 이용되고 있다. 꼬시래기류는 일본에 한천 원료로 수출되고 있다. 해인초(*Digenea simplex*)는 구충제로 쓰이며, 헛꼴모자반(*Cystoseira*)는 알긴산 원료로, 그 밖에 해조는 이집트에서 약용 및 영양적인 면에서 쓰이고 있다. 공업적인 해조 이용은 없으나 장래에 한천 제조를 계획하고 있는 것 같다.

(2) 스페인

스페인 해역은 4부분으로 나누어지며, 각각의 환경이 다르다. 스페인에는 많은 해조들이 서식하고 있으며, 동물 사료, 토질 개량제, 비료 등으로 사용되어져 왔다. 1932년까지는 해조 채취를 규제하였으며, 1945년에는 갈조로부터 요오드의 추출과 해조콜로이드를 생산하게 되었다. 그림 3.18에 한천, 알긴산 제조에 사용되는 해조의 양을 나타내었는데, 한천 원조가 가장 많다.

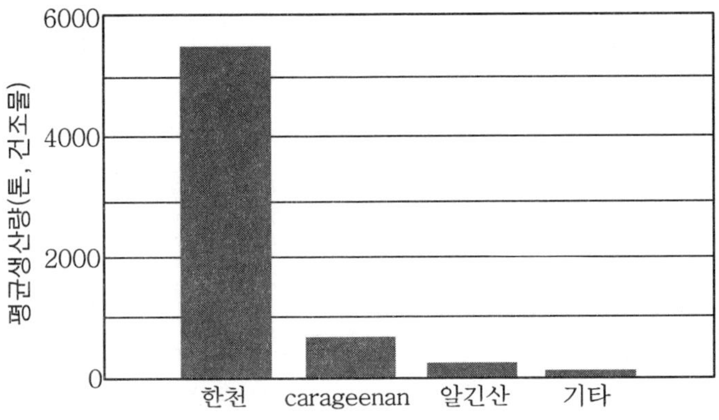

그림 3.18 스페인에서 해조의 이용

4개의 해역이 각각 해조 전체에서 한천 원료가 되는 우뭇가사리의 채취 비율을 보면 Asturias지역이 45%를 차지한다. 이같은 원조를 이용한 해조 산업은 한천제조가 주체이다. 한천은 1940년부터 20여개 회사에서 생산되고 있으며, 추정 생산량은 약 600~650톤으로 여기에는 세균 배양용과 식용을 포함한다. 이 한천은 유럽, 미국 일본 등에 수출되고 있으며, 한천으로부터 agarose의 생산량은 약 10톤 정도로서 생화학적인 용도로 사용된다. Carrageenan의 제조는 1960년대 후반부터 자국산 원료 및 캐나다, 미국에서 수입한 원료로, 그 후, 인도네시아, 필리핀 등 아시아로부터 수입한 원조를 사용하며 현재는 2개회사가 생산하고 있다. 이들 회사로부터 연간 약 1,600톤이 생산되어 그중 60~80%가 외국에 수출되고 있다.

(3) 포르투갈

포르투갈 연안에서 서식하는 식용 해조는 연안 주민들에 의해 이용되고 있으나, 전통적으로 식용하고 있지는 않고 있다. 식용하는 경우는 김을 오믈렛에 넣거나, 서실(*Laurencia*)을 향미료로 이용하는 정도이다. 최근에는 일본으로부터 포장한 해조 1.5톤을 수입하여 주요 도시의 중화 요리점에서 장수 식품 조리에 사용하고 있다. 많지는 않으나, 시장에서 보이는 해조 *Fucus*는 주로 음료로서 이용된다. 포르투갈에서는 상당히 오래전부터 바다에 막혀있는 밭에 비료로서 사용하고 있다. 비료로서 대형 해조의 채취는 1309년부터 행하여지고 있으나, 채취량은 제한되어 있었다.

최근에는 화학비료의 증가로 그 채취량이 감소하고 있으나, 북부지방에서는 지금도 사용하고 있다. 비료로서는 주로 molico와 sargasso라는 해조를 혼합하여 전통적으로 이용하고 있다. Molico는 Ria de Aveiro에서 채취된 해조와 해초의 혼합물로서 1911년에는 이를 채취하기 위해 등록된 배가 1,500척이나 되었으나 현재는 6~10척이 등록되어 있을 뿐이다. 이는 화학비료가 해조비료를 대체하여 쓰고 있기 때문이다.

포르투갈에서 중요한 해조는 한천 원조인 우뭇가사리로서 이의 채취량은 1991년 이후 급감하고 있다. 1974년 이후에 해조 채취자에 대한 지원이 사회적, 정치적 사정에 의해 증가하고 있으며, 이것이 한천 제조회사에 대해서도 영향을 주어 폐쇄하는 공장도 나오고 있으며, 한천 생산량도 감소하고 있다. 그 때문에 1991년 이후 한천 원조 채취량도 감소하였다. Carrageenan 원조는 북부 조간대에서 손으로 채취하여 연안에서 건조하여 창고에 쌓아 저장되어 있었으나, carrageenan을 생산하지 않게 되어 수출하게 되었다. 1996년 이후는 취급하는 업자가 없어져 채취도 중단되었다. 포르투갈에서의 해조산업은 한천 제조뿐으로서, 1985년부터 1989년까지는 일본에 연간 생산량의 400%를 수출하였으며, 15%는 미국과 이탈리아에, 12%가 스페인에 각각 수출되었다. 최근에는 한천 생산량의 60%가 일본에, 38%가 미국과 유럽에 수출되고 2% 정도가 국내에서 주로 식품 관련 회사에서 사용하고 있을 정도이다. 한천 원조 이외의 해조 이용은 대학 등에서 검토하고 있는 것 같다.

4) 유럽

(1) 노르웨이

이 지역에서의 해조 이용은 역사가 오래되어 17세기부터 여러 가지로 이용되어 왔다. 예를 들면, 1930년 경부터 시작된 축우를 목적으로 한 해조 사료 공장이 발전하여 1965년에는 30여개의 회사가 생겼으며, 생산량도 건조중량으로 15,000톤에 달하였다. Carrageenan의 생산량도 40톤 정도 되었으나, 수년 후에는 생산되지 않게 되었다. 유일하게 한 개의 회사가 해조 채취를 위하여 특별히 건설된 항구에서 트롤에 의해 채취한 원조로 알긴산을 제조하고 있다. 해조 중 다시마는 채취량이 매년 증가하고 있으나, *Ascophyllum*은 감소하고 있다.

해조 사료 공장은 3개 회사가 있는데, 이들 원료는 그때까지 천일건조에 의해 처리되어졌으나, 현재는 인공적인 방법으로 하고 있으며, 이것이 오히려 용이한 방법이라고 한다. 생해조는 햄머밀에 의해 잘게 부수어져 rotary drum으로 건조된다. 건조는 단시간에 행하여지며, 비타민류나 성장인자등의 손실을 적게 하기 위해 70~75℃에서 건조하여, 적당한 크기로 잘라 20~50kg의 포대에 담아 포장한다. 이들은 비타민 C, E, provitamin A 뿐만 아니라 요오드, 아연등의 미량 금속류가 풍부한 원료로 이용되고 있다.

(2) 아일랜드

가장 중요하게 여겨지는 해조는 *Ascophyllum*과 kelp류이고 그 외 바다의 야채로서 이용되는 것으로 암초에서 뜯어내는 홍조인 참산호말((*Corallina officinalis*)등이 있다. 그 밖의 갈조, 홍조류의 일부가 적은 양이지만 채취되고 있다. 아일랜드에서 가장 중요하고 양적으로도 많은 *Ascophyllum*은 아일랜드와 스코틀랜드에서 알긴산 추출에 원료로서, 또 해조 사료, 비료, 화장용품, 액상 해조추출액 제조에 쓰이고 있다. 해조 사료는 북서지방에서 분말석탄을 사용하는 회전 건조기에서 24시간 이내에 건조하여 포장하여 육상 수송으로 운반하여 수출된다. 여기에 약 400여명의 인부가 일하고 있다.

다시마류의 자원은 조사된 자료는 없으나, 상당량이 생육하고 있으며, 일부 지역에서는 채취하여 건조 후, 스코틀랜드에 알긴산 원료로 수출되고 있으며, 극히 일부이지만 바다의 야채로 판매되고 있다. 주름진두발과 *Gigartina stellata*라고 부르는 *Mastocarpus stellatus* 등 홍조류는 carrageen 이끼와 Irish moss로서 채취되어, 건조하여 판매한다.

(3) 영국

영국에서 가장 중요한 해조는 알긴산 원료로 쓰이는 갈조류이지만 석회조류도 탄산칼슘이 들어있어 판매되고 있다. 소량이지만 홍조류도 식용으로 채취되고 있다. 해조자원은 많으나 다시마나 *Ascophyllum*은 채취 가능량에 비해 채취되는 양은 매우 적다. 갈조류는 주로 고급 식물의 비료로서 또는 알긴산 원조로 사용되고 있다.

비료로 사용되는 것은 해조에 무기질이나 성장 호르몬이 들어있어 몇몇 회사에서 제조하여 판매하고 있다. 알긴산 제조는 우여곡절 끝에 1996년 이후에는 1개 회사에서 만들고 있으며, 원료로서는 *Ascophyllum*등으로 약 13,000톤을 사용하고 있다. 홍조의 하나인 maerl 이라고 하는 석회조는 18세기부터 채취되어 토지 개량제로서 쓰이고 있다. 이 석회조는 연간 20만톤에 달하며, 이를 한개 회사에서 취급하고 있는데, 과거 10년간 안정적으로 조업하고 있다. 이 해조는 대형 흡입 펌프를 이용한 준설선으로 채취하여 건조하여 상품화한다. 이 제품의 대부분은 원예용이나 농업용 비료로 쓰인다.

Wales 지방에서는 김보다 더 단단한 것이 채취되는데, 이 지방에서는 일상적으로 먹고 있다. 채취한 김은 잘 삶아서 풀모양으로 만들어 비닐 주머니에 넣어서 laver bread로 시판하고 있다. 이것을 구운 빵에 바르거나 여러 가지 먹는 방법이 있다고 하는데 일본에서 먹는 김의 요리와 비슷한 것 같다. 또 이 지방에서는 빵의 원료로서도 이용한다.

(4) 북해 연안의 Baltic해와 독일 연안

Baltic해에 서식하는 해조 중에서 *Furcellaria*속의 *F. lumbricalis*는 덴마크에서 한천의 원조로 대량으로 사용되고 있는 유일한 해조이다. 이 해조는 1940년경에 네델란드에서 대량으로 사용되도록 개발된 것으로서 이 해조의 연간 채취량은 1946년에 생중량으로 2만톤이나 되었으며, 이 후 점차 증가하여 1958년에는 17만톤에 달하였으나 그 이듬해는 남획 때문인지 일시 감소하였고, 그 이후 다시 증가하여 1967년에는 28만톤까지 회복되었다. 이 기간동안 원료 부족으로 다른 해역에서 원조를 채취하거나 수입하였으며, 특히 캐나다로부터 진두발을, 동남아시아로부터는 *Eucheuma*를 수입하였다. Puck 해역에도 이들 자원이 있었으나, 1990년도에 수질오염과 함께 없어져 버렸으며, 이 때문에 수중 카메라나 잠수 조사 등에 의한 자원조사가 이루어지고 있다.

(5) 프랑스

프랑스에서는 오래전부터 축우의 사료나 토양 비료로서 해조가 이용되어져 왔으며, 현재에도 그렇다. 비료로서의 이용은 14세기부터라고 하며, 최근에는 포도원에서 포도나무 잎에 사용하는 살포용 비료로서 이용된다. 2차 대전 중에는 연료로서도 건조한 해조가 이용되었다. 규소를 함유하고 있기 때문에 17세기에는 유리의 원료로서도 이용되었으며, 19세기에 들어서 석회조는 산성 토양 개량제로서 사용되었다.

현재는 1,200명을 고용한 36개의 회사가 프랑스의 해조 공업을 행하고 있으며, 이들 해조공업의 취급액은 10,000억 프랑으로 50% 정도는 수출하고 있다. 프랑스에서 일반적인 해조의 용도는 농업용 42%, 해조 콜로이드용 40%, 화장품용 13%, 기타 5%정도이다. 프랑스에서 신선한 해조의 80%를 차지하는 다시마속은 알긴산 추출용 원조로 이용된다. 이들의 생산량은 그림 3.19에 나타낸 것과 같이, 특히 1980년 이후에 증가하고 있다.

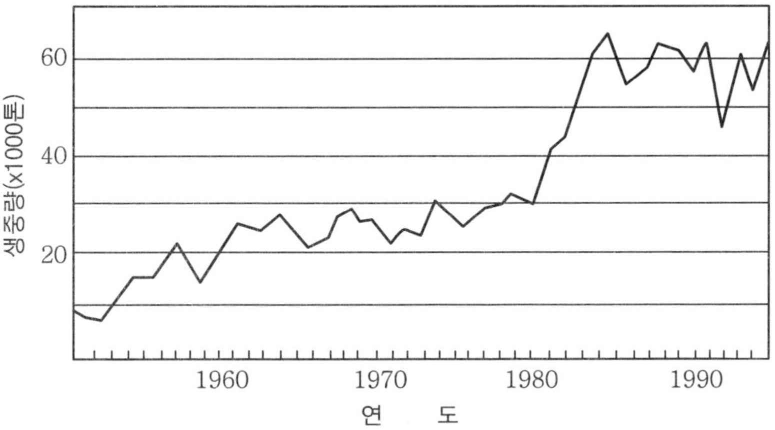

그림 3.19 Bretagne 연안에서 *Laminaria digita*의 생산량
(1962년에는 요오드 생산, 그 이후는 알긴산 추출에 주로 쓰임)

1978년 프랑스에서 알긴산의 추출에는 건조한 해조를 사용하여 왔으나, 최근에는 생 해조를 이용하는 신기술을 개발하였다. 알긴산 추출에는 다시마류가 주원료이지만 다시마속의 *Laminaria hyperborea*도 금후 원조로서 대량으로 사용하려 하고 있다. 이 해조는 수심 3~10m에서 생육하며 Brittany에서의 현존량은 500만톤 정도로 추정되고 있다. 1995년부터 채취되기 시작한 이것은 지금까지 이용된 줄기의 양과 합쳐 1995년에는 4,994톤, 1996년에는 1,875톤이었다.

연안에 떠밀려오는 해초는 1960년 경부터 가축의 사료로서 널리 이용되어왔으나, 1970년 경부터는 사용하지 않게 되었다. 1980년대 중반부터 생중량으로 14,000톤의 갈조류가 개발되어 알긴산 원조와 가축 사료로 사용되게 되었다. *Ascophyllum*도 이의 일종으로 성장 호르몬이 함유되어 있어 엽면 살포용 비료로서 사용되고 있다. 진두발속과 함께 가축 사료로 쓰이는 *Ascophyllum*의 생산량을 그림 3.20에 나타내었는데, 이들 생산량은 1975년부터 감소 경향을 보이고 있다.

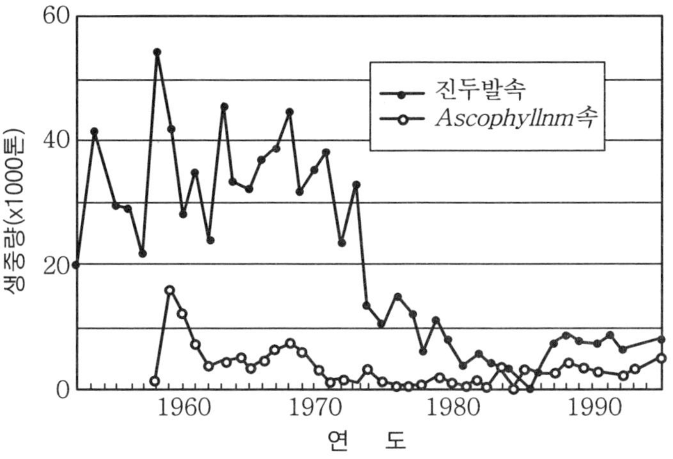

그림 3.20 진두발속과 *Ascophyllum*의 생산량

미국, 덴마크, 프랑스 등의 시장을 점유하고 있는 3개의 회사가 약 24,000톤의 Carrageenan을 생산하고 있으나, 프랑스에서는 1개사에서만 생산하고 있다. Eucheuma류의 *E. spinosum*과 *E. cottoni*는 프랑스의 carrageenan 원조이지만 약 14,000톤 정도를 필리핀, 인도네시아에서 수입하고 있다. 원조의 9% 정도에 상당하는 도박이 현재도 북부 Bretagne에서 3,000~5,000톤 정도가 채취되고 있다.

프랑스에서 한천 원조의 생산량은 Biscay만에서 채취되는 우뭇가사리속의 *Gelidium sesguipedare*가 생중량으로 2,000~6,000톤 정도이며, 전세계 한천 생산량의 9번째에 달하는 년간 100톤 정도를 생산하고 있다. 한천은 주로 전기영동용 agarose와 세균배양용에 쓰이고 있다.

1990년에는 표 3.6에 있는 것과 같이 총 12종의 해조가 프랑스 식품 시장에서 판매가 허용되었는데, 이 때, 다시마속의 *Laminaria digitata*는 다량의 요오드를 함유하고 있어 허용되지 않았다. 허용된 해조는 예를 들면, 미역은 자숙, 건조, 염장, 절단한 미역 등으로 하여 팔리고 있다. 절단 미역은 일본에서 가공하여 다시 선편으로 프랑스에 보내어지고 있다. 그 외에 해조류도 식용으로 이용되고 있는데, 건조한 다시마는 Royal Kombu, 김은 Nori라고 부르고 있으며, 아이누미역의 일종인 *Alaria* sp.등도 있다. 염장품으로서는 만타리아속의 *Himanthalia elongata*, 팔메라속의 *Palmaria palmata*, 진두발 등이 시판되고 있다. 또 해조류는 허브차, 식염에 첨가하는 조미료, 향신료, 청징제 등에 이용되고 있다.

표 3.6 프랑스의 식품시장에 인정된 해조류

한국명	종명	상품명
	Ascophyllum nodusum	goemon nori
	Fucus vesiculosus	goemon nori
	F. serratus	goemon nori
	Himanthalia elongata	spaghetti de mer, haricot de mer
미역	*Undaria pinnatifida*	wakame
팔손이풀	*Palmaria palmata*	dulse
김속	*Porphyra umbilicalis*	nori
진두발	*Chondrus crispus*	pioka, richen
꼬시래기	*Glacilaria verrucosa*	ogonori
파래속	*Ulva* sp.	laitue de mer
납작파래속	*Enteromorpha* sp.	aonori
스피룰리나	*Spilurina* sp.	spiruline

(6) 이탈리아

Venice의 lagoon에서는 꼬시래기류와 파래류의 양식이 성행하고 있다. 표 3.7은 Venice에서 채취한 해조류, 주로 파래류의 양과 종이 제조에 사용된 양을 나타낸 것이다.

표 3.7 베니스 lagoon에서 채취한 해조의 바이오매스

채취년도	채취한 총 biomass(㎥)	해조지 제조에 쓰인 biomass(㎥)
1989	49,300	-
1990	52,600	-
1991	34,500	-
1992	31,600	154
1993	9,200	498
1994	23,000	766
1995	9,100	430
계	209,300	1,848

이탈리아에서는 1960년대 후반부터 carrageenan과 한천 제조의 원조에 대하여 각각 이들의 함량과 물리화학적 성상에 관하여 연구하였다. 이들의 연구 결과의 일부를 보면, carrageenan에 대하여는 갈고리 가시우무(*Hypnea musciformis*) 등의 원조를 조사하여 전처리나 채취시기에 따라서도 다르지만 18.2~36.3%의 수율을 얻을 수 있다고 하였다. 한천 원조에 대하여는 꼬시래기류에 대하여 함량, gel강도 융해 온도 등에 관하여 조사하였으며, 수종의 갈조류 중에 포함된 한천의 함량 등도 조사되었다. 그러나 현재는 1943년에 설립된 년간 약 250톤 생산 규모의 식용 한천 제조사가 있을 뿐이며, 원조 생산량의 대부분은 유럽에 수출하고 있다. 그러나 1995년과 1996년에는 식용 한천이 약 160톤 수입되었으며, 세균 배양 등에 쓰이는 한천도 수입되고 있는 것 같으나 그 수량은 명확히 알 수 없다.

1992년부터 Venice의 Lagoon에서 채취된 이용 가치가 없는 해조로 종이를 만들고 있는데, 제법은 로마에 있는 National Institute for New Technology, Energy and Environment에서 개발된 것으로 Favini사가 파래류와 꼬시래기를 원료로 한 Alga Carta라고 하는 종이를 환경보호지로서 제조 판매하고 있다. 이 회사에서는 해조를 채취한 후 즉시 안정화 처리하여 담수나 염수로 세척해서 무기물과 이물질을 제거한 다음, 저온 진공건조하여 해조 분말을 만든다. 이 분말을 목재 펄프, 중성 사이즈제, 양이온 전분 등과 잘 혼합하여 종이를 만든다. 이때 사이즈 압축시 사용하는 것은 10% 산화 전분 용액을 이용하는데, 이렇게 제조된 종이는 해조 유래의 종이가 아니라 해조는 단순히 충진제, 증량제에 지나지 않으며, 종이의 채색에 도움을 준다. 따라서 이것을 해조지라고 하는데는 다소 의문이 있다.

베니스 인근의 농가에서는 토질개량이나 비료로 Venice Lagoon에서 채취된 그다지 쓸모가 없는 해조를 이용한다. 야채 대부분의 재배에 이것을 쓰는데, 효과가 있다고 한다.

해조로부터 메탄가스를 발생시켜 이용하려는 연구가 시험적으로 행하여지고 있으나, 그 경제적 가치에 대하여는 금후 좀 더 연구가 필요하다. 한편 토끼의 사료로서 파래류 78%, 꼬시래기류 24%를 혼합한 것을 처리하여 시험하고 있으나, 현재 기업화할 정도의 효과는 없는 것 같다.

5) 북아메리카

(1) 알래스카

현재 상업적인 규모의 양식은 하지 않고 있으며, 몇 종의 kelp와 김류의 양식이 허가 되었으나, 현재는 한두 곳 정도의 어장에 허가가 남아 있을 정도이다. *Macrocystis*와 다시마가 유용종이다. 알래스카에는 2종의 유용한 해조가 있다. 한 종은 청어 알이 붙은 kelp류(roe on kelp)이며 또 하나는 김이다. 전자는 청어알 다시마 또는 알이 붙은 다시마라고 하여 일본인의 식도락 요리의 하나로 현지에서는 알려져 있다. 이들을 채취한 것을 염장하거나 염수에 담가 주로 일본에 수출한다.

(2) 캐나다, British Columbia

다시마류와 김류의 양식은 일본의 기술에 의존하고 있으며, 생산량 등은 명확하지 않다. kelp류, 김류, 우무가사리류의 이용은 특히 아시아 지역의 기술을 도입하고 있다. kelp류는 식용, 의약용, 화장품용, 원예용의 엽면 살포용등에 이용되며, 김류와 꼬시래기류의 이용은 아직 연구단계로 상품화 되어있지 않다.

이곳에서는 *Macrocystis*와 *Nereocystis*가 채취되었을 때의 추정량은 생중량으로 130,000톤이었다. *Macrocystis*는 알래스카에서와 마찬가지로 청어알 다시마로서 또는 식용으로서 사용되거나 *Nereocystis*와 함께 원예용으로 쓰기 위해 채취되고 있다.

(3) 캐나다 동부

이 해역에서는 carrageenan의 원료가 되는 Irish moss가 상당히 생육하고 있으며, 수확량을 보면 1970년을 중심으로 많은 량이 채취되었으나 그 전후에는 적다. 이것은 해안선에 인접한 지방에서 비료로서도 사용되고 있다.

*Ascophyllum*은 1962년부터 채취량을 보면, 1987년부터는 도박보다도 수확량이 많다. *Ascophyllum*은 Rockweed라고도 하는데, 이는 전통적으로 비료로서 사용되고 있으나 알긴산의 원조로서도 쓰이고 있다.

(4) 미국

미국에서 해조는 알긴산, carrageenan의 원료와 토질개량제, 소량이지만 동물의 사료와 사람의 식용을 목적으로 채취되고 있다. 해조 중에서 가장 중요한 것은 giant kelp라고 하는 *Macrocystis*로서 이의 대부분은 알긴산 추출 원료로서 이용되지만 극히 일부는 청어의 산란에도 이용된다.

Irish moss라 하는 진두발의 대부분은 carrageenan의 원료로 사용된다. *Ascophyllum*도 미국 북부에서 채취되는데 동물의 사료, 토질 개량제, 생새우 운반시 충진물로서 이용된다. 기타 바다의 야채로서 이용되는 다시마 속이나 아이누미역속 등 여러 가지 종류가 채취되지만 이에 관련한 정확한 자료는 없다. 파래는 바다의 상치라고도 하여 스프를 만들거나 샐러드로 만들어 먹는다. 하와이에서는 Limueru iru라고 하는 파래 제품이 원주민들에게는 비타민 A의 보급원으로 식용하고 있다. *Macrocystis*와 함께 *Nereocystis*는 조직이 부드럽고 맛도 좋아 미국 인디언들이 일반적으로 먹고 있다. 현재도 이들의 줄기는 소금에 절여 향료나 감미료를 넣어 먹는다.

미국에서 해조공업은 왕성하여 1980년 기준이기는 하나 세계 생산량의 8%에 상당하는 한천, 37%의 carrageenan, 30%의 알긴산을 생산하고 있다.

6) 중남미

(1) 카리브 해

카리브 해에서는 한천과 carrageenan의 원조를 채취하고 있는데 한천 원조인 꼬시래기류는 미국에 수출하고 있으나, 일부를 제외하고는 대부분 한천 수율이나 물성이 별로 좋지 않다. 대규모의 공업적 생산은 행하고 있지 않으며, 일부 섬지방에서 전통적인 방법으로 가공품이 만들어지고 있다. 또, 건조하거나 다듬은 것은 연안의 주민들 사이에 매매가 이루어지고 있으나, 그 외 수확량 등에 관한 자료는 찾아보기 힘들다.

(2) 멕시코

멕시코에서 채취되는 해조류는 그림 3.21에 나타낸 바와 같이 90% 이상이 수출되고 있다. *Macrocystis*도 채취되고 있는데, 수확량은 생중량으로 20,000~30,000톤 정도이다. 한편, 우뭇가사리와 돌가사리의 생산량은 그림 3.22에 나타내었다.

해조의 년간 생산량은 25,000~40,000톤에 달하지만 해조콜로이드를 생산하기 위해서는 원조가 부족하여 알긴산과 carrageenan의 원조는 수입하고 있다. 한천 제조회사는 1개사뿐으로 생산량은 40~75톤 정도로서 미국이나 독일, 일본 등에서 한천을 수입하고 있다. 알긴산의 생산은 본격적으로 하지는 않으며, 2,3개사가 시험적으로 하고 있다. 멕시코의 알긴산 소비량은 190톤으로 알긴산 나트륨 56%, propylene glycol 알긴산 31%이다. carrageenan 원조는 근래 30여 년간 수입하여 왔으나, 최근에는 carrageenan 자체의 생산이 중단되었다. 그러나 멕시코에서 carrageenan 수요량은 1990년도에는 1,000톤이나 되었기 때문에 멕시코 정부는 FAO의 협력으로 공장에서 시험 조업을 하고 있는 것 같다.

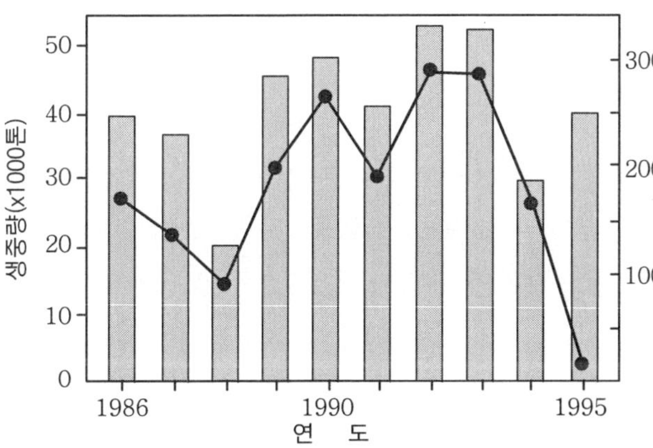

그림 3.21 멕시코에서의 홍조와 갈조의 수출량과 금액

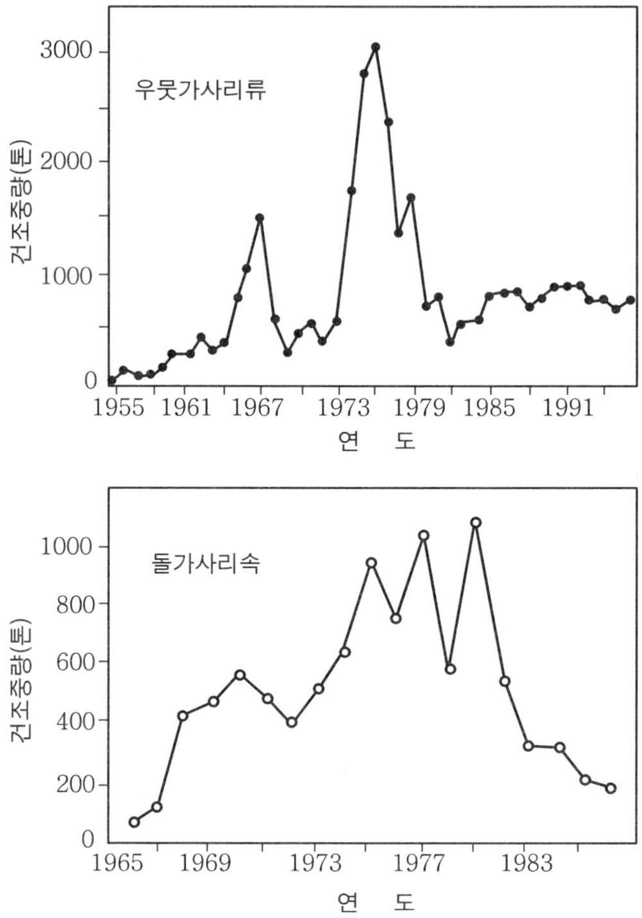

그림 3.22 멕시코의 우뭇가사리류와 돌가사리 속의 채취량

(3) 페루

페루에서 식용 해조는 yuyo(김류), cochayuyo(돌가사리류)로서 오래전부터 식용되어왔다. 해조공업용으로 사용되는 홍조류는 1990년에 여러 나라에 수출 하였으나, 최근에는 중국, 미국, 일본에 수출하고 있다. 자국 내에서도 알긴산 등을 생산하고 있어 의료용으로, carrageenan은 식품첨가물로 이용되고 있으며, 한천은 1995년에 제조가 시작되었다.

(4) 칠레

칠레에서는 18~20종의 해조가 식용, 가축 사료, 해조 콜로이드 원조로 이용되고 있다. 갈조 Tsurubirea는 baru kelp라고도 하며 굽거나, 스프를 만들거나 소금에 절여 먹으며, 팔손이풀도 비타민 보급원으로 사용하고 있다. 파래류를 lettuca de samba하여 스프나 샐러드를 만들어 먹는다.

칠레에는 각 지역에 양식센터가 779개소나 있으며, 이곳에서의 양식은 꼬시래기류가 많다. 해조콜로이드도 7개사에서 만들고 있으며, 이들의 생산량은 그림 3.23과 같다.

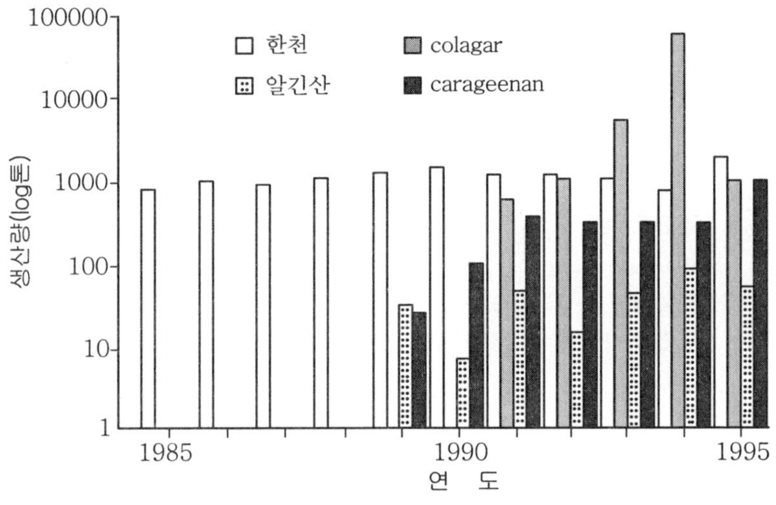

그림 3.23 해조콜로이드와 colagar의 생산량(톤)

(5) 브라질

브라질의 해안선은 대략 7,000 km에 이르며, 이곳에는 약 80여종의 해조가 생육하고 있다고 알려져 있다. 이들 중 가장 많이 이용되는 것은 꼬시래기류로서 1976년경 까지는 일본에 수출하였으나, 그 후에는 수출 금지조치로 자국 내에서 한천을 제조하게 되었다. 한천의 제조 기술은 일본인에 의해 이루어지고 이렇게 만들어진 한천은 국내에서 소비된다. 이처럼 해조콜로이드 생산은 1940년에 한천을 처음으로 생산하기 시작하였으나 수년 후에는 조업을 중단하였고, 1960년에는 2개 회사가 설립되었으나 오래가지 못하였다. 현재는 1개사가 연간 40톤의 한천을 제조하고 있어 알긴산, 한천, carrageenan과 함께 식용 해조는 수입을 하고 있다.

(6) 아르헨티나

아르헨티나의 Chubut주에서는 유용한 해조가 채취되고 있는데, 꼬시래기류가 가장 많고 *Macrocystis*, 돌가사리류가 그 다음으로 많다. 표 3.9는 채취된 해조로부터 생산된 한천 등의 양이다. 아르헨티나에서는 이와 같이 해조 가공품을 생산도 하고 있으나 부족되는 양은 수입을 하고 있다.

표 3.8 아르헨티나 Chubut주의 해조 가공품(kg)

년도	한천	Carrageenan	Flour	Algarina	Algamar
1985	196,611	95,535	55,561	1,054	-
1986	137,221	103,041	12,062	655	-
1987	190,585	113,275	2,357	925	-
1988	139,079	89,725	7,668	235	-
1989	275,414	73,670	3,970	75	-
1990	146,697	77,670	3,845	255	-
1991	156,079	97,670	26,625	-	-
1992	163,503	91,586	11,168	-	-
1993	176,503	73,421	51,961	1,650	1,332
1994	230,938	90,770	44,105	1,680	2,171
1995	222,366	134,210	76,593	5,173	2,173

7) 아프리카

(1) 케냐

케냐에는 해조가 착생할 만한 암초가 적어 해조류는 그다지 보이지 않는다. 일부 지방에서는 서실류가 어민들에 의해 이용되고 있는 것 같으나 명확한 자료는 없다. 파래류는 호텔에서 일부 숙박객들에게 요리에 일부 쓰이고 있는 것 같다. 한천, carrageenan, 알긴산의 원조는 본래부터 서식하고는 있으나 그들의 자원량 등은 밝혀져 있지 않다. 케냐는 해조뿐 아니라 한천도 수입하고 있는데, 1995년 미국, 일본에서 약 3,000톤을 수입하였으며, 해조는 특히 일본에서 수입하였다.

(2) 탄자니아

유용해조류도 많으며, 그 용도도 여러 가지가 있는 것 같으나 구체적인 수량이나 자료는 없다.

(3) 마다가스카르

한천, carrageenan의 원조는 수출하고 있으나 그에 관한 정확한 수치는 나와 있지 않다. 기린사이의 양식이 1992년부터 시도되고 있다.

(4) 모잠비크

1960년대부터 carrageenan 원조를 덴마크, 독일, 미국에 수출하고 있는데 그 양은 약 100톤 정도이다.

(5) 나미비아

파도에 휩쓸려온 해조가 대부분으로 보이며, 꼬시래기가 건조물로 1,000톤 정도 수확되고 있으며, 1987~1991년에는 이들의 15~30%가 국내에서 한천 제조에 사용되었다. 그러나 1995년에는 한천 제조가 중단되어 양식한 것을 포함하여 모두 수출하고 있다. 다시마류도 채취하여 가공후 수출된다.

(6) 남아프리카

약 45년에 걸쳐 해조의 상업적 이용 등에 관하여 연구 개발이 진행되어 왔으나, 한천 원조로서 꼬시래기류와 고급 식물의 성장제, 양식 전복 사료로서 소량이 채취되고 있을 뿐이다. 표 3.9에 이들 채취량을 나타내었다.

표 3.9 남아프리카의 해조 채취량과 가격

년도	우뭇가사리류*	가격(US$)	꼬시래기류	가격($)	Kelp류	가격(US$)**
1986	120,599	1,691	155,295	1,316	2,464,952	275
1987	144,079	1,775	170,160	1,316	2,211,021	300
1988	162,214	1,972	361,758	1,630	2,257,656	300
1989	182,100	2,208	27,600	1,752	1,253,239	320
1990	168,689	2,251	-	1,752	2,111,754	375
1991	196,383	2,409	-	1,752	2,004,374	375
1992	152,025	2,315	191,305	1,956	1,472,045	395
1993	157,365	2,272	377,939	1,620	555,074	395
1994	143,128	2,119	272,467	1,212	488,410	375
1995	139,221	1,867	439,326	1,333	714,023	300

* 동부 Cape 주에서 채취된 양, ** 톤당 FOB 가격

CHAPTER

04 해조의 일반성분

CHAPTER 04

해조의 일반성분

1 일반성분의 조성

해조류는 식물에 속하지만 농산물이나 축산물 또는 어패류와도 다른 점이 있다면 폐기물이 거의 없다는 것이다. 대기와 달리 염분 농도가 높은 해수 중에서 광합성을 통하여 영양분을 만들어 내는 해조는 육상 식물과는 다른 일반성분 조성을 가지는 것이 많다. 한국수산물 성분분석표(1995년 발행)에 나타난 우리들에게 낯익은 대표적인 녹조, 갈조, 홍조의 일반성분 조성을 표 4.1에 나타내었다.

신선한 해조의 수분 함량은 대개 60~90%정도이다. 당연한 이야기겠으나, 해조를 이용한 요리들과 같은 가공식품에 있어서는 건제품보다 수분 함량이 많을 것이지만 이는 부패와 관련이 있는 수분 활성의 측면에서 보아야 할 것이다. 해조류의 일반성분을 말할 때는 보통 수분을 제외한 건조물을 기준으로 표기하는 경우가 많다. 건조물의 경우 수분은 해조의 가공 상태나 보관 상태에 따라서 다르겠으나, 20% 이하로 보아도 좋을 것이다.

수분을 뺀 나머지 성분 중에서는 탄수화물이 가장 많으며, 특히 당질은 가장 중요한 성분으로 대부분 건물량 기준으로 50% 이상이다. 탄수화물에 이어서 회분이 많아 40%나 되는 것도 있으며 종류에 따라 심한 차이를 보인다.

단백질은 대체로 적은 편이며 건물량으로 15% 이하이지만, 녹조나 홍조 중에는

20%를 넘는 것도 있다. 특히 담수산 녹조 *Prasiola japonica*(31%)나 방사무늬돌김(40% 전후)은 비교적 단백질이 많다. 지질은 아주 적고, 녹조나 홍조에는 1% 이하인 것이 많다. 갈조는 이에 비해서 약간 많다.

표 4.1 각종 해조의 일반성분 조성(%)

종류	수분	단백질	지방	탄수화물	회분
녹조류					
청각	95.1	1.7	0.3	2.4	0.5
납작파래	87.6	3.3	0.7	3.5	4.9
갈조류					
미역	88.8	2.1	0.2	4.6	5.3
다시마	91.0	1.1	0.2	4.2	3.5
톳	88.1	1.9	0.4	5.0	4.6
갈래곰보	93.5	0.9	0.2	4.6	0.8
모자반	86.2	1.8	0.2	6.7	5.1
홍조류					
김	90.5	3.3	0.4	2.0	3.8
꼬시래기	89.1	1.8	0.2	6.2	2.7
우뭇가사리	70.3	4.2	0.2	21.5	0.1

식용으로 가공되어 있는 해조류의 일반성분 조성을 표 4.2에 나타내었다. 참고로 같은 종이라도 표 4.1과 표 4.2에 나타낸 것을 비교하여 볼 때, 시판품과 자연에서 직접 채취한 것은 같은 종이라도 조성이 매우 다른 것이 있다. 이는 표 4.2가 말린 시판 제품을 조사했기 때문이라기보다는 다음과 같은 각종 요인에 의해서 일반성분이 크게 달라졌기 때문일 것이다.

표 4.2 시판 해조의 일반성분 조성(%)

종류	수분	단백질	지방	탄수화물	회분
녹조류					
청각(소건품)	10.0	13.8	0.8	52.8	22.6
매생이(소건품)	15.6	20.6	0.5	40.6	22.7
가시파래(소건품)	12.8	20.0	0.7	46.5	20.0
갈파래(소건품)	13.7	23.1	0.5	43.5	19.2
창자파래(소건품)	10.4	23.6	0.8	50.0	15.2
홑파래(소건품)	15.5	17.2	1.1	53.2	13.0
갈조류					
미역(줄기)	88.1	1.8	0.2	4.6	5.3
(소건품)	16.0	20.0	2.9	36.3	24.8
(염장품)	61.8	6.0	0.9	9.3	22.0
다시마(소건품)	12.3	7.4	1.1	45.2	13.2
톳(자건품)	15.8	6.2	0.8	59.7	17.5
뜸부기(소건품)	18.1	6.1	2.5	52.1	21.2
모자반(염장품)	62.9	3.1	0.2	5.4	5.1
홍조류					
참김(소건품)	11.4	38.6	1.7	40.3	8.0
(맛김)	5.58	37.8	2.3	42.9	11.5
둥근돌김(소건품)	10.4	35.5	1.7	44.6	7.8
불등풀가사리(소건품)	11.7	16.5	0.6	58.0	13.2
석묵(소건품)	15.3	9.6	0.2	63.9	11.0

2 일반성분의 변동요인

해조의 일반성분은 수온이나 영양염과 같은 환경수의 물리화학적 요인은 물론 일조량, 계절, 생육장소, 조체부위 등 여러가지 요인에 따라 크게 영향을 받는다. 또한 해조류는 바닷물 속에서 자라기 때문에 물에 녹아 있는 각종 용존물질을 흡수해서 체내에 축적하기도 하고, 축적한 물질을 이용해서 필요한 조체 성분을 합성하기도 하므로 환경수의 물리화학적 성질에 따라 영향을 받는 것이 당연하다. 더욱이 조류의 기본 대사작용은 광합성이므로 일조량에 의해서도 크게 영향을 받는다. 해조의 일반조성의 계절적인 변화는 환경수의 계절변동에 의한 영향은 물론, 조체 성장이나 생식 사이클에 의한 내적 요인이 크게 관여한다.

1) 계절차

(1) 미역

미역의 잎부분과 줄기부분의 일반조성을 표 4.3에 나타내었다. 잎부분의 지질은 5월 상순부터 6월 상순까지 증가하다가 그 후에는 감소한다.

표 4.3 미역 일반성분 조성의 계절변화 (건조물중 %)

채집시기 (1967년)	부위	단백질	지질	탄수화물		회분
				알긴산	섬유	
4월10일	잎(줄기)	21.6(15.1)	1.7(1.2)	-	1.6(4.2)	36.5(38.6)
4월25일	잎(줄기)	21.1(11.6)	1.6(0.8)	24.4(20.7)	1.2(4.9)	34.1(40.9)
5월10일	잎(줄기)	29.6(7.0)	1.9(1.4)	24.7(24.0)	-	40.0(43.9)
5월24일	잎(줄기)	11.3(-)	2.3(1.2)	27.9(22.9)	2.4(5.8)	36.2(43.0)
6월 9일	잎(줄기)	11.8(3.9)	2.5(1.2)	30.7(25.9)	3.6(6.3)	32.5(38.1)
6월26일	잎(줄기)	10.9(4.6)	2.1(1.0)	26.9(25.3)	3.0(6.6)	36.6(49.0)
7월10일	잎(줄기)	8.4(4.9)	1.1(1.1)	28.9(27.5)	3.3(-)	34.6(42.4)

단백질은 4월부터 5월 상순까지 증가하다가 5월 하순부터는 급격하게 감소하여 천연 미역이 끝나는 7월에는 최고일 때에 비하여 1/3로 감소한다. 섬유는 생식 기간에 비례해서 증가하는 경향을 보인다. 알긴산(alginic acid)은 5월 하순부터 증가하기 시작하여 6월 하순에는 최고가 된다. 회분은 일정하게 변동하지는 않으며 시기에 따른 차이도 크지 않다. 줄기부는 잎부위에 비해서 지질, 단백질, 알긴산이 적으며, 회분과 섬유는 많지만 그 계절 변화는 잎부분과 반드시 일치하지 않는다.

(2) 다시마

일본 북해도에서 성장한 2년생 다시마 *Laminaria longissima*를 6월과 8월에 채집하여 일반성분을 조사한 결과(표 4.4), 6월산은 8월산에 비해 단백질, 섬유, 회분은 많지만 지질과 당질은 적었다. 한편, 자낭은 다른 부위보다 지질과 당질이 많다. 6월산과 8월산간의 지질과 당질 함량의 차이는 바로 이 자낭 때문인 듯하다.

표 4.4 다시마의 시기별 일반성분 조성의 변화(건조물 중 %)

채집시기	단백질	지질	탄수화물		회분
			당질	섬유	
6월	16.8	2.8	31.7	14.0	34.7
8월	14.0	4.9	44.6	12.7	23.8

노르웨이의 중부지역인 Reine산과 남부지역인 Espevær산 다시마 *Laminaria digitata*를 지역별, 시기별로 나누어 알긴산, laminaran, mannitol, 회분의 함량을 조사한 결과를 그림 4.1에 나타내었다. 이 그림에서 각 성분들은 계절변동이 심한 것을 알 수 있다. 즉, 저장물질인 laminaran과 mannitol은 봄부터 여름까지 급증하다가 겨울철에 감소하지만, 알긴산과 회분은 이것과 정반대의 경향을 보인다.

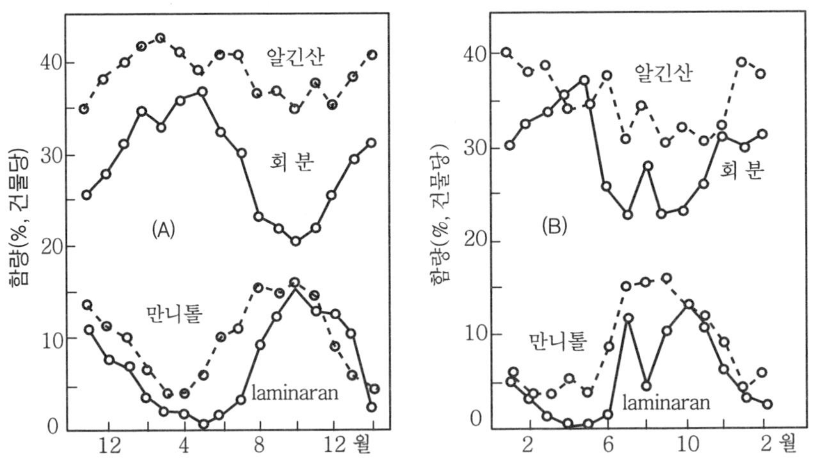

그림 4.1 노르웨이산 다시마 성분의 계절적 변동

그러나 두 지역간의 계절 변동을 잘 관찰해 보면, 노르웨이 Espevær산의 8월 시료에서는 laminaran이 전달에 비해 절반 정도로 줄었고 회분은 약간 늘었으나, Reine산 시료에서는 그런 변화가 없었다. Espevær산의 시료에서 관찰된 두 성분의 변화는 스코틀랜드산 다시마 *L. digitata*에서도 관찰되지만 매년 같은 경향을 보이는 것은 아니고 그렇지 않은 해도 있었다. 이처럼 성분의 계절변동은 지역이나 연도에 따라 항상 일정하지는 않다.

(3) 방사무늬 돌김(김)

1966년 12월부터 1967년 2월까지 일본 중부의 미에현에서 양식한 방사무늬 돌김의 일반성분의 변동을 조사한 결과는 그림 4.2와 같다. 총질소와 단백태 질소 함량은 생산 초기인 12월에 많지만 끝무렵인 2월이 될수록 줄어들었다. 그러나 당질과 섬유는 이와 반대로 12월에는 적지만 2월이 될수록 점차 늘어났다. 품질은 12월 시료가 가장 좋고 그 후로 갈수록 점차 떨어지지만, 품질 저하와 질소량 감소 또는 탄수화물 증가와는 상관관계가 있다.

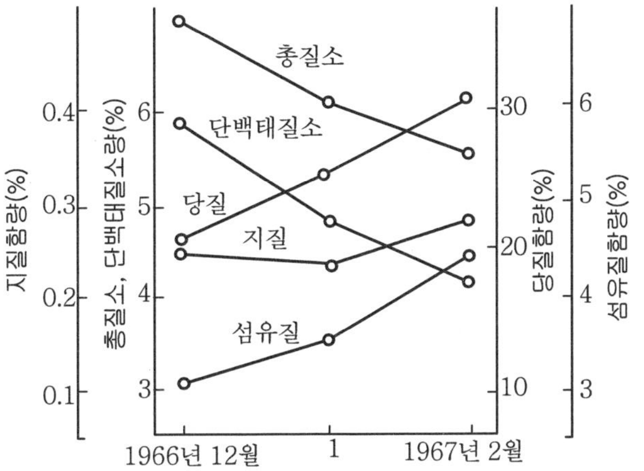

그림 4.2 김 일반성분 조성의 계절 변동(건조물 기준)

김의 품질과 일반 성분 조성간의 관계를 조사한 보고에 의하면 표 4.5와 같이 상급품 일수록 총질소와 단백태 질소가 많고, 또한 총질소중의 단백태 질소의 비율도 높아 상급품은 80% 내외이고, 중,하급품은 70~75%이였다. 한편 양질품 일수록 당질은 적어, 총질소와 당질 함량 간에는 그림 4.3과 같이 직선적인 반비례 관계를 보였다. 섬유와 회분도 상급품에는 적은 경향이었다.

표 4.5 김의 품질과 일반 성분 조성의 상관관계(건조물 당 %)

양식장	등급	총질소	단백질소	당질 A	당질 B	섬유	지질	회분
松名勢 (Matsunase)	상	7.3	5.8	23.4	38.3	5.2	0.5	10.6
	중	6.3	5.2	26.5	41.1	4.0	0.5	11.8
	하	5.8	5.0	33.8	48.8	4.6	0.6	10.3
桑名 (Kuwana)	상	7.0	5.2	25.2	40.3	5.3	0.5	10.1
	중	6.7	5.1	25.9	40.1	6.1	0.5	11.8
	하	5.8	4.7	30.1	45.0	6.5	0.5	12.6

A: 가수분해후 환원당을 포도당으로 환산, B: (100-다른 성분)

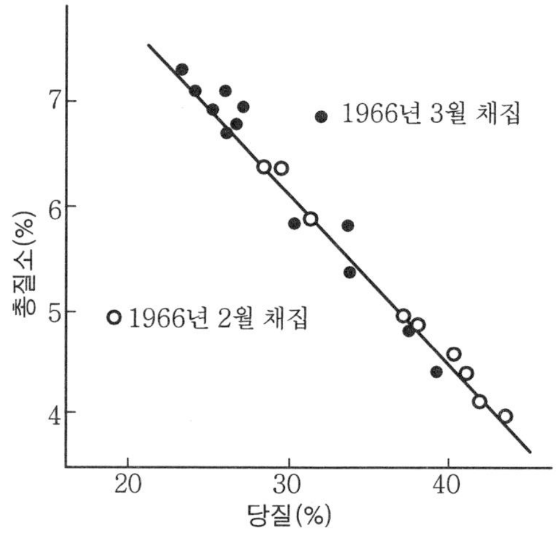

그림 4.3 김의 총 질소량과 당질 함량의 관계(건조물 기준)

2) 생육장소에 따른 차

5월 하순부터 7월 상순 사이에 인접한 5개 지역에서 채집한 일본산 미역의 일반 성분조성은 표 4.6과 같다. 일본 Toyoura산 및 Mori산의 것과 타 지역의 것과는 단백질 함량이 크게 달랐다. 앞에서 말한 대로, 미역은 성숙하면서 단백질이 줄어들기 때문에 지역에 따라 단백질 함량에 차이가 나는 것은 성숙도 차이 때문인 듯하다. 표 4.7은 일본 중부의 Ise만에서 양식한 김을 분석한 결과이다. 인접한 지역에서 양식한 김이라도 당질과 섬유 함량은 약간의 차이를 보였다.

표 4.6 생육장소가 다른 미역의 일반성분 조성(%)

채집시기	채집지	수분	건물기준				
			단백질	지질	알긴산	섬유	회분
6월25일	豊浦(Toyoura)	89.8	9.2	1.7	30.4	2.5	30.5
7월10일	森(Mori)	91.1	8.4	2.7	29.9	2.2	31.1
7월 6일	函館(Hakodate)	89.2	13.0	2.8	30.3	2.2	22.1
6월27일	茂辺地(Moheji)	89.4	15.3	2.9	29.1	2.1	26.1
7월 2일	松前(Matsumae)	86.9	13.6	4.0	35.4	1.9	19.5

표 4.7 Ise만 내에서 생육장소가 다른 양식 김의 일반성분 조성(%)

채집지	총질소	단백질소	당질		섬유	지질	회분
			A	B			
今一色(Imaishiki)	7.1	5.7	24.4	39.3	4.2	0.6	10.6
村松(Muramatsu)	7.1	5.6	25.7	38.4	4.7	0.6	12.2
下御絲(Shimomiito)	7.0	5.8	27.1	43.1	3.0	0.5	10.0
松名勢(Matsunase)	7.3	5.8	23.4	38.3	5.2	0.5	10.6
桑名(Kuwana)	7.0	5.2	25.2	40.0	5.3	0.5	10.1

우리나라에서 채취한 가시파래의 경우도 장소에 따라 단백질과 회분 등에서는 큰 차이를 나타내었다(표 4.8).

표 4.8 가시파래의 생육장소가 다른 가시파래 소건품의 일반성분 조성(%)

채집지	수분	단백질	지질	탄수화물	회분
여수	4.4	19.7	0.7	67.8	11.8
진해	4.6	33.2	0.7	49.3	16.8
장흥	3.9	29.4	0.9	61.2	8.4
무안	3.7	11.6	1.0	70.7	16.6
완도	4.3	24.2	0.8	59.0	15.9

3) 부위차

다시마(*Laminaria longissima*)의 자낭을 다른 부위와 비교하면 단백질, 지질, 당질은 많지만 섬유와 회분은 적다(표 4.9). 다시마 조체를 잘게 부수어 각 부분의 총질소를 측정하였더니 그림 4.4와 같았다. 총질소의 분포는 편중되어 있어서 뿌리부나 줄기부는 끝부분보다 그리고 중앙부는 가장자리보다 많았다. 또한 엽체 두께와 총질소량과도 깊은 관계가 있어 대체로 두터운 부위가 총질소량이 많았다. 다시마의 뿌리부분에는 단백태 질소가 많고 비단백태 질소는 적다고 한다. 다시마의 회분도 부위에 따라서 15~32%(건물량)로 차이가 있는데, 뿌리에 많고 끝부분에 적다.

표 4.9 다시마의 부위별 일반 성분 조성의 차이(건조물당 %)

부위	단백질	지질	당질	섬유	회분
자낭부	15.9	7.5	45.1	10.7	20.8
기타 부위	12.9	4.3	42.6	14.2	26.0

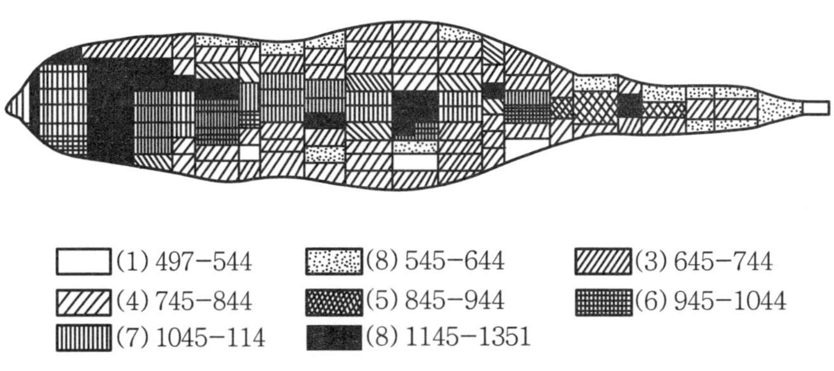

그림 4.4 다시마의 부위별 총질소의 분포(mg%)

일본 동북부의 이와테현산 미역을 성실엽부와 장엽부로 나누어 일반성분을 분석한 결과 성실엽부에는 단백질, 지질, 섬유가 많고, 장엽부에는 회분과 알긴산이 많았다(표 4.10). 그러나 모든 해조에서 반드시 부위차가 있는 것은 아니다. 일본 북부해안에서 채집한 미역과 *Alaria crassifolia*에서는 장엽부에 단백질, 지질, 섬유가 많다.

표 4.10 미역과 *Alaria crassifolia* 부위별 일반성분 조성(건조물당 %)

채집지		단백질	지질	탄수화물			회분
				알긴산	laminaran	섬유	
미역							
성실엽	이와테현(岩手県)	10.8	3.7	19.2	1.4	5.3	24.9
장엽	히로다(広田, 6월)	9.8	1.2	27.4	0.5	3.5	34.4
A. crassifolia							
성실엽	이와테현(岩手県)	16.2	1.1	22.5	1.2	3.1	10.3
장엽	산리꾸(三陸, 6월)	19.5	1.8	29.8	0.6	6.1	18.1

4) 자연산과 양식산의 차이

1973년 북해도에서 채집한 자연산, 속성산, 양식산 다시마의 일반조성을 비교하였다. 그결과 자연산은 mannitol과 지질이 적고 회분이 많다(표 4.11).

표 4.11 자연산, 속성산, 양식산 다시마의 일반성분 비교(건조물당 %)*

	단백질	지질	탄수화물			회분
			mannitol	알긴산	섬유	
자연산	6.5	0.9	26.6	24.6	6.6	27.2
속성산**	5.3	2.0	38.5	23.1	7.1	18.5
양식산***	6.3	2.6	35.7	24.8	7.0	18.8

* 모두 6시료의 평균값

** 전년 8월 중순에 종자를 부쳐 40일간 실내 배양후 바다에서 1년간 육성한 것

*** 전년 8월 중순에 종자를 부쳐 40일간 실내 배양후 바다에서 2년간 육성한 것

이런 경향은 1972년에 채집한 자연산과 속성산 다시마(모두 1등급품)에서도 확인할 수 있었으나, 회분함량은 자연산 18.6%, 속성산 16.5%로 많은 차이를 보이지는 않는다.

김 양식에서는 건전한 육묘와 품질향상을 위해 간출이라는 조작을 중요시하는데, 간출이 김의 일반성분에 미치는 영향에 관해서는 다음과 같은 보고가 있다. 방사무늬 돌김을 매일 0~4시간 정도 간출시키고 7일 후에 일반 성분을 분석하였더니 간출

시간이 길수록 탄수화물은 줄어들고 단백질은 많아졌다. 또한 무간출구, 부상구 (12일 동안 5회 간출, 1회에 약 2시간씩 간출시킴), 지주책구(매일 2회 2~3 시간씩 간출)로 나누어 12일 동안 실시하고 그 결과를 비교하였더니 그림 4.5와 같이 간출시킨 것은 무간출한 것보다 단백질이 많았고 탄수화물은 적었다.

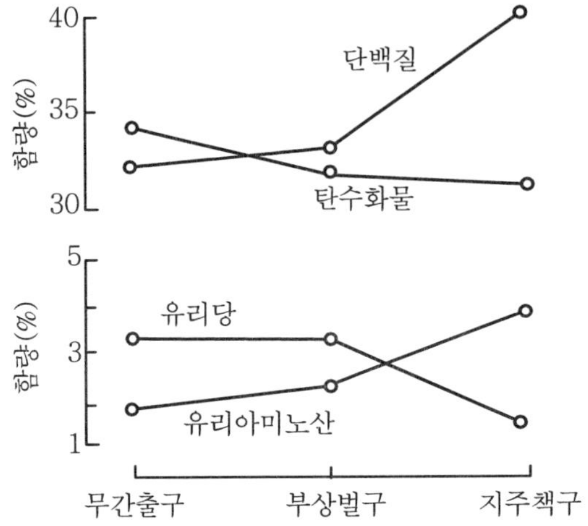

그림 4.5 응식 방법을 달리한 방사무늬 돌김의 일반성분 비교(건조물당 %)

특히 지주책구의 단백질은 무간출구 보다 30%나 많았으며, 유리아미노산은 2배나 되었다고 한다. 앞에서 말한 대로 김은 단백질이 많고 탄수화물이 적은 것이 좋은 품질이므로, 간출을 하면 품질이 향상된다는 것을 알 수 있다.

5) 규조부착 유무에 의한 품질의 차이

우뭇가사리 표면에 규조가 부착한 것을 건조하면 파란 분말로 씌운 것처럼 된다. 이러한 규조의 부착은 우뭇가사리의 성장을 저해한다고 하지만 반대로 생육 환경이 나빠 우뭇가사리의 성장을 악화시켜 규조가 부착하는 것으로 생각된다. 원인이야 어떻든 품질이 동일한 만내에서 규조가 부착한 것과 부착하지 않은 것으로 한천을 만들었을 때 물성을 비교해 본 결과, 부착한 것의 품질이 좋지 않은 것을 알 수 있다(표 4.12).

표 4.12 규조 부착한 것과 부착하지 않은 우뭇가사리로 추출한 한천의 물성

규조부착	수분 (%)	한천량 (%)	gel강도 (g/cm^2)	냉수가용성물질 (%)
무	14.8	30.8	-	24.0
		31.2	610	
		37.6	660	
유	15.3	26.1	-	19.6
		29.5	530	
		32.8	630	

CHAPTER

05 해조의 다당류

CHAPTER 05

해조의 다당류

1 다당의 구성성분

일반성분의 항에서도 설명했듯이 조체에서 수분을 뺀 나머지 성분 중에서는 다당류가 주성분이다. 다당류를 조체내 분포 위치에 따라 나누면 가장 바깥층에서 미세한 섬유상의 결정구조를 한 세포벽 다당, 이것을 덮고 있는 무정형 겔 상태의 점질 다당, 세포 안에 들어 있는 저장 다당의 3가지로 나눌 수 있다. 해조는 염류농도가 높고 유속이 빠른 해수 속에서 잘 서식한다. 이런 생육환경에 적응하려면 다당의 역할이 매우 크다. 예를 들어 다당으로 구성된 해조의 세포벽은 육상식물보다 두껍지만 유연하면서도 탄력이 좋다. 더욱이 해조는 육상식물이 갖고 있지 않은 세포간 다당(점질 다당)이나 저장 다당을 함유하는 것이 있다. 이들의 구성당 중에는 carboxyl기나 황산기(sulfate)를 포함한 산성의 당 성분이 들어 있는 것이 많다. 이들은 해수 중에서 이온을 선택적으로 흡수 또는 교환하고 수분을 일정하게 유지시키는 역할을 한다.

구성당으로서는 D-glucose, D-galactose, D-xylose, L-rhamnose, L-arabinose와 같은 중성당과 L-fucose, D-, L-3,6-anhydrogalactose, 6-O-methyl-D-galactose와 같은 당 유도체나 D-glucuronic acid, D-galacturonic acid, D-mannuronic acid, L-guluronic acid와 같은 uronic acid 도 들어 있다. 구성당만 다른 게 아니라 해조 다

당류의 물리, 화학적 성질이나 구조도 육상식물에 비해 매우 복잡하다. 해조는 계통적으로 위치가 먼 것이 많아 해조 분류나 계통상의 위치, 형태나 생활양식의 차이와 다당류의 성상간에 어떤 연관성이 있을 가능성이 있다. 이는 해조류의 분류나 계통의 지표로서 색소들의 차이를 이용하는 것과 비슷하다. 넓은 의미로 해조는 13종의 문(Phylum)에 속하는 집단이지만, 그 중에서 양도 가장 많고 잘 이용되는 해조는 주로 녹조, 갈조, 홍조의 3개의 문이다.

2 녹조의 다당

1) 세포벽 다당

녹조는 해조 중에서도 가장 진화된 종류이다. 따라서 엽록체의 구조, 세포기관의 분화 정도, 색소의 분포는 고등식물과 공통되는 부분이 많다. 그러나 세포벽 다당이나 점질 다당은 고등식물과는 많이 다르다. 세포벽의 골격 다당을 화학적 분획법이나 X선, 전자 현미경으로 조사하여 볼 때 세포벽의 다당을 세 가지 유형으로 나눌 수 있다.

첫째 유형에는 대부분의 녹조가 포함된다. 예를 들면, 갈파래속(*Ulva* sp.), 파래속(*Enteromorpha* sp.), 대마디말속(*Cladophora* sp.), 바로니아속(*Valoniopsis* sp.) 등인데, 주요 구성 물질은 대부분 cellulose이다. 그러나 이것도 대마디말목(*B. Cladophorales*)이나 대롱말목(Siphonocladales)처럼 glucan 분자가 병렬로 이어져서 결정도가 큰 cellulose I형과 홑파래속, 갈파래속처럼 glucan의 일부가 반대방향으로 이어진 결정도가 낮은 cellulose II형으로 나누어진다.

둘째 유형에는 녹조를 제외한 대부분의 해조가 해당된다. 세포벽의 구성성분은 cellulose 뿐만 아니라 알칼리에 녹는 hemicellulose도 들어 있으며, glucose외에 arabinose, xylose, galactose, fucose, rhamnose 등이 구성당을 이룬다.

셋째 유형은 cellulose 대신에 xylan이나 mannan이 세포벽을 구성하는 종이다. 예를 들면, 청각목(Siphonales)에서는 cellulose가 주성분이 아니며, 옥덩굴목(Caulerpaceales)의 *Udotea orientalis*, 옥덩굴과 *Caulerpa anceps*, 깃털말과

Bryopsis sp., *Dichotomosiphon* sp.는 xylan이 섬유를 구성한다. β-1,3-xylan 결합은 나선 모양의 섬유를 형성하며, 평균중합도는 40~50이고 선광도($[\alpha]_D$)는 -25° ~ -38° 이다.

한편, 같은 청각목이라도 클로로코캄목(Chlorococcales)의 푸른솜털 *Hydrodictyon*이나 청각목(Codiales), 청각속 *Codium* sp., 다시클라두스목(Dasycladales)의 *Acetabularia calyculus*의 세포벽에는 cellulose나 xylan 대신에 mannan이 들어 있다. 구조는 중합도(DP)가 16 전후인 β-1,4 결합을 한 D-mannose 잔기로 되어 있다. 그렇지만 종류에 따라서는 세포벽에 cellulose와 mannose도 모두 갖고 있는 것도 있다.

2) 점질 다당

대부분 해조의 점질 다당은 특이하게 황산기나 uronic acid 잔기를 갖는다. 육상식물에서는 carboxyl기가 pectin처럼 에스테르화되어 있지만, 해조에서는 유리형으로 존재한다. 녹조의 세포간 점질 다당에는 반드시 ester 결합한 황산이 들어 있으며, 이들 황산다당류에는 L-rhamnose, D-xylose, D-glucose, D-galactose, D-mannose, L-arabinose, D-glucuronic acid 및 황산ester 등이 각종 비율로 결합한 수용성의 황산다당류가 있다. 즉 염주말속(*Chaetomorpha*), 옥덩굴속(*Caulerpa*), 청각속(*Codium*) 등에 함유되는 sulfated xyloarabinogalactan, 참갈파래속(*Ulva*), 파래속(Ulvaria) 등에 함유되는 sulfatedglucuronoxylorhamnan, 그리고, *Acetabularia*속에 함유되는 sulfated glucuronoxylorhamnogalactan의 3종류가 있다. 단, 마지막 것에는 구성당으로서 L-rhamnose, D-xylose, D-glucose, D-galacturouic acid, 황산ester 외에 4-O-methylgalactose도 함유한다.

3) 저장 다당

녹조도 광합성을 해서 육상식물과 비슷한 전분을 만든다. 이 전분에는 amylose가 약 16~27%를 차지하며 나머지는 amylopectin이다. 그렇지만 amylopectin의 평균 잔기수가 육상식물에서는 25인데 비해서 이보다 적고 amylose도 대체로 분자량이 적으며 중합도도 낮다. 이 밖에는 육상식물과 큰 차이가 없다.

3 갈조의 다당

1) 세포벽 다당

갈조의 골격 다당은 cellulose와 성질이 비슷한 물질이라는 것이 다시마속 *Laminaria digita*나 *Fucus vesiculosus*에서 확인되었다. 구조는 β-D-Glc-(1→4)의 직쇄(straighted) glucan이며, 갈조에는 이 glucan이 대략 0.6~4.4% 가량 들어 있는데 이것은 cellulose I형이다. 줄기부에도 6~10%나 들어 있으며, 미역과 *Undaria*에도 4~14%나 들어 있다. 세포벽에서는 glucose외에 mannose, xylose가 확인되었지만, mannan과 xylan은 확인되지 않았다. 더욱이 *Fucus serratus*나 다시마속 *Laminaria digitata*에서는 α-cellulose를 이루는 구성당으로 fucose와 uronic acid가 검출되었으며, cellulose 섬유를 감싼 알칼리 가용성의 hemicellulos는 fucose와 xylose로 이루어졌다.

2) 점질 다당

갈조의 세포간 충전 물질 중에서 중요한 것으로는 묽은 알칼리로 추출되는 알긴산(alginic acid)과 물이나 묽은 염산 모두로 추출할 수 있는 fucoidan이 있다. 이들은 육상 식물에는 들어 있지 않고 해조에만 들어 있는 특유한 다당이며, 여러 분야에서 폭넓게 쓰인다. 이들에 대해서는 별도로 상세하게 설명한다.

(1) 알긴산

미역, 다시마, 모자반, 대황, 감태 등에 함유되어 있는 산성다당류로서 β-D-mannuronic acid와 α-L-guluronic acid의 두 가지 uronic acid가 적당한 비율로 연결되어 있는 polyuronide이다. 해조에만 존재한다고 하지만 *Azotobacter vinelandii*, *Pseudomonas aeruginosa*의 일종에 속하는 세균도 알긴산과 유사한 점질 다당을 생산하는 것으로 알려져 있다.

(2) fucoidan

다시마속, 미역속, 돌가사리속 등에 존재하는 L-fucose와 황산ester가 주성분인 다당이다.

(3) sargassan

모자반(*Sargassum limifolium*)에 함유된 것으로서 fucoidan과 매우 유사한 황산다당이나 mannose를 함유하고 있는 것이 다르다.

(4) ascophyllan

북유럽의 연안에 많은 *Ascophyllum*속 *A. nodosum*에서 분리한 다당인 ascophyllan은 fucose 25%, D-xylose 26%, glucuronic acid 19%, 황산 ester가 13%인 다당에 단백질이 결합한 glucuronoxylofucan sulfate-단백질 복합체이다.

3) 저장 다당

갈조류의 전분에 상당하는 laminaran은 대황, 다시마, 패 등에 들어있고, 열수에 녹는 주로 glucose가 β-1,3결합을 하고 있는 β-glucan이다.

4 홍조의 다당

1) 세포벽 다당

원시홍조강(Bangiales)을 제외한 진정 홍조강의 해조에는 cellulose가 건물중에 1.0~9.0% 들어 있다. 이것은 cellulose I형으로 확인되었지만, 함유량과 결정도는 낮다. 한편, 보라털과의 *Porphyra umblicalis*, 깃꼴서실 *Laurencia pinnatifida*, *Rhodymenia palmata*의 조체를 묽은 염산과 NaOH으로 처리하면 xylan이 얻어진다. 구조를 보면 β-1,3결합이나 β-1,4결합이 있어, 육상식물의 xylan과 녹조

xylan의 중간 형태 구조를 하고 있다 즉, 분자중에는 β-1,3결합으로 연결된 직쇄부분과 β-1,4결합만으로 된 직쇄부분이 있는데 1,4결합이 많다. 보라털과의 *P. umblicalis*를 20% 열 알코올로 추출하면 세포벽이 없어지는데, 이것으로 세포벽은 xylan과 mannan이 골격을 이루고 있음을 알 수 있다. 세포벽을 A, B, C의 세 층으로 나눈다면 맨 바깥층인 A층에서는 mannan이, 그리고 안쪽의 C층에서는 mannose, glucose, arabinose가 각각 검출된다. A층의 mannan은 평균 쇄장이 약 12이며, β-1,4결합을 한 직쇄형이다. 이렇게 원시 홍조류의 원시 홍조강은 cellulose 대신에 xylan과 mannan이 골격을 이루고 있는 것이 특징이다.

2) 점질 다당

홍조의 점질 다당도 열수로 추출되지만, gel화되는 정도와 당 조성이 녹조나 갈조와는 아주 다르다. 홍조의 주요 점질 다당은 한천과 carrageenan으로 이들에 대하여는 다음에 상세히 설명한다.

(1) 한천

우뭇가사리류와 꼬시래기류에 함유되어 있으며, agarose와 agarobiose로 구성된 중성다당이다. agarose는 D-galactose와 3,6-L-anhydrogalactose로 된 2종류의 agarobiose가 α-1,3 결합하여 직쇄상으로 연결되어 있다.

(2) carrageenan

진두발속, *Eucheuma*속에 함유되어 있으며, anhydrogalactose등 D형 황산기가 한천보다 많다. D-mannuronic acid와 L-guluronic acid로 되어 있다.

(3) 알긴산

갈조에만 존재하는 것으로 알려졌으나, 홍조류인 꼬치말속에 2% 정도 함유되어 있다고 한다.

(4) funoran

홍조의 점질 다당으로는 한천이나 carrageenan외에 예부터 풀로 쓰이던 funoran이라는 것이 있다. 풀가사리과의 불등풀가사리 *Gloiopeltis furcata*에서 추출한 것을 funoran이라 하는데, 구조는 agarose와 비슷하다. 즉, D-galactose와 3,6-anhydrogalactose가 교대로 연결되어 있으며, 간혹 methylgalactose가 들어 있어 sulfate와 galactose의 mol비가 1.2~1 7:1인 황산다당이다.

(5) porphyran

홍조류 중에서도 하등인 원시 홍조류에 속하는 참김은 앞에서 말한 대로 골격은 mannan이지만, 점질 다당도 한천과 carrageenan을 합친 것과 비슷한 구조의 porphyran으로 되어 있다. 즉, porphyran은 구성당으로서 한천과 같은 3,6-anhydro-L-galactose와 6-O-methyl-D-galactose를, 또 carrageenan과 같은 D-, L-galactose와 L-galactose- 6-sulfate를 함유하며, 이들의 조성은 3,6-anhydro-L-galactose 5~19%, 6-O-methyl-D-galactose 3~38%, D-galactose 24~45% 및 L-galactose-6-sulfate 6~11%로 이루어져 있다. 구조는 1,3 결합한 p-galactose나 6-O-methylgalactose가 1,4 결합한 α-3,6-anhydro-L-galactose나 α-L-galactose-6-sulfate가 서로 교대로 이어져 있다.

흥미로운 사실은 3,6-anhydro-L-galactose와 galactose-6-sulfate의 합이 D-galactose와 6-O-methyl-D-galactose의 합과 언제나 같다는 점이 한천과 비슷하다. 한편, porphyran의 함량과 그 구성당의 비율은 품종이나 계절, 생육 환경에 따라 다르다.

홍조의 점질 다당은 녹조나 갈조와는 크게 다르고 당의 조성도 복잡하지만, D-형과 L-형의 galactose와 3,6-anhydro-L-galactose 및 3,6-anhydro-D-galactose 그리고 이들의 methyl 유도체가 들어 있는 것이 특징이라 할 수 있다

3) 저장다당

지누아리목(Cryptonemiales)의 *Furcedaria fastigiata*나 *Constantinea sabutinea*, 구멍다루스 *Rhodymenia pertusa*등의 홍조에서는 홍조전분(floridian starch)이라

는 다당이 얻어진다. 색소체와 결합하지 않은 상태에서 전분 입자층을 이루는데, 입자는 0.5~25㎛의 공 모양이거나 컵모양이다. 요오드를 반응시키면 보라빛을 내며, 말린 조체에는 1~2% 들어 있고, 피자식물의 전분과 마찬가지로 방사성 배열을 한 결정형으로 존재한다. 각종 분석 결과, 그 성상은 고등식물의 전분에 들어 있는 amylopectin과 동물 glycogen의 중간 형태인 듯하다.

한편, 석회조의 *Serraticardia maxima*를 열수로 추출한 다음 투석하여 10% 벤즈알미늄으로 침전시키고, 다시 투석하여 활성탄-celite로 단백질을 제거하면 정제된 홍조전분을 얻을 수 있다. 그 함량은 대략 3% 정도이며, 1,3결합은 확인되지 않았다. $[\alpha]_D^{20}$ 은 +195.5°, 요오드결합체의 최고 흡수대는 550nm로 amylopectin과 glycogen의 중간 정도의 값이다. 그러나 홍조전분은 amylopectin과는 달리 장시간 끓이지 않으면 gel화하지 않는 점이 다르다.

고등식물의 전분은 sucrose로부터 만들어지지만, 홍조전분은 trehalose, floridoside, isofloridoside 등의 저분자 화합물이 전구체이다.

CHAPTER

06 해조의 지질

CHAPTER 06

해조의 지질

1 지질 함량과 조성

해조는 탄수화물과 회분이 많은데 비해 지질은 아주 적다. 해조의 지질성분은 김의 경우를 예로 든 표 6.1과 같이 탄화수소, sterol, sterol ester, triglyceride, diglyceride, monoglyceride, 유리 지방산, 인지질 등이며, 당지질도 적은 양이지만 들어있다.

표 6.1 김의 지질 성분 조성(%)

지질 종류	함량
탄화수소	12.1
sterol ester	2.4
triglyceride	25.1
diglyceride, sterol, chlorophyll	11.9
monoglyceride, 유리지방산, xanthophyll	13.4
인지질	35.1

녹조류 1종, 갈조류 7종, 홍조류 5종의 지질 함량과 아세톤 가용성 지질을 조사한 결과(표 6.2), 지질함량은 0.4~3.8%의 범위에서 약간씩 차이가 있지만, 종속에 따

른 차이는 뚜렷하지 않았다. 지질 함량이 다른 것은 각각 지질 합성능력이 다르고, 조체의 성숙 정도, 영양상태, 온도, 공기 중 노출 시간, 일사량 등이 다르기 때문이다. 지질의 요오드가(Iodine value)는 갈조가 녹조나 홍조보다 약간 높다.

표 6.2 해조의 지질함량과 아세톤 가용성 지질의 성상

종류	지질함량 (무수물중 %)	아세톤 가용성 지질			
		조성(%)	산가	요오드가	불검화물(%)
녹조					
구멍갈파래	2.4	40.8	10.8	154.8	16.1
갈조					
다시마	1.4	60.8	26.2	178.2	52.0
개다시마	2.2	57.1	25.2	162.0	23.3
미역	3.7	57.1	18.2	183.1	18.8
뜸부기	2.7	42.7	21.6	159.4	22.3
톳	2.0	50.2	22.7	167.4	11.8
지충이	1.6	60.3	19.4	169.9	22.5
바위두둑	1.6	62.9	-	158.6	5.8
홍조					
꼬시래기	0.6	59.2	-	108.2	4.4
진두발	0.9	49.0	15.2	144.1	22.8
서실	3.6	56.3	-	-	12.1
큰서실	2.4	74.6	21.5	142.5	53.1
뼈지누아리	1.7	43.7	19.5	169.2	22.7

표 6.3 해조의 acetone 가용성과 불용성 지질 조성(mg/100g 건조물당)

종류	아세톤불용 지질함량	아세톤 가용성 지질				
		함량	Triglyceride	유리지방산	극성지질	스테롤, 탄화수소
녹조 청각	630	850	110	170	330	90
갈조 모자반	340	1,560	90	242	870	240
미역	430	1,280	150	190	650	200
홍조 꼬시래기	450	840	100	130	450	120

녹조의 청각, 갈조의 모자반과 미역, 홍조의 꼬시래기에 대하여 아세톤 가용성 지질과 불용성 지질로 나누어 조사한 바, 표 6.3과 같이 아세톤 가용지질이 불용지질보다 훨씬 많고 또 아세톤 가용지질 중에서는 극성지질이 가장 많으며, triglyceride, 지방산은 적다.

2 총지질의 지방산 조성

해조류 지질의 지방산 조성을 보면 어느 해조든 간에 불포화 지방산이 포화지방산보다 많으며, 개략적으로 전자는 60~85%, 후자는 15~40% 정도이다. 또, 그 지방산 조성은 해조 종류에 따라 상당히 특징적인 것이 있는데, 일반적으로 녹조류는 고등식물의 것과 유사하고, 갈조류 및 홍조류는 고등식물의 것과는 차이가 많다고 할 수 있다. 해조류 지질의 주요 지방산 분포를 보면 표 6.4와 같다.

녹조류에 있어서는 포화 지방산은 palmitic acid($C_{16:0}$)가 압도적으로 많아 15~25% 정도를 차지하고, myristic acid($C_{14:0}$) 및 stearic acid($C_{18:0}$)는 각각 1~3% 정도로 적다. 불포화 지방산은 hexadecatetraenoic acid($C_{16:4}$,n−3, oleic acid($C_{18:1}$,n−9), linolenic acid($C_{18:2}$,n−6) linolenic acid($C_{18:3}$,n−3), octadecatetraenoic acid($C_{18:4}$,n−3) 등이 비교적 많아 약 50~70% 정도 차지하는데, 특히, $C_{18:4}$,n−3이 극히 다량 함유되는 것이 다른 갈조류나 홍조류에 비해서 특이한 점이라 할 수 있으며, C_{20} 이상의 고도 불포화 지방산의 함량은 적다.

갈조류에 있어서 포화 지방산은 palmitic acid($C_{16:0}$)가 10~15%로 주요 산이고, 이어 myristic acid($C_{14:0}$)가 2~12% 정도로 많다. 불포화 지방산은 oleic acid($C_{18:1}$,n−9), inoleic acid ($C_{18:2}$,n−6), linolenic acid($C_{18:3}$,n−3) octadecatetraenoic acid($C_{18:4}$,n−3), arachidonic acid($C_{20:4}$, n−3), eicosapentaenoic acid($C_{20:5}$,n−3, EPA) 등의 함량이 60~80%를 차지한다. 이 중에서도 octadecatetraenoic acid의 함량이 20~40%로 높은 것이 많으며, 특히 녹조류에는 함량이 미미한 arachidonic acid가 5~15%, EPA가 5~28%로 많은 것이 특징이라 할 수 있다.

표 6.4 해조 총지질의 지방산 조성(%)

지방산	녹조류	갈조류			홍조류		
	구멍갈파래	다시마	미역	톳	꼬시래기	진두발	방사무늬김
포화							
12:0	-	-	-	0.5	0.5	1.5	-
14:0	0.6	9.4	2.0	5.9	3.9	3.4	1.1
15:0	0.4	0.3	0.2	0.5	0.5	3.5	0.2
16:0	20.4	8.3	11.7	20.3	35.7	34.5	19.7
17:0	1.1	-	0.3	-	-	1.0	0.4
18:0	3.3	0.2	0.3	0.3	1.3	1.9	0.2
19:0	-	-	-	-	-	-	-
20:0	1.8	0.8	0.9	1.0	0.7	0.3	-
22:0	-	-	-	-	1.4	-	-
소계	27.6	19.0	15.4	28.5	44.3	46.1	21.6
monoene							
14:1	-	0.3	0.2	0.6	0.4	-	-
16:1	2.7	3.5	1.8	5.1	6.8	3.4	4.1
17:1	0.4	0.4	0.4	0.4	0.9	1.0	0.8
18:1	24.9	5.8	2.9	6.9	8.6	16.0	2.4
20:1	0.5	1.8	1.7	2.1	-	-	-
소계	28.5	11.8	7.0	14.1	17.1	20.4	7.3
polyene							
18:2	10.7	3.9	4.8	5.1	1.4	0.7	1.7
18:3	17.3	8.3	9.9	9.7	3.4	0.3	0.3
18:4	12.7	39.9	34.6	14.4	1.2	0.8	2.5
20:4	1.3	4.4	14.7	15.3	10.5	17.5	2.5
20:5	1.4	12.7	13.7	12.9	20.1	14.2	59.9
소계	43.4	59.2	47.7	57.4	38.0	33.5	66.9

홍조류에 있어서는 포화 지방산은 palmitic acid($C_{16:0}$)가 18~35%로 많고 myristic acid($C_{14:0}$)은 1~3% 정도이다. 불포화 지방산은 oleic acid($C_{18:1}$,n−9)가 3~10%이고 linoleic acid($C_{18:2}$,n−6), linolenic acid($C_{18:3}$,n−3), octadecatetraenoic acid($C_{18:4}$,n−3) 등은 1~3% 정도로 녹조류나 갈조류에 비하여 비교적 적다. 그러나 arachidonic acid($C_{20:4}$,n−3) 및 EPA($_{20:5}$,n−3)가 압도적으로 많아 전자는 4~10%, 후자는 20~50% 정도에 달한다. 특히 김의 EPA 함량은 높아 50%를 넘어서는 경우도 있다.

3 인지질과 지방산 조성

김의 인지질(PL)은 phosphatidyl ethanolamine(PE)이 30.6%, phosphatidyl choline(PC)이 23.6%로서 이들 두 가지가 전체의 절반 이상을 차지하고, 그 나머지는 phosphatidyl serine(PS)이 14.1%, lysophosphatidylcholine 13.2%, sphingomyelin 9.9%, phosphatidic acid 9.2%, phosphatidyl inositol 4.5% 정도이다. 인지질과 총지질 및 TG의 지방산 조성(표 6.5)은 모두 $C_{20:5}$의 조성비가 높지만 인지질이 특히 두드러진다.

표 6.5 김 지질의 지방산 조성(%)

지방산	지질 종류		
	총지질	인지질	Triglyceride
포화			
14:0	1.6	0.5	0.8
15:0	1.3	0.5	0.8
16:0	25.7	18.8	28.3
18:0	1.3	1.0	0.7
소계	29.9	20.8	30.6
monoene			
16:1	4.1	4.5	2.8
18:1	4.3	3.3	3.8
20:1	4.4	4.2	4.4
소계	12.8	12.0	11.0
polyene			
18:2	2.1	2.3	2.1
18:3	0.5	0.4	0.3
20:2	1.0	0.8	2.4
20:3	2.9	2.1	0.7
20:4	4.5	1.1	6.4
20:5	40.8	54.9	41.1
소계	51.8	61.6	53.0
미동정	6.1	5.4	5.4

미역의 경우는 김과 달리 포화 지방산의 비율이 높으며, 고도 불포화 지방산의 함량 비율이 낮다(표 6.6).

표 6.6 미역 지질의 지방산 조성(%)

지방산	아세톤 불용지질	아세톤가용지질			
		총지질	Triglyceride	유리지방산	극성지질
포화					
14:0	9.6	15.7	12.5	11.6	26.1
15:0	0.5	0.6	0.2	0.7	1.4
16:0	49.0	49.6	37.8	41.0	30.6
18:0	0.5	0.6	2.1	1.8	3.1
22:0	0.1	-	-	-	2.3
소계	59.7	66.5	52.6	55.1	63.5
monoene					
14:1	-	0.6	0.4	-	0.7
16:1	16.7	8.7	4.9	7.5	7.5
18:1	9.1	10.7	15.5	13.3	6.2
20:1	1.1	5.7	3.9	5.4	-
22:1	-	-	-	2.8	3.6
24:1	-	-	4.4	-	-
소계	26.9	26.0	29.1	29.0	18.0
polyene					
16:2	0.8	0.6	-	0.3	1.0
18:2	3.1	5.4	6.5	4.6	3.3
18:3	3.6	0.9	1.7	5.3	0.6
18:4	1.2	-	2.3	3.6	1.3
20:2	-	8.2	-	-	-
20:3	0.1	-	4.2	-	3.6
20:4	3.4	2.3	-	-	-
20:5	0.3	-	1.6	2.1	8.1
21:3	-	-	1.9	-	-
소계	12.5	17.4	18.2	15.9	18.6

한편 갈파래류, 분홍치류 및 붉은실류 등의 당지질 및 인지질 조성을 보면 표 6.7

과 같다. 전반적으로 monogalactosyl diglyceride(MGDG)가 주요지질이고, 이어 digalactosyl diglyceride(DGDG), sulfoquinovosyl diglyceride(SQDG)의 순으로 이들 당지질이 70~80%를 차지한다. 그러나 참김에 있어서는 DGDG가 약 40%, SQDG가 약 30%로 주체이고, MGDG는 5% 정도에 지나지 않는다.

표 6.7 해조류의 당지질과 인지질 조성(%)

지질종류	구멍갈파래	분홍치	붉은실
monogalactosyl diglyceride(MGDG)	32	48	46
digalactosyl diglyceride(DGDG)	37	16	16
sulfoquinovosyl diglyceride(SQDG)	11	10	10
triglyceride(TG)	5	-	10
glycerophosphoryl glycerol(GPG)	7	4	4
glycerophosphoryl choline(GPC)	5	-	-
glycerophosphoryl myoinositol(GPI)	2	-	3
glycerophosphoryl ethanolamine(GPE)	1	-	3
glycerophosphatic acid(GP)	-	-	8
glycerodiphosphatidyl glycerol(GPGPG)	-	-	3

4 해조의 sterol류

해조류의 sterol 함량은 건조조체 100g당 녹조류에서는 5~20mg, 갈조류는 20~240mg, 홍조류는 2~15mg 정도이다. 그 조성을 보면 녹조류에서는 28-isofucosterol이 대부분이고, 그 밖에 β-sitosterol, 24-methylenecholesterol 및 cholesterol 등이 소량 함유된다. 단 청각류에서는 fucosterol이 주요 sterol이다.

갈조류에서는 큰잎모자반, 뜸부기, 쌍발그물바탕말 등과 같이 sterol 함량이 200mg을 넘어서는 것이 많으며, 그 주체는 fucosterol이고 24-methylene cholesterol도 상당량 존재한다. 그 밖에 22-dehydrocholesterol, brassicasterol, ergosterol, desmosterol,stigmasterol 등도 소량이면서 널리 함유된다. 홍조류에

는 cholesterol, desmosterol, 22-dehydrocholesterol과 같은 C_{27}-sterol이 주체이고, 그 밖에 brassicasterol이나 β-sitosterol 등을 소량 함유한다. 해조류의 sterol 함량을 표 6.8에 나타내었다.

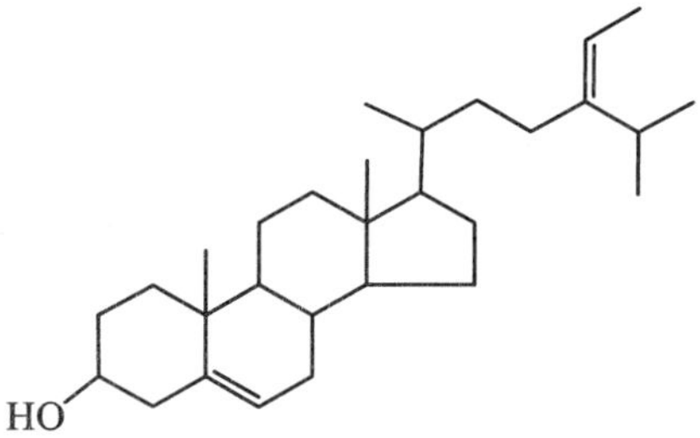

28-isofucosterol

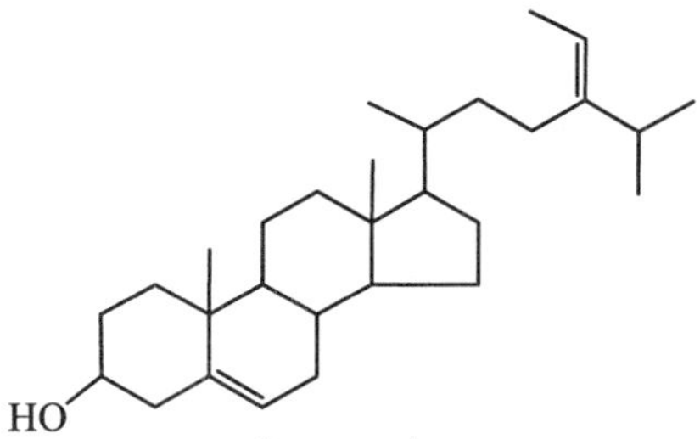

fucosterol

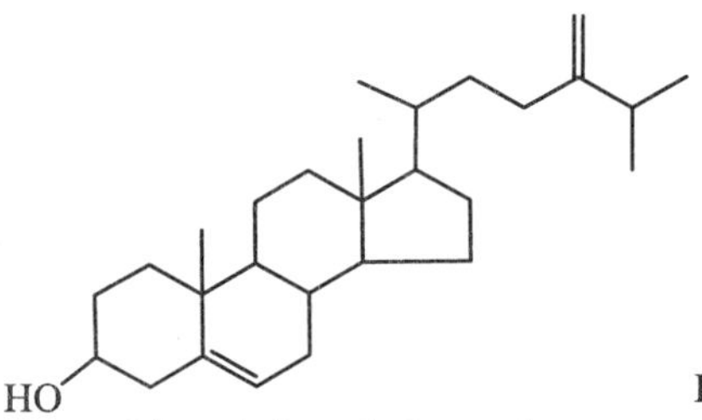

24-methylenecholesterol

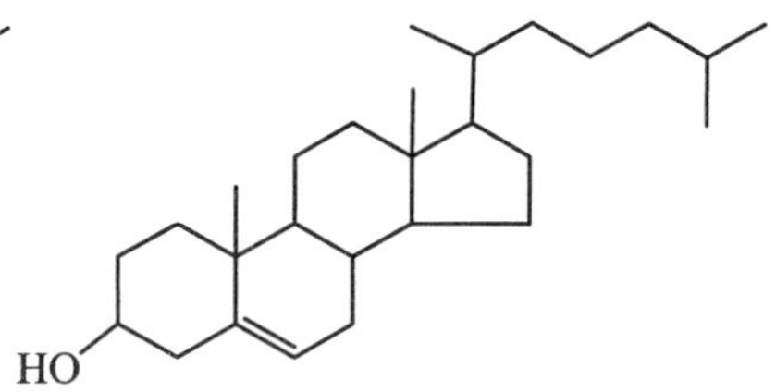

cholesterol

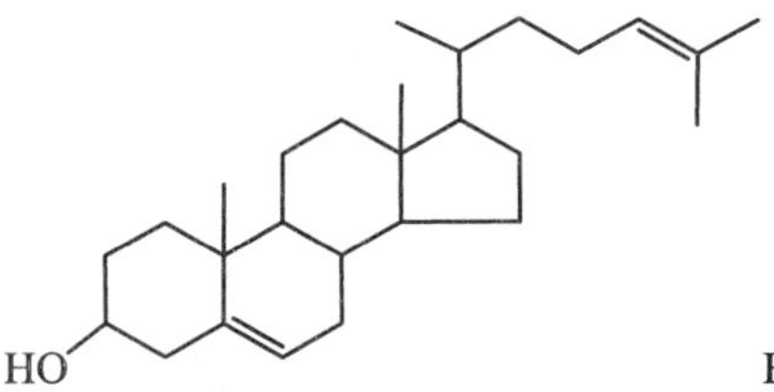

desmosterol

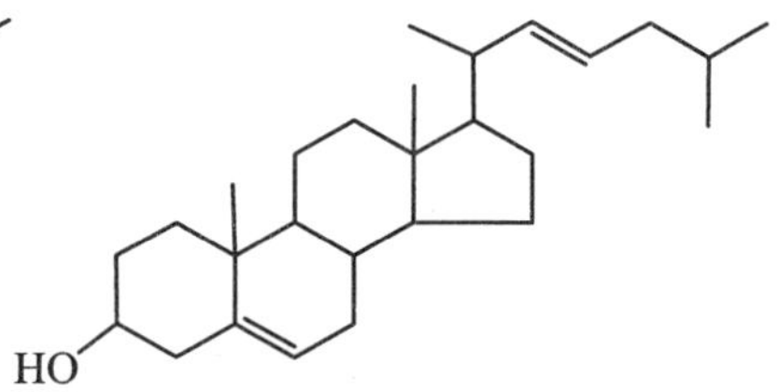

22-dehydrochoesterol

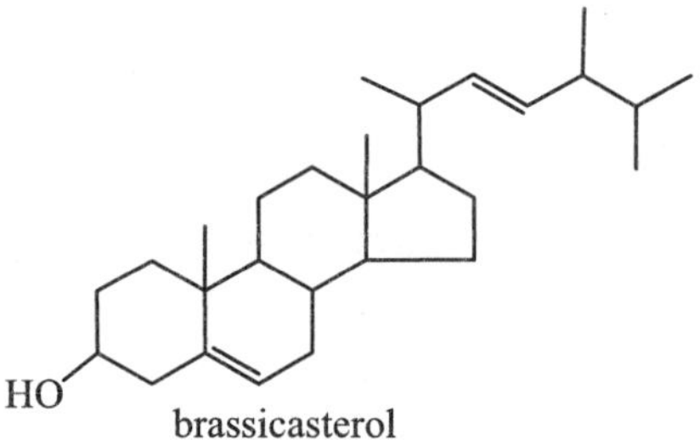

brassicasterol

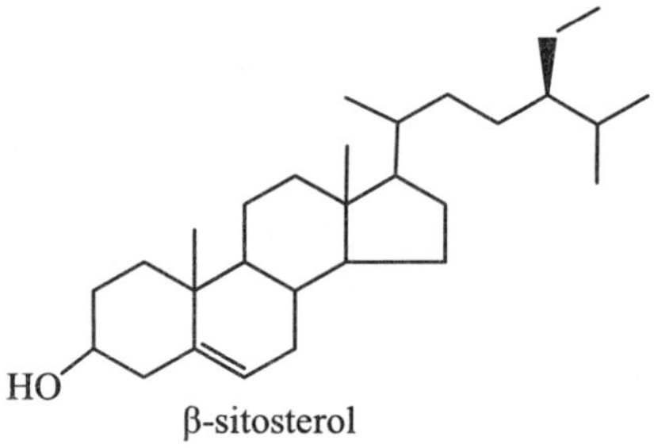

β-sitosterol

표 6.8 해조류의 sterol 조성(%)

해조류	sterol 함량 (mg/100g건물)	sterol 조성(%)			
		28-isofuco-sterol	β-sitosterol	24-methylene cholesterol	cholesterol
녹조류					
구멍갈파래	4	100	2.9	2.9	0.8
파래	21	100	4.8	4.6	6.9
갈조류		fucosterol		24-methylene cholesterol	
대황	56	100		11.7	
다시마	19	100		84.3	
톳	58	100		3.9	
미끈가지	138	100		22.6	
미역	96	100		30.2	
홍조류		cholesterol		brassicasterol	
참김	13	100		12.4	
풀가사리	10	100		-	

우리나라 사람들이 많이 먹는 김에는 콜레스테롤이 함유되어 있다. 콜레스테롤은 물에 불용성이어서 지단백질과 결합하여 혈액 중에 분산되어 있다. 이 콜레스테롤과 결합하여 있는 지단백질에는 전체 비중이 낮은 저밀도 지단백(Low density lipoprotein, LDL)과 비중이 큰 고밀도 지단백(High density lipoprotein, HDL)이 있으며, 이중 LDL은 소위 몸에 해로운 지단백이다.

EPA를 섭취하게 되면 몸에 좋은 HDL이 증가하고 LDL이 감소한다. 또 EPA와 함께 arachidonic acid는 모두 tromboxane, prostaglandin의 전구물질이 된다. 따라서 EPA를 섭취하게 되면 그림 6.1에 나타낸 것과 같이 최종적으로는 혈관확장, 혈소판 응집저지, 기관지 수축 등 prostaglandin과 반대로 작용하여 tromboxane이 감소한다.

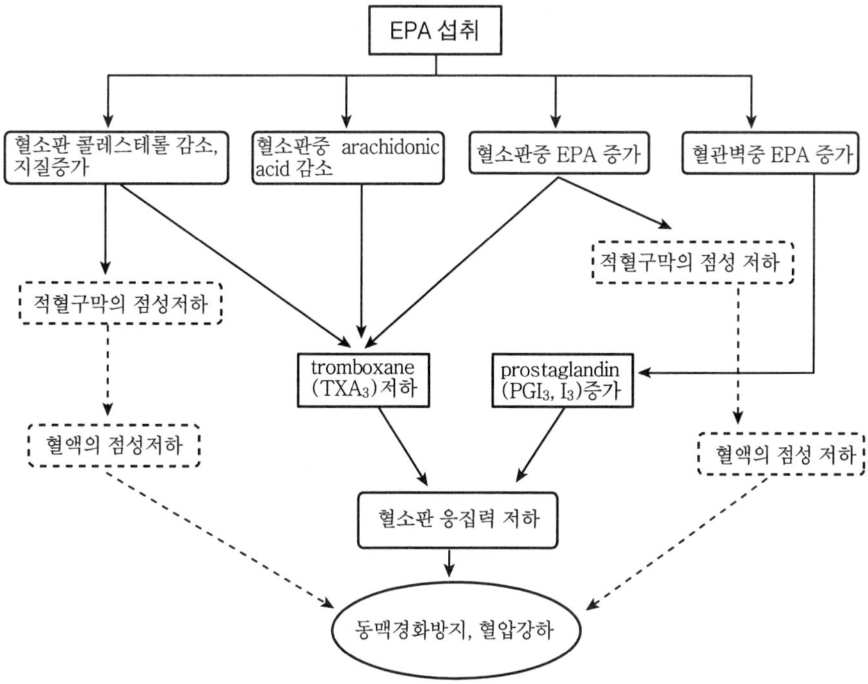

그림 6.1 EPA의 혈소판 응집 억제 기구

5 기타 성분

김(*Prasiola japonica*)에는 cholesterol, campesterol, stigmasterol, β-sitosterol 등이 들어 있다. 그리고 cis-7-heptadecene과 $C_{16:0}$이 이들 두 종류의 탄화수소나 유리 지방산으로 검출되며, 이들은 대부분 계절변동을 한다.

이 밖에 방사무늬김의 탄화수소로는 octadecene이 확인되었으며, 김의 당지질로는 galactolipid가 확인되었다.

해조와 해조를 잘게 부순 meal에 들어 있는 tocopherol을 조사한 결과, α-tocopherol은 *Fucus*속 이외의 갈조나 홍조, 녹조에 널리 분포하며, γ와 δ-tocopherol은 *Fucus*속에 분포한다는 것이 밝혀졌다. 이들 tocopherol 함량은 계절 변동을 한다. 갈조 *Ascophyllum nodosum*을 meal로 가공하면 tocopherol의 감소는 그다지 크지 않고 약 80% 정도가 남는다. 한편, 제품 중의 tocopherol을 안정하게 유지하려면 저온저습한 곳에 보관해야 한다.

6 해조지질의 영양 효과

지질 중에 함유된 지방산 중에서 2중결합이 두개 이상인 다가 불포화 지방산(P)과 포화지방산(S)의 함량비(P/S)가 1~1.5 정도로 식품에 들어있는 것이 바람직하다고 한다. 해조지질은 0.4~6.1의 범위에 있다. 우리와 체질이 유사한 일본의 경우, CIJ(Cholesterol Index of Japan) 수치가 혈청 콜레스테롤의 적정 농도를 유지하기 위하여 Hegsted식과 함께 사용되고 있다(표 6.9).

표 6.9 해조지질의 영양 평가 지수

종류	P/S비	콜레스테롤지수		n-6/n-3비		
		CIJ	Hegsted	n-6합계 (g)	n-3합계 (g)	n-6/n-3
마른 김	2.51	5.5	0.3	9.2	55.6	0.2
구운 김	2.51	5.8	0.4	9.2	55.6	0.2
조미 김	2.51	5.0	0.1	9.2	55.6	0.2
마른 다시마	0.92	0.4	-0.3	21.0	13.7	1.5
자른 다시마	0.43	0.3	-0.4	15.6	4.7	3.3
분말 다시마	0.28	0.9	-0.1	11.0	1.8	6.1
마른 톳	1.06	0.5	-0.4	19.0	20.7	0.9
염장 미역	5.09	-0.5	-0.8	20.2	57.2	0.4

EPA와 DHA가 순환기계의 성인병 예방에 효과가 있다는 것은 에스키모인과 덴마크인의 역학조사에 의하여 이미 잘 알려져 있다. 우리나라에 있어서도 수산물을 많이 섭취하는 어촌에 사는 사람들이 농촌에 사는 사람들보다 성인병이 적다고 한다.

또한, 우리나라에서 예로부터 마른 김을 그대로 먹지 않고 참기름을 발라서 구워먹는 조리법은 해조류에 부족한 지방을 보충한다는 의미에서도 매우 지혜로운 식습관이라고 할 수 있다.

CHAPTER

07 무기질

CHAPTER 07

무기질

1 해조의 무기질과 함량

해조는 오래 전부터 무기질의 훌륭한 공급원으로 알려져 왔다. 다른 생체성분과 마찬가지로 무기질 함량도 해조의 종류에 따라 다르며 일정하지 않다. 해조류는 해수 중의 무기질을 흡수, 축적하기 때문에 다양한 원소들을 함유한다. 해조류의 무기질 함량은 일반적으로 건물당 10~35% 정도이며, 대개 겨울~초봄에 걸쳐 증가하고 봄~여름에는 감소한다. 무기질 중에서도 양적으로 중요한 것은 Na, K, Ca, Mg 등이며, 조체 내에서 Na과 K은 주로 염화물이나 황산염으로 존재하면서 세포내의 생리기능에 관여한다. Ca은 주로 갈조류에 많고, 육상식물에 많은 Mg은 녹조류에 비교적 많다. 톳, 파래, 참김 등은 Fe 함량이 높으며, 다시마, 톳, 미역 등의 갈조류는 I의 함량이 높다. 다시마 *Laminaria japonica*와 미역 *Undaria pinnatifida*에서 Ca은 외층에 많아 alginic acid처럼 구조 다당류와 결합해 있는데 비해서 K, Na, Mg은 비교적 안쪽에 많은 듯하다. 해조는 인체가 영양상 필요로 하는 무기질은 거의 함유한다. 즉 Ca, Na, Mg, K, P, S, I, Fe, Zn 등을 비롯하여 미량원소로서 Mn, Cu, Mo, Co, Ni, B, Si, Cr, As, Se, Br, F, V, Sn, Cs 등도 함유한다.

해조류의 무기질 함량을 보면 표 7.1과 같다.

표 7.1 해조의 무기질함량(mg/g 건물당)

종류	회분 (%)	Na	K	Ca	Mg	Si	P	Sr	Fe	Al	Zn
녹조											
홑파래	22.5	17.9	7.6	13.6	13.0	-	0.90	0.18	0.90	1.15	0.21
구멍갈파래	18.8	3.6	5.1	8.0	25.8	5.2	1.45	0.22	0.76	0.56	0.14
모란갈파래	15.9	1.0	1.7	8.3	36.5	-	0.80	-	0.61	1.01	0.16
납작파래	22.6	-	-	11.9	19.8	21.8	-	0.33	1.13	0.69	0.25
곱슬염주말	11.3	6.5	13.2	10.3	11.3	-	0.80	0.23	0.36	0.56	0.15
갈조											
다시마		31.1	67.8	7.9	0.08	-	2.2	-	0.04	-	-
미역		70.0	63.2	11.0	11.7	-	0.46	-	0.08	-	-
부챗말	14.2	16.1	35.7	19.2	8.0	-	0.98	1.31	0.84	0.77	0.14
패	14.7	-	-	12.4	9.1	3.9	-	1.17	0.40	0.14	0.17
고리매	23.3	9.9	8.7	31.9	10.7	2.5	1.80	-	1.49	1.40	0.19
대황	14.9	14.8	22.1	15.0	9.0	-	0.90	1.10	0.10	0.10	0.10
톳	20.6	16.9	34.3	17.2	9.9	-	0.90	1.14	0.16	0.20	0.08
꽈배기모자반	13.5	2.7	5.4	28.8	8.7	-	0.70	1.98	0.11	0.08	0.17
큰잎모자반	14.4	2.2	17.4	20.8	10.7	-	0.75	1.48	0.11	0.10	0.06
지충이	20.7	8.8	20.9	26.2	9.7	6.8	1.10	1.65	0.71	1.03	0.32
홍조											
김		5.7	24.0	4.4	4.8	-	6.5	-	1.1	-	-
우뭇가사리	7.7	0.2	0.3	7.0	5.3	3.3	0.90	0.09	0.36	0.14	0.16
새말	12.1	1.8	1.1	4.8	2.3	-	1.05	0.02	0.23	0.32	0.17
풀가사리	11.5	-	-	5.1	3.3	-	-	0.03	0.16	-	0.08
부챗살	12.5	-	-	2.8	4.2	-	-	0.09	0.28	-	0.12
진두발	18.4	-	-	8.3	10.8	-	-	-	0.43	-	0.01
해수(mg/ l)		11,000	390	410	1,300	3	0.09	8	0.003	0.001	0.01

한편, 무기질 성분의 함량은 분석방법에 따라서도 큰 차이를 나타내므로 결과에는 분석방법을 표시하여 주는 것이 좋다. 표 7.2는 4종의 해조에 대하여 PIXE법(plasma유도 X선 방사분석법)으로 분석한 것이다.

표 7.2 PIXE법에 의한 4종 해조의 무기질 함량(습중량 ppm)

원소	파래	톳	대황	진두발
K	5,815	2,276	889	2,483
Ca	557	591	641	1,745
Ti	8.68	3.42	0.05	23.9
V	4.12	1.27	0.03	3.86
Cr	2.48	0.42	0.45	2.54
Mn	1.56	3.78	0.35(0.48)	16.6
Fe	156	6.95	7.15(6.86)	36.2
Co	2.52	-	0.08	0.71
Ni	0.08	0.28	0.12	0.88
Cu	1.58	0.22	2.81(2.78)	1.59
Zn	17.0	3.90	7.18(5.42)	28.1
Ga	0.27	0.21	-	-
As	1.94	20.9	1.58	97.3
Se	0.48	0.11	0.08	0.81
Br	68.4	29.3	41.7	71.8
Rb	4.91	3.62	5.67	4.27
Sr	10.2	61.3	108	19.5
Zr	2.71	9.15	1.31	3.95
Mo	0.66	-	0.24	0.99
Cd	3.46	0.40	0.30	-
Sn	-	14.4	4.33	-
Sb	-	1.83	-	6.17
I	-	33.2	105	43.2
Ba	-	8.73	-	-
Hg	0.29	0.08	0.06	0.16
Pb	0.58	0.64	0.03	1.58

* ( )는 원자흡광광도법에 의한 분석값

또 무기질 함량은 계절, 성장도, 조체부위 등에 따라 변동한다. 제주도 연안산의 감태, 비틀대모자반 및 톳의 경우는 동계에 함량이 높고 하계에 낮은 계절변화를 나타낸다(표 7.3).

표 7.3 톳, 괭생이모자반의 성장에 따른 미량원소 함량의 변화(건조물당)

	크기 (cm)	Fe(㎍/g)	Co (ng/g)	Zn (㎍/g)	Ca (ng/g)	Mn (㎍/g)	Ni (㎍/g)	Cu (㎍/g)
톳	5~10	91±14	96±8	10±1	31±2			
	10~20	82±11	99±7	12±2	36±2			
	20~30	72±9	119±7	14±2	51±3			
괭생이 모자반	~50	137±14		9.2±0.3		9.9±0.4	2.1±0.2	1.7±0.1
	50~100	80±4		9.7±0.2		8.4±0.3	1.9±0.1	1.6±0.1
	100~150	58±4		11.9±0.4		8.7±0.5	2.3±0.1	1.9±0.2

또 다시마 등 갈조류에 많이 함유되는 요오드는 조체 선단부에 가장 많이 함유되고, 다음이 근경부인데 약 1/2량 정도이다. 엽상부는 가장 적어 선단부의 1/4량 정도에 지나지 않는다고 한다. 조체의 성장도에 따른 미량원소 함량을 보면 톳 및 괭생이모자반의 경우 Zn, Ca, Cu는 성장에 따라 약간 증가하며, 반대로 Fe는 감소한다. 톳의 Co 함량도 성장에 따라 적기는 하나 증가의 경향을 볼 수 있다. 참김에 있어서는 Zn은 성장을 촉진하고 phycobilin을 포함한 단백질과 chlorophyll의 생합성에 필수성분이라는 것이 밝혀져 있다.

한편, 해조의 미량원소 함량의 계절변화라고 보면 원소의 종류에 따라 변동양상이 상이한데, 북구에서 사료로서 이용되는 갈조류의 경우를 예로 들면 표 7.4와 같이 각 원소는 대체로 겨울~봄에 증가하고 여름에는 감소하여 총회분량의 변화 패턴과 일치하였다.

해조를 사료 첨가물로 이용하고자 할 때에는 무기질과 비타민을 고려해야 한다. 실제로 이용한 다음의 평가가 일정치 않은데, 미량원소의 함량이 조체의 채집시기에 따라 다르기 때문일 것이다.

그러나, 양식산 방사무늬김의 무기성분과 품질과의 관계를 조사한 것에서는(그림 7.1), 양식초기(12월)에는 P, Zn, Mg이 많았다가 차츰 줄어들지만, Ca, Fe, Mn, Cu, Si는 양식 후기(2월)가 되면서 늘어나는 경향을 보였다. 이런 결과는 원소에 따라 서로 다르다는 것을 뜻한다.

표 7.4 해조 미량원소 함량의 계절변화(건조물당, μg/g)

종류	월	회분(%)	As	Cu	Mo	Mn	Zn	Co	Sb	Se
갈조 *Laminaria hyperborea* 엽상부	2	32.7	70	9	0.3	5	98	0.18	0.10	0.04
	4	31.8	68	8	0.3	6	96	0.16	0.10	0.04
	6	24.4	66	6	0.6	5	60	0.10	0.07	0.04
	8	20.0	53	6	0.4	4	53	0.14	0.07	0.05
	10	19.3	53	22	0.7	4	73	0.12	0.05	0.07
	12	25.7	71	8	0.6	4	88	0.12	0.10	0.05
갈조 *Ascophyllum nodosum* 엽상부	2	23.8	44	22	2.0	13	114	0.5	0.19	0.09
	4	20.6	23	29	1.5	14	240	0.4	0.20	0.09
	6	21.2	22	18	2.1	11	104	0.4	0.53	0.07
	8	18.9	23	35	1.6	12	99	0.7	0.45	0.07
	10	22.2	30	27	1.1	10	74	0.4	0.21	0.06
	12	21.6	38	19	1.4	15	103	0.5	0.22	0.07

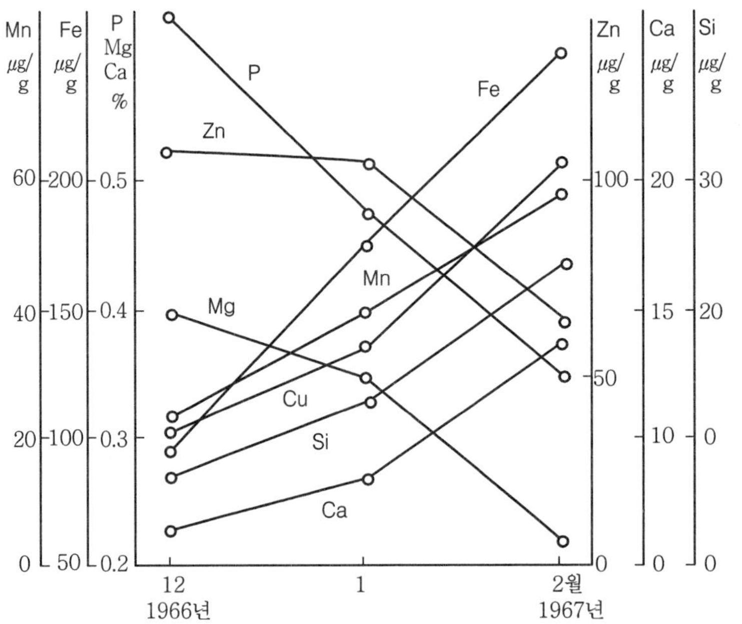

그림 7.1 응식 김에 들어있는 무기질함량의 계절변화(건조물량 기준)

2 해조의 미량원소 농축

최근 환경문제나 해양자원 개발의 관점에서 해양 무기질의 생체내 농축에 관한 연구가 활발하게 진행되고 있다. 표 7.5에는 해조에 의한 해수중의 무기원소 농축계수를 나타내었다. 해수에 많은 Na, K, Ca, Cl 등의 농축계수는 대략 0.1~100정도이지만, 함량이 낮은 미량원소 중에는 이보다 몇 자릿수나 더 크게 농축되는 것도 있다.

비록 표에는 없지만 홍조의 패(*Ishige okamurai*)나 넓패(*I. foliacea*)는 우라늄(U)을 고농도로 농축한다. 패는 3㎍/g(건물)의 우라늄을 농축한다. 이런 생물체의 농축기구를 이용하여 해수 중의 우라늄을 회수하여 에너지자원으로 이용하려는 연구도 있다. 조체에 이온이 흡수되는 것은 농도차이 때문은 아니고, 특수 이온이 선택적으로 세포막을 통해 능동 수송되어 비가역적으로 흡수되기 때문인 것으로 알려져 있다.

표 7.5 해조에 의한 해수중 원소의 농축계수

원소	해수중 함량 (mg/ℓ)	해조	
		함량(mg/kg 신선물)	농축계수
K	380	50~5,000	0.15~15
Na	11,556	1,000	0.1
Ca	400	200~50,000	0.5~100
Mg	1,272	500~7,300	0.4~6
Si	3	580~640	200
P	0.07	40~560	600~8,000
Fe	0.01	10~1,300	1,000~130,000
Mn	0.002	3~52	1,500~26,000
Cu	0.002	1.4~5.5	700~2,800
As	0.002	0.4~1.2	200~6,000
Cd	0.0001	0.02~0.06	200~600
Zn	0.005	3.4~170	700~3,3000
Hg	0.003	0.003~0.01	10~30
Cl	18,980	15,500	1
Br	65	100~500	1.5~8
I	0.008	4~500	500~60,000

3 주요 미량원소

1) 할로겐(halogen) 원소

해조류에는 표 7.6에 나타낸 것과 같이 요오드가 다른 식품에 비하여 많으며, 특히 갈조류에 많은 것을 알 수 있다. 요오드는 갑상선에서 만들어지는 호르몬의 일종인 tyrosine의 구성성분으로 인체중 요오드의 2/3가 갑상선에 들어있다. 갑상선은 인체의 모든 대사를 조절하는 호르몬을 만드는 곳으로서 요오드 결핍은 갑상선 비대증, 갑상선종을 유발하여 비만, 피로, 신진대사 억제, 어린이의 육체적, 정신적 발달에 장애를 준다. 한편 과다섭취는 갑상선종, 갑상선 기능저하를 초래한다. 우리나라에는 토양 중에도 요오드가 함유되어 있어 요오드 결핍이 되는 일이 없으나, 하루 10 mg이상 연속하여 섭취하면 과다증이 되기 쉽다. 중국 내륙 산간부, 히말라야, 안데스, 인도 방글라데시의 갠지스 강 상류 등에 8억이 넘는 인구가 요오드 결핍증의 위험지역이며, 약 2억의 인구가 갑상선종이라고 한다.

표 7.6 해조류 및 다른 식품중의 요오드 함량(mg/100g)

다시마	240~280	패류	0.29
우뭇가사리	160	새우류	0.15
모자반	40	어류	0.07
미역	7.9	버터	0.01
톳	5.1	계란	0.006
진두발	1.1	양파, 당근	0.002
김	0.5	육류	0.0005
대황	0.28		

해조는 요오드(I)의 공급원으로 중요하다. 그러나 갈조류의 요오드 함량은 종류에 따라 큰 차이가 있다. 예를 들어, 뜸부기속의 *Pelvetia canaliculata*나 *Fucus*속의 *Fucus spiralis*는 건물당 0.03% 정도이지만 다시마속의 *Laminaria cloustoni*는 1%가 넘기도 한다. 표 7.7은 일본산 갈조류의 분석결과인데, 종류에 따라 총 요오드

함량이 50배나 차이가 난다. 한편, 갑상선 호르몬에 들어 있는 요오드 아미노산이 해조 단백질에도 들어 있다는 것이 밝혀진 다음부터 그 흡수기구나 존재 형태에 관해서 많은 연구가 되었지만 아직도 밝혀지지 않은 부분이 많다. 갈조 *Nereocyst leukeana*에서 ^{131}I 을 사용한 연구보고에 따르면, 해수에 녹아 있는 I 이온이 유기상태의 I로 흡수될 때에 아황산이나 시안 등의 환원제를 차단하면 억제되는 것으로 미루어 특수한 흡수기구가 있을 것으로 추정된다.

표 7.7을 보면 4종의 해조 모두 총 요오드의 83~86%가 요오드화물 상태의 요오드화합물이고, 단백질과 결합한 TCA(삼염화초산) 불용성의 요오드는 10~15%에 불과하다.

표 7.7 해조 중 요오드(I)의 존재 상태별 함량(건조물당, mg/g)

해조	총요오드의 양 (A)	요오드화물		비요오드화물		
		요오드양(B)	B/A	TCA불용성 요오드(C)	TCA가용성 요오드(D)	C+D/A
다시마	1.45	1.22	85.0	0.12	0.04	10.6
감태	3.15	2.72	86.3	0.20	0.13	10.5
톳	0.60	0.50	84.1	0.07	0.02	14.9
미역	0.06	0.05	83.6	0.01	0	14.5

TCA : trichloroacetic acid

최근 해조로부터 유기 할로겐 화합물이 많이 검출되었는데, 대부분 홍조류에서 확인되었고, 갈조류에서 확인된 것은 적다. 다른 자료에 따르면, 표 7.8과 같이 대부분의 해조는 Cl 다음으로 Br의 함량이 많다.

염소는 해조류 중 많은 것은 38mg/g이나 함유되어 있다. 성인 체내에는 약 150g이 식염, 염화칼륨으로 세포내외에 들어 있으며, 염산으로서 위액에도 들어있다. 염소는 항상 나트륨이나 칼륨과 연관하여 간장의 활동을 도우며 체내 노폐물 청소에 이용된다. 염소가 결핍되면 두발이나 이가 빠지며, 염소가 많은 물은 산화력이 강하여 비타민 C나 E를 파괴한다.

표 7.8 해조의 할로겐 원소 함량(건조물당, mg/g)

종류	Cl	Br	I
녹조			
잎파래 *Entermorpha linza*	4.14	0.275	0.052
갈파래속 *Ulva rigida*	4.76	0.239	0.049
갈조			
Dictyopteris membranacea I	1.23	0.161	0.093
Dictiopteris membranacea II	30.6	0.202	0.070
모자반속 *Cytoseria barbata*	37.5	0.289	0.089
홍조			
꼬시래기속 *Gracilaria compressa*	-	0.574	0.309
가시우무속 *Hypnea muciformis*	17.0	1.298	0.275

2) 비소(As)

비소는 해조 중에 고농도로 존재하는 유기 비소이므로 식품 위생학적으로도 관심의 대상이 되고 있다. 해조 중에는 아연(Zn) 다음으로 많으며 다시마속은 육상식물보다 200~500배나 많다. 조체 내에서의 존재 형태는 아직 분명하지 않지만 일본산 갈조인 다시마, 미역, 톳, 코르다리아의 비소 함량을 측정하였더니 각각 92.2, 41.3, 138.2, 33.5 ㎍/g이였다. 이들의 40~60%는 물로 추출되었지만 무기태인 아비산염 (AsO_3^{3-})이나 비산염 (AsO_4^{3-})으로는 검출되지 않았고, 겔여과 패턴으로 보아 분자량이 200~1,500 정도인 유기태로 존재하는 것으로 추정된다. 그러나 톳에는 비산염이 존재한다는 연구결과도 있다.

한편, 감태속 *Eckloni*a *radiata* 11kg(습중량)으로부터 30mg의 2'-hydroxy-3'-sulfo-propyl-5-deoxy-5-(dimethylarseno)furanoside와 5mg의 2',3'- dihydroxy-propyl-5-deoxy-5-(dimethylarseno)furanoside 가 분리되었는데 이들은 총 As 함량의 31%나 되었다. 또한, 같은 해조에서 인(P)이 들어 있는 3-glycerophosphoryl-2-hydroxy-1-[deoxy-5-(dimethyl arsinoyl)-β-ribofuranosyloxy)propane(IC)가 분리, 동정되었다. 그 후 녹조, 갈조, 흑조 7종의 해조에서 앞의 (1A, B, C)와 그 동족체인 (1D, E, 2), (1C의 glycerol기에 2개의 지방산 $C_{16:0}$이 결합한 비소 지질이 동정되었다.

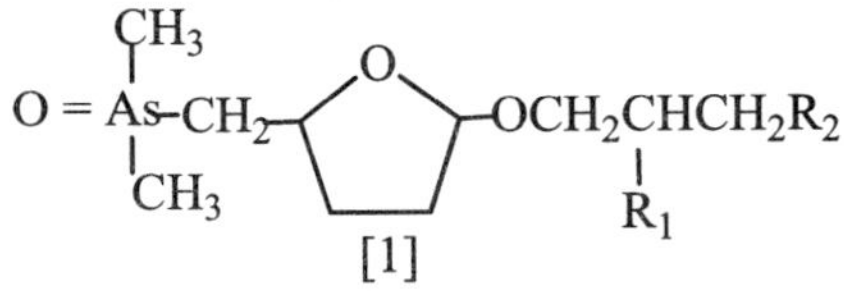

[1]

	R_1	R_2
A	OH	SO_3^-
B	OH	OH
C	OH	$O-P(=O)(O^-)-OCH_2CHOHCH_2OH$
D	OH	SO_3^-
E	NH_2	SO_3^-

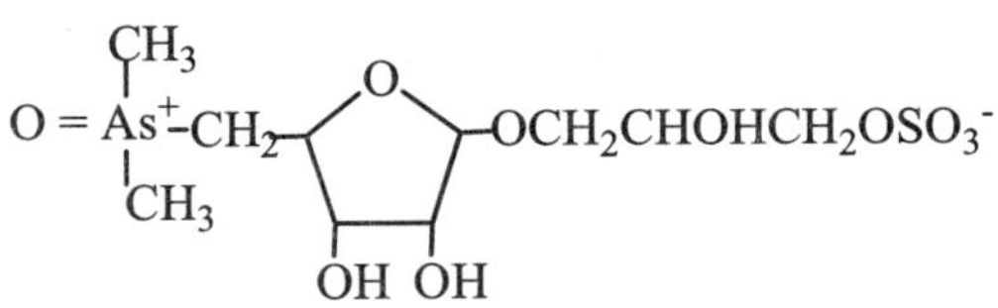

[2]

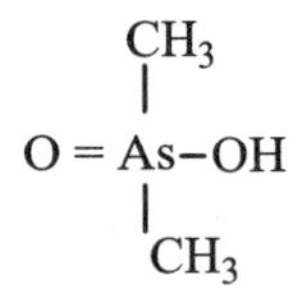

[4]

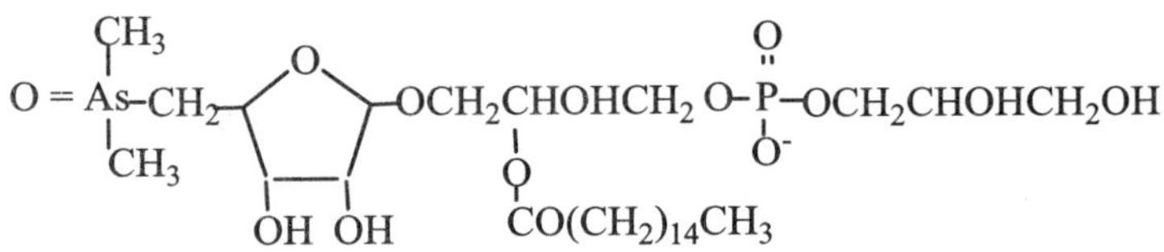

[3]

해조에 들어 있는 유기비소 화합물에는 이들 7가지 외에도 dimethylarsinic acid가 있다. 이들 비소-당 화합물(arsenious)들은 해산동물의 비소화합물로 중요한 arseno-betaine 전구물질인 듯하다.

3) 셀렌(Se)

셀렌도 식물에 따라서는 많이 축적하는 것도 있어 사람이나 가축에게 피해를 줄 수 있는 특수한 금속이다. 셀렌은 glutathione peroxidase의 구성성분으로 위나 하수체에 많다. 이 효소는 과산화수소나 과산화물을 제거하는 항산화 작용으로 조직 세포의 산화를 막고, 유비퀴논의 합성을 통하여 생체산화를 조절한다. 비타민 E와 공통적인 작용이 많으며 상승효과가 있다고 한다. 또 어떤 종류의 암 발생을 억제하며, 수은 화합물의 독성 발현 억제, 관절염, 백내장의 예방과 면역계의 항체 생산을 높인다.

셀렌 함유량의 반 정도는 고환과 전립선이 접하는 수정관에 집중적으로 존재하여 남성의 경우는 사정에 의하여 소실될 우려가 있어 여성보다 많은 량의 셀렌이 필요하다. 셀렌의 결핍은 여성의 유방암과 대장암의 발생과 관련이 있으며, 중국 헤이룽장 성의 풍토병인 심근장애증의 원인으로 셀렌산나트륨의 투여로 치료하고 있다.

해조 중에는 대개 0.1~1.1μg/g의 셀렌이 들어있다(표 7.9). 셀렌은 조단백질이 많은 종에 많고, 건물량으로 보아 총질소량과 셀렌 함량 간에는 1,043~1,310의 범위에서 거의 일정하기 때문에 조체 내에서는 단백질과 결합해 있을 것으로 여겨진다.

표 7.9 일본산 해조의 셀렌 함량

종류	함량(μg/g)
녹조	
홑파래	0.15
구멍갈파래	0.30
모란갈파래	0.10
Halimeda cuneata	0.67
갈조	
부챗말	0.86
다시마	0.1~0.2
감태	0.1
대황	0.3~0.5
Undaria undarioides	0.1
Cystophyllum sisymbroides	0.31
지충이	0.27
큰잎모자반	0.1~0.2
홍조	
김 우뭇가사리	0.63~1.10
주름까막살	0.67
진두발	0.57
Iridaea cornucopiae	0.54
	0.34~0.42

갈조의 미량원소를 조사한 바에 따르면, 셀렌은 단백질 대사에서 유황을 대신하여 함황 아미노산으로 흡수되지만, 해조에서 유황과 셀렌의 함량비가 해산 어류의

3×10^4 보다 훨씬 큰 3×10^6 인 것은 해조에 유황이 많아도 대부분 다당류 황산에스테르 화합물로 존재하고 있고 단백질과는 상관이 없으므로 해수로부터 셀렌을 적게 흡수하기 때문일 것이라 한다. 한편, 김과 잎파래를 셀렌이 없는 인공해수와 0.003ppm 들어 있는 인공해수에서 성장시킨 결과, 셀렌이 들어 있는 해수에서 더 잘 자라고 조단백질의 함량도 많아졌다. 이런 점을 고려하면 셀렌이 해조성장에는 필수적인 미량원소인 듯하다.

4) 아연(Zn)

같은 지역에서 양식 김의 무기성분을 비교하였더니 상급품에는 P, Zn이 많고 하급품에는 Ca, Fe, Mn, Al, Si, SO_4^{2-}이 많았는데, 그림 7.2를 보더라도 알 수 있다. Zn도 Se과 마찬가지로 단백질 함량과 상관이 있고, 배양 실험을 해본 결과에서도 0.03ppm정도의 Zn은 성장촉진에 필수적이었다.

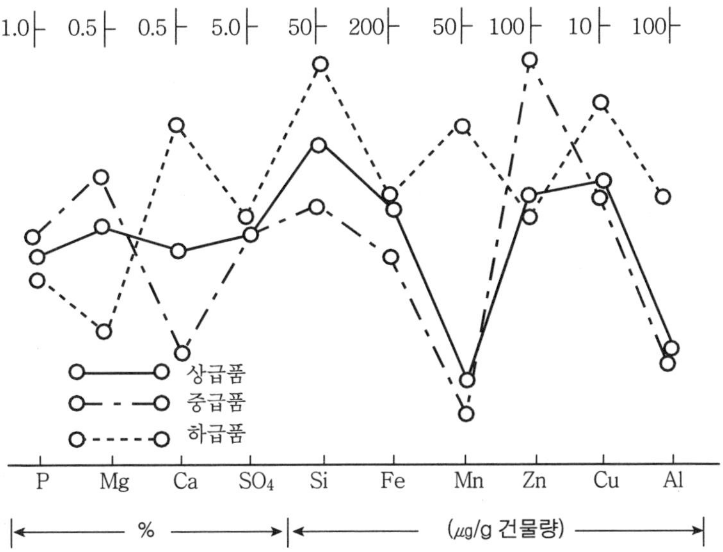

그림 7.2 김의 품질과 무기질함량(1966년 2월, 이세만)

CHAPTER

08 해조의 단백질

CHAPTER 08

해조의 단백질

해조류의 조단백질 함량은 일반적으로 수분을 뺀 건조물을 기준으로 할 때, 5~50% 정도의 범위에 있어 일반 육상식물의 그것과 큰 차이는 없다. 그러나 홍조나 남조에 들어 있는 색소 단백질을 빼면 대부분 단단한 세포막과 결합해 있기 때문에 단백질을 추출하는 데는 어려움이 따른다. 또, 고분자의 점질다당류가 많이 함유되어 있어 이들과의 분리도 용이하지 않다. 이러한 이유로 해조 단백질에 관하여는 연구가 많지 않으며, 이제까지 보고된 해조 단백질의 아미노산 분석치는 대부분 해조를 가수분해한 값들이다.

해조단백질은 식량자원이나 사료로 이용하려 해도 소화되지 않는 부분이 많아 단백질의 영양가는 대체로 나쁜 편이다. 해조 단백질의 단백가(protein score)를 보면 대황 63, 혓가지말 61, 김 59, 구멍갈파래 59, 미역 57, 다시마 55 등으로, 계란, 우유, 대두, 쌀 등에 비하면 떨어지나 보리찰, 옥수수, 감자보다는 양호한 편이다.

일본 연안산의 녹조류 17종, 갈조류 36종, 홍조류 56종에 대하여 조단백질 함량을 조사한 것을 보면, 녹조류 4~33%, 갈조류 3~28%, 홍조류 3~44%의 범위로 홍조류의 단백질 함량이 약간 많다.

또, 우리나라 연안산의 녹조류 3종, 갈조류 14종, 홍조류 15종에 대해서 조단백질 함량을 조사한 것을 보면, 녹조류는 5~10%, 갈조류는 6~21%, 홍조류는 9-21%의 범위였으며, 전반적으로 일본산과 마찬가지로 홍조류의 조단백질 함량이 높은 편이다.

단백질 함량이 높은 해조류로서는 녹조류의 참갈파래, 참홑파래, 파래, 갈조류의 헛가지말(*Analipus japonicus*), 미역, 지충이(*Sargassum thunbergii*), 홍조류의 김, 부채분홍잎(*Acrosorium flabellatum*), 김파래(*Bangia atropurpurea*) 등을 들 수 있다. 특히 우리나라에서 식용으로 많이 이용하고 있는 김은 단백질 함량이 많아 45%를 넘어서는 수도 있다. 이러한 해조류의 단백질 함량은 같은 종류에 있어서도 생육장소, 계절, 해수중의 영양염류 등에 따라 크게 변동한다.

생 해조에서는 수용성, 염용성, 알칼리 가용성 단백질 중 녹조류 및 홍조류는 수용성 단백질이 30~50% 정도로 많고, 갈조류는 알칼리 가용성 단백질이 40~50% 정도로 많다. 건조조체로서는 녹조, 갈조, 홍조류 모두 알칼리 가용성 단백질이 41~77% 정도를 차지한다.

양식 김에 있어서는 일반적으로 동계(1~2월)에 단백질 함량이 높다. 제주도 연안산의 감태, 비틀대모자반 및 톳의 경우는 1~4월에 최고 함량을 나타내고 8~9월에 최소 함량을 보인다고 한다.

해조류 단백질의 아미노산 조성도 단백질과 같이 같은 종에 있어서도 계절이나 생산지 등에 따라서 차이가 많으며, 일반 식용 해조류 단백질의 구성 아미노산 조성을 예시하면 표 8.1과 같다.

해조 단백질의 구성 아미노산은 일반적으로 alanine, aspartic acid, glycine, proline과 같은 중성 및 산성 이미노산이 많은 점은 채소류의 경우와 비슷하고, 염기성 아미노산은 적은 편인데, 이 중 arginine이 비교적 많은 점이 다른 식물에서 볼 수 없는 특징이라 할 수 있다.

또, methionine, cystine, cysteine과 같이 황을 함유한 함황아미노산과 histidine, tyrosine 등은 극히 적다. 단백질 구성 아미노산의 총량에서 각 아미노산이 차지하는 비율을 보면, glutamic acid, aspartic acid, leucine, alanine, valine 등과 같은 아미노산의 비율이 높은 편이며, 제한 아미노산은 lysine이나 tryptophane 인 경우가 많다.

표 8.1 식용 해조류의 단백질 구성 아미노산 함량(건물당, mg/100g)

	갈파래	매생이	청각	다시마	모자반	미역	톳	서실	도박	김
단백질(%)	32.1	27.5	7.1	15.6	11.1	17.5	10.1	23.4	13.9	27.4
Isoleucine	1,349	1,046	312	596	520	638	398	1,172	633	1,131
Leucine	2,494	1,877	564	1,069	913	1,138	662	1,869	,1087	2,168
Lysine	1,494	1,008	368	716	587	827	474	1579	631	1,589
Methionine	655	499	150	368	274	400	270	461	253	818
Cystine	338	278	81	520	160	175	168	340	256	460
Phenylalanine	1,850	1,442	448	719	565	749	462	1,161	783	1,197
Tyrosine	1,140	780	255	459	354	472	288	1,004	283	1,009
Threonine	1,894	1,480	342	743	554	757	426	1,310	631	1,631
Tryptophane	522	420	96	240	129	252	125	321	153	350
Valine	1,897	1,534	477	678	337	815	453	754	820	1,275
Histidine	409	183	295	195	145	290	134	411	565	385
Arginine	2,325	1958	408	577	510	661	356	1,194	2,087	1,638
Alanine	3,035	2,583	515	1,752	1,029	2,722	895	1,665	813	3,332
Aspartic acid	3,000	2,708	649	1,288	868	1,104	961	2,439	1,371	2,046
Glutamic acid	4,737	4,499	871	2,501	1,730	2,522	1,739	3,493	1,711	3,306
Glycine	2,000	1,619	352	812	620	897	485	1,259	703	1,863
Proline	1,185	961	340	711	237	720	307	547	479	625
Serine	1,626	1,389	339	651	476	669	376	1,279	647	1,338
Taurine	83	113	18	-	-	35	32	30	76	564

표 8.2는 몇 가지 해조의 알칼리 가용성 단백질의 구성 아미노산조성과 함께 비교를 위하여 단세포조류의 분석치를 나타낸 것이다.

표 8.2 해조의 알칼리 가용성 단백질의 구성 아미노산 조성(%)

	구멍갈파래(녹조) *Ulva pertusa*		미역(갈조) *Undaria pinnatifida*		김(홍조) *Porphyra tenera*		클로렐라 *Chlorella vulgaris*	남조 *Nostoc muscorum*	스피룰리나 *Spirulina maxima*
	전조체	5%NaOH 가용구	전조체	5%NaOH 가용구	전조체	5%NaOH 가용구			
Ala	7.3	6.1	6.8	4.8	6.4	7.4	7.7	8.0	6.8
Arg	7.2	14.9	11.4	7.5	8.2	16.4	15.8	8.7	6.5
Asp	5.5	6.5	6.2	5.6	4.4	7.0	6.4	15.0	8.6
Cys	0.3	-	-	-	-	-	0.2	2.9	0.4
Glu	5.0	6.9	6.3	5.1	3.9	7.2	7.8	12.8	12.6
Gly	4.0	5.2	4.8	4.4	4.8	7.2	6.2	5.6	4.8
His	1.5	4.0	4.0	2.7	2.6	1.4	3.3	1.4	1.8
Ile	2.3	3.5	3.4	2.9	2.6	4.0	3.5	6.9	6.0
Leu	3.6	6.9	5.8	5.1	3.9	8.7	6.1	9.0	8.0
Lys	3.9	4.5	8.0	4.3	3.8	4.5	10.2	4.2	4.6
Met	0.4	1.6	1.3	2.2	0.6	1.7	1.4	1.8	1.4
Phe	1.9	3.9	2.7	3.7	1.7	3.9	2.8	5.0	5.0
Pro	3.2	4.0	3.6	2.8	2.3	6.4	5.8	3.7	3.9
Ser	3.6	3.0	5.3	2.8	2.4	2.9	3.3	5.2	4.2
Thr	2.6	3.1	2.7	2.4	2.7	4.0	2.9	6.4	4.6
Trp	1.1	0.6	1.5	-	0.8	0.5	-	0.8	1.4
Tyr	0.8	1.4	0.9	1.6	0.8	2.4	2.8	5.0	4.0
Val	4.2	4.9	5.1	4.1	4.0	6.4	5.5	7.1	6.5
계	58.3	82.9	79.7	64.5	56.0	97.1	91.7	-	-
TN		13.2		11.6		13.6	11.5	TN : (total nitrogen)	

조류를 인산완충액, 5% NaOH용액, 70% 에탄올용액으로 추출하면 5% NaOH를 이용한 것이 가장 효과가 좋아 총단백질의 41~77%를 추출할 수 있다. 이들 알칼리 가용성 단백질의 아미노산 조성은 달걀 알부민과 비슷하지만 아미노산 조성으로 종을 특징지을 수 있는지에 관해서는 앞으로 검토해야 할 것이다.

해조 단백질의 추출법에 관해서는 11종의 해조를 pH 7.0~8.5의 0.1M Tris나 피로인산 완충액으로 추출한 다음, pH 8.5의 10% NaCl로 재추출하여 단백질 농도와 디스크 전기영동의 패턴을 비교해 보았더니, 녹조가 가장 복잡했으며 갈조는 band가 1개뿐이었다고 한다. 표 8.3은 10% NaCl로 globulin 계통의 단백질을 추출하는데 녹조류가 가장 적합하며 pH 7.8의 Tris로 추출한 것보다 단백질이 2~4배 더 많았다. 그러나 홍조류나 갈조류는 오히려 1/3 정도밖에 용출되지 않았다. 한편 황산암모늄으로 염석해도 다른 패턴을 보이기 때문에 해조류에는 용해도, 유동성, 염석 패턴이 다른 두 종류 이상의 albumin 계통의 단백질이 존재하고, globulin 계통의 단백질도 존재하는 듯하다.

표 8.3 해조 단백질의 추출정도와 디스크 전기영동의 band수

해조	0.1% Tris 또는 인산완충액추출액		10% 식염수추출액	
	단백질농도(%)	band수	단백질농도*(%)	band수
녹조				
갈파래속 *Ulva lactuca*	0.14	11(2)	0.28	9(2)
파래속 *Enteromorpha sp.*	0.05	13(2)	0.20	7(1)
Spongomorpha arcta	0.06	12(2)	0.24	6(1)
갈조				
끈말 *Chorda filum*	0.04	5(1)	0.013	4(1)
Chordaria flagelliformis	0.09	7(1)	0.035	3(1)
Fucus filiformis	0.03	3(1)	0.018	4(1)
홍조				
진두발속 *Chondrus crispus*	0.14	9(3)	0.08	3(1)
Polysiphonia sp.	0.07	9(3)	0.03	5(2)
김속 *Porphyra umblicalis*	0.25	9(4)	0.06	9(3)
산호말 *Corallina dfficinalis*	1.60	7(4)	0.54	5(3)
Rhodymenia parmata	0.15	8(3)	0.03	5(2)

( )속 숫자는 주요 band 수를 나타낸다.

* 25g 생해조 균질액을 50㎖ 용제로 추출후 원심분리한 상등액.

해조류에는 lysine을 제 1 제한 아미노산으로 하는 것이 많으며, histidine 함량이 적다. 미역은 해조 중에서 비교적 균형이 잡힌 아미노산 조성을 가지지만 전체적으로 보면 해조류의 아미노산 score는 60~90 정도이다.

taurine은 식물에는 거의 들어있지 않다고 알려져 있으나 표 8.1에서 알 수 있듯이 해조류 중에서는 김에 많이 들어있으며 특히, 연체류의 문어, 새우, 게, 오징어, 패류등에 많이 들어있다. taurine은 단백질을 구성하는 아미노산과는 달리 carboxyl기 대신에 sulfate기가 결합된 구조로서 다양한 생리활성을 가지고 있어 매우 주목할 만한 것이라고 할 수 있다.

taurine의 대표적인 작용으로는 콜레스테롤 감소작용을 들 수 있는데, 콜레스테롤 첨가사료에 taurine을 첨가하여 사육한 랫드에 있어서는 그림 8.1과 같이 콜레스테롤 축적이 억제됨을 알 수 있다.

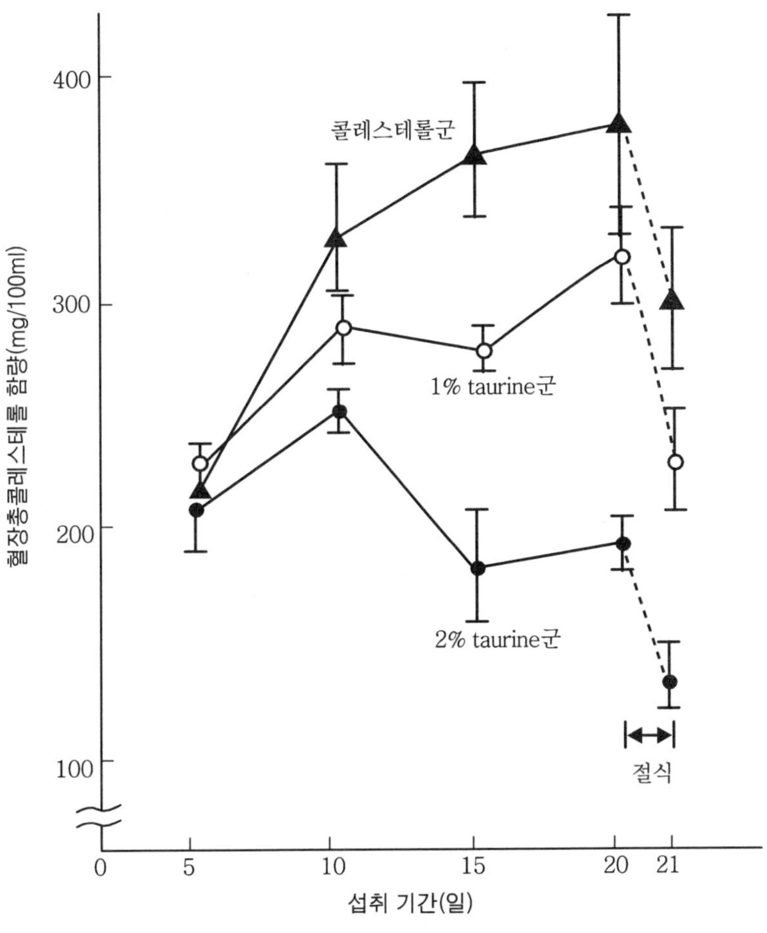

그림 8.1 콜레스테롤 섭취 랫드에서의 taurine 투여 효과

한편, taurine은 사람이나 포유동물의 뇌, 간, 심장에 많이 들어있는 신경전달물질로서 교감신경의 작용을 억제하여 부교감신경의 작용을 돕는다고도 알려져 있다. 임상적으로도 고콜레스테롤증 환자의 혈청 콜레스테롤 개선, 고혈압과 관련한 동맥경화와 혈관장해에 기인하는 뇌졸증, 심근경색, 울혈성 질환, 심부전증 등에 EPA나 DHA와 같은 기능을 하는 것으로 보고되고 있다.

시판 드링크류에는 적은 비용으로 합성된 taurine이 사용되고 있으나, 유아용 분유 등에는 천연 유래의 taurine을 쓰도록 규정되어 있다.

CHAPTER

09 해조의 비타민

CHAPTER 09

해조의 비타민

해조에도 육상 야채류처럼 갖가지 비타민이 들어 있다. 표 9.1에 해조 중의 비타민류의 분포를 나타내었다. 비타민 A는 통상 retinol을 말한다. 사람의 체내에서 비타민 A는 retinol이나 그의 지방산 ester로 간장에 저장되어 있다. 또, 체내에서 비타민 A로 전환되는 물질을 비타민 A의 전구물질(provitamin A)이라 하며, 이의 대표적인 것이 색소의 β-carotene이다. 해조류에 있어서는 건조 김이나 미역에 특히 많이 함유되어 있다.

Vitamin A_1 series

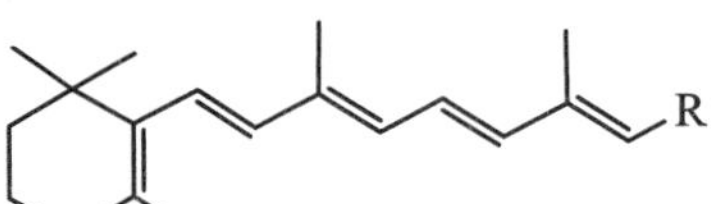

R

CH_2OH : retinol
CHO : retinal
COOH : retinoic acid

Vitamin A_2 series

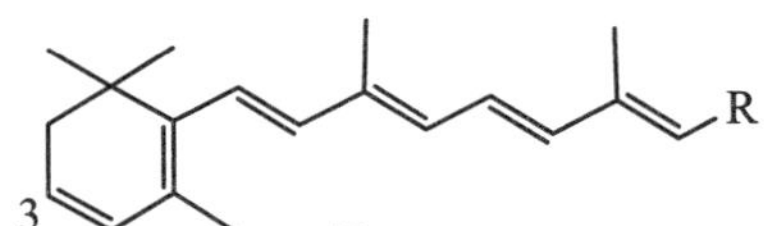

R

CH_2OH : 3-dehydroretinol
CHO : 3-dehydroretinal
COOH : 3-dehydroretinoic acid

Thiamine(Vit. B_1)은 건물량으로 0.3~4.6㎍/g 정도인데, 홍조류가 많은 편이고 갈조류는 적다. riboflavin(Vit. B_2)은 모든 해조에서 10㎍/g 정도로 적지만 김에는 효모만큼이나 많다. 생물체에서는 유리형(free riboflavin, FR)과 결합형(flavin mononucleotide, FMN과 flavin adenine dinucleotide, FAD)으로 존재하는데, 식물에는 대체로 FR과 FMN가 많고 FAD가 적은데 비해 해조에는 대부분 FAD로 존재한다. 김을 만드는 동안에 비타민 B_2 형태가 어떻게 변하는지를 조사하였더니, 제품 중의 비타민 B_2는 18.1~26.4μg/g이었고, 그 중에서 90% 이상이 FAD이고 나머지는 FMN이었으며 FR은 전혀 확인되지 않아, 동물조직과 비슷한 조성이었다.

표 9.1 해조류의 비타민 (건물당, μg/g)

해조	A*	B_1	B_2	B_6	B_{12}**	C	NA	PA	엽산	biotin	LA	CH	IN
녹조													
갈파래		0.90	2.83		62.8	27-41	7.50	2.35	118	224	420	61	330
홑파래		1.19	8.46		12.6	75-80	10.28	4.11	429	115	515	79	219
잎파래	29	1.50	1.21		97.5	10-257	28.05		270	198	175	417	95
갈조													
미역	140	0.39	0.83	0.09	200	27		0.46	440				
다시마	4.4	0.86	0.20	0.27	3.0	3-91	30.00						
감태		1.10	2.52		3.3		18.84	0.49		209	90	262	379
톳	4.5	0.28	2.67		5.7	0-92	6.80	1.49	218	237	230	33	328
모자반		0.30	5.03		25.4		8.65	2.30	634	126	300	95	60
지충이		0.38	5.34		46.5		4.46	8.76	308	282	270	28	566
홍조													
김	445	1.65	23.1	10.4	291	10-831	68.33		88	294	790	2,920	62
우뭇가사리		1.60	18.0		35.9		20.10	1.22	782	61	570	4,885	443
꼬시래기		1.80	1.09		212		23.79	1.82	304	18		1,492	324
진두발		2.19	14.7		89.2	16	7.04	7.04		69		856	111

*: IU/g,**: ng/g, NA: nicotinic acid, PA: pantothenic acid, LA: lipoic acid,CH: choline, IN: inositol

biotin도 유리형과 결합형이 있지만, 해조에는 biotin-L-sulfoxide가 0.1~1.1 μg/g, biotin-D-sulfoxide가 0.3~0.15μg/g으로 결합형이 많고, 유리형은 극미량이 있을 뿐이다.

해조의 비타민 B군 중에서 주목할 것은 cyanocobalamin, Vit. B_{12})이 존재한다는 점이다. 동물성 단백질인자(animal protein factor, APF)인 비타민 B_{12}가 해조에도 존재한다는 것 때문에 많은 관심을 모았다. 조류 중에는 생육을 위해 비타민 B_{12}를 요구하는 것도 있고, 김처럼 조체 내에서 합성하여 축적하는 것도 있다. 그러나 그 함량은 종류에 따라 다르며, 대개는 동물 내장과 비슷한 정도여서 가축사료의 APF 원으로도 이용이 가능하다. 해조의 영양소 조성은 시기에 따라 달라지므로 해조를 사료로 이용하려면 이를 고려해야 한다. 북유럽에서 meal로 많이 쓰이는 갈조

Ascophyllum nodosum, 뜸부기과의 *Pelvetia canaliculata*나 다시마속의 *Laminaria digita*를 대상으로 choline 함량을 계절별로 조사하였는데, 그림 9.1에서와 같이 *A. nodosum*은 겨울철에 choline 함량이 많고 봄~여름에는 줄어들어 연간 0.9~3.2mg/g의 범위에서 변화한다. 한편, *P. canaliculata*는 0.1~0.9mg/g으로 적고 규칙적인 변화도 뚜렷하지 않았다.

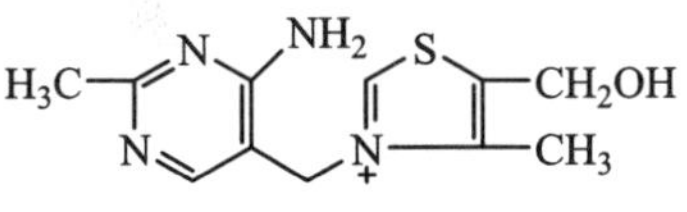
vitamin B_1(thiamine)

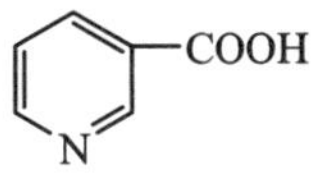
niacin(nicotinic acid)

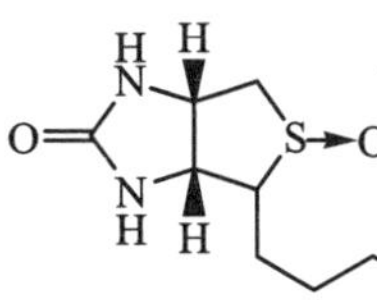
biotine sulfoxide

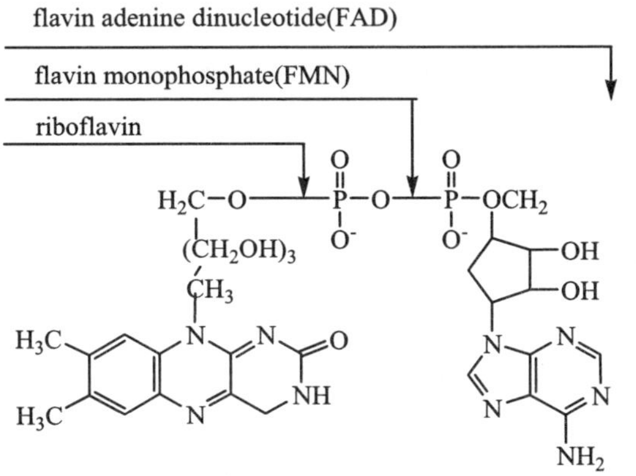

vitamin B_2

pantothenic acid

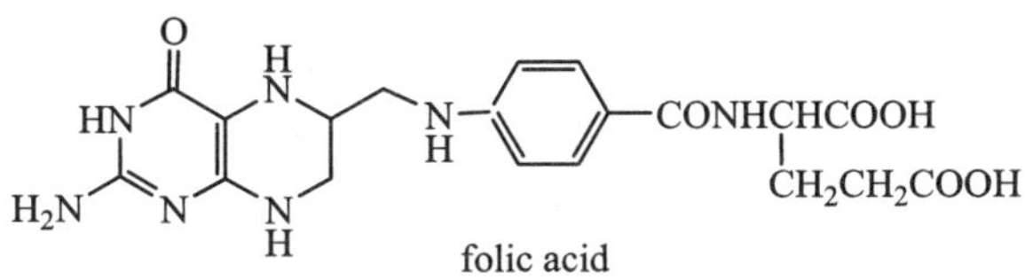
folic acid

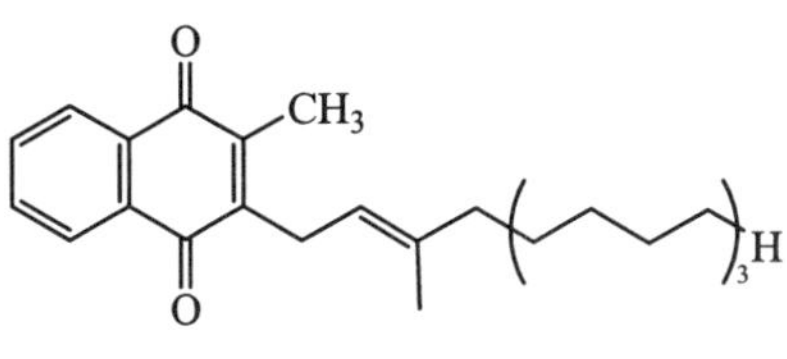
vitamin K_1(phylloquinone)

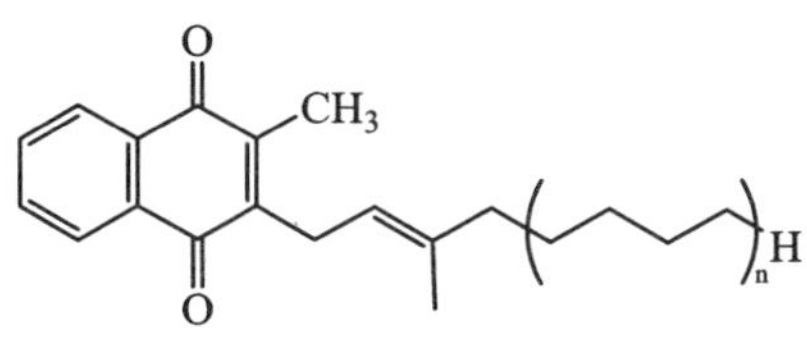
vitamin K_2(menaquinone, n = 4 ~ 10)

L-ascorbic acid(Vit. C)는 대체로 100mg%이상이며, 김이나 파래에 특히 많고, niacin도 미역과 참김에서 함량이 높다. 비타민 A의 함량도 참김과 파래에 많다. 뿐만 아니라 참김에는 B_6의 함량도 많아, 참김은 비타민의 공급원으로서도 좋은 식품

이 라 할 수 있다. 그 밖에 비타민 K(phylloquinone)가 미역 등에 0.86mg/100g 정도로 많이 함유되고, 이들 비타민의 함량도 제절변동을 하는데, 비타민 C는 봄철에서 초여름에 걸쳐 많고, niacin은 4~5월에 많다고 한다.

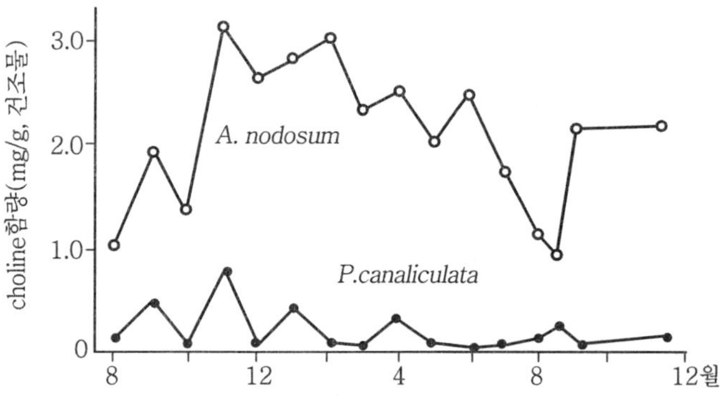

그림 9.1 ***Ascophyllum nodosum*과 *Pelvetia canaliculata*의 choline 함량의 계절변화**

지용성 비타민인 tocopherol(Vit. E)의 유럽산 해조 18종에서 종류와 양, 건조 중에 어느 정도 분해되는지를 조사한 바, 대부분은 α-tocopherol로 존재하였고, 그 함량은 7~92 μg/g이었으며, 갈조의 뜸부기과는 α-, γ-,δ-tocopherol등 3 종류가 존재하였으나, 그 함량은 많지 않았다(표 8.2). 그리고 *A. nodusum*, *Fucus serratus*, *F. vesiculosus*, *P. canaliculata* 등 4종에 대하여 3년 동안 각종 tocopherol의 변화를 조사하였는데 계절적인변화가 심하였고, 겨울철에는 여름철의 2배나 많았다. *Fucus*속의 2종은 α-, γ-, δ-tocopherol 함량이 거의 변화가 없었으나 *A. nodosum*과 *P. canaliculata*는 δ-tocopherol의 변화가 심했고, 양도 비교적 많았다.

그림 9.2는 *P. canaliculata*의 일간 변화를 나타낸 것으로 총 tocopherol의 10% 정도는 간만시의 노출 시간에 따라 달라지는데, δ-tocopherol은 썰물 때에 늘어나고 α-tocopherol은 이와는 반대로 줄어드는 경향을 나타내었다. tocopherol이 해조 생리에 미치는 역할에 관해서는 아직 밝혀진 것이 없다.

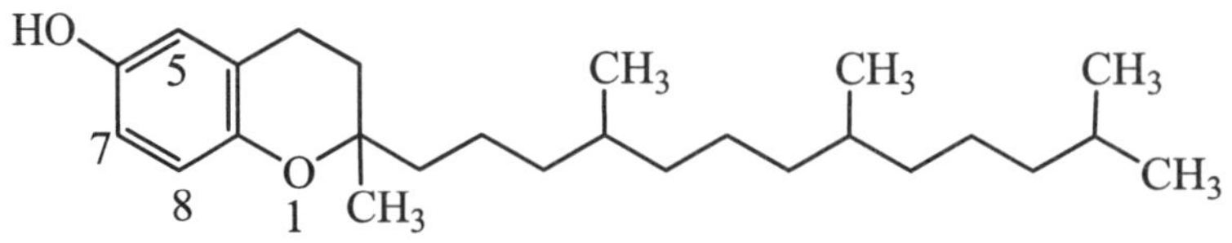

tocol

α-tocopherol : 5,7,8-trimethyl tocol
β-tocopherol : 5,8-trimethyl tocol
γ-tocopherol : 7,8-trimethyl tocol
δ-tocopherol : 8-trimethyl tocol

표 9.2 해조 중 tocopherol(Vit. E)의 함량(μg/g 건조물)

해조학 명	α	β+γ	δ	계
녹조				
창자파래 *Enteromorpha intestinalis*	92			92
파래속 *Ulva lactuca*	35			35
갈조				
Alaria esculenta	30			30
다시마속 *Laminaria digitata*	9			9
다시마속 *L. hyperborea*	10			10
다시마속 *L. saccharina*	7			7
Ascophyllum nodusom	80-160	60-100	110-250	250-510
Fucus속 *Fucus spiralis*	138	70	148	356
Fucus속 *F. serratus*	120-200	60-150	100-250	300-600
Fucus속 *F. vesiculosa*	100-170	40-100	100-200	250-480
뜸부기속 *Pelvetia canariculata*	150-220	70-140	120-320	350-650
홍조				
Furcellaria fastigiata	17			17
돌가사리속 *Gigartina stellata*	35			35
Polysiphonia fastigiata	80			80
Rhodymenia palmata	35			35
김속 *Porphyra umblicalis*	〈10			〈10
모자반속 *Odonthalia dentata*	20			20
Rhodomela subfusca	34			34

한편 해조류는 채소류와는 달리 채취 후 건조시켜 장기간 저장하는 경우가 않은데, 이 동안에 비타민의 함량이 감소하는 수가 있다. 이를테면 마른 김을 수분활성 0.17 이상에서 방치하면 비타민C는 1개월 만에 약 반 정도로 감소한다고 한다. 또 마른 김을 그대로 포장하여 실온에 저장하면 수분함량이 3% 정도로 낮더라도 1년 후에는 β-carotene은 42% 정도로 감소한다고 한다.

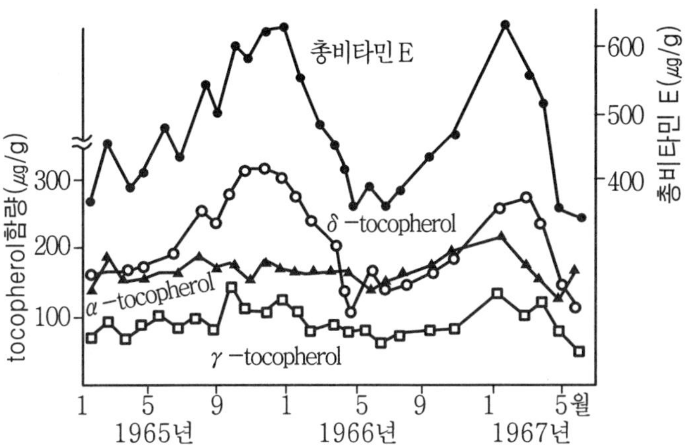

그림 9.2 갈조인 뜸부기속 *Pelvetia canaliculata* 에 존재하는 tocopherol 형태와 총량(총 vitamin E의 양)의 계절변화

CHAPTER

10

해조의 색소

CHAPTER 10

해조의 색소

1 해조의 색과 색소

광합성이란 태양의 복사에너지 중에서 가시부의 빛에너지를 흡수하여 분자의 여기에너지로 변환시키는 광화학 반응으로, 엽록체 중에 들어 있는 광합성 색소가 광합성을 한다. 녹조가 녹색으로 보이는 것은 육상식물과 마찬가지로 엽록체의 thylakoid막에 광합성의 주요 색소인 chlorophyll이 규칙적으로 배열해 있기 때문이다. 배열에는 chlorophyll a가 중심적인 역할을 하며, 고등식물과 양적인 차이는 있어도 배열 방식은 같다. 한편, chlorophyll이 녹색인 것은 가시부 단파장측의 청자색과 장파장 측의 적색이 흡수되어 녹색으로 보이기 때문이다. 갈조에는 chlorophyll a와 c, 그리고 carotenoid인 fucoxanthin이 많아서 청록색이 흡수되어 갈색으로 보인다. 홍조에는 chlorophyll d가 검출되는 종도 있지만, 대부분은 chlorophyll a은 갖는다. carotenoid 로는 carotene 과 lutein이 들어 있다. 더욱이 홍조에는 phycobilin이 특징적으로 분포한다. Phycobilin은 수용성 단백질과 강하게 결합해 있으며, 선홍색의 phycoerythrin, 청색의 phycocyanin, 남청색의 allo-phycocyanin)의 3가지 색소에 청록색과 등색이 흡수되기 때문에 조체가 적자색으로 보이는 것이다. Chlorophyll이나 carotenoid는 에테르, 클로로포름, 아세톤 등의 유기용매에 쉽게 녹지만 phycobilin은 수용성이다.

고등식물의 엽록체는 타원형이거나 볼록렌즈와 같은 모양이며, 장축은 5nm이고 단축은 2nm로 세포 1개에 수내지 수백개의 엽록체가 들어 있다. 그러나 조류에는 1개의 세포에 1개의 엽록체 밖에 없으며 모양도 여러 가지이다. 엽록체 속은 일중막으로 된 자루모양의 lamella 구조와 stroma가 들어 있으며, 이들을 엽록체막이 이중으로 둘러싸고 있다. lamella에는 chlorophyll과 같은 광합성 색소가 들어 있어 광화학 반응을 한다. Stroma에는 탄산 고정과 관계있는 효소계가 들어 있다. 고등식물은 그림 10.1의 c 처럼 긴 lamella와 짧은 lamella가 서로 겹쳐서 grana를 형성하지만, 녹조는 b처럼 거의 같은 길이의 lamella가 겹쳐 있어 grana를 형성하지 않는다. 그리고 홍조류는 세포질 속에 lamella만 늘어서 있고 엽록체 구조는 없다.

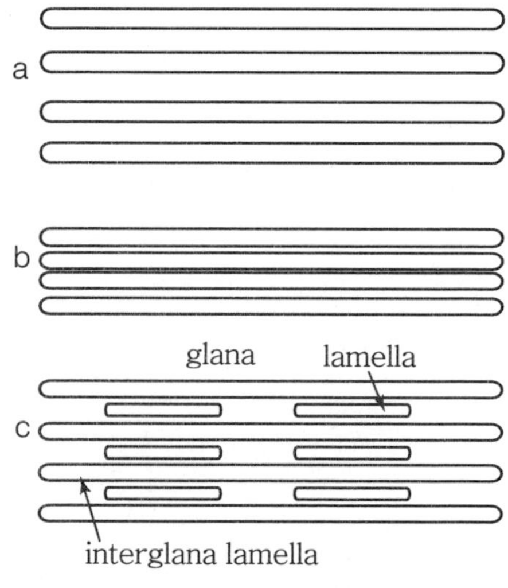

a : 홍조, b : glana를 형성하지 않은 lamella, c : glana를 갖춘 lamella

그림 10.1 각종 lamella 구조

2 주요 색소

1) chlorophyll

chlorophyll은 식물에 있어서 단순히 녹색을 나타내는 성분으로서의 역할이 아니라 무기물로부터 유기물을 생산하는 매우 중요한 기능을 가지고 있다. chlorophyll 중에서는 a가 주로 광합성을 맡고, chlorophyll b, c, d 그리고 carotenoid나 phycobilin 등은 빛 에너지를 일단 받아들여 효소적으로 chlorophyll a로 전달하는 보조 색소의 역할을 한다. 색소간에 일어나는 에너지 천이의 모습을 그림 10.2에 나타내었다.

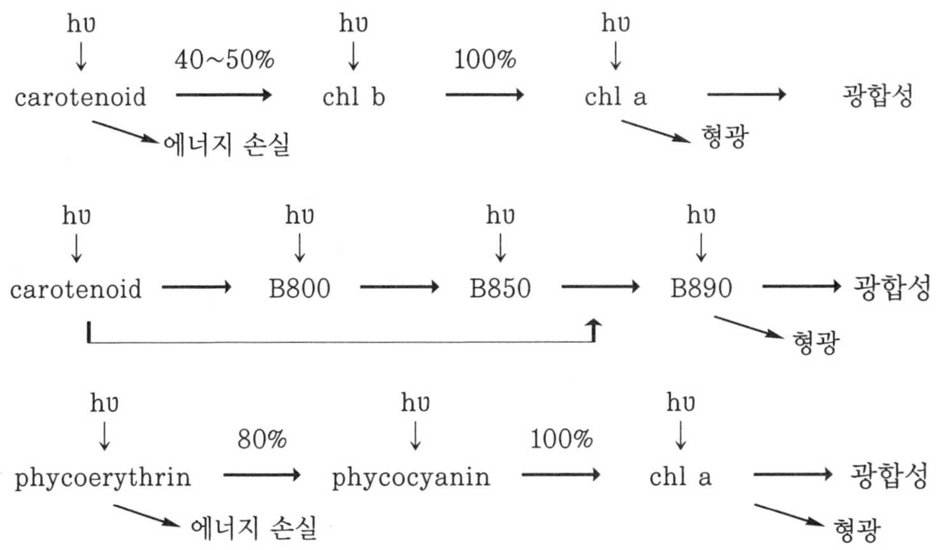

그림 10.2 색소간 물리적 에너지 이동

그리고, 표 10.1에는 각종 해조 중에 들어있는 chlorophyll의 종류별 분포를 정리하였다. chlorophyll a는 모든 조류에 공통적으로 광합성 작용을 하는 성분으로 함유되어 있다. 그러나 a 이외의 색소는 종류에 따라 들어있는 해조류가 서로 다르기 때문에 색소조성으로 조류를 분류할 수도 있다.

표 10.1 해조의 chlorophyll 분포

	a	b	c(c_1+c_2)	d
녹조	++	+	-	-
갈조	++	-	+	-
홍조	++	-	-	+

Chlorophyll a, b, c, d는 모두 Mg과 배위한 금속 porphyrin 색소로서, 공통적으로 propionic acid(~CH_2CH_2COOH) 측쇄와 고급 불포화 알코올인 phytol($C_{29}H_{40}O$)이 서로 ester 결합을 하고 있으며, 그 외에는 측쇄 치환기가 약간씩 다르다. 따라서 지질 친화성이 강하여 알코올류, 디에틸에테르, 벤젠, 아세톤과 같은 대다수의 유기용매에는 잘 녹지만 물에는 녹지 않는다.

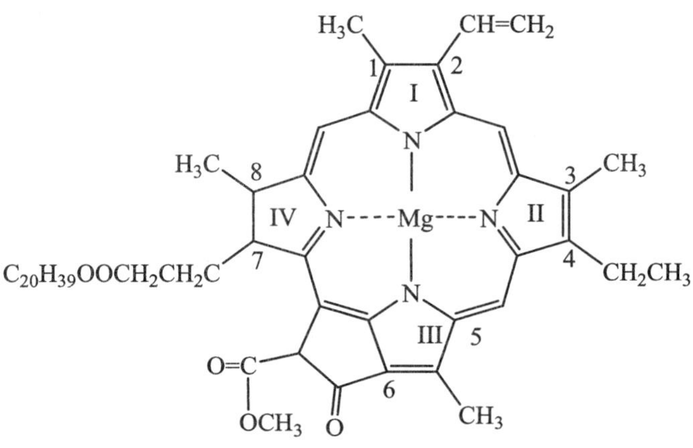

chlorophyll a: Ⅱ-3 =CHO

chlorophyll b: Ⅱ-3 =CHO

chlorophyll d: Ⅰ-2 =CHO

chlorophyll c_1 : Ⅳ -7 =CH=CHCOOH, Ⅳ 7,8 이중결합

chlorophyll c_2 : Ⅳ -7 =CH=CHCOOH, Ⅳ 7,8 이중결합, Ⅱ-4 -CH=CH_2

이들 색소는 모두 금속 porphin에서만 볼 수 있는 독특한 가시부 흡수 스펙트럼

을 갖는데, 최장 파장의 흡수대를 α대라 하고 최단파장의 흡수대를 γ대라 한다. 흡수 스펙트럼은 용매에 따라서도 달라지므로(표 10.2), 이를 이용해서 표준품의 순도나 정량을 할 수 있다. Chlorophyll은 435nm 부근의 청자색부(Soret 대)와 660nm의 적색부에 최고 흡수대가 있다. 청자색부의 흡수대는 porphyrin계 화합물에 특유한 것이며, 적색부의 흡수대는 dihydroporphyrin 화합물에 특유한 것이다. 조체 내에서 chlorophyll a는 지단백질과 결합해 있기 때문에 유기용매 중에서는 최고 흡수대가 장파장 측으로 약간 기울어 있다.

표 10.2 chlorophyll의 광 흡수 파장

용매	최대 흡수 파장(nm)					
	a	b	c	c_1	c_2	d
80~90% 아세톤	663 (84.0)	645 (51.8)	630 (19.5)	630.6 (44.8)	630.9 (40.4)	
90% 메탄올	665 (76.07)	650 (36.4)	635 (15.2)	-	-	-
diethylether	662 (100.9)	644 (62.0)	628 (15.8)	-	-	688 (110.4)
N,N'-dimethyl formamide	665 (72.14)	-	-	-	-	-

※ ( )내는 분자 흡광 계수

Chlorophyll a 는 청자색과 적색 사이의 500nm 부근의 빛을 거의 흡수하지 못한다. 한편, chlorophyll b의 Soret대의 최고 흡수대는 a의 그것보다 장파장인 453 nm이고, 적색부 흡수대의 최고 흡수대는 643nm이다. 그렇기 때문에 chlorophyll a가 흡수할 수 없는 빛을 chlorophyll b가 조금은 흡수할 가능성도 있다. 구멍갈파래(*Ulva pertusa*)처럼 얕은 곳에 사는 녹조에 비해 초록갈파래(*Ulva japonica*)처럼 2~20m 정도의 깊은 곳에 사는 녹조는 chlorophyll a/b의 비가 크다. chlorophyll b는 녹조에만 있으며, 고등 식물이나 담수산 녹조류의 chlorophylla/b 비는 2.8~3.4 정도이다 갈파래(*Ulva lactuca*)는 a/b가 1.3~2.2 이고, 해산 녹조류는 1.5~22로 고등 식물에 비해서 낮다. 이것은 생육 조건에 따른 차이가 아니고 일반적인 성질이다.

표 10.3 식물 엽상체(잎, 세포) 및 2가지 광화학 반응계에서의 chlorophyll a/b의 값

식물 종류	엽상체(잎, 세포)	반응계 I	반응계 II
해산 녹조류	2	5	1
담수산녹조류, 고등식물	3	7	2

표 10.3처럼 화학 반응계 I과 II 에서 해산 녹조류와 고등식물의 a/b비를 비교한 결과 I계에서는 5와 7로 chlorophyll b의 함유량이 모두 적었지만, II계에서 해산 녹조류는 고등 식물의 절반이었다. 그리고 엽상체의 a/b 비의 차이는 광합성 반응계 II의 a/b 비가 낮은 때문이며, 엽록체의 단백질 조성도 고등 식물과 다르다. 그림 10.3은 일정한 에너지를 갖고 있는 파장이 400~760nm인 빛을 쬐었을 때 광합성 속도를 반응량(작용 스펙트럼)으로 나타내고 엽체의 흡수 스펙트럼과도 비교한 것이다. 녹조인 갈파래(*Ulva taenieta*)는 chlorophyll a, b의 흡수 스펙트럼과 광합성 속도가 모두 일치하였다. 480nm 부근에서 약간 차이가 있었지만, 이것은 어떤 종류의 carotenoid나 chlorophyll b는 광합성에 대해서는 불활성이라는 것을 뜻하는 것이다. chlorophyll c는 갈조와 규조에 들어 있으며 c_1과 c_2로 나눈다. chlorophyll c_2는 모든 갈조에 들어 있지만 c_1은 와편모조강과 crypto조강에는 없다. chlorophyll c는 b와 마찬가지로 갈조류의 광합성 색소계 II의 색소이며 적색이 약간이나마 흡수되도록 하는 데 기여한다.

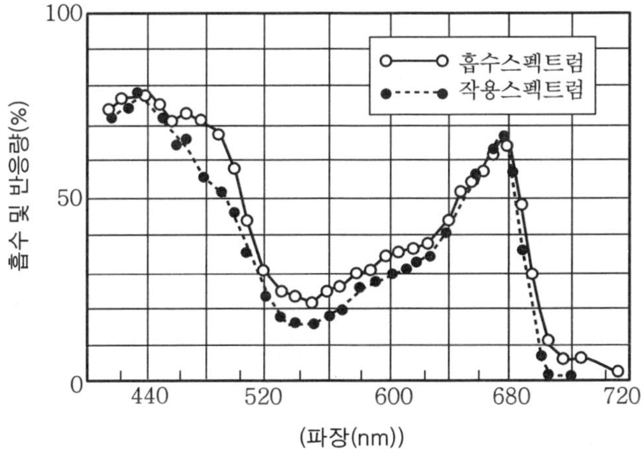

그림 10.3 녹조 갈파래속 *Ulva taeniata*(엽상체)의 흡수스펙트럼과 작용스펙트럼

Chlorophyll a : chlorophyll c의 비는 1.2 : 1~5.5 정도이다. Chlorophyll d는 추출 과정 중에 생기는 성분으로 여겼지만 홍조류, 특히 보라털목(Bangiales)의 생체 중에는 소량 분포한다. 그러나 그렇지 않다는 의견도 있다. Chlorophyll d 의 최고 흡수대는 696, 456, 400nm이며, 이 중에서 696nm가 주된 최고 흡수대이다. 홍조 중의 chlorophyll d는 우뭇가사리목(Gelidiales)에서만 확인되었고, 그 밖의 종속에서는 밝혀지지 않았다. Chlorophyll a는 5-amino levulinic acid 으로부터 생합성되며, b는 a로부터 유도되고 a의 중간 생성물로부터 c_1과 c_2가 만들어진다.

조체 중의 chlorophyll 함량은 0.1~0.2%(건물량 기준)이지만, 영양 염류, 빛의 양, 생육온도, 품종, 세포의 노약 등에 따라서 다르다. 건실하고 신선한 세포에는 chlorophyll a만 들어 있지만 생육온도가 나빠지거나 제품의 보존 상태가 나쁘면, chlorophyll은 분해효소인 chlorophyllase나 엽체의 산성화, hydroperoxide로 인해서 퇴색이 촉진되어 pheophytin이나 chlorophyllide, pheophorbide, chlorin, rhodin 등의 ester 화합물로 분해한다. 김이나 미역, 다시마와 같은 해조식품의 품질은 chlorophyll 함량에 따라 달라진다. 예를 들어, 시판 건조 미역 가운데 품질이 좋은 것은 chlorophyll a가 200~270 mg/100g으로 많지만, 품질이 좋지 않은 것은 양질품에는 없던 pheophytin이 100~600 mg/100g으로 많다. 그리고 말린 김은 저장온도와 수분함량에 따라 chlorophyll분해 정도가 달라진다. 즉, 20℃에서는 수분이 8.9%이상 되면 chlorophyll이 불안정해져 분해가 일어나며, 30℃에서는 7.3%, 40℃에서는 6.5% 이상이 되면 역시 분해가 일어난다.

지금까지 chlorophyll에 관한 연구는 유기용매에 녹아나오는 색소만을 대상으로 한 것이 대부분이었다. 육상식물에서 lamella 중의 chlorophyll은 색소 단백질의 형태로 존재하는 것을 확인되어 chlorophyll a와 b를 각각 단백질과의 복합체 형태로 분리되었다. 그리고 육상식물과 더불어 녹조와 갈조를 triton X-100 중에서 마쇄한 다음, sucrose를 이용한 농도구배 원심법으로 chlorophyll 단백질 복합체를 분리되었다. Chloroplast 중의 색소 과립 조성의 조사나 광화학적 활성이 있는 색소 과립을 얻어내려는 목적으로 음파나 계면 활성제를 함께 써서 온화한 조건으로 복합체를 얻으려는 시도도 있었다. 더욱이 lamella 안쪽에 배열해 있는 납작하고 타원형을 한 분자량 2×10^5인 quantasome이라는 색소 과립이 광-인산화반응에 관여하며, quantasome은 4개 이상의 subunit로 이루어졌다는 것을 밝혀내었다.

파래 *Entermorpha compressa*의 엽록체를 디스크 전기 영동법을 써서 광합성계 I 과 II의 색소 단백질 복합체로 분리되었고, 광합성계 I에서는 최고 흡수대가 678 nm인 장파장형의 chlorophyll a가 관여하며, 광합성계 II에는 674 nm의 단파장형의 chlorophyll b가 관여하고 있음이 밝혀졌다.

Cellulose 분말을 이용한 흡착 크로마토그래피법을 이용하여 미역에는 진한 청색과 청록색 두 종류의 chlorophyll a가 있으며 김류에는 몇 종류의 chlorophyll a가 들어 있고, 미역을 제외한 몇 종의 갈조에는 II 형이 존재하지만, 녹조나 홍조에는 진한 청색의 chlorophyll a가 없다는 것이 밝혀졌다. 이와 같이 chlorophyll a에는 성질이 서로 다른 두 종류 이상이 존재한다.

2) carotenoid

Carotenoid는 isoprenoid가 8개 있는 tetraterpene으로 양끝에 있는 고리가 열려 있어 ionone 고리를 형성하는 것이 많다. 극성이나 비극성 용매에 잘 녹는 탄화수소(C와 H로만 이루어짐) 유도체인 carotene과 극성 용매에만 녹는 수산기, ketone기, epoxy기가 붙어 있고, 산소가 있는 xanthophyll(C, H, O로 이루어짐)로 나눌 수 있다. 고등 식물은 β-carotene, lutein, violaxanthin, neoxanthin의 4가지 중요한 carotenoid를 합성한다. 녹조의 색소계 구성도 고등 식물과 비슷하다. 즉, 녹조에는 β-carotene, lutein, violaxanthin, neoxanthin이 항상 존재하는 색소이고, 이 밖에 α-carotene이 검출되기도 한다. 녹조의 아세톤 추출액에서는 β-carotene과 단백질의 복합체를 분리해 낸 다음, 초원심법에 의하여 분자량이 3.3×10^7임을 확인하였다.

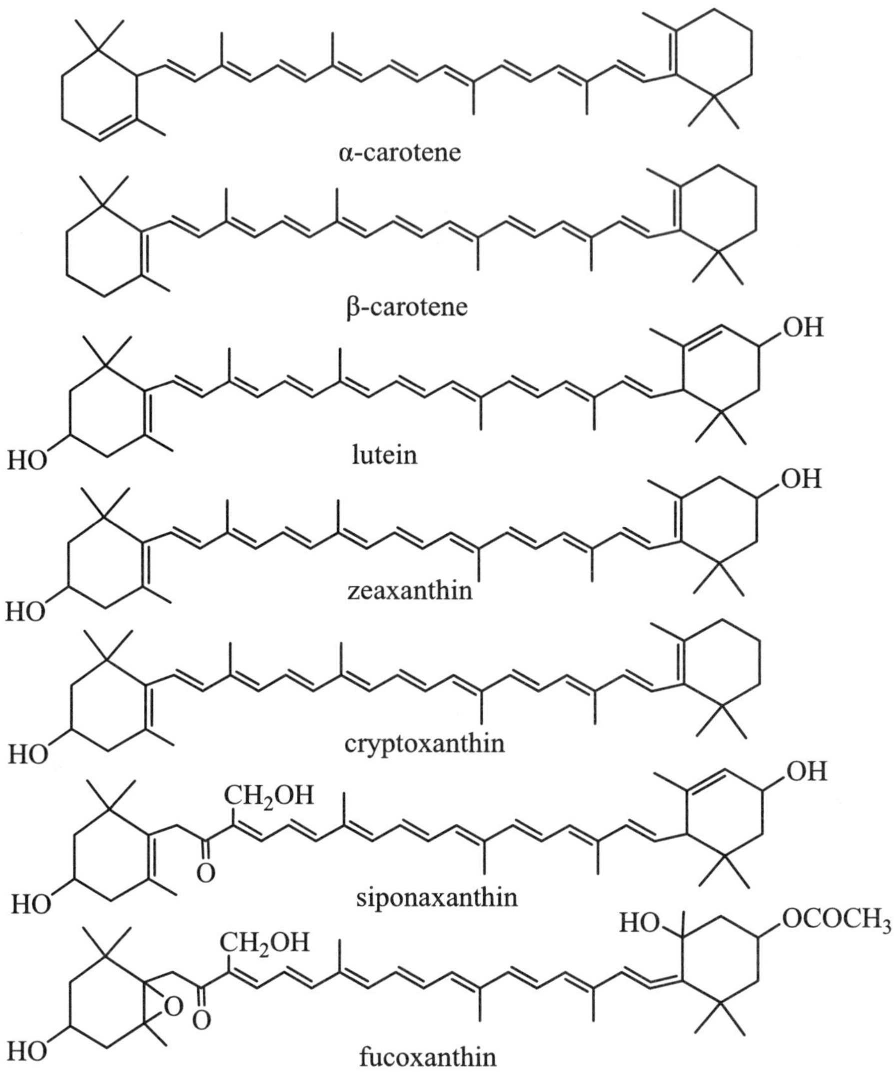

그리고, 녹조에는 540nm 부근에서 최고 흡수대를 갖는 siphonaxanthin도 들어 있다. 한편, 옥덩굴과 옥덩굴속(*Caulerpa*)에 속하는 대부분의 녹조는 깊은 곳에서 자라는데, siphonaxanthin과 siphone은 자외선이 도달하지 않는 깊은 물에서 적색이 흡수되고 남은 녹색광을 특이적으로 엽록체로 흡수하여 광합성을 계속하고 있다고 추정된다. 갈조의 carotene에는 α-carotene과 lutein은 없고, β-carotene, violaxanthin, fucoxanthin이 주요 색소이다. 갈조의 xanthophyll은 lutein 대신

에 fucoxanthin이 많은 것이 특색이다. 주요 carotenoid의 흡수 스펙트럼을 표 10.4에 나타내었다.

표 10.4 중요한 carotenoid의 최대 흡수대

carotenoid	용 매	최대흡수파장(nm)
α-carotene	석유ether	422, 444, 473
	이황화탄소	477, 509
β-carotene	석유ether	425, 448, 475
	이황화탄소	450, 485, 520
lutein	석유ether	421, 445, 474
	이황화탄소	445, 475, 508
zeaxanthin	석유ether	425, 446, 473
	이황화탄소	450, 478, 508
fucoxanthin	석유ether	424, 449, 476
	이황화탄소	450, 482, 517
violaxanthin	석유ether	418, 442, 466
	이황화탄소	440, 470, 501
siphonaxanthin	석유ether	446, 468
	클로로포름	466

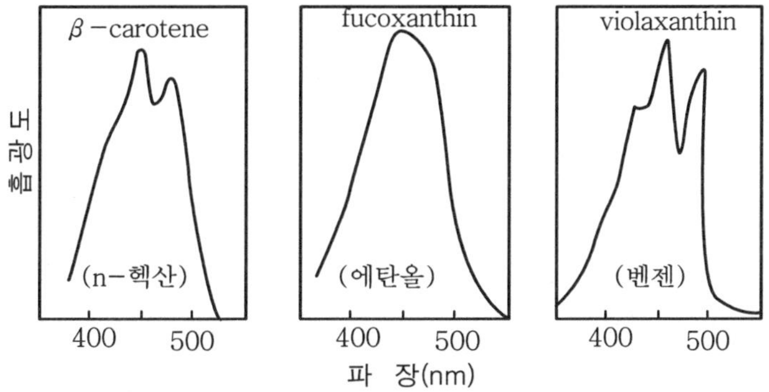

그림 10.4 주요 carotenoid의 흡수 스펙트럼

이들 색소들은 apoprotein과 결합한 형태로 존재하기 때문에 흡수 스펙트럼이 40 nm 정도 장파장 측으로 치우쳐 있지만, 광합성에 중요한 역할을 한다. Fucoxanthin

이 광합성에 관여하는 모습을 그림 10.5에 나타내었다. 즉, 넓은 미역쇠목(Punctariales)에 속하는 *Coilodesme* 엽체의 흡수 스펙트럼과 광합성 속도는 일치하지만, 녹조와 비교하면, 청록색 파장대(480~540nm)의 흡수와 작용 스펙트럼이 서로 약간의 차이가 있는데 이것은 fucoxanthin이 청록색으로부터 녹색부가 잘 흡수 되도록 돕는 것으로 추정된다.

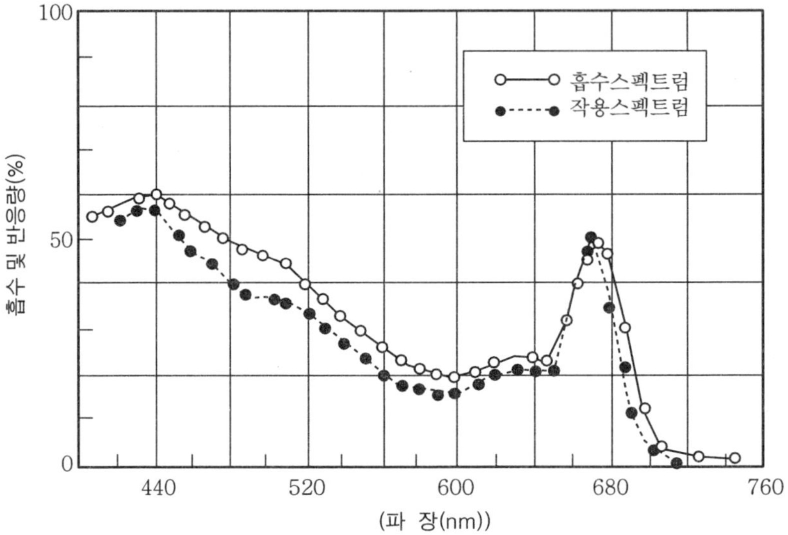

그림 10.5 갈조 넓은미역쇠목 *Coilodesme*의 흡수 스펙트럼과 광합성의 작용 스펙트럼

홍조에는 탄화수소인 α-carotene과 β-carotene, xanthophyll인 lutein, zeaxanthin이 널리 분포하여 녹조와 비슷하고, 특히, β-carotene이 폭 넓게 분포한다. 그러나 *Porphyridium* 속처럼 lutein이나 α-carotene이 없는 것도 있다. 비단풀목(Ceramiales)에는 α-carotene에 수산기(-OH)가 결합한 α-cryptoxanthin이 들어 있다. 보라털속 *Bangiafuscopurpurea*, 국수나물속 *Nemalion helminthoides*, 갈고리 아스파라거스속*Bonnemaisonia hamifera*, 돌가사리속 *Gigartina stellelta*, 로디메니아속 *Rhodymenia palmata*, 비단풀속 *Ceramium rubram*등의 홍조류에는 β-carotene, lutein, zeaxanthin과 소량의 α-cryptoxanthin, β-cryptoxanthin이 들어 있으나, 폴리시포니아속 *Polysiphonia brodiaei*와 *P. ureeolata*에는 α-cryptoxanthin과 lutein은 없고, 보라털과 국수나물속, 비단풀속, 폴리세포니아속에는 fucoxanthin이 들어있다.

홍조의 엽록체 중에 들어있는 β-carotene은 빛 에너지를 광화학계 I의 chlorophyll로 효율적으로 전환한다. 그러나 xantophyll은 광화학계 II 에서 무슨 역할을 하는지는 명확하게 밝혀지지 않았다. 김은 수분을 5% 이하로 하여 장기간 저장하는데, 이 동안에 색소류는 서서히 감소하며, 특히, β-carotene이 가장 불안정하다.

3) phycobilin

Phycobilin은 수용성의 단백질과 함께 공유 결합하여 생체내에서는 thyrakoid membrane 위에 고도로 뭉친 phycobilisome 과립으로 배열해 있다. 색소의 기본 구조는 동물의 담즙색소와 비슷하지만 측쇄의 치환기가 다르다. phycobilin 단백질은 수용성이므로chlorophyll이나 carotenoid와 같은 지용성 색소와는 쉽게 분리시킬 수 있다.

phycobilin 단백질은 크게 3종류로 나눌 수 있다. 첫째는 phycoerythrobilin이 단백질과 결합한 선홍색의 phycoerythrin 으로 498, 540, 565nm에 최고 흡수대가 있다. 홍조에는 phycoerythrobilin 외에 phycourobilin이 들어 있으므로 490nm에도 흡수대가 있다. 종류에 따라서 흡수대의 강도가 달라 흡수 스펙트럼의 패턴에도 차이가 있다. phycoerythrin은 그림 10.6처럼 552nm에 최고 형광대가 있다.

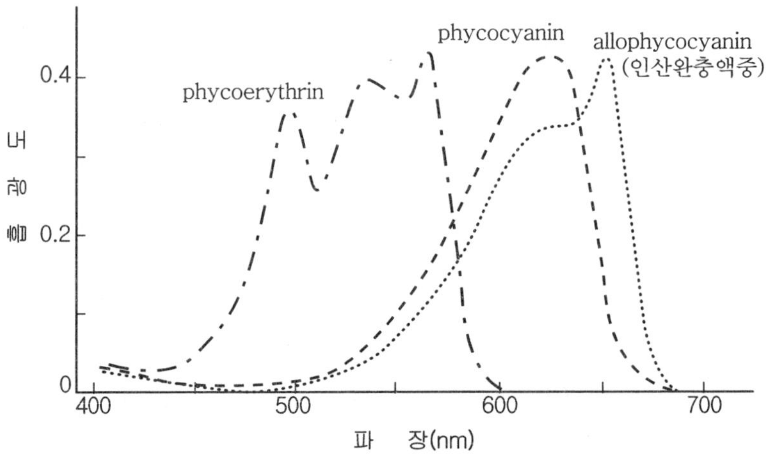

그림 10.6 phycobilin 색소의 흡수 스펙트럼

둘째는 phycocyanobilin이 단백질과 결합한 청색의 phycocyanin이다. 홍조류의 phycocyanin은 R형으로 615~620nm에 흡수대가 있지만, 종류에 따라서는 550nm에 또 하나의 흡수대가 있으며, 이것은 phycoerythrobilin에서 유래한 것이다.

셋째는 청남색의 allophycocyanin으로, phycoerythrin이나 phycocyanin에 비하여 미량성분이다. Phycocyanin과 마찬가지로 phycocyanobilin이 단백질과 결합한 것이지만 흡수 스펙트럼은 달라 620nm와 650nm에 최고 흡수대를 갖는다.

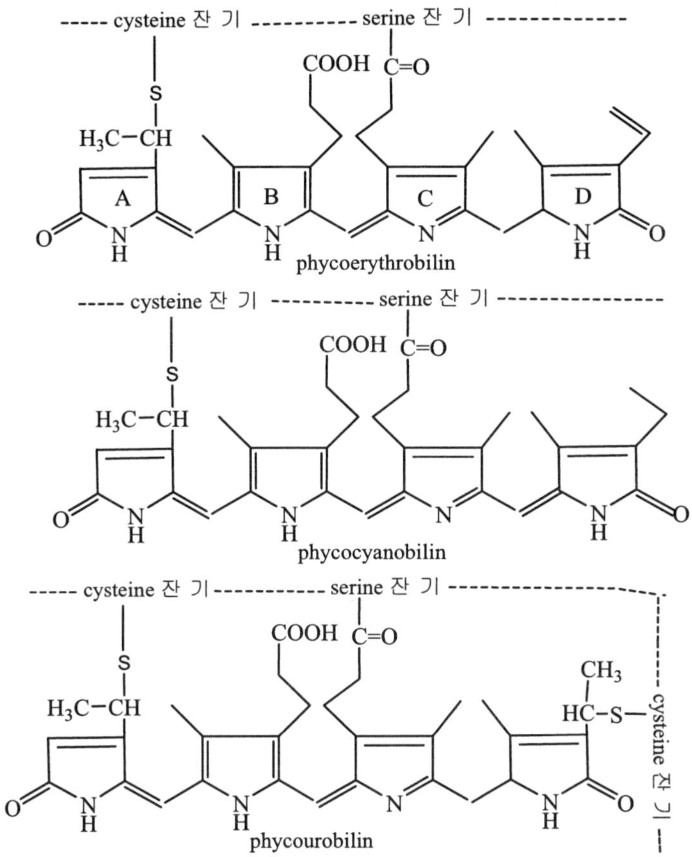

이 tetrapyrrole 환은 왼쪽으로부터 A, B, C, D 고리라고 부른다. phycoerythrin과 phycocyanin의 색소 부분은 결정으로 만든 다음, 핵자기 공명법(NMR)이나 질량 분석기등의 물리적인 측정과 미량 크롬산 분해법으로 구조를 결정하였고, 이어서 이것을 합성 하였다. phycoerythrobilin과 phycocyanobilin의 색소부분은 호변이성으로, D 고

리에 있는 비닐 측쇄의 이중결합이 phycocyanobilin에는 있지만 phycoerythrobilin에는 없으며, 이중결합의 위치가 다를 뿐이다. phycoerythrobilin과 phycocyanobilin의 두 색소와 apoprotein이 어떻게 결합하고 있는지 endopeptidase나 exopeptidase를 이용하여 효소적으로 연구되었다. 즉, chromophore와 단백질과의 결합부위에 작용하지 않는 protease peptidase로 색소 부분만을 떼어내는데 성공하여 결합부분을 찾아내었다.

한편, 크롬산 분해법을 써서 C 고리에 apoprotein의 serine 잔기가 ester 결합을 하고 있으며, A 고리에는 cysteine 잔기가 불안정한 thioether 결합을 하고 있다는 사실을 밝혀내었다. Phycourobilin과 apoprotein과의 결합 상태는 cysteine의 thioether 결합보다는 D고리와 연결되어 있는 ether결합이 더 안정적이다.

상기한 세 종류의 phycobilin 단백질은 모두 산성 단백질이므로, 등전점도 모두 4.3 부근이다. 그리고 phycoerythrin으로는 B-, R-, C-의 3종류가, phycocyanin으로는 C-, R-의 2종류가, allophycocyanin으로는 1종류가 여러 종류의 조류에 분포한다. 더욱이 방사무늬돌김 색채변이형의 phycobilin에는 야생형이 R-phycoerythrin과 C-phycocyan으로 되어 있고, 적색형은 R-phycoerythrin 과 R-phycocyanin으로 되어 있으며, 녹색형은 B-phycoerythrin과 C-phycocyanin으로, 그리고, 황색형은 B-phycoerythrin과 R-phycocyanin으로 되어 있으며 allophycocyanin은 모든 형에 존재한다.

이처럼 동일종이라도 서로 다른 형의 phycobilin이 들어 있다. Phycoerythrin은 묽은 산성 용액에서 6량체(hexamer)인데, monomer는 분자량이 각각 19,500인 α와 β라는 2가닥의 peptide 사슬로 되어 있어 분자량은 39,000이며, phycoerythrobilin은 2~3 분자가 결합한 형태이고 phycourobilin은 2분자가 결합한 형태로 존재한다. B형과 R형을 전자현미경으로 관찰해 보면 두가지 모두 약 100×50 Å의 둥근 모양이며, 천연에서는 분자량이 약 268,000인 hexamer의 polypeptide로 확인되었다.

C-phycocyanin과 R-phycocyanin은 분자량이 18,500인 α-peptide와 20,500인 β-peptide로 된 분자량이 약 40,000인 monomer이며, phycocyanobilin 2~3분자에 phycoerythrobilin 1분자가 결합해 있다. 그리고 pH 6.5 이상일 때는 분자량이 134,000인데, 전자현미경으로 관찰해 보면 지름이 130 Å인 고리모양을 한 hexamer이다. C-phycocyanin의 해리와 회합 현상에 관해서는 비교적 상세하게 연

구되어 있다. allophycocyan은 분자량이 I5,500인 monomer가 hexamer를 이루고 있어 분자량은 약 100,000이다.

Phycoerythrin, phycocyanin, allophycocyanin 3종류의 색소는 thylakoid membrane 위에 회합한 형태로 배위하여 복합체를 형성하고 있는데, 그 중 membrane에서 가장 가까운 곳에 위치한 allophycocyanin이 빛 에너지를 가장 먼저 포착하여 phycobilin색소를 통해서 여기 에너지를 효율적으로 chlorophyll에 전달하여 광합성계가 기능을 할 수 있는 에너지로 된다고 한다.

김류 *Porphyra umblicalis*에서는 광화학계 II의 작용 스펙트럼이 phycobilin과 carotenoid의 흡수 스펙트럼과 일치하며, 적색부와 청색부에서의 chlorophyll a는 10~20%밖에 이용되지 않는다. 그러나 광화학계 I의 작용 스펙트럼은 chlorophyll a의 스펙트럼과 꼭 맞아, 두 스펙트럼을 더하면 엽체의 흡수 스펙트럼과 거의 맞는다.

더욱이 phycoerythrin은 chlorophyll a가 가장 흡수하기 어려운 파장역의 빛을 잘 흡수할 수 있도록 498, 540, 565 nm에 최고 흡수대가 있다 바다 속에서 자라는 홍조류는 바다표면에서 빛 중의 적색역이 흡수되고 단파장역 만이 바다 속으로 전해져도 단파장의 빛을 효과적으로 이용할 수 있도록 적응한 것이다. 즉, 청자색과 적색을 강하게 흡수하는 녹조는 해안 가까운 곳에서 자라며, 갈조는 그보다 약간 깊은 곳에서 자라고, 그보다 더 깊은 곳에는 녹색~청색을 강하게 흡수하는 홍조가 자란다. 따라서 각 조류들은 색소 조성이 그 곳에 도달하는 빛과 보색관계에 있는 장소에서 서식하고 있다. 실제로 phycobilin을 갖는 홍조는 적색광 아래서 적색을 잘 흡수하는 phycocyanin을 합성하므로 조체는 청색을 강하게 띈다.그리고 녹색광 아래서는 녹색을 잘 흡수하는 phycoerythrin을 만들어 조체는 적색을 띤다. 이처럼 광합성 색소 조성이 배양시의 광질에 따라 달라지는 현상을 색적응이라 한다.

Phycoerythrin, phycocyanin, allophycocyanin의 아미노산 조성은 3종류 모두 산성 아미노산이 염기성 아미노산보다 월등히 많으며, 특히 histidine이 적다. 더욱이 allophycocyanin에는 histidine이 전혀 없다. 또한, 어떤 종류의 C-phycocyanin에는 tryptophan이 있다는 보고도 있지만, 그 밖의 다른 색소에서는 검출되지 않으며, cysteine/cystine은 allophycocyanin과 phycocyanin에는 적으나 phycoerythrin에는 앞의 것보다 2배 정도 많다. C-phycoerythrin, R-phycoerythrin과 allophycocyanin의 N 말단은 methionine이며, 남조 *Mastigo cladus*의 C-phycocyanin의 N 말단은

alanine과 valine이고, C 말단은 serine이며, R-phycoerythrin에서는 alanine이 확인되었다. 이들 일련의 색소단백질(biliprotein)은 농도나 pH, 이온 강도 등에 따라 회합상태가 달라진다. 그리고 구조 안정성의 차이는 cysteine/cystine함량 즉, polypeptide 사슬 내부의 cysteine thiol group의 결합에 따라 차이가 생긴다.

비단풀목의 R-phycoerythrin의 흡수 스펙트럼은 pH 6.5에서 흡광도가 가장 높으며, pH 3.0이나 10.0에서는 흡광도가 매우 낮다. 1.0M(이온강도 1.1)의 Cl^-, Br^-, CNS^-가 있으면 이온 특유의 스펙트럼을 보인다. 4M의 요소에 대한 변성도를 보면, phycocyanin이나 allophycocyanin 보다 phycoerythrin이 더 안정하다.

한편 구운 김으로 김밥을 싸면 김이 단시간 내에 적갈색으로 변하는 경우가 있는데, 이런 현상을 색회복이라 한다. 좋은 현상은 아니고, 원인은 phycoerytbrin이 변성했기 때문이다. 생육환경이 나쁘면 김 조체의 phycoerythrin이 변질하여 분자량 약 35,000인 monomer가 많아지며, monomer가 많아질수록 잘 변색한다.

3 광합성과 물질 생산

해조의 성장에서 번식에 이르는 과정의 에너지는 광합성에 의하여 얻어진다. 해조가 생육하는 수권 환경은 육상식물의 광환경과는 다르며, 태양광은 양적, 질적으로 크게 변화하여 있으며, 각각의 해조는 생육하는 환경 하에서 가장 효율적으로 광합성을 행할 수 있도록 광합성 색소 조성이나 함량을 변화시켜 빛을 흡수하고 있다.

녹조, 갈조, 홍조들에서 각각 광합성 보조색소의 여기 에너지가 chlorophyll a에 주는 효율을 보면 녹조에서는 chlorophyll b에서 a에로는 거의 100%, carotenoid로부터 chlorophyll a 에게는 40~50% 정도이다.

갈조에서는 chlorophyll c에서 a에는 90%, fucoxanthin으로부터 chlorophyll a에로도 90%로 효율 좋게 이동한다. 홍조에서는 phycobilin 에서 chlorophyll a에로는 70-80%의 효율이지만 carotenoid에서 chlorophyll a로는 40~50%이다. 이와 같이 하여 얻어진 광에너지는 화학 에너지로 변환되어 최종적으로는 필요로 하는 물질을 생산한다. 이하 광합성산물의 생성에 대하여 설명한다.

1) 탄산 동화

식물의 광합성에 의한 CO_2 고정은 대부분의 식물에서 행하여지고 있는 ribulose bisphosphate carboxylase(RUBP carboxylase, EC 4.1.1.39)에 의해 CO_2와 ribulose-1, 5-diphosphate에서 3-phosphoglyceric acid(C_3 화합물)를 만드는 광합성 탄소환원 회로(calvin 회로 또는 C_3 회로)와 사탕수수, 벼과 식물과 같이 광합성 초기산물이 사과산과 aspartic acid(C_4 화합물)인 C_4 dicarbonic acid 경로(C_4경로)가 잘 알려져 있다.

해조에서는 광합성에 의한 CO_2 고정은 기본적으로 calvin회로(C_3경로)에 의해 일어나지만 C_4경로의 존재를 지적하는 설도 일부 있다. 여기서는 CO_2 고정 초기산물과 저장성 다당에 대하여 소개한다.

녹조에서는 $^{14}CO_2$ 흡수 실험에 의하면, ^{14}C는 파래속, 참홑파래속, 참갈파래속속 등에서 설탕에 잘 흡수되며, fructose, glucose 등의 hexose에는 매우 소량만이 흡수되지 않는 것으로 보아 설탕은 광합성이 초기 단계에서 안정적인 당이라는 것이 밝혀졌다. 그러나 대마디말속에서는 설탕 이외에도 fructose를 포함한 oligo당이 ^{14}C로 표식 되며, 옥덩굴속 *Caulerpa simpliuscula*에서는 탄소고정 형태가 다른 녹조와는 달리, 오히려 다당이 가장 중요한 동화물질인 것 등 종에 따라 차이가 있다. 전분도 녹조의 광합성 산물임을 참갈파래에서 phospholipase에 의해 glucose-1-인산으로 부터 glucose가 흡수되는 것이 확인되었다.

갈조의 경우, 광합성에서 당 대신에 당알콜인 mannitol을 만든다. mannitol은 조체 건조 중량의 20-30%에 달할 정도로 많으며, 함량은 일간 변화, 계절 변화 뿐 아니라, 조체의 노약 부위에 따라서도 변동한다. mannitol의 생합성은 ^{14}C 흡수 실험에서 calvin 경로에 의해 fructose-6-인산 → mannitol-1-인산 → mannitol의 과정으로 합성됨이 증명되었다. 전반의 반응에는 mannitol-1-인산 dehydrogenase가, 후반의 반응에는 mannitol-1- phosphatase가 작용한다. 양 효소 모두 갈조 특유의 효소이다. ^{14}C는 mannitol에 흡수되고, 약간 뒤늦게 laminaran에 흡수한다. 갈조를 암소 배양하면 mannitol도 laminaran도 대사되어 감소하며 알긴산, fucoidan, cellulose 등이 증가한다. 저장물질인 laminaran에 대하여 합성 경로는 불명이나 fructose-6-인산이 분기점이 되어 mannitol 합성 경로에서 벗어나 adenosine-2-인산 glucose, uridine-2인산 glucose, guanosine-2인산 glucose 등의 nucleotideglucose를 경유하여 laminaran이 되는 경로의 존재를 추정하고 있다.

홍조에는 floridoside(2-glycerine-α-D-galactoside)와 isofloridoside(1-glycerine-α-D-galactoside), 2-glyceric acid-α-D-mannoside등 배당체와 trehalose가 있다. 설탕이나 glucose도 일부 종에 존재하지만 주요한 것은 아니다. floridoside는 거의 모든 홍조에 존재하나 isofloride는 주로 김파래목에 존재한다. floridoside와 isofloridoside는 $^{14}CO_2$ 흡수의 초기산물이며, 고등식물의 설탕에 해당한다. 그 외 trehalose에도 ^{14}C는 흡수된다.

그 외 녹조, 갈조, 홍조 어느 것에나 탄수화물 뿐 아니라 유기산, 지질, 특히 아미노산에 상당히 빨리 ^{14}C가 흡수되지만, 아미노산은 축적되지 않고 바로 대사 되는 것 같다.

2) 질소동화

질소는 자연환경에서 해조의 성장을 가장 규제하는 물질이다. 남조는 대기중의 질소가스를 암모니아까지 환원시켜 동화할 수 있으나, 해조는 불가능하다. 해수 중에 존재하며 해조가 이용하는 질소는 질산염, 아질산염, 암모니아이다. 질산염은 질산 환원효소의 작용으로 아질산으로 환원되고, 아질산염은 아질산 환원효소에 의해 암모니아로 환원되어 유리 아미노산에 동화된다. 아미노산은 질소 pool로서의 기능을 갖고 있다. 근년에 이들 질소대사에 관여하는 효소의 존재와 성질에 대하여 알려지게 되었다. 많이 축적되는 아미노산의 종류는 조류에 따라 다르며, 홍조의 방사무늬김은 alanine, glutamic acid, aspartic acid, taurine이지만, 꼬시래기속에서는 citrulline, glutamic acid, alginine 및 taurine이다. 해수에는 그 외의 유기 질소도 소량 존재하는데 이들도 이용할 수 있다.

사용되지 않은 질산성 질소는 액포나 세포질에 저장된다. 녹조 공말은 해수중 질산성 질소의 2000배, 갈조 다시마속의 *Laminaria longicluris*는 28,000배나 농축하여 해수 중 질소가 적을 때 성장에 이용한다. 아질산염은 어떤 종의 해조에 있어서 다른 질소보다 저농도에서 독성을 나타낸다. 암모니아는 5μM 까지는 직선적으로 흡수되지만 30μM 이상의 농도에서는 독성을 나타낸다.

여러 종류의 해조에서 질소 흡수에 관하여 연구된 결과, 해조의 종류에 따라, 이용하는 질소의 형태에 따라서, 성장이 다르다는 것이 알려졌다. 일반적으로 질산염과 암모니아는 아질산염보다 유효하며, 녹조의 청각은 3종류의 질소 형태 모두 동일한 효과를 나타낸다. 녹조 Veronia 에서는 요소가 질산염이나 암모니아보다 효과적이다.

해수중에는 질소가 결핍하면 해조의 성분에도 변화가 일어난다. 제 1의 변화는 chlorophyll이나 phycoerythrin 등의 광합성색소의 감소이다. 제 2의 변화는 탄소저장물질의 축적이다. 제 3의 변화는 단백질, 아미노산과 핵산의 감소로서 녹조의 구멍갈파래는 외부 질소 농도에 의해 b-alanine과 aspartic acid 농도가 30배나 변화한다.

김 양식에 있어서는 이러한 질소 동화의 원리가 적극적으로 생산 현장에 이용되고 있다. 김 양식에는 양식 전기인 11~12월에 해수의 질소 함량이 높아 광합성 색소 함량과 단백질 함량이 높고, 당질이 적은 양질의 김이 생산되며, 양식 후기인 1~3월에는 해수중의 질소 함량이 저하하여 광합성색소가 적은 저단백 고당질의 저품질 김이 된다. 이러한 것에 대한 대책의 하나로 김 양식 해역에 질소 화합물의 투입이 일부 이루어지고 있다. 그 외, 진두발류에도 배양중 암모니아 흡수가 조사되고, 꼬시래기 속에서 질소 화합물에 의한 시비효과가 연구되고 있다.

질소 동화 최종산물인 암모니아를 아미노산으로 동화하는 경로는 종래 생각되어졌던 glutamic acid 탈수소 효소에 의한 α-ketoglutaric acid의 환원적 amino 산화반응보다는 암모니아가 glutamine 합성효소에 의해 glutamine의 ε-NH_2기에 흡수된 후 glutamic acid 합성효소에 의해 glutamic acid가 되는 것으로 녹조에서는 시사되고 있다. 이 glutamic acid로부터 다시 transaminase에 의해 aspartic acid, alanine, glycine 등의 아미노산이 합성되는 것으로 생각된다.

CHAPTER

11 엑스 성분

CHAPTER 11

엑스 성분

1 주요 엑스 성분

해조의 엑스분은 주로 아미노산이나 peptide 등의 저분자 질소 화합물과 mannitol과 같은 저분자 당류와 유기산으로 이루어진다. 다시마의 감칠맛이 monosodium glutamate (MSG) 때문으로 밝혀진 이래, 해조의 열수 추출 성분은 식품화학적인 정미성분 연구의 주요 대상종이 되었다.

해조의 엑스분 질소량은 10~300mg/100g(신선물)으로 종류에 따라 차이가 크지만 아미노산, peptide, ammonia가 40~70%나 된다(표 11.1). 그리고 각종 유기염기, nucleotide 등의 질소성분이 당류와 함께 엑스분의 주요 구성성분을 이룬다.

이 밖에 항균성, 구충성, 혈압강하와 같은 유효작용이 있는 성분을 얻으려는 연구에 힘입어 특이한 성분이 여러 가지 밝혀졌다.

표 11.1 해조의 엑스분 질소량과 아미노산 및 암모니아태 질소량(mg%, 신선물)

해조류	채집지역	시기(월)	엑스 질소(A)	아미노산과 NH_3-N 가수분해 전(B)	가수분해후(C)	비율(%) B/A	C/A
녹조							
구멍갈파래	Hiroshima	5	56.9	18.7	31.5	32.8	55.3
Caulerpa sp.	Kagoshima	6	28.6	8.5	14.3	29.7	50.0
Chlorodensis sp.	Kagoshima	6	21.9	5.6	11.8	25.6	53.9
청각	Hiroshima	5	9.4	4.9	6.5	52.1	69.1
갈조							
지충이	Hiroshima	5	109.2	38.8	59.4	35.5	54.4
Dictyota	Hiroshima	5	94.6	20.2	50.2	21.4	53.1
Stypopodium sp.	Tokushima	6	63.0	31.1	35.5	49.3	56.3
홍조							
산호말	Kagoshima	5	67.6	8.1	38.6	12.0	57.1
미끌도박	Hiroshima	12	98.8	32.5	47.9	32.9	48.5
붉은뼈까막살	Kagoshima	6	303.3	202.7	212.4	66.9	70.1
Solieria sp.	Hiroshima	12	20.8	6.7	12.2	32.2	58.6
잎꼬시래기	Hiroshima	2	179.0	112.8	118.0	63.0	65.9
Polysiphonia sp.	Iwate	6	39.0	14.1	18.5	36.2	47.4

2 유리 아미노산과 peptide

일반적으로 해조류의 엑스 질소량은 생해조 100g당 10~300mg 정도로 해조 종류에 따른 차이가 크나, 이 중 40~70% 정도가 유리 아미노산, peptide, 암모니아 등에 상당한다. 해조류의 유리 아미노산량 및 조성은 생육장소나 계절 등에 따라 변동하므로 종류간의 차이를 정확히 비교하기는 어려우나, 일반적인 경향은 알 수 있다.

이를테면 녹조류의 구멍갈파래 및 파래에는 aminosulfonic acid에 속하는 cysteinolic acid 함량이 높고, 다시마에서는 aspartic acid와 glutamic acid의 함량이 많으며, 미역에서는 alanine 및 glycine이 많다. 또 김에서는 alanine, glutamic acid 및

taurine이 많은 것이 특징적이며, 이들 세가지 주요아미노산이 총 유리 아미노산량의 80% 이상을 차지한다고 한다. 홍조류인 서실에 있어서는 함황 아미노산인 chondrine의 함량이 높다. 유리 아미노산의 총량에 있어서는 다시마, 김, 미역 등이 다른 조류에 비해서 함량이 높다. 해조류에는 이러한 일반적인 아미노산 외에도 염기성아미노산, 함황 아미노산, aminosulfonic acid 등의 특이한 아미노산이나 또는 imino acid 등이 함유되며, 그 종류는 약 40종류나 되는 것으로 알려져 있다.

표 11.2 녹조와 갈조의 유리아미노산 조성(μmol/100g, 신선물)

아미노산	녹조류			갈조류			
	갈파래 *Ulva pertusa*	잎파래속 *Enteromorpha linza*	*Caulerpa racemosa*	미역	다시마	대황	지충이
$Cys\text{-}SO_3H$	-	-	48	5	7.1	-	-
Tau	97	67	57	12	2.0	tr	76
chondrine	-	-	-	41	5.2	-	-
Asp	tr(79)	9(45)	10(28)	5	654	tr(45)	81(30)
Thr	56(35)	-(7)	10(5)	90	5.0	tr(84)	37(7)
Ser	12(39)	tr(18)	20(14)	131	19.8	tr(89)	41
Asn	-	-	5		-	-	67
Gln	5	-	29		-	-	346
Glu	30(249)	179(192)	55(66)	90	1,470	tr(4,586)	179(1,550)
Pro	50(28)	226(24)	tr(14)	156	135	-	47(8)
Gly	59(81)	18(18)	133	455	4.7	-(96)	tr(57)
Ala	97(88)	86(21)	66	612	22.4	534(3,236)	814
Val	22(48)	tr	13(8)	11	3.7	tr(89)	61
Met	tr(11)	-	-	2	3.1	-(74)	-
Ile	8(26)	tr	5(9)	11	1.4	tr(46)	14(6)
Leu	19(40)	tr	3(14)	20	1.4	-(24)	16(9)
Tyr	tr(20)	-	-	10	6.7	-	-
Phe	tr(26)	-	tr	9	10.4	-	36
Lys	7(27)	-	-	20	9.6	-	-(13)
His	-	-	-	2	1.6	-	-
Arg-Gln	131	42	-		-	-	-
Arg	9(151)	tr(63)	-(4)	37	0.9	-(88)	-
NH_3	40(294)	42(250)	117(282)	17	4.1	1,414(1,600)	610(593)

* 미역, 다시마는 mg/100g 건물, tr: 흔적량, ( )은 염산가수분해후 값, 공란은 미분석

표 11.2는 녹조와 갈조의 유리 아미노산을 비교한 것이다. 표 중의 taurine은 aminosulfonic acid의 총량이고, 괄호 안의 수치는 염산 가수분해한 다음의 증가량을 나타낸다.

녹조에는 glutamic acid, proline, glycine, alanine, aminosulfonic acid가 비교적 많다.이 밖에 갈파래과의 구멍갈파래, 잎파래에는 arginylglutamine이 존재하며, 구멍갈파래의 주요 구성성분이기도 하다. 이 peptide는 담수산 클라도포라속(*Cladophora*)에서 발견되었는데, 갈파래과의 해조에 널리 분포하는 듯하다.

갈조에는 다시마처럼 건물량의 5%가 glutamic acid인 경우도 있다. 표를 보더라도 다시마에는 glutamic acid가 많고 aspartic acid, proline도 많다. 갈조류에는 이들 외에 alanine도 많다.

홍조는 갈조와는 달리 citrulline이나 단백질을 구성하지 않는 특이한 아미노산이 많은 양 축적된 경우도 적지 않다. 그리고 대황처럼 열수 추출물을 염산으로 가수분해하면 상당한 양의 glutamic acid가 생기는 수도 있다. 그 까닭은 eisenin이나 fastigiatine과 같이 glutamate가 구성성분인 oligopeptide가 많기 때문인데, 이것도 한 가지 특징이다.

Eisenin은 갈조 대황에서 처음 분리되었으며 L-pyroglutamyl-L-glutaminyl-L-alanine 구조로서, 그 후 감태로부터 DNP 유도체로 분리되었고, N-말단의 glutamate 잔기가 추출되면서 pyrrolidone화 된다는 것이 밝혀졌다. fastigiatine도 마찬가지일 것으로 여겨진다.

표 11.3은 홍조 엑스분의 아미노산 조성을 예로 든 것이다. 홍조류는 종류에 따라 아미노산 분포 패턴이 매우 다르다. 식용 해조인 김은 엑스분 질소량이 많고, 유리 아미노산으로는 alanine, glutamic acid, taurine이 매우 많다. 특히 alanine은 계절, 환경, 영양조건에 따라 축적량이 많아지는 것으로 알려져 있다. 한 예로 질산암모늄을 질산원으로 강화시킨 해수에서는 alanine이 3.0 mg/100g이나 되었다는 보고도 있다.

식물조직의 엑스분에는 동물근육과 달리 alkaloid 같은 특수한 함질소 성분이 많으며, 더욱이 육상식물에 없는 대사산물도 많다. 그 중에서 생리활성이 밝혀진 것으로는 구충효과가 있는 proline 유도체의 L-α-kainic acid와 그 입체 이성체인 L-α-allokainic acid가 홍조 *Digenia simplex*의 엑스분에서 분리되었으며, 서실에 속하는 *Chondria armata*에서는 domoic acid가 분리되었다.

표 11.3 홍조의 유리아미노산 조성(μmol/100g, 신선물)

	김	우뭇가사리	산호말	미끌도박	꼬시래기	부챗살	진두발	*Dasya sessilis*
Tau	1,569	314	47	21	648(40)	239(7)	150(5)	24
Asp	310	39(49)	11(473)	39(9)	51	31(10)	25	41
Thr	38	72(11)	24(67)	137	34	19	74	tr
Ser	41	30(39)	29(93)	38(43)	22(2)	39(40)	20(18)	tr
Asn	-	37	tr	-	-	-	-	-
Gln	-	124	tr	tr	tr	-	-	-
Glu	1,378	336(278)	36(287)	176(312)	249(78)	245(23)	160(189)	226
Cit	-	-	-	114	282	235	388	1,153
Pro	-	154	tr(108)	-	-	-	-	tr
Gly	20	141(112)	35	20(69)	16(21)	139(62)	60(141)	38(57)
Ala	1,754	238	205(112)	17(2)	17(22)	18(7)	172(15)	41(172)
Val	37	64	67(54)	-	-	-	21(12)	22
Met	5	-(16)	-	-(24)	-	-(9)	16(164)	-
Met-S	-	44	-	15	7	tr	307	-
Ile	16	59	38(61)	-	-	-	14(7)	tr
Leu	35	-(7)	33(70)	-	tr	-	15(12)	tr
Tyr	4	25	tr(10)	-	-	31	tr	-
Phe	17	92(1)	17(18)	-	-	-	22	-
Lys	12	32(8)	7(63)	-(78)	tr(142)	tr(218)	34(226)	-(214)
His	16	tr	-	7	tr	-	tr	-
Cit-Arg	-	-	-	121	-	-	153	-
Arg	11	27	-(45)	47(225)	29(2)	-(17)	67(319)	-
Gig	-	-	-	-	44	257	-	-
NH_3	8	806(354)	23(336)	449(448)	109(72)	63(729)	229(346)	115(137)

* 김은 mg/100g 건물, tr: 흔적량, ( )은 염산가수분해후 값, 공란은 미분석

지누아리속의 홍조 *Grateloupia carnosa*에서 발견된 cyclopropane amino acid인 carnosadine은 항염증작용, 항암작용, 면역 부활 작용이 있으며, 부챗살과의 홍조 *Phyllopora vercosa*에서는 혈압 상승효과가 있는 hordenine과 candicine과 황산에스테르 화합물인 candicine-*O*-sulfate가 분리되었다. 한편, 갈조의 황산 화합

물로는 *Ascophyllum nodosum*으로부터 L-3,4-dihydroxyphenyl-alanine-3-sulfate(l-DOPA-3-sulfate)가 분리되었다.

갈조 *Analipus japonica*의 chondrine(L-1,4-thiazane 3-carboxylic acid sulfoxide)과 그 환원형인 chordarine(L-1,4-thiazane 3-carboxylic acid)이 비교적 다량 존재하는데, chordarine은 chondrine의 전구체인 듯하다.

Gigartinine(Gig)은 홍조의 부챗살(*Gymnogongrus flabelliformis*)에서 발견되었는데, guanylureid기가 있는 독특한 염기성 아미노산이다. 부챗살에는 이 아미노산에만 특별히 작용하는 아미노산 산화효소(L-gigartinine oxidase)가 들어있어 gigartinine이 산화적으로 탈아미노화 되어 5-(3-aminoureido)-2-oxovaleric acid로 되었다가 다시 gongrine으로 분해된다.

L-methionine-1-sulfoxide는 홍조인 미끌도박(*Grateloupia turuturu*)에서 발견 되었는데 홍조류에 비교적 널리 분포한다. Methionine sulfoxide는 육상식물에서 흔하지만 해조의 것은 선광도, IR등의 물리화학적인 성질이 sulfoxide기의 부제탄소 때문에 나타나는 R형과 같아, methionine이 비효소적으로 산화하여 만들어진 2차산물은 아닌 듯하다. 이 methionine sulfoxide dipeptide는 지누아리과 털도박(*G. okamurai*)에서 확인되었다. 그리고 표에도 나와 있듯이, methionine sulfoxide는 통상적인 산가수분해 조건에서 공존물질의 영향을 받아 환원되어 methionine으로 되기 때문에 처음부터 methionine이 존재했던 것으로 여길 수가 있다.

또한 미끌도박에는 N-methyl-methionine sulfoxide가 상당량이 존재하지만 ninhydrin에 의한 정색반응이 약하기 때문에 아미노산 자동 분석기로도 정량이 되지 않는다. 지중해산 홍조인 *Rissolea verrculosa*에는 N-methyl methionine sulfoxide에 N-methyl기가 덧붙은 N,N-dimethylmethionine sulfoxide가 존재하며, 진두발에는 methionine sulfoxide와 산소의 결합 위치만 다른 5-hydroxymethyl-L-homocysteine이 존재한다.

L-citrullinyl-L-arginine (Cit-Arg)도 미끌도박에서 분리된 염기성의 dipeptide인데, 지누아리나 캐나다산 지누아리속 *Chondrus crispus*에도 들어 있다.

미끌도박과 같은 홍조인 지누아리(*C. filicina*)에서 앞서의 Cit-Arg 외에 Cit-Cit-Arg, Cit-Cit-Cit-Arg, Cit-Orn-Arg 등의 citrulline, arginine, ornithine이 구성분자인 갖가지 citrulline peptide가 분리되었다. 이 해조에서는 gigartinine dipeptide인 Gig-Gig도 확인되었다. 이 밖에 넓은지누아리(*C. levida*)로부터는 lividine을 지누아리로부터는 grateloupin등 2종의 새로운 ureidoamino acid를, 그리고, *G. camosa*로 부터는 cyclopropane 고리와 guanidino기를 지닌 특이한 아미노산인 carnosadine이 확인되었다. 이 중에서 carnosadine은 항염증작용과 항암작용이 있다. 이처럼 지누아리속의 홍조로부터는 ornithine 회로에 관여하는 각종 아미노산과 oligopeptide가 검출되는데 이것은 이들 해조에 citrullin을 중심으로 하는 특이한 질소 대사경로가 존재한다는 것을 뜻하므로, 생화학적으로도 관심을 모으고 있다.

$$NH_2CONHCONHCH_2CH_2CH_2CH(NH_2)COOH$$

lividine

$$NH_2CONHCH_2CH_2CH_2COOH$$

grateloupine

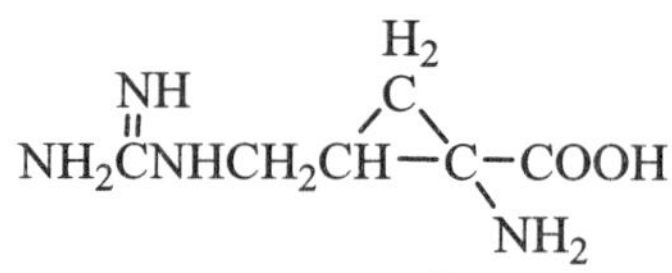

carnosadine

홍조류의 엑스분의 아미노산 조성을 살펴보면, 질소대사에서 중심적인 역할을 하는 glutamic acid는 녹조나 갈조와 마찬가지로 상당량 분포하지만, aspartic acid가 glutamicacid보다 많은 경우는 드물다. 산호말(*Coralline cf. fleinalis*)의 추출물을 가수분해하면 상당히 많은 양의 aspartic acid가 만들어지는데, 이는 aspartic acid가 5분자나 결합된 peptide가 존재하기 때문이다.

한편 aspartic acid가 구성분자인 oligopeptide β-L-aspartyl glycine이 비단풀과의 *Ceramium rubrum*에서 확인되었고, α-aspartyl leucine과 α-aspartyl isoleucine이 산호말에서 검출되었다.

Ornithine회로에서 중요한 역할을 하는 아미노산인 citrulline은 지누아리과, 꼬시래기과, 부챗살과에 많으며, proline은 빨간 검둥이과나 팔손이풀과(Palmariaceae)의 차상로오디메니아 등에서 총 유리아미노산의 50% 이상을 차지하기도 한다. 염기성 아미노산이나 그 peptide인 arginine, gigartinine, citrullinyl arginine은 지누아리과, 꼬시래기과, 부챗살과 의 해조에 상당히 많다.

이상과 같이 홍조 엑스의 유리아미노산 조성은 종류에 따라 크게 다르다. 대표적인 홍조 15종의 유리아미노산 중에서 양적으로 많은 3종류를 정리하면 표 11.4와 같다. 이처럼 2~3종류의 아미노산이 총 아미노산의 50~90%가 되는 경우가 많다. 지누아리과, 꼬시래기과, 부챗살과에 citrulline이 많은 것도 하나의 특징이다. 그리고 이들 해조에는 ornithine 회로에 관계하는 염기성의 gigartinine, arginine, citrullinyl arginine도 많이 분포하므로 독특한 질소 흡수기구가 존재하는 듯하다.

표 11.4 홍조의 주요 유리아미노산(%)

해조류	Tau	Asp	Gln	Glu	Cit	Pro	Gly	Ala	Arg	Gig	Cit-Arg
넓은지누아리				7	33					31	
도박					35				10		31
미끌도박					15				8		37
붉은뼈가막살				6					24		34
꼬시래기	28			11	36						
꼬불꼬시래기	10				14					61	
잎꼬시래기	10				19					60	
부챗살				9	25					46	
Gigartina sp.					48					15	
Rhodimenia sp.			9			52	17				
실풀		7				55			8		
검은서실	10			50				7			
서실		28	47	6							

홍조 중에는 함황 아미노산의 최종 대사산물인 taurine이 건물량의 1% 이상 되는 경우가 있다는 것이 1955년에 밝혀진 바 있다. 이후 taurine의 유도체인 N-monomethyl taurine, N,N-dimethyl taurine, N,N,N-trimethyl taurine, D-glyceryl taurine, D-cystenoic acid, 홍조산(tauropine 또는 rhodoic acid), D-2-hydroxy-3-aminopropane sulfonic acid, homotaurine, D-homocysteic acid 등의 aminosulfonic acid도 확인되었다. 이들의 생리적 역할은 분명치 않지만, 홍조산(tauropine)은 opine류 중의 하나로서 해산 연체동물에서도 검출되는데, opine dehydrogenase가 촉매하여 taurine과 pyruvic acid로부터 생합성한다는 사실이 확인되고 있다. 해조에서도 이와 유사한 방법으로 만들어진다.

해조의 유리아미노산 함량과 조성은 계절에 따라서도 크게 달라진다. 김의 정미 성분인 alanine과 glutamic acid는 12월 하순~1월 상순경에 가장 높은 값을 보인다(그림 11.1). 그리고 돌가사리과의 한 해조는 citrullinyl arginine이 3~4월에 1,920 mg/100g(신선물)이나 되어 엑스분 질소의 대부분을 차지하지만, 그 후 점차 줄어들어 10월에는 거의 없다.

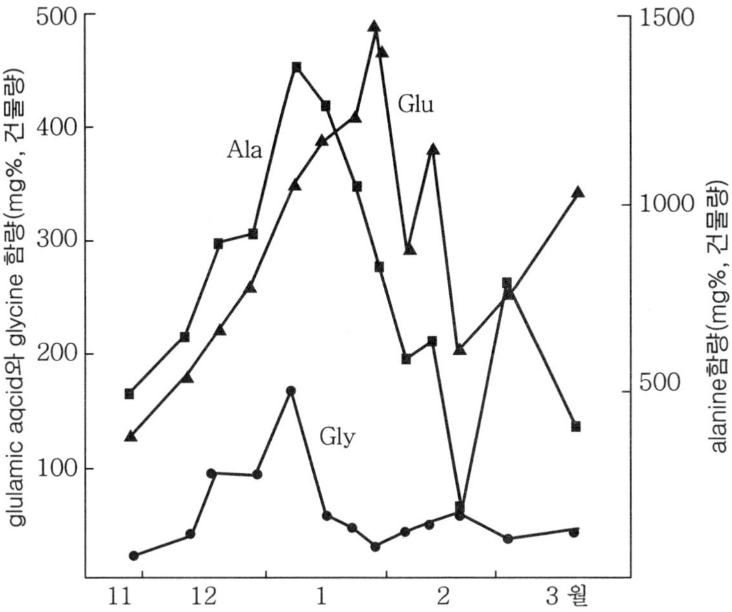

그림 11.1 김 중의 유리아미노산의 계절변화

더욱이 유리아미노산 함량은 계절뿐만 아니라 발육 단계에 따라서도 다른데, 다시마(표 11.5)의 경우, 1년생은 4~7월에 glutamic acid가 급증하여 glutamic acid 함량이 매우 높은 2년생의 아미노산 패턴으로 이행한다.

표 11.5 다시마의 발육과정별 주요 유리아미노산의 변화(건물당, mg/100g)

		Asp	Glu	Pro	Ala	Val	Try	His	NH_3	총질소량
1968. 4. 23.	기부	218	195	133	230	19.0	5.0	15.3	57.8	2,170
	중앙	195	200	104	161	13.1	3.2	12.1	35.2	1,080
	선단	94.3	125	79.9	135	11.7	2.6	8.8	21.0	2,370
1968. 5. 22.	기부	119	234	529	302	18.4	8.3	13.0	55.9	2,220
	중앙	161	213	230	232	13.9	1.4	13.0	37.2	1,940
	선단	49.0	55.9	123	151	9.2	1.9	1.3	21.2	2,160
1968. 6. 21.	기부	198	908	560	483	24.5	12.6	4.4	65.0	2,240
	중앙	209	1,150	342	365	23.4	1.6	2.8	35.5	1,800
	선단	18.1	372	122	144	8.4	1.8	0.5	8.8	1,350
1968. 7. 16.	기부	240	240	187	84.2	9.0	7.6	4.7	37.9	1,670
	중앙	188	188	200	138	12.9	3.5	6.3	27.1	1,550
	선단	35.4	35.4	40.8	32.1	3.8	4.0	2.3	8.6	1,120

이상과 같이 해조류에서 발견된 아미노산 및 펩티드들을 표 11.6~12에 종류별로 구조 및 해조류를 요약하였다.

표 11.6 해조류 중의 imino acid

함유해조	화합물명	구조
개미역쇠(갈조)	petalonine	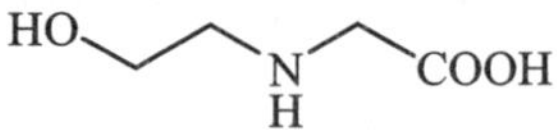
Halopytis incuivus (홍조)	N-methyl-L-aspartic acid	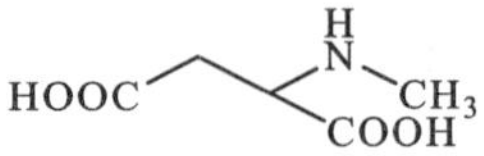
Lophocladia lallemendi (홍조)	L-azetinine-2-carboxylic acid	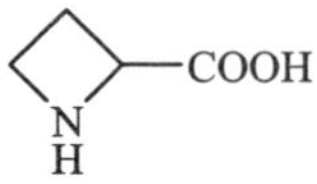
Chondria coerulescens (홍조)	pyrrolidine-2,4-dicarboxylic acid	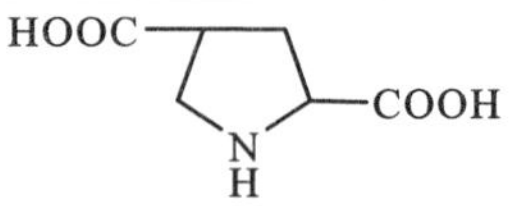
갈래잎(홍조)	pyrrolidine-2,5-dicarboxylic acid	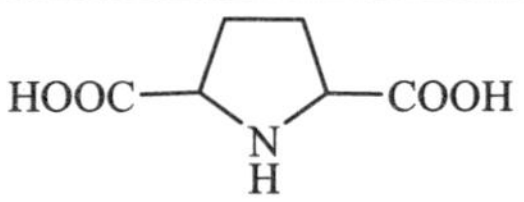
해인초, 가시풀(홍조)	L-α-kainic acid	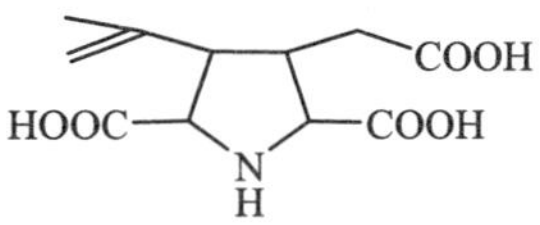
개서실(홍조)	domoic acid	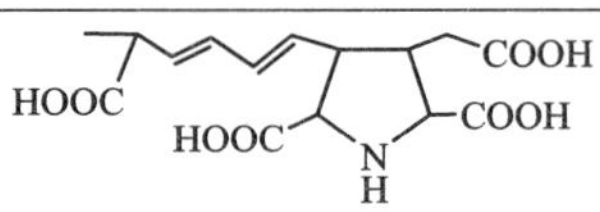
개미역쇠(갈조)	L-pipecobic acid	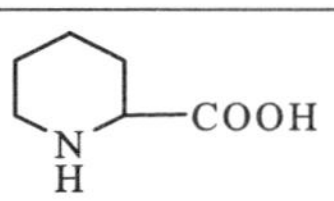
참산호말(홍조)	L-baikiain	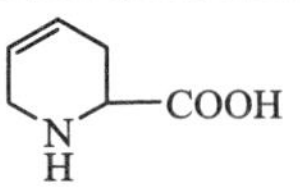
참김(홍조)	teneraic acid	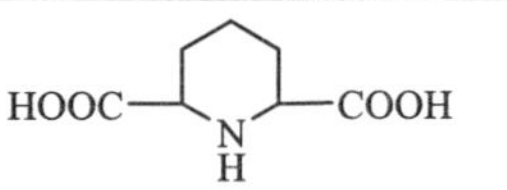

표 11.7 해조류중의 염기성 아미노산

함유해조	화합물명	구조
홍조류에 널리분포	citrulline	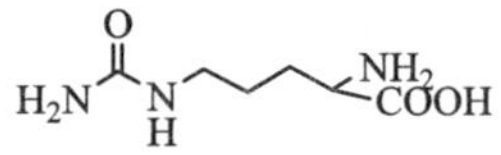
부챗살(홍조)	gigartinine	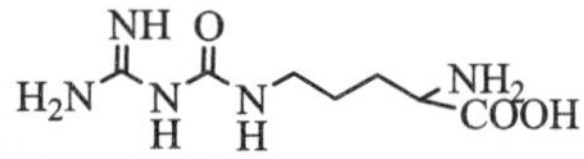
부챗살(홍조)	gongrine	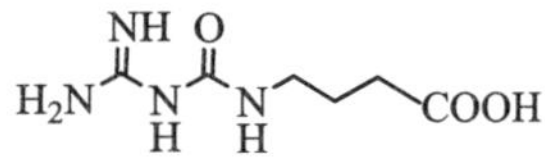
부챗살(홍조)	γ-guanidinobutylic acid	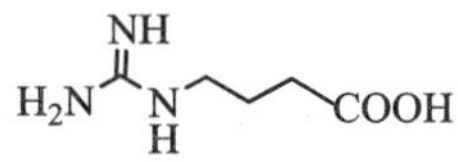
부챗살(홍조)	5-(3-amidinoureido)-2-oxovaleric acid	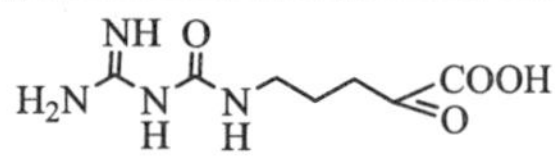
Phyllospora comosa (갈조)	1-methyl-L-histidine	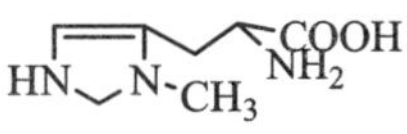
Zonaria sinclairii (갈조)	1,3-dimethyl-L-histidine	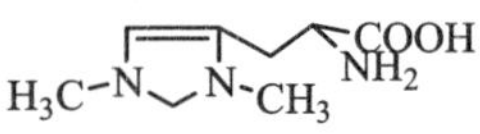

표 11.8 해조류중의 함황 아미노산

함유해조	화합물명	구조
헛가지말(갈조)	cystachionine	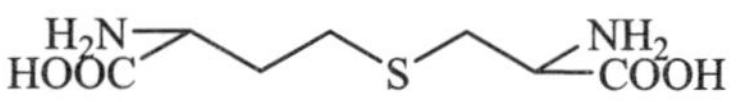
진두발(홍조)	S-hydroxymethyl-L-homocysteine	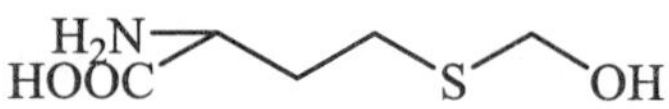
미끌지누아리(홍조)	L-methionine-1-sulfoxide	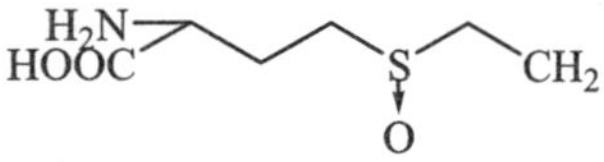
가시풀(홍조)	N-methylmethionine sulfoxide	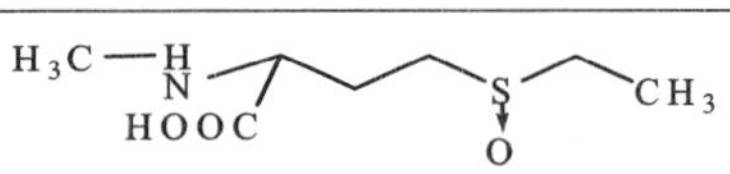
서실(홍조)	chondrine(yunaine)	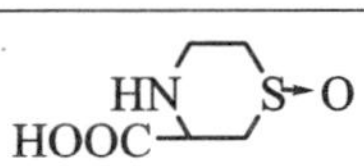
헛가지말(갈조)	chordarine	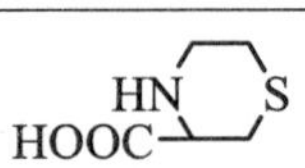

표 11.9 해조류중의 aminosulfonic acid

함유해조	화합물명	구조
해조일반, 홍조에 보편적	taurine	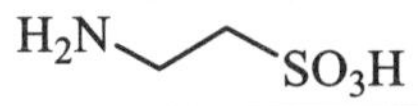
홍조류	N-monomethyltaurine	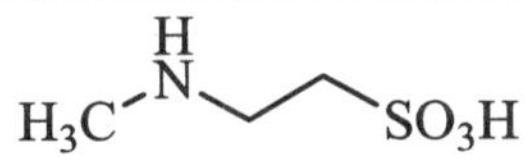
우뭇가사리(홍조)	N,N-dimethyltaurine	
Pterocladia pinnata (홍조)	N,N,N-trimethyltaurine	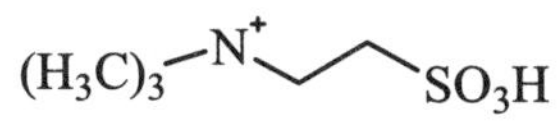
구멍갈파래(녹조)	D-cysteinoleic acid	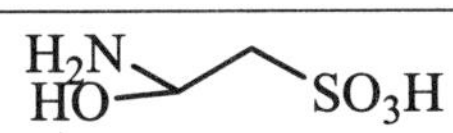
부챗살(홍조)	D-glyceryltaurine	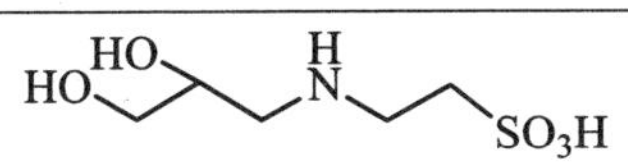
붉은은행초(홍조)	rhodoic acid	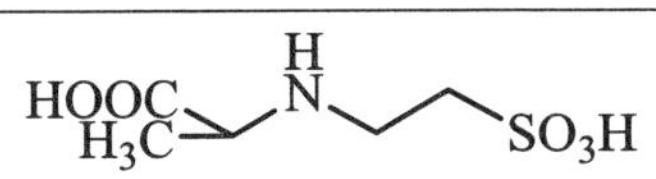
넓은지누아리(홍조)	homotaurine	
넓은지누아리(홍조)	D-2-hydroxy-3-amino-propane sulfonic acid	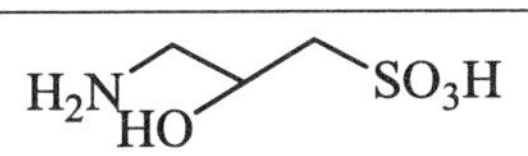

표 11.10 해조류중의 amine

함유해조	화합물명	구조
	2-methylthiopropylamine	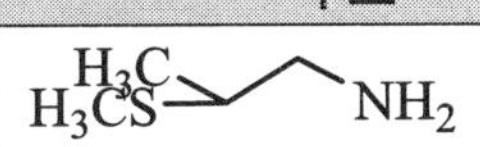
참지누아리(홍조)	3-methylsulfinylpropylamine	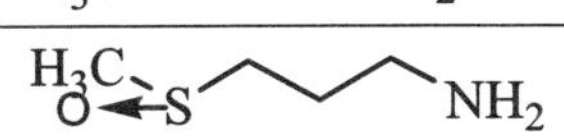
Furcellaria lumbrucalis(홍조)	histamine	
철사싹새기(홍조)	hordenine	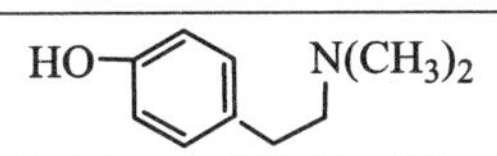
철사싹새기(홍조)	candicine	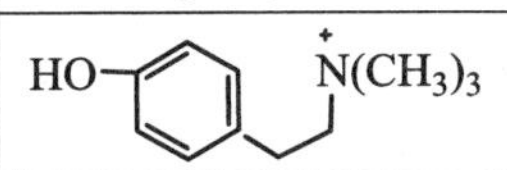
철사싹새기(홍조)	candicine-O-sulfate	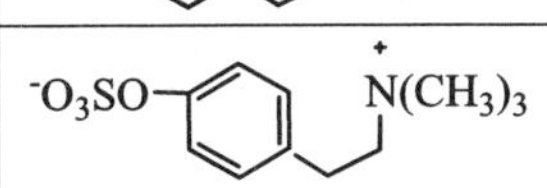
Gelidium cartilagineum(홍조)	choline sulfate	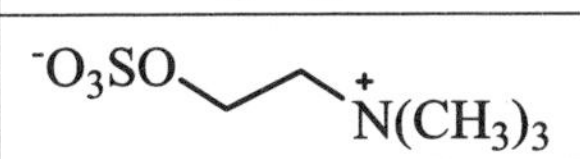

표 11.11 해조류중의 betaine

함유해조	화합물명	구조
참그물바탕말(녹조)	glycinebetaine	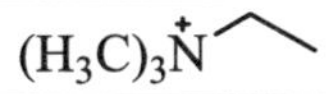
참홑파래(녹조)	β-alaninebetaine	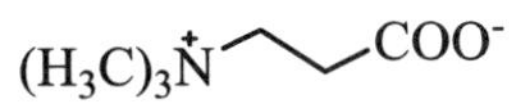
방사무늬김(홍조)	γ-butyrobetaine	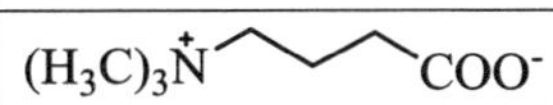
참홑파래(녹조)	ulvaline	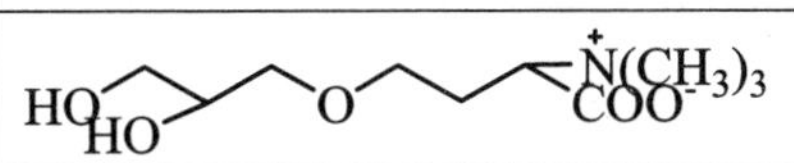
다사마,개미역쇠(갈조)	laminine	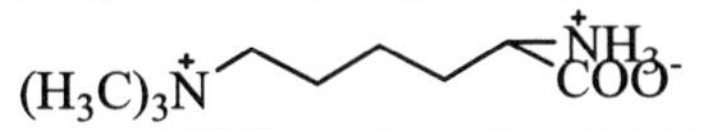
다시마(갈조)	stachydrine	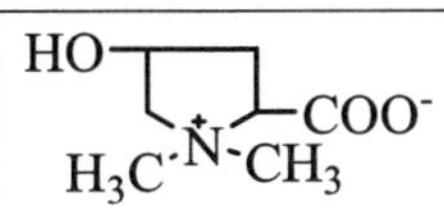
철사싹새기(홍조)	betonicine	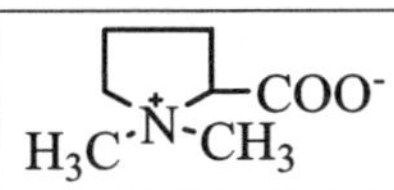
마른나무(홍조)	trigonelline	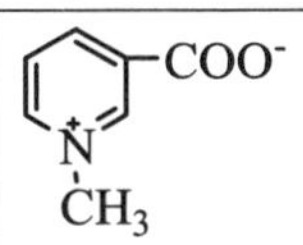
마른나무(홍조)	homarine	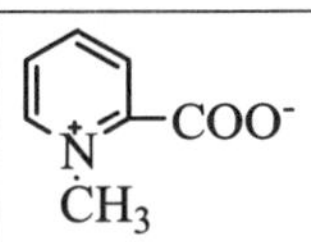

표 11.12 해조류중의 peptide

함유해조	화합물명	구조
Chladopora sp.(담수산녹조)	L-arginyl-L-glutamine	L-Arg-L-Gln
대황, 감태(갈조)	eisenine	L-Glu-L-Glu-L-Ala
Pelvetia fastigiata(갈조)	fastigiatine	γ-pyrrolidonoyl-L-Glu-L-Gln
헛가지말(갈조)	analipine	Asp 4 mol + Glu 1 mol
Hypnea muciformis(홍조)	carnosine	β-Ala-L-His
주룸진두발(홍조)	L-citrullinyl-L-arginine	
Ceramium rubrum(홍조)	β-L-aspartylglycine	

3 핵산관련물질(nucleotides)

동물조직과 마찬가지로 nucleotide가 해조 엑스분 질소 성분 중에서 차지하는 비율은 비교적 높다. 표 11.13에 해조 nucleotide 조성의 한 예를 나타내었다. 김에서는 AMP, ADP, ATP, IMP, UMP, GTP가 검출되었는데, 주요 성분은 ATP이고 총 nucleotides 함량인 0.69 μmol/g의 30%인 0.21μmol/g이나 된다. 그리고 ^{32}P를 함유한 해수로 김을 기르면, nucleotides로 흡수된 절반은 ATP와 ADP에서 확인된다.

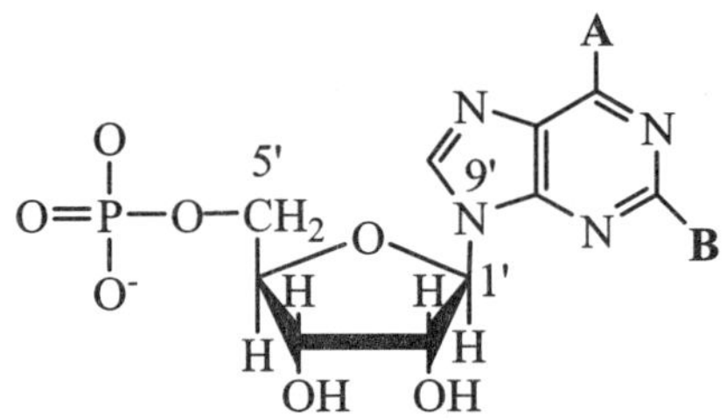

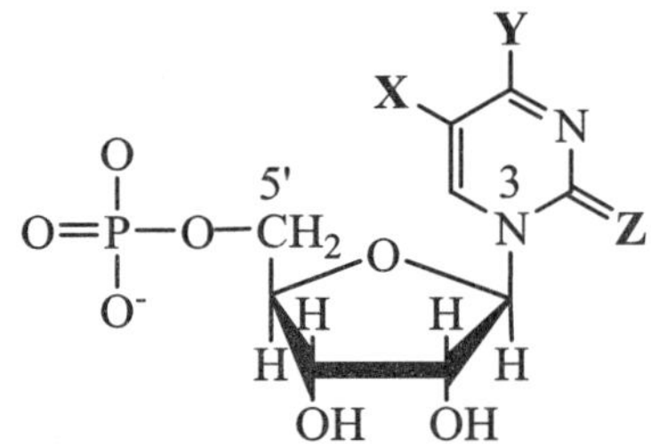

	X	Y
inosinic acid(IMP)	OH	H
guanylic acid(GMP)	OH	NH_2
xanthylic acid(XMP)	OH	OH
adenylic acid(AMP)	NH_2	H

	X	Y	Z
cytidicacid(CMP)	H	NH_2	O
uridic acid(UMP)	H	O	O
thymidic acid(XMP)	CH_3	O	O

말린 방사무늬김의 총 nucleotides 량은 약 20mg/g으로 상당히 많으며, 주요 성분은 CMP, AMP, UMP, GMP이다. 앞의 김과 직접 비교할 수는 없겠으나, 김에서는 주요 성분이 adenine nucleotide인데 비해서, 방사무늬김에서는 cytosine, uracil, guanine nucleotides가 거의 같은 량으로 들어있는 점이 대조적이다. 그리고 김 nucleotides의 90% 이상은 2'-와 3'-nucleotides이며, 맛과 관계있는 5'-nucleotides는 적다. 한편, 김의 5'-IMP와 5'-GMP 함량은 건물량으로 각각 2.2~8.5mg%, 3.3~12.5mg% 정도로 적지만 맛과는 밀접한 관계가 있는 것으로 알려져 있다.

갈조인 *Fucus gardneri*도 총량은 19.9μmol/g 신선물)로 김의 1/35에 지나지 않

지만 주요 성분들은 ADP와 AMP이다. 그리고 당-nucleotides인 GDP-D- mannuronic acid, GDP-guluronic acid가 검출되었는데, 이 성분들은 갈조의 세포간 다당류인 알긴산의 생합성 과정에서 생겨난 중간 생성물일 것으로 추측된다.

표 11.13 해조의 nucleotide 조성(μmol/kg)

	Fucus gardneri (신선물)	김 (신선물)	방사무늬김 (건조물)
AMP	7.99	0.06	12.0
ADP	8.40	0.14	-
ATP	-	0.21	-
GMP	0.35	-	12.6
GDP	0.21	-	4.4
GDP당	0.37	-	-
GTP	-	0.02	-
IMP	-	0.03	-
IDP	-	0.04	-
IDP당	-	0.04	-
CMP	0.07	-	18.6
UMP	0.19	0.03	15.4
UDP	-	0.07	-
UDP당	0.43	0.02	-
NAD	1.70	-	-
NADP	0.19	-	-
염기와 nucleoside	-	0.03	2.0
계	19.90	0.69	64.9
질소량(mg/100g)	0.14	3.9	300

한편, 홍조류에서는 당-nucleotides로 UDP-glucose, UDP-galactose, GDP-mannose, GDP-galactose 등이 검출되며, 이들도 홍조의 다당류인 galactan이 생합성되는 과정에서 만들어지는 중간생성물인 듯하다. 해조 엑스분 중에는 adenine, inosine, uracil과 같은 염기나 nucleotides도 존재하는데, 이들은 건조 과정에서 nucleotides가 분해되어 생긴 것들이다.

4 유기산

해조에서도 해당계나 TCA회로에 관계하는 각종 유기산이 검출된다. 홍조의 석회조인 산호말과, 갈라가라과의 해조, 개우무, 잎꼬시래기와 같은 비석회조의 유기산 조성을 조사하였더니, malic acid, succinic acid, oxalic acid, α-ketoglutaric acid, pyruvic acid가 검출되었고, 함량은 malic acid>citric acid>succinic acid의 순이었다. 이들 석회조의 총 유기산량은 홍조보다 건물량으로 약 2배나 많다. 김에서는 citric acid, malic acid, succinic acid, oxalic acid, fumalic acid, lactic acid, malonic acid, pyruvic acid등이 검출되며 oxalic acid, succinic acid, malic acid, citric acid가 양적으로 많았다. 마른 김의 유기산 조성은 100g당 citric acid 41.2mg, malic acid 42.2mg, succinic acid 11.8mg, oxalic acid 72.7mg, fumalic acid 1.3mg, lactic acid 4.0mg, malonic acid 1.7mg, pyruvic acid 0.7mg이었다.

표 11.14 갈조류의 유기산 함량(건물당, mg/100g)

유기산	감태	큰잎모자반	외톨개모자반
lactic acid	17.6	6.5	6.0
oxalic acid	21.0	7.4	5.7
malonic acid	5.4	6.2	6.2
fumalic acid	22.7	8.1	5.6
succinic acid	58.8	31.8	23.8
malic acid	5.4	-	-
malic acid	23.6	20.1	11.4
α-ketoglutaric acid	8.2	4.6	6.0
citric acid	28.9	18.8	11.1
계	191.6	103.5	76.2

산말속(*Desmarestia*)의 갈조는 채집하면, 곧 조체로부터 산성물질이 스며나와 변색한다. 전에는 malic acid라 여겼지만, 0.4~1.1%나 되는 황산과 0.06%의 유기산이 산성물질의 주체라는 것이 알려져 있다. 총유기산 중의 조성을 보면 maleate

와 succinic acid가 31.3%, citric acid 15.2%, lactic acid 16.6%이었으며, 이밖에 malic acid, oxaloacetic acid, α-ketobutylic acid가 존재하였다. 몇 종류의 갈조 중 유기산 함량은 표 11.14와 같다.

5 당

해조 엑스분 중에는 glucose나 galactose와 같은 유리 환원당이 존재하지만 양적으로는 적다. 이당류로는 녹조의 sucrose, 홍조의 trehalose등이 있다. 그리고 당-alcohol, 고리 모양의 alcohol, glycerol과 결합한 glycoside가 존재한다는 것도 특징이다. 말린 다시마의 표면에 생기는 하얀 분말은 단맛을 내는 당-alcohol의 일종인 D-mannitol이며, 그 함량은 종류에 따라 다르지만 갈조에 많다. 특히 모자반과의 큰잎모자반, 관가시모자반, 톱니모자반이나 다시마과의 다시마, *Laminaria angustata*, *Arthrothamnus bifidus*는 건물량의 20~30%나 된다. 갈조에는 D-mannitol 외에도 뜸부기과의 *Pelvetia canaliculata*에 volemitol, 다시마속과 *Fucus*속에는 고리모양의 alcohol인 laminitol과 oligosaccharide인 1-D-mannitol-β-D-glucoside, 1,6-D-mannitol-di-β-D-glucoside가 존재하지만 양은 적은 편이다.

홍조류의 당알콜로는 glycerol, mannitol, sorbitol, dulcitol 등이 있고, 고리 모양의 alcohol로는 myo-inositol, scyllo-inositol, laminitol 등이 있지만 양은 그다지 많지 않다. 홍조에서 특징적인 것은 glycerol과 galactose가 결합한 floridoside (2-glycerol-α-D-galactopyranoside)와 isofloridoside(1-glycerol-α-D-galactopyranoside)가 널리 분포한다는 점이다. 김종류에 속하는 *Porphyra umbricalis*는 이 두 가지 성분이 건물량의 3%나 되고, *Bangia atropurpurea*는 2.3%나 된다. 한편, 돌가사리목의 *Furcellaria fastigiata*에서는 이것에 mannose가 더 붙어 있는 3-floridoside-α-mannoside가 검출되었다. 이 밖에 glyceric acid에 mannose가 결합한 2-glyceric acid-α-mannoside도 홍조인 빨간검둥이과(*Rhodomelaceae*)의 *Polysiphonia fastigiata*에서 분리되었으며, 홍조에는 상당히 넓게 분포한다. 홍조의 중요한 저분자 광합성

산물은 floridoside, isofloridoside, 2-glyceric acid-α-mannoside와 trehalose 이며, 종류에 따라서는 이들 중 몇 가지를 축적하기도 한다. 이들 저분자 탄수화물은 광합성 초기의 동화산물이며 동화 저장물질로 존재하는데 해조에서는 삼투압을 조절하는 역할을 한다.

이외에도 식품중의 일반적인 성분의 범주에 넣기 곤란한 독특한 구조를 가진 생리활성을 가진 것들도 많다. 이들은 생리활성 물질 항에 설명하였다.

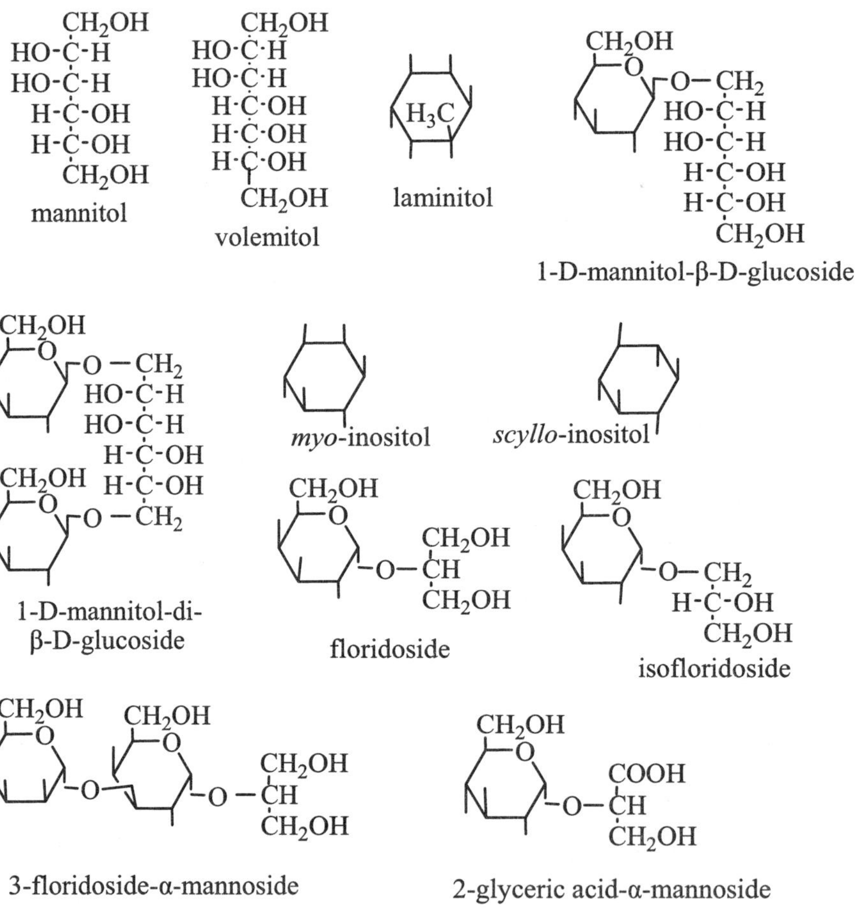

CHAPTER

12 냄새 성분

CHAPTER 12

냄새 성분

1 냄새 성분의 종류

해조류의 건조조체를 수증기 증류를 해서 얻을 수 있는 휘발성 성분은 갈조류에 가장 많아 건조조체의 0.05~0.13%이었고, 이어 홍조류 0.051~0.062%, 녹조류 0.019~0.034%의 순이었다고 하는데, 그 함량은 계절, 생육장소 등에 따라 영향을 받는다. 식용 해조의 향기 성분으로는 해조를 수증기로 증류해서 분석하여 acrylic acid 외에 짧은 사슬의 지방산, alkanes, terpenes 등이 동정되었다. 확인된 terpene은 cineol, linalool, geraniol, limonene, pinene, myrcene, ocimene처럼 고등식물에도 들어 있는 것들이고, 해조의 휘발성 성분으로서는 함황 화합물, 유기산류, 알데히드류, 알콜류, terpene, 페놀류, 탄화수소류 등을 들 수 있는데, 주요한 것을 들면 표 12.1과 같다.

표 12.1 해조 중의 주요 휘발성 성분

함황화합물	dimethyl sulfide, methyl mercaptane, 황화수소, methanethiol
aldehyde	furfural, methyl furfural, valeraldehyde, benzaldehyde,propionaldehyde, isobutyl aldehyde, isovaleraldehyde,hexadecadienal, heptadecadienal, heptadecenal, 2-nonenal
terpene	α-pinene, α-limonene, cadinene, norcarotenoid
유기산	formic acid, acetic acid, propionic acid, butyric acid, valeric acid, caprylic acid, acrylic acid, myristic acid, palmitic acid, linolenic acid, tetradecanoic acid
알콜	n-heptanol, linalol, geraniol, cubenol, α-cadinol, phytol
탄화수소	pentadecane, hexadecane, heptadecane, ectocarpene, dictyoptorene
phenol	ρ-cresol

2 아민과 함황 화합물

해조에도 생선 비린내를 내는 trimethylamine(TMA)이나 methylamine이 존재한다는 것은 1930년대에 이미 밝혀졌다. 해조류의 주요 냄새성분인 함황 화합물에는 황화수소, dimethyl sulfide, methyl mercaptane, thioether, 5-methyl thioacetate, 5-methyl propionate 등이 있다.

해조의 냄새성분으로서 잘 알려져 있는 dimethyl sulfide$(CH_3)_2S$는 그 전구체인 dimethyl-β-propiothetin이 ATP, methionine, 또는 glutathione 등의 존재하에서 효소적인 분해를 받아 생성된다. 이 효소의 활성은 녹조류에서 특히 강하다고 한다. Dimethyl sulfide 및 그 전구체 dimethyl-β-propiothetin은 종전에 녹조류와 홍조류에서만 검출되었으나, 갈조류에도 함유된다는 것이 밝혀졌다. 각종 해조류의 이들 물질의 함량을 보면 표 12.2와 같다.

$$(H_3C)_2\overset{+}{S}-CCH_2CH_2COOH \xrightarrow[\text{ATP, methionine}]{\text{효 소}} (H_3C)_2S + H^+ + CH_2{=}CHCOOH$$

dimethyl-β-propiothetin　　　dimethyl sulfide　acrylic acid

표 12.2 해조류의 dimethyl sulfide 및 dimethyl-β-propiothetin의 함량(mg/g)

해조류		dimethyl sulfide	dimethyl-β-propiothetin
녹조류	구멍갈파래	1,150	339,000
	파래	5,800	450,000
	참홑파래	3,200	286,000
	갈색대마디발	35	1,360
갈조류	미역	120	1,800
	모자반	100	3,000
	톳	12	3,770
	고리매	1,250	11,020
	대황	160	19,000
홍조류	우뭇가사리	27	3,400
	잎꼬시래기	480	46,600
	각시꼬시래기	840	3,800
	참도박	50	3,400
	애기풀가사리	180	3,400

또한 마른 김을 저장할 때 수분활성 0.2까지는 dimethyl sulfide량은 큰 변화가 없었으나, 0.3 이상에서는 급격히 증가하였다고 한다. 생김, 마른 김 및 구운 김의 함황 화합물량은 표 12.3과 같다.

표 12.3 생김, 마른 김 및 구운 김의 함황 화합물량(ppm)

함황 화합물	생 김	마른 김		구운 김
		수분 8%	수분 4.5%	
황화수소	0.10	11.75	13.85	131.37
methyl mercaptane	0.01	0.01	0.01	3.91
dimethylsulfide	0.35	0.35	3.12	7.50

3 유기산류

녹조류, 갈조류, 홍조류 등에는 formic, acetic, propionic, butyric, valeric, myristic acid 등이 널리 함유된다. 또 갈조류에는 caprylic, caproic acid가, 녹조 및 홍조류에는 acrylic acid가 검출되고 있다. 다시마류의 주요 정유성분으로서 myristic acid가 많으며 ω-hexadecenic acid, palmitic acid도 존재한다. 또 마른 김의 하급품에는 유기산이 많이 함유된다고 한다.

4 알데히드류

녹조류에 furfural, 2-methyl furfural, propionaldehyde, isobutylaldehyde 등이 함유되며, 갈조류에는 여기에 추가하여 valeraldehyde, benzaldehyde가 존재한다고 한다. 또 마른 김(방사무늬김)의 냄새성분으로서 acetaldehyde, propionaldehyde, isobutylaldehyde, isovaleryl aldehyde 등의 지방족 포화알데히드가 동정되고 있다.

한편 녹조류인 구멍갈파래의 정유성분으로서 C_{10}~C_{17}의 장쇄 알데히드인 n-pentadecanal, 8, 11, 14-heptadecatriene, 8-heptadecene이 분리되고 있으며, 또 같은 녹조류인 가시파래, 참홑파래에서 다량의 2, 4, 7-decatrienal이 분리되고 있다.

5 알콜류

갈조류에는 octen-3-ol, heptanol, octanol의 존재가 알려지고 있다. 또 다시마류, 쇠미역사촌, 감태, 미역 등에 sesquiterpene 알콜인 cubenol 및 α-cadinol이

검출되고 있다. 그 밖에 다시마류에는 3-hexenol, 2-hexenol, hexenol, 1-octen-3-ol, 3-octanol, 2,6-nonadienol, 2-nonenol, 2-decenol, tridecanol 등이 동정되고 있다.

6 terpene 류

해조 전반에 α-pinene, α-limonene이 함유된다. 그 밖에 녹조류에는 α-terpineol, terpinolene, cadinene 등이, 갈조류에는 heptenal, geraniol, terpinolene 등이, 홍조류에는 cadinol, cardinene 등의 존재가 알려져 있다. 즉, β-carotene이 생체 내에서 변화하여 C_9, C_{10}, C_{11}, C_{13} 등의 norcarotenoid류를 생성한다는 것이 담배잎에서 확인되고 있는데, 이들 norcarotenoid류가 참김에서도 분리 동정되고 있다.

냄새성분들은 단일 물질로서 해조류가 살아있을 때 단순하게 냄새만을 내는 성분으로 함유되어 있는 것이 아니며, 휘발성을 지닌 저분자의 성분들이 생체 중에서나 건조 및 자숙등 각종 가공 중에 무수히 많은 성분들이 복합적으로 내는 것이다. 또, 이들 성분 중에는 맛, 항균이나 여러가지 활성을 가진 성분들도 포함된다.

CHAPTER

13 주요 해조다당과 이용

CHAPTER 13

주요 해조다당과 이용

1 알긴산(alginic acid)

1) 알긴산의 발견

알긴산은 감태, 미역, 모자반 등과 같은 갈조류에 보편적으로 함유되어 있는 산성 점질 다당류로서 alga는 라틴어로 조류를 의미하며 여기에서 기인하여 alginic acid(알긴산)으로 명명되었다. 초기에는 다시마산이라고도 하였으며 중국에서는 아직도 해조산이라고 한다.

알긴산이 처음으로 갈조류에서 추출된 것은 1884년 스코틀랜드의 Stanford가 갈조 Ascophyllum의 화학성분을 연구하던 중에 발견되었다. 갈조를 묽은 황산으로 전처리한 다음 탄산나트륨이나 수산화 나트륨등 알칼리 수용액으로 추출한 점성이 높은 용액에 염산등을 가하여 산성으로 하면 흰 섬유상의 침전이 생긴다. 이것을 건조하면 알긴산의 알칼리염이 된다. 알긴산은 백색, 무취로 유리의 carboxyl기를 가지기 때문에 산성을 띄며 특히, 용도가 다양한 알긴산의 나트륨염을 알긴산이라고 부른다. 그러나 식품분야를 비롯한 각종 용도로 널리 이용되기는 근래에 와서의 일이다.

2) 알긴산의 원조

알긴산은 갈조류에 함유되는 세포간 충전물질이므로 원칙적으로는 거의 모든 갈조류가 알긴산 원조(Alginophyte)가 될 수 있다. 다만 알긴산 함량이 많고, 원조의 생산량이 많으며, 그 품질이 좋아야 하는 등으로 해서 산업적으로 이용될 수 있는 종류는 자연히 제한이 된다. 이런 점에서 보면 분류학적으로 갈조류 10개의 목 중에서 약 2개의 목, 10여종 정도가 현실적으로 사용되고 있다(표 13.1).

표 13.1 알긴산 원조의 종류

목	과	속	종
모자반목 (Fucales)	Durvilleaceae 과	*Durvillea* 속	*D. antarctia, D. villana*
	모자반과(Fuceae)	*Ascophyllum* 속	*A.nodosum*
다시마목 (Laminariales)	다시마과 (Laminariaceae)	다시마속 (*Laminaria*)	참미역, 개미역, 쇠미역, *L. digitata, L.cloustoni*
		대황속(*Eisenia*)	대황
		감태속(*Ecklonia*)	감태
	Lessoniaceae과	*Lessonia*속	*L. nigrescens, L. liavicans*
		*Macrocystis*속	*M. perifera*

각국에서 사용되는 주요 원조를 보면 미국에서는 *Macrocystis perifera, Ascophyllum nodosum* 등이, 영국에서는 *Laminaria hyperborea, L. digitata, A. nodosum* 등이, 노르웨이에서는 *L. digitata, A. nodosum* 등이, 일본에서는 대황, 감태, 괭생이모자반, 쌍발이 모자반, 다시마류 등이 사용되고 있다. 우리나라에서는 감태, 모자반류, 미역 등이 이용되고 있다.

원조의 알긴산 함량은 일반적으로 15~35% 정도인데, 같은 종류의 원조라도 계절, 산지 및 조체 부위 등에 따라 다르다. 우리나라산 갈조류의 알긴산 함량의 예를 들면 표 13.2와 같다. 감태의 경우 1~3월에 최고 함량(약 32%)를 나타내고, 8~10월에 최소 함량(약 19%)를 나타내어 연평균 약 26%의 함량을 나타낸다. 또, 같은 조체에 있어서도 일반적으로 엽상부보다는 근경부에 함량이 많은 경향이다.

표 13.2 우리나라산 갈조류의 알긴산함량(건조물당 %)

원조	함량	원조	함량
감태	26	큰잎모자반	20
톳	22	미역	29
곰피	25	다시마	25
미야베모자반	16	지충이	12
비틀대모자반	29		

구미 지역에서 알긴산의 원료로 쓰이는 *Macrocystis*속(Giant kelp류), *Ascophyllum* 속, 다시마속 *Laminaria*에는 건물량으로 9~40%나 되며, 일본산 대황 *Eisenia* sp., 감태 *Ecklonia* sp.,괭생이 모자반 *Sargassum* sp., 다시마 *Laminaria* sp.에는 건물량으로 10~30% 정도의 알긴산이 들어 있다.

3) 알긴산의 화학구조와 이화학적 성상

알긴산의 구조는 그림 13.1에 나타낸 바와 같이 β-D-mannuronic acid(M)와 α-L-guluronic acid(G)의 2종류의 uronic acid가 각종 비율로 1, 4 glycoside 결합을 한 polyuronide이다. *Ascophyllum*속이나 *Fucus*속에 들어 있는 mannuronic acid와 guluronic aci의 분포를 보면, 세포 사이를 메운 점액은 주로 mannuronic acid이지만 세포벽은 guluronic acid 또는 mannuronic acid와 guluronic acid로 되어 있다. 다시마 *Laminaria japonica*에서도 비슷한 경향이 확인되었다. 중합도는 220~860정도로서, 그 분자내에는 M만이 배열되어 있는 M block(평균 중합도 DP 10~15), G만이 배열되어 있는 G blok(DP 15~20) 및 M과 G가 엇갈려 배열되어 있는 MG 혼성 block(DP 25~30)이 있다. MGG 혼성 bock 중에는 M와 G가 번갈아 배열하는 M-G 교차부분과 MMG 또는 MMG 등과 같이 적당히 섞여 배열하는 부분이 있다.

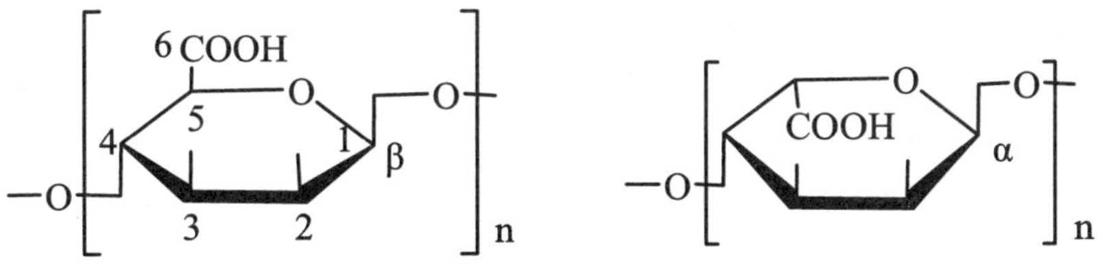

β−D−mannuronic acid(M)　　　α−L−guluronic acid(G)

····(β−1, 4)M(β−1, 4)M(f−1, 4)M(Pall, 4)···· M 블럭

····(α−1, 4)G(α−1, 4)G(α−1, 4)G(α−1, 4)····. G 블럭

····(β−1, 4)M(β−1, 4)G(α−1, 4)M(β−1, 4)M(β−1, 4)G(α−1, 4)G(α−1, 4)···· MG 블럭

M과 G가 교대로 배열　　MMG 부분

MGG 부분

그림 13.1 알긴산의 구조

알긴산의 M와 G의 비율은 해조의 종류, 계절, 조체부위, 성장만계 등에 따라 다르다. 즉, 알긴산은 분자적으로 극히 불균일한 물질이다. 알긴산의 uronic acid 조성비, 즉 M/G의 비는 일반적으로 1~2 정도이나, 3을 넘어서거나 반대로 0.5 정도의 것도 있다. 일반적으로 조체의 새로운 조직은 오래된 조직보다 M/G비가 높으며, 조체의 성장과 더불어 M/G비가 낮아진다고 한다. 우리나라산 갈조류의 경우 그 값이 대체적으로 동계에 높고 하계에 낮으며, 감태 및 모자반에 있어서는 연평균치가 엽상부 알긴산은 2.3~3.2, 근경부 알긴산은 1.9~2.2이고, 외톨개모자반 및 괭생이모자반에 있어서는 조체평균이 1.4~2.0이다(표 13.3).

한편, uronic acid block 배열비는 감태 및 큰잎모자반에 있어서는 M block, G block, MG 혼성block의 순으로 높았으나, 외톨개모자반 및 괭생이모자반의 경우는 G block 및 M block의 비율이 비슷하거나, G block의 비율이 높았다. 또한 알긴산 분자 중의 M을 G로 변환시키는 효소 polymannuronic acid 5-epimerase가 조체에 존재하는데, 오래된 조직보다 새로된 조직에서 그 활성이 높다고 한다.

표 13.3 해조의 종류와 알긴산의 M/G 비

해조류	MG%	MM%	GG%	M/G비
대황(엽상부)	31.3	40.6	28.3	1.28
대황(줄기)	37.6	20.8	41.6	0.66
미역(회건한 것)	14.9	49.4	35.7	1.23
다시마류	36.7	42.9	20.4	1.57
다시마류	36.6	52.0	11.7	2.35
Lessonia nigrescens(엽상부)	45.4	36.7	17.9	1.46
Lessonia flavicans(엽상부)	29.5	32.7	37.8	0.90
Lessonia flavicans(근경부)	30.8	10.2	59.0	0.34
Durvillea antarctia	46.0	39.0	14.9	1.64
Durvillea pototorum	36.0	40.0	24.0	1.37
Macrocystis pyrifera	42.1	28.1	29.8	0.97
Eckionia maxima	44.9	16.5	38.6	0.64

조체에서 추출한 알긴산나트륨 용액의 점도를 보면, 감태의 경우 점도는 M/G비 및 M block의 배열비와 대체적으로 역상관관계를 나타낸다고 한다. 즉 점도가 하계에서 추계에 걸쳐 높은 값을 나타내고, 동계에서 춘계에 걸쳐 낮은 값을 나타내는 경향이다. 일반적으로 G비율이 많은 알긴산으로부터 만든 gel이 단단한 반면, M비율이 많은 것으로 만든 gel은 부드럽고 탄력성이 있다는 것이 알려져 있다. 알긴산의 생합성경로는 다음과 같이 추정되고 있다.

① D-mannose → D-mannose 6-P → D-manose 1-P

② D-mamnose 1-P + GTP $\xrightleftharpoons{\text{guanosyltransferase}}$ GDP-D-mannose + PP

③ GDP-D-mannose + 2NAD$^+$(NADP$^+$) + H_2O $\xrightleftharpoons{\text{dehydrogenase}}$ DP-D-mannuronic acid + 2NADH(NADPH) + 2H

④ GDP-D-mannuronic acid $\xrightleftharpoons{\text{5-epimerase}}$ GDP-L-guluronic acid

⑤ GDP-D-mannuronic acid + GDP-L-guluronic acid $\xrightleftharpoons{\text{glycosyltransferase}}$ Alginic acid

단, GTP : guanosine triphosphate
GDP : guanosine diphosphate
NAD^+ : 산화형 nicotinamide. adenine dinucleotide
$NADP^+$: 산화형 nicotinamide adenine dinuclotide phosphate
NADH : 환원형 nicotinamide adenine dinucleotide
NADPH : 환원형 nicotinamide adenine dinucleotide phosphate

알긴산은 산가수분해외에 효소, 알칼리, ascorbic acid 등의 환원성물질에 의해서도 분해된다. 이를테면 알긴산은 lyase(polymannuronic acid lyase 및 polygluronic acid lyase)의 작용으로 분해를 받아 비환원 말단 잔기의 C_1~C_6간에 2중결합을 가지는 monomer나 oligomer를 생성한다.

4) 알긴산의 물성

(1) 용해성

알긴산은 물에 불용성이나, 알긴산의 염류 중 Na, K, Li 및 NH_4염은 물에 용해하여 극히 점조한 용액을 만들며, 무기산을 첨가하면 다시 알긴산을 석출한다. 또 물에 불용성인 알긴산의 금속염류 중 Fe, Ni, Co, Cu, Zn, Al 등의 염은 암모니아와 착염을 만들어 용해하게 되고, 암모니아를 증발시키면 다시 원래의 금속염이 되어 불용성으로 된다. 한편 알긴산 및 그 염류는 거의 모든 유기용제에 대하여 불용성이다.

(2) 점성

알긴산염은 수용액 중에서 일부는 알긴산 이온(음전하)과 금속이온(양전하)으로 전리하여 존재한다. 음은 알긴산나트륨 수용액의 경우, 전리도는 중합도가 100~400 정도일 때는 0.7~0.6으로, 중합도가 증가할수록 전리도는 감소한다. 따라서, 알긴산염 수용액의 점도는 분자량이 클수록 증대하고, 또 농도에 비례하여 지수함수적으로 증가한다. 또한 알긴산염 수용액의 점도는 pH 5~10의 범위에서는 거의 변화가 없으나, pH 4.5이하에서는 점도가 현저히 증가하고, pH 3이하에서는 알긴산이 응고, 석출하게 된다. 즉 알긴산염의 수용액에 산을 첨가하면 알긴산염의 전리도가 감소하여 전리기 사이의 정전기적인 척력이 감소하고, 반면에 분자간의 결합점이 증가하여 수화성을 잃고 결국에는 응고 석출하게 되는 것이다. 또한 pH 11.5이상에서도 알긴산염은 응고 석출하게 된다. 한편 알긴산염은 ascorbic acid나 phenol류와 같은 환원성 물질의 존재에 의해서도 해, 중합을 일으켜 점도가 저하한다.

(3) Gel화 반응

알긴산염 수용액에 2가 이상의 금속이온(Mg^{++} 제외)를 첨가하면 알긴산의 금속염이 gel상으로 석출한다. 이것은 금속이온의 개채로 COOH기간에 가교결합이 이루어져 망목구조를 형성하기 때문이다. 이 때 용액중의 다른 현탁질을 포함, 흡착하는 성질이 극히 크므로, 이 성질을 이용하여 용수처리에 있어서 응집제로 사용할 수 있다. 이러한 망목구조의 gel 생성과정에서 알긴산 분자내의 COOH기와 OH기 사이에 분자내 탈수에 의한 lactone의 생성도 일부 일어나게 된다.

(4) 이온 교환반응

알긴산의 COOH기의 H와 각종 양이온과의 교환용량(이온교환체 1g이 이온교환하는 양이온의 mg당량)은 비교적 적다. 즉 Na^{+}. K^{+}, Ca^{++}, Mg^{++} 등과 이온교환 용량은 0.3~0.6 meq/g 정도이다. 그 밖의 중금속의 경우는 표 13.4와 같다.

표 13.4 알긴산의 양이온 교환용량

이온	염의 형태	염농도(mol/ℓ)	pH	meq/g
Fe^{3+}	$Fe(NH_4)(SO_4)_2$	0.01	2.2	2.6
Hg^{2+}	$Hg(CH_3COO)_2$	0.01	2.0	1.3
Pb^{2+}	$Pb(NO_3)_2$	0.01	1.3	1.7
Ca^{2+}	$CaCl_2$	0.01	2.3	1.5
Cu^{2+}	$CuSO_4$	0.01	2.8	1.3
Sr^{2+}	$SrSO_2$	0.01	2.9	0.8
Ba^{2+}	$Ba(NO_3)_2$	0.01	2.3	0.7
Zn^{2+}	$ZnSO_4$	0.01	2.6	0.7
Al^{3+}	$AlK(SO_4)_2$	0.01	2.4	0.6
Mg^{2+}	$MgCl_2$	0.01	2.5	0.4

대체적으로 이온교환용량은 양이온의 원자가가 클수록 증대한다. 공존하는 음이

온의 영향은 Ca^{2+}에 대하여 행한 결과는 SO_4^{2-} 〉 CH_3COO^- 〉 Cl^- 〉 NO_3^- 〉 ClO_3^- 의 순이다. 그러나, Fe^{3+}와 같이 이온 교환성이 강한 양이온의 경우는 음이온의 영향은 그리 크지 않다. 한편, 이온교화체로서 알긴산의 H형, Na형, Ca형 등의 중금속 이온에 대한 이온교환성을 보면 Na형이 최고이고, H형이 최저이며, Ca형은 그 중간 정도이다(Na형〉 Ca형〉 H형). 또한 중금속 이온의 혼합용액에 있어서 알긴산염(Ca형)의 이온교환 반응은 중금속의 종류에 따라 선택적이다.

이를테면 Cu^{2+}, Ni^{2+}, Co^{2+} 혼합계에서는 Cu^{2+}가 특히 크고, Fe^{3+}, Cu^{2+}, Ni^{2+}, Co^{2+} 혼합계에서는 Fe^{3+}가 크고 이어 Cu^{2+}이며, Sn^{4+}, Fe^{3+} 혼합계에서는 Sn^{4+}가 Fe^{3+}보다 크다. 또 Pb^{2+}, Cd^{2+}, Zn^{2+} 혼합계에서는 Pb^{2+}가 크고, Cr^{2+}, Cr^{3+}, Zn^{2+} 혼합계에서는 Cr^{3+}이 최고의 이온교환 용량을 나타낸다. 즉 원자가가 큰 이온일수록 선택적으로 이온교환이 된다. 또한 알긴산의 선택적 이온교환 작용은 알긴산을 구성하는 D-mannuronic acid와 guluronic acid의 비율에도 밀접한 관계가 있어, L-guluronic acid가 많은 알긴산일수록 Ca^{2+}, Mg^{2+}보다도 Sr^{2+}에 대한 이온교환 용량이 크다고 한다.

(5) 화학 반응성

알긴산은 유리의 COOH기와 OH기를 가지는 고분자 물질이므로 그 COOH기는 알칼리에 의해서 중화되어 염류가 되고, 또 알콜류와 축합하면 에스테르를 생성한다. 한편 OH기는 다른 유기산과 축합하면 에스테르를, 알콜류와 축합하면 에테르를 생성한다. 그러나 알긴산의 COOH기는 반응성이 강하여 동일분자내의 OH기와 분자내 탈수를 하여 lactone을 만드는 성질이 강하므로, 알긴산을 알콜류와 반응시켜 에스테르를 생성시키기 위해서는 상당히 격렬한 반응조건이 필요하다. 이를테면 에틸알콜과의 에스테르를 생성하는데는 가압하에서 약 130℃로 가열하여야 한다. 또 glycol, glycerol과 에스테르를 만드는데는 약 120℃로 가열하여야 한다.

그러나 alkylene oxide(R— CH— CH_2, with O bridging CH and CH_2)는 알긴산과 비교적 저온에서 에스테르를 만들며, 알긴산나트륨을 사용하는 쪽이 반응이 용이하다.

한편, 알긴산을 진한 염산(13% 정도)과 같이 가열하면 furfural과 CO_2를 생성한다. 이 반응을 이용하여 알긴산을 정량할 수 있고, 또 가열할 때 orcinol을 첨가하면

적자색, napthoresocinol을 첨가하면 흑자색을 나타내므로 알긴산의 검출에도 이용할 수 있다.

(6) 다른 물질과의 혼화성(compatibility)

알긴산염의 수용액은 다른 천연 호료(locust bean gum, gum guar, carrageenan 등), 단백질, 전분, 당류, glycerol 등과는 용이하게 혼합한다.

5) 알긴산의 제조

(1) 원조의 전처리

전처리는 원조의 세척뿐만 아니고 원조 중의 알긴산 이외의 성분, 즉 laminaran, fucoidan, mannitol, 염화칼륨, 요오드, 색소 등을 될 수 있는 대로 제거하는 동시에 다음 추출공정을 용이하게 하기 위한 것으로 묽은 알칼리 처리와 묽은 산처리를 하는 경우가 많다. 전처리의 일례를 들면 원조를 선별하여 2~3cm 정도로 절단한 후, 원조 중량의 약 10~15배량의 0.03~0.2% NaOH 또는 Na_2CO_3 용액에 담그어, NaOH의 경우는 약 40℃, Na_2CO_3의 경우는 약 60℃에서 약 1시간 정도 처리한다. 이 처리에 의해서 원조 표피 중의 흑갈색 색소(polyphenol류의 산화성 물질)등이 용출, 제거된다. 또 이 처리에 의해서 저점성의 알긴산의 일부가 흑갈색 색소와 함께 용출한다. 다음 원조를 약 10~15배량의 0.3~0.5% HCl 용액에 담그어 상온에서 약 1시간 처리한다. 이 처리에 의해서 많은 불순물이 용출되는 동시에 조체 중에 대부분 Ca염으로 존재하던 알긴산이 다음과 같은 평형을 이루게 된다. 이러한 전처리를 마친 원조는 수세를 한다.

$$\text{Alginic acid} \cdot \text{Ca} + 2\text{HCl} \longrightarrow \text{Alginic acid} \cdot \text{H}_2 + \text{CaCl}_2$$

(2) 추출

조체 중에 주로 불용성의 Ca염으로 존재하는 알긴산을 Na염이나 NH_4염등의 수용성염으로 변화시켜 용출시킨다. 즉 전처리를 거친 원조는 보통 Na_2CO_3 또는 NaOH 용액으로 처리하여 조체 중의 알긴산을 알긴산나트륨으로 바꾸어 물에 용출시킨다. 이 때 NaOH를 사용하면 알긴산의 해리, 중합이 일어나, 점성이 떨어지기 쉬우므로 주로 Na_2CO_3를 많이 쓴다. 보통 원조 중량의 20~25배량의 0.4~1.5% Na_2CO_3 용액을 가하여 50℃~60℃에서 2~4시간 정도 처리한다. 이렇게 하면 조체는 붕괴하여 아주 점조한 용액으로 된다. 또 알긴산의 추출제로서 oxalic acid의 알칼리염(NH_4, Na염 등)을 쓰는 수도 있다. 이것은 Na_2CO_3에 의한 추출과는 달리 미산성 내지 중성에서 추출이 되는 결과 알긴산의 해리, 중합에 의한 변화가 적어, 점성이 높은 알긴산을 추출할 수 있다.

Alginic acid · Ca + M · oxalate ⟶ Alginic acid · M + Ca · oxalate
(M은 Na 또는 NH_4)

알긴산 추출액은 원조중량의 20~25배량의 액량이지만 극히 점조하여 그대로는 여과 및 정제하기가 힘드므로, 다량의 물을 첨가하여 약 100배량 정도로 묽게 하여 여과한다. 또 알긴산 추출액은 상당량의 단백질, 섬유질 등을 함유하여 부패하기 쉬우므로 0.03~0.2% 정도의 포르마린을 첨가하여 여과하는 수도 있다.

(3) 여과 및 정제

묽게 한 알긴산 추출액으로부터 조체의 섬유질 불용 잔사를 제거하기 위해서 침강법, 공기 부유법, 원심 분리법, 규조토 첨가 여과법 등이 쓰이고 있다. 추출액을 장시간 방치하는 침강법은 변패 및 해리, 중합을 일으키기 쉬우므로 일반적으로 공기 부유법이 많이 이용된다. 이 방법은 추출액 탱크의 저부에 있는 파이프 세공으로부터 CO_2 또는 공기를 불어 넣어 공기의 미포를 잔사 표면에 부착시켜 추출액 상층에 부유시켜 제거하고, 하부로부터 맑은 추출액을 분취하는 방법이다. 이렇게 해서 분취한 여액에 여과조제를 첨가하여 filter press나 원심분리기로 정제하여 청징도가 높은 여액을 얻는 수도 있다. 또, 처음부터 추출액에 여과조제로서 규조토나 perlite 등을 가하여 filter press를 통과시켜 여과하는 방법도 있다.

(4) 표백 및 응고 석출

여과액에 알맞는 양의 차아염소산나트륨 용액을 가하여 알긴산을 표백한 다음 적당량의 묽은 황산을 침가하여 알긴산을 응고 석출시킨다. 원조의 종류에 따라 황산에 의한 응고 석출이 불완전한 경우가 있는데, 이러한 경우에는 $CaCl_2$ 용액을 첨가하여 먼저 알긴산칼슘으로서 응고 석출시킨 다음, 이것을 묽은 염산 중에 담그어 Ca을 제거하여 알긴산을 얻는 방법도 있다. 또 알긴산 추출액을 전기분해하여 양극판상에 알긴산을 석출시키고, 음극으로부터 NaOH를 회수하는 방법도 있다.

(5) 탈수 및 중화

응고 석출한 알긴산 gel은 압착 또는 원심분리기에 의해서 될 수 있는 대로 수분을 제거한다. 이것을 그대로 건조하여 제품으로 할 수도 있으나, 일반적으로는 수용성의 알긴산나트륨으로 만들어 제품화한다. 즉 탈수한 알긴산 gel을 NaOH를 함유하는 알콜(메틸 또는 에틸)과 같이 밀폐용기 중에서 교반하여 탈수와 동시에 알긴산나트륨으로 전환시킨다.

(6) 건조 및 분쇄

알긴산나트륨 gel은 screw press로써 압착하여 알콜을 분리시키고, 열풍건조나 진공건조에 의해서 잔여 알콜을 증발시킨 후, 80~100mesh 정도로 분쇄한다. 공업적으로는 탈수공정에서 건조공정까지는 밀폐 연속장치에서 처리하여 폐알콜을 회수하여 재사용하도록 하고 있다. 이러한 알긴산 제조공정은 제품의 품질을 높이기 위해서 공장에 따라서 약간씩의 차이가 있다. 이를테면 미국의 Kelco Co.(H.C. Green의 방법)에서는 추출처리를 10℃ 정도의 저온에서 하고, 또 Algine Corp. of America(C.E. Le Gloahec and J.R. Melter의 방법)에서는 알긴산 석출 gel을 알콜 탈수처리를 하고 있는 것이 특색이다.

6) 알긴산의 용도

알긴산은 물성이 다양하여 여러 분야에 널리 이용된다. 이들 중 중요한 것을 표 13.5에 나타내었다.

표 13.5 알긴산류의 주된 용도

종류	용도	사용 예
알긴산 나트륨	식품	증점안정제(아이스크림, filling, topping등) 전분조직 안정, 노화방지 gel화제(과일젤리, 구형젤리, 양파링성형기제, 어란상식품등) 건강식품
	의료	X선조형안정제, 치과인상제, 습포약기제, 소화관 점막보호제
	사료	사료점착제, 애완용동물 사료 점착제
	화장품	로션, 샴푸, 크림등 화장품원료
	공업	섬유용나염풀, 용접봉첨가제, 토목용오니응집제, 수처리응집 침강제, 제지 sizing제(감압지, 지력증강), 농약, 인공종자, 액체비료
알긴산	식품	면질개량제, 증점안정제, gel화제, 증점제(알칼리염과 병용), 건강식품
	의료	정제붕괴제
Propylene Glycol Alginate (PGA)	식품	증점안정제(아이스크림, 샤벳, 오렌지드링크, 시럽) 증점제(잼, 스프, 케 , 소스류) 유화안정제(유산균음료, 요구르트, 드레싱, 마요네즈, 마가린, 파스타) 맥주용 포말안정제 면질개량제(면, 파스타)
	의료	X선 조형안정제
	화장품	화장품 원료

(1) 식품가공용

미국 FDA에서는 알긴산을 일반적으로 허용된 안전성 식품으로 인정하고 있다. 알긴산의 수용성 염류, 주로 알긴산나트륨은 고분자 다당류인 동시에 친수성 물질이므로 다음과 같은 특성을 지니고 있다. 즉 ① 증점성, ② 보호콜로이드성(유화성, 침전방지작용 등), ③ 포말안정성, ④ 보형성, ⑤ 피막형성성, ⑥ 이장 방지작용, ⑦ 응교성, ⑧ 결정석출 방지작용, ⑨ 응집침강 촉진작용등이다. 식품가공용으로서 큰 수요를 가지고 있는 것이 아이스크림의 안정제이다. 즉 ① 저장중의 빙결정의 성장방지, ② 이장방지, ③ Ca와의 반응에 의한 보형성의 향상 등의 효과를 나타낸다. 최근에는 CMC(carboxymethyl cellulose), gum guar, locust bean gum, carrageenan, 중합인산염 등을 병용하여 각 성분의 특성을 살리도록 하고 있다. 연유, 쥬스류의 증점제, 식육의 결착제, 연제품의 부형제, 양조제품(맥주, 청주, 간장 등)의 청징제 등으로 이용된다. 또 육가공에 있어서 수분증발방지, 산화방지, 염석등의 현상을 방지하기 위하여 표면피복제로서의 용도도 있다. 특히 알긴산의 triethanolamine염은 유화성, 방부성, 증점성 등이 강하여 표면피복제(coating제)로서 적합하다. 또, 빵, 양과자 등에 첨가하여 노화방지제로서도 많이 이용되며, 정어리, 카제인, 혈장 등과 혼합하여 섬유상 단백질 제품도 제조된다. 이들의 구체적인 예를 표 13.6에 정리하였다.

표 13.6 알긴산의 식품분야에 최근의 이용 예

주된성질	알긴산 종류	용도
노화방지및 면질개량	Na염, 산	소맥분에 첨가하여 면의 탄력 · 조직감 개량, 빵의 조직감 개량, 즉석라면의 식감개량
보수성	PGA, Na염, 산	고당식품, 잼, 케찹의 이수방지
증점성	PGA, Na염, 산	스프의 걸죽한 맛, 잼, 소스의 고형분분산안정제, 연제품 결착제, 푸딩 · 젤리의 식감개량, 유제품 증점 · 보형
내산성	PGA	유산균음료 유단백침전방지, 농축쥬스류의 고형분 분산제
내염성	PGA	장유, 소스의 증점 · 분산제
유화안정성	PGA, Na염	아이스크림 · 샤벳의 over run유지, 마요네즈 · 드레싱 유화안정
포말안정성	PGA	맥주의 거품유지
응집성	Na염	양조시 액의 협잡물제거, 미생물 제거
막형성성	Na염	식품표면코팅으로 수분증발방지, 식품결착시 수분이행방지, 면류표면처리로 보존성 향상, 광택증강, 수산물 glazing
내열성	Na염	한천 · 유제품내열성개선, 젤리의 고형물 고정
겔화성	Na염	어란 · 지느러미 · 치즈등 모조식품 · 커드 · 축육 · 어육 결착제, 조미료 고정, 한천형상유지

(2) 의약용

알긴산나트륨의 수용액을 방사액으로 하여 $CaCl_2$, 에탄올용액 중에 응고방사하면 알긴산칼슘섬유를 얻을 수 있다. 이 섬유는 알칼리성 수용액에 용해하나, $Al_2(SO_4)_3$ 처리를 한 것은 용해하지 않는다. 또 염기성 철명반용액으로 처리하면 한층 알칼리 용액에 불용으로 된다. 그런데 알긴산칼슘 섬유를 NaOH 에탄올 용액으로 처리하여 수용성의 알긴산나트륨 섬유(Ca 소량을 함유)를 만들어 외과용 섬유, 이를테면 봉사, 가아제 등으로 사용하면 시일의 경과와 더불어 혈액 중에 용해하므로 후일에 실을 뽑아낼 필요가 없다.

알긴산나트륨 paste(알긴산나트륨 수용액은 고점성이므로 10% 이상의 농도에서는 paste상태가 됨)에 소석고($CaSO_4 \cdot 1/2H_2O$) 분말을 균일하게 혼합하면 고무모양의 탄성물이 된다. 여기에 Na_2CO_3와 같은 알칼리 염류를 첨가하면 응고시간을 적당히 길게 할 수 있다. 이 성질을 이용하여 치과 인상제로 사용된다. 알긴산인상제의 조성을 표 13.7에 나타내었다.

표 13.7 알긴산 인상제의 조성

성분	비율(%)
Ca · alginate	18
Calcium sulfate	14
Sodium phosphate	2
첨가제	10
Zinc oxide	
Fluoride	
Silicate	
Borate	
부형제	
Silica	6
물	50

또 알긴산나트륨 paste를 출혈하는 상처에 바르면 혈액 중의 Ca와 반응하여 불용성으로 되므로 지혈제로도 이용된다. 또한 알긴산나트륨의 극히 묽은 수용액에 NaCl을 녹여 혈액과 같은 삼투압을 가지도록 한 것은 대용혈장으로 사용할 수 있다. 그 밖에 연고기제, 정제부형제 등으로도 이용된다.

(3) 공업용

제지공업에서는 인쇄용지나 골판지 원지의 표면 마무리제, 광택제, sizing제 등으로서 이용된다. 청각등은 해조를 이용한 종이를 만드는데 이용되며, 재미있는 것은 스피커의 저음용 울림판 종이로서 사용된다는 것이다. 음향 메이커인 pioneer사에서는 바이오콘이라는 상품명으로도 만들어 팔고 있으며, 이태리에서도 목재 펄프 등과 혼합하여 친환경 종이를 만들고 있다.

도료공업에서는 수성, emulsion, latex계의 각종 페인트의 유화제, 침전방지제 등으로 사용된다. 직포의 방수가공에는 알긴산나트륨의 수용액을 함침시킨 다음, 초산알루미늄용액으로 처리 한다. 알긴산의 일부 금속염류(Zn, Fe, Co 등)는 NH_3와 착화합물을 만들어 수용성으로 되나, 건조 후 NH_3가 증발하면 원래의 불용성 염류로 되므로, 이 성질을 이용하여 벽도료에 사용된다. 또 알긴산나트륨을 극히 소량 latex에 첨가하면 고무가 emulsion 상태에서 응집하여 수분을 분리하고 상층에 농축된다. 이 성질을 이용하여 latex의 고무농축제로 이용된다. 또, 알긴산나트륨의 건조막은 전도성이 있으므로 사진필름의 표면에 도포하여 대전 방지제로서 사용된다.

섬유공업에 있어서 날실풀, 마무리풀, 날염풀 등으로 다른 호료와 배합하여 염색에 사용한다. 전분풀에 알긴산나트륨을 배합하면 풀의 품성이 좋아지고, 또 잘 부패하지 않게 된다. 또 직물의 염료 중 섬유와 화학반응을 하여 염착되는 염료, 즉, 반응 염료가 날염에 많이 사용되는데, 이 염료는 섬유소의 OH기와 반응할 뿐만 아니고, 날염풀의 OH기와도 반응하게 되므로 비교적 반응성이 적은 알긴산나트륨이 날염풀로서 많이 이용된다.

그 밖에 화장품공업에서 증점제나 침전방지제로서, 또 피혁가공에 있어 표면 마무리제로서 용도가 있다.

(4) 이온교환체로서의 이용

알긴산이나 그 염류의 양이온 교환작용은 보통 양이온 교환수지와는 달리 양이온에 대한 선택성이 극히 크다는 점이 특징이다. 따라서, column에 알긴산을 충전하여 시료액 중의 금속이온을 흡착시킨 다음, 산액으로 용리시키면 이들 금속을 분리 정량할 수 있다. 이를테면 알긴산을 사용하여 다음과 같은 금속이온 혼합계를 분리 정량할 수 있다.

$$Fe^{3+} - Mg^{2+},\ Fe^{2+} - Ni,^{2+},\ Cu^{2+} - Mg^{2+},\ Cu^{2+} - Ni^{2+},\ Cu^{2+} - Zn^{2+},$$
$$Al^{3+} - Be^{2+},\ Th^{2+} - Ce^{2+},\ Fe^{2+} - Cu^{2+} - Ni^{2+},\ Fe^{2+} - Cu^{2+} - Mg^{2+}$$

한편 알긴산의 이온교환작용을 이용하여 방사성 폐액 중의 ^{90}Sr, ^{137}Cs 등의 방사성 원소도 제거할 수 있는데, ^{90}Sr의 제거율을 보면 Amberlite IR-120과 거의 같은 정도의 제거 능력을 가지고 있다. 이러한 성질로 해서 알긴산이 방사성 Sr이나 Cd와 같은 유해성 중금속의 생체내 흡수를 억제하는 효과가 있다는 것이 알려져 있다. 즉, 식품 중의 Sr, Cd 등은 위장에서 흡수되어 뼈에 축적이 되는데, 이 때 위장내에 알긴산이 존재하면 이것들과 결합하여 알긴산 Sr, 알긴산 Cd등의 염을 형성하여 체외로 배설된다.

(5) 용수 또는 폐수처리제

하천수는 이토나 폐수 등의 혼입으로 오탁되는 수가 많은데, 이러한 하천수의 처리에 여러가지 응집제, 특히 유기고분자 응집제가 많이 사용된다. 알긴산나트륨과 같은 음전하를 가지는 고분자 전해질은 극히 소량 첨가하여도 수중의 소수성 현탁입자를 잘 응집시키는 작용이 있다. 그러므로 수도물의 처리에 알긴산나트륨이 사용되고 있다. 또한 알긴산염은 Fe 이온과 잘 반응하여 이온교환을 하므로 공업용수의 제철제로서 이용할 수가 있다. 특히 수중에 가용성 규산이 많이 함유될 때에는 양이온교환수지인Amberlite IRC-120은 제철작용이 상당히 저하되나 알긴산칼슘은 거의 영향을 받지 않는다.

(6) Propyleneglycol alginate(PGA)의 이용

알긴산의 유도체 중 가장 많이 이용되고 있는 것이 PGA이다. PGA는 알긴산에 Propyleneoxide를 반응시켜, 그 carboxyl기에 propylene glycol기를 도입시킨 것이다.

$$\underset{\text{알긴산}}{Alg \cdot COOH} + \underset{\text{propylene oxide}}{CH_2\overset{/\,O\,\backslash}{-}CH \cdot CH_3} \longrightarrow \underset{\text{Propyleneglycol alginate}}{Alg \cdot COO{-}CH_2 \cdot CH(OH) \cdot CH_3}$$

알긴산과 propylene oxide와의 반응 mol비는 1 : 6, autoclave중에서 보통 약 75℃, 4시간 정도 반응시킨다. 이 때 알긴산의 함수율이 30~60% 정도가 되도록 알긴산 gel을 알콜로써 탈수하여 사용한다. 이 PGA는 다른 알긴산염과는 달리 다음과 같은 특성을 지니고 있다. ① 내산성이 강하여 pH 2~3에서도 물에 용해하며, 알긴산나트륨과 같이 응고 석출하는 일이 없다. 단 pH 2이하에서는 해리, 중합이 일어나 점도가 떨어지며 또 강알칼리성에서도 점도가 저하한다.② 분자 중에 친유기를 가지기 때문에 콜로이드용액에 대한 안정성과 계면활성제적인 유화성을 같이 가지고 있어, 뛰어난 유화안정성을 나타낸다. ③ 알긴산나트륨 용액은 2가 이상의 금속염을 첨가하면 응집침전을 일으키나, PGA는 carboxyl기가 봉쇄되어 있으므로 금속염의 첨가에 대하여 안정하다. ④ 포말 안정효과가 있어 발포주등에 첨가하면 맥주와 같은 상태가 된다. 이러한 PGA의 특성을 이용하여 산성음료(유산음료, yoghurt등)의 안정제, 각종 식품(mayonnaise, margarine, French-dressing 등)의 유화안정제, 면류(spaghetti 등)의 조직 개량제, 맥주 및 발포주의 포말안정제 등으로 사용된다.

(7) Bioreactor의 고정화제

세포포착제로서의 기능을 이용하여 bioreactor의 고정화제로 이용하는 것이다. 알긴산나트륨 용액에 세포를 현탁시켜 다가 금속이온 용액에 적하하여 덩어리 모양으로 만든다. 이 방법으로 에탄올과 식초 생산등에 이용을 연구하고 있으며, 아직까지 미비한 점이 많이 있으나, 앞으로 발전 가능성이 큰 분야의 하나이다. 연구 사례를 소개하면 표 13.8과 같다.

표 13.8 알긴산을 고정화한 세포의 사용 예

세포	목적 생성물
세균류	
Erwinia rhapontici	isomaltose
Pseudomonas denitrificans	음료수
Zymomonas mobilis	ethanol
남조류	
Anabaena sp.	ammonia
사상균	
Kluyveromyces bulgaricus	유청 가수분해
Saccharomyces cerevisiae	ethanol
Saccharomyces bajanus	champagne
녹조류	
Botryococcus braunii	탄화수소
식물세포	
Chatharanthus roseus	alkaloid
Daucus carota	alkaloid
각종식물	인공종자
식물 protoplast	세포처리
포유류세포	
hybridoma	monocronal 항체
langerhans 섬	인슈린
섬유모세포	interferon-β
임파종양	interferon-α

(8) 인공종자에 이용

조직배양으로 증식시킨 부정형 배아를 캡슐로 싸서 종자의 기능을 갖도록 하여 밭에 직접 뿌리는 방법인데 캡슐 제조에 알긴산 칼슘등을 이용하는 것이다.

7) 알긴산의 생리작용

(1) 콜레스테롤 저하작용

알긴산나트륨 분자망에 사람이 섭취한 콜레스테롤 분자를 둘러싸 그대로 몸 밖으로 배출시킴으로서 장에서 콜레스테롤의 흡수를 막아 혈중 콜레스테롤을 감소시킨다. 콜레스테롤 1%와 담즙산 0.25%를 함유한, 실험적으로 고콜레스테롤증을 일으킬만한 사료에 5% 알긴산나트륨을 첨가하여 흰쥐를 사육한 결과, 혈청콜레스테롤, 간장콜레스테롤, 총지질, 총지방산 농도의 상승을 억제하는 효과를 나타내었다(그림13.2).

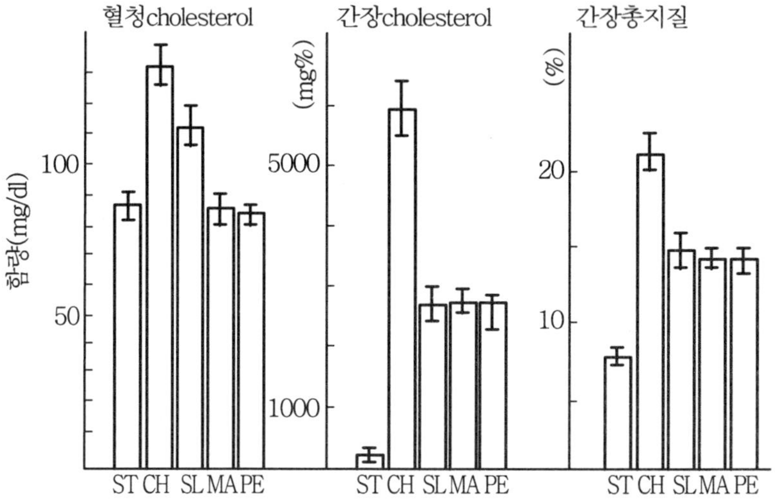

그림 13.2 알긴산나트륨, pectin, 곤약만난의 콜레스테롤 상승 억제 효과

(ST : 무콜레스테롤 사료, CH : 콜레스테롤사료, AL : 5%알긴산나트륨, MA : 5%곤약만난, PE : 5%pectin)

또, 알긴산의 propylene glycol ester가 혈청콜레스테롤을 억제하는 효과가 있으나 propylene glycol 자체는 효과가 없었다. 또, 콜레스테롤 사료로 랫드를 사육하면 단기간에 콜레스테롤이 상승하지만, 알긴산나트륨을 5% 혼합한 사료를 급이하면, 곤약만난이나 pectin보다는 약하지만 콜레스테롤의 상승 정도가 약하게 나타났다.

한편, 점도가 다른 알긴산나트륨의 장내 세균에 미치는 영향을 검토한 실험이 시도되었다. 고점도의 알긴산염을 2% 첨가한 사료로 랫드를 1주간 사육하였을때는 별 차이가 없었으나, 저점도의 알긴산 첨가식에서는 맹장내의 pH가 크게 낮아져 혈청중 콜레스테롤과 triglyceride 함량을 저하시켰다. 이와 같이 점도가 다른 알긴산은 혈청지질이나 장내균총에 각기 다른 영향을 줌을 알 수 있다.

(2) 고혈압 저하 작용

식염의 과다 섭취는 고혈압을 유발한다고 알려져 있다. 이것은 섭취된 식염 중 나트륨 이온과 칼륨이온의 균형이 깨어져 혈관을 수축시키기 때문이다. 여기서 알긴산칼륨을 식염이 혼합된 식품과 함께 섭취하면 알긴산염은 위속에서 위산에 의해 칼륨이온을 분리해 버린다. 이것이 장으로 이행하면 장은 알칼리성이므로 알긴산과 함께 섭취된 나트륨이온과 일부 결합하여 체외로 배출되어 버린다. 이것은 알긴산의 화학적 특징의 하나인 이온교환 반응이 소화관내에서 일어나기 때문이다. 한편, 알긴산에서 떨어져 나온 칼륨이온은 장에서 흡수되어 혈중 나트륨을 쫓아버린다. 이와같이 알긴산염은 이중작용으로 혈압을 낮추게 된다.

본태성 고혈압 모델 동물로 식염을 좋아하여 혈압이 상승하는 유전자를 가진 고혈압 자연유발 랫드(SHR)가 개발되어 있는데, 이 랫드가 알긴산칼륨을 섭취하면 그림 13.3과 같이 나트륨의 섭취와 상관없이 혈압상승을 억제하는 것이 알려졌다.

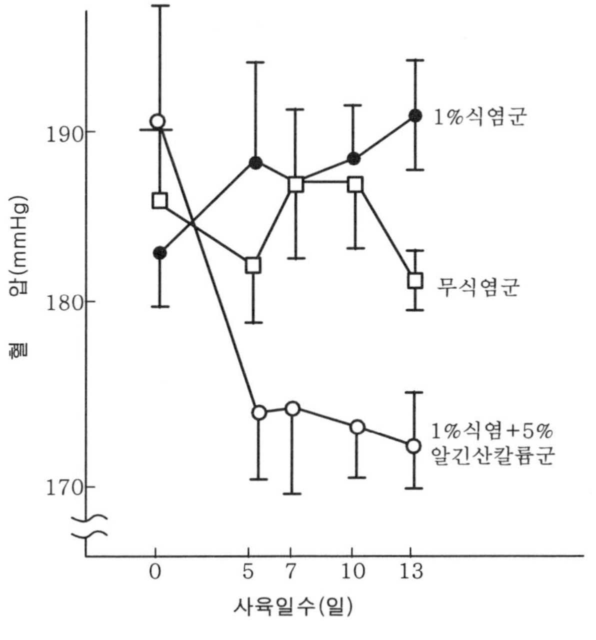

그림 13.3 고혈압 랫드 혈압의 변화

이것은 그림 13.4와 같이 소화관내 pH의 변화에 의해 이온교환반응이 일어나 알긴산과 결합한 양이온은 위속이 산성이기 때문에 유리되고, 소장에서는 알칼리이기 때문에 양이온과 재결합한다. 이 때, 과잉의 나트륨이 존재하면 칼륨보다 나트륨이 결합하기 쉬워 나트륨의 흡수를 저해하여 분변으로 배출되는 것을 촉진하기 때문이다. 한편, 위속에 유리된 칼륨은 소장에서 흡수되어 혈압 저하에 기여하기 때문이다.

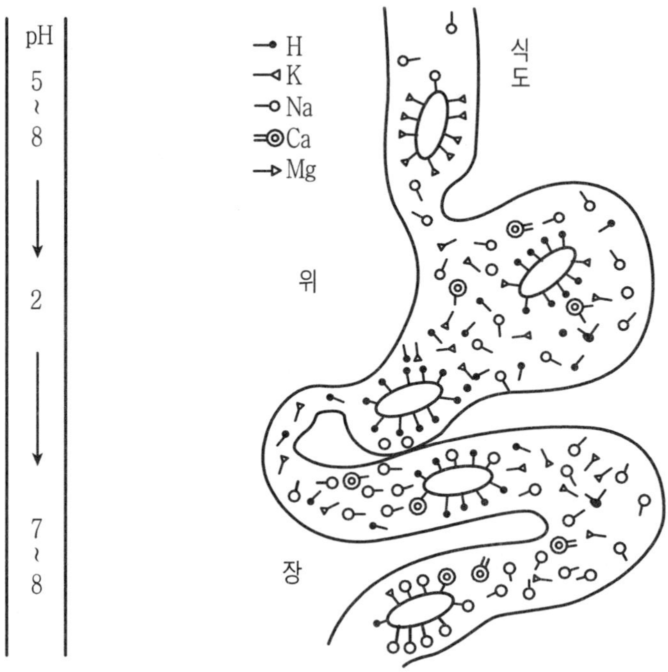

그림 13.4 소화관내에서 알긴산과 양이온의 결합의 변화

(3) 효소의 활성화

알긴산나트륨을 음식과 함께 섭취하면, 장내의 amylase와 protease의 활성이 높아진다고 한다.

(4) 유해물질의 제거

알긴산은 칼슘과 결합하지만, Sr(스트론티움)이나 Cd(카드뮴)와도 결합한다. 방사성 Sr에 오염된 시험동물에 알긴산을 주면, 알긴산이 Sr과 결합하여 체외로 배출되어 몸을 방사능 물질에서 지키는 것이 가능하다. 이것은 사람에게도 적용된다. 이에 대하여는 1971년 국제해양회의에서 캐나다 Mcgill 대학 위장연구소의 Skornya 박사에 의해 보고되었다. 이 후, 알긴산나트륨이 Cd나 Sr의 체내 축적을 억제하는 것이 알려졌다.

그 결과의 한 예를 그림 13.5에 나타낸 것과 같이 대황, 톳, 톱니모자반등 3종의 갈조에 ^{85}Sr, ^{45}Ca를 축적시켜 이를 랫드에 투여하여 체내 축적량을 비교한 결과, ^{45}Ca의 침착량에는 그다지 차이가 없으나, ^{85}Sr은 대조구에 비하여 각각 낮은 값을 나타내었으며, 이는 갈조의 종류에 따라서도 다름을 알 수 있다(그림 13.6).

방사성 ^{85}Sr, ^{45}Ca를 동시에 알긴산나트륨과 랫드에 투여하였을 때, 뼈에 방사성 Sr의 침착량은 그림 12.6에 나타낸 것과 같이 대조구에 비하여 크게 감소하였으나, Ca는 그다지 감소하지 않았다. 또한, pectin산은 알긴산과 같은 정도의 효과가 있으나 carrageenan은 전혀 효과가 없다.

한편, 우유사료에 알긴산나트륨을 첨가하면 우유 중에 Sr이 감소하는데 사람의 경우는 어떠할까? L-Guluronic acid 존재비가 70%인 알긴산나트륨 10g을 수용액으로 하여 마시고 20분 후에 ^{85}Sr을 마셨을 때, 체내 ^{85}Sr 잔존율을 비교하면 ^{85}Sr만 마셨을 때 보다 1/8이 감소하는 것을 그림 13.7에서 알 수 있다.

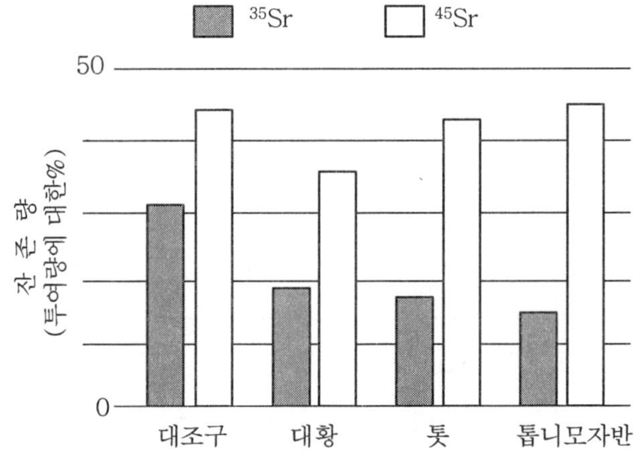

그림 13.5 투여 36시간 경과후 ^{85}Sr, ^{45}Ca의 랫드 체내 잔존량

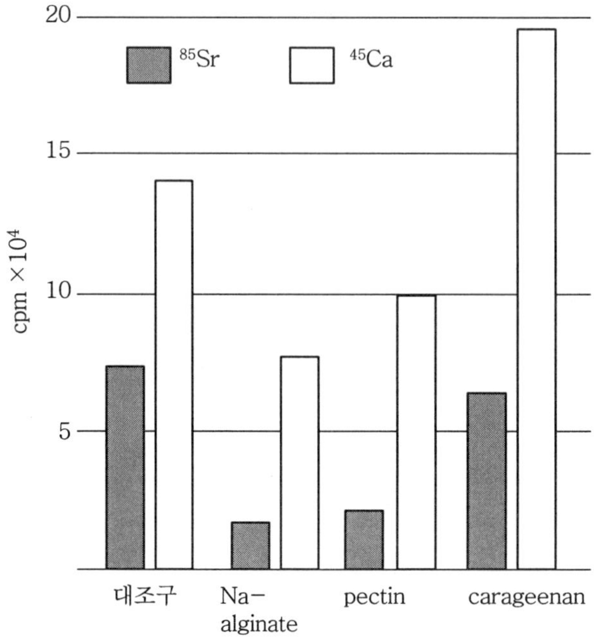

그림 13.6 랫드 대퇴골에 ^{85}Sr, ^{45}Ca의 침착량

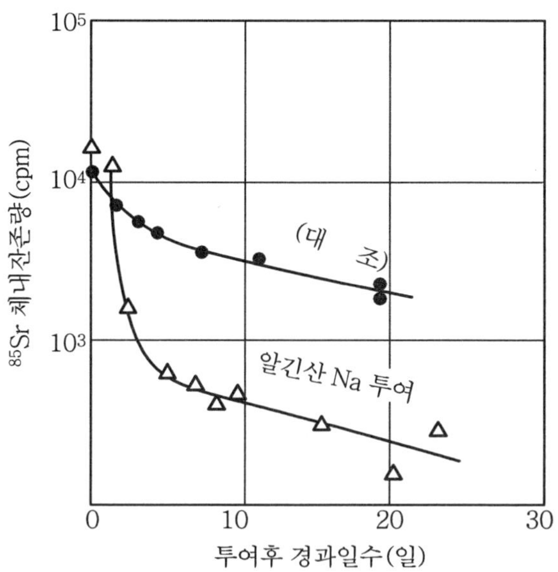

그림 13.7 알긴산나트륨 투여가 ^{85}Sr 잔존량에 미치는 영향

또, 표 13.9에 나타낸 것과 같이 3명의 시험자에게 ^{87m}Sr(반감기 2.8시간 짧은 것)을 우유에 섞어 마시게 하고, 알긴산나트륨이나 oligouronide(L-guluronic acid 97%)를 첨가하여 마시게 했을 때, 첨가한 것이 ^{87m}Sr의 흡수 억제효과가 큰 것을 알 수 있다. 그 조성으로 볼 때, 거의 대부분이 L-guluronic acid로 된 oligouronide가 현저한 효과가 있다.

표 13.9 알긴산 첨가에 의한 체내 방사성 ^{85}Sr 흡수효과

혈중 ^{87m}Sr(%/ℓ)	E.H.	G.H.	A.S.
control	0.584	0.573	0.480
manual SS/LD	0.198	0.315	0.106
oligouronide	0.088	0.094	0.079
7시간 뇨중 ^{87m}Sr(% 투여량)			
control	1.21	1.35	0.83
manual SS/LD	0.273	0.548	0.118
oligouronide	0.123	0.190	0.119

(5) 정장 작용

알긴산은 매우 큰 수화성, 보수성, 윤활성, 성형성 등에 의하여 정장작용이 뛰어나다는 것이 실험에 의하여 입증되었다.

(6) 암세포 증식 억제 효과

다당류에 항암성이 있다는 것은 오래전에 세균 배양액에서 얻은 다당 추출액에 항암 효과가 있음이 보고된 이래 주목을 받게 되었다. 해조 다당의 항암 효과에 대하여는 1959년 해조의 항암성을 검색하던 중, 알긴산과 mesogloia(*Mesogloia divaricata* 유래 다당)가 암 유발 마우스(sarcoma 37 복수종양 세포를 복강내에 이식시킨 마우스)의 복강에 투여하여 현저한 효과가 있었다는 보고가 최초이다. 암세포의 하나인 sarcoma 180 고형종양 세포를 이식한 마우스 복강에 모자반에서 추출 정제한 알긴산을 주사하였더니 암세포의 증식이 50%나 저지되었다고 한다. 또, 시약용으로 시판되고 있는 알긴산을 복강내에 투여하였을 때에도 sarcoma 180 고형종양 세포증식이 억제되었다. 그러나, 가수분해하여 D-glucuronic acid 획분과 D-mannuronic acid 획분으로 나누어 투여하면 활성이 없다고 한다. 알긴산의 항암성은 순도, 추출 원료의 종류 등에 따라 효과가 크게 다르다. 또, mannuronic acid block과 guluronic acid block의 함량과 항암성을 보면 mannuronic acid block이 많은 것이 항암성이 크다.

8) 알긴산의 안전성

(1) 급성독성

이제까지 알긴산의 생리작용 중 좋은 점만 설명하였으나 안전성에 관하여도 언급할 필요가 있다. 알긴산을 경구 투여시는 독성이 거의 없으며, LD_{50}도 측정할 수 없다. 마우스에 알긴산나트륨을 0.5g/kg, 1.0g/kg 비율로 복강투여하여 48시간 후 치사율은 각각 30, 80%를 나타내었으나 같은 량을 랫드에 투여시에는 독성이 없다. 알긴산나트륨을 정맥주사시 실험동물의 치사량은 다음과 같다.

집토끼 100mg/kg
3주령 마우스 200~500mg/kg
고양이 120~450mg/kg

알긴산나트륨은 적혈구 침강을 촉진하는데 이것은 혈중 칼슘에 의해 불용성의 알긴산칼슘을 만들어 침전되기 때문으로 보인다.

(2) 아급성독성

랫드를 대상으로 알긴산나트륨을 사료에 각각 10, 20, 30% 첨가하여 10주간 사육하였을 때, 20, 30% 첨가구가 최초 2주간은 사망률이 증가하였으나 이는 알긴산나트륨에 의한 것이 아니라 기아에 의한 것으로 독성은 없었다. 5, 10%의 경우는 약간의 체중증가가 적어졌다. 이러한 결과, 알긴산염은 건강에 지장이 없으며, 건강한 성인에게 하루 8g씩 1주일간 먹였어도 전혀 독성은 나타나지 않았다.

(3) 만성독성

알긴산나트륨을 사료에 5% 첨가시켜 랫드를 사망시까지 사육(128일간)하였어도 생존일수, 체중, 섭이나 물의 섭취에 악영향은 없었고, 부검시 육안 관찰로도 이상은 발견되지 않았다. 마우스 생후 1, 7, 14, 21일 각 4회에 걸쳐 알긴산을 피하주사하여 발암성을 조사하였으나, 종양은 발견되지 않았다. 이러한 결과로부터 미국 FDA도 GRAS(generally recognized as safe)로 알긴산을 안전한 식품첨가물로 수록하고 있는 것이다.

9) 알긴산 공업의 전망

현재 전세계의 알긴산 수요는 연간 3만 5천톤에 이르고 있으며, 이들 모두가 공업적으로 생산되고 있다. 일본이나 외국, 특히 중국에서는 근래 수년간 30여 공장이 문을 닫았으나 이는 경쟁에서 진 소형의 공장들이다.

세계의 알긴산 총 수요의 60%는 섬유, 용접봉, 제지등의 공업적인 것이며, 한천, carrageenan등이 식품에 널리 이용되고 있다. 공업적인 수요에는 중국 제품의 점유율이 압도적으로 생산량도 연간 15,000~18,000톤으로 가장 많다. 생산량의 절반은 수출하고 있으며, 나머지는 국내의 공업용이나 식품용으로 쓰이고 있다. 특히, 식품용으로는 정통 중국요리인 지느러미 요리나 해파리 모조품이 급신장하고 있으며, 앞으로도 유망한 시장이라고 한다.

미국과 유럽을 중심으로 한 전세계 식품이나 의약품 분야의 수요는 연간 15,000톤이다. 일본의 수요는 연간 2,500톤으로 낮으며, 그 중, 식품에의 응용은 400톤 정도로 적은 편이다. 이는 식품위생법상 알긴산을 해조에서 추출함에도 불구하고 화학적 합성품으로 분류되어 장기간 합성호료로 표시하도록 하여 소비자들이 거부반응을 나타낸 때문이다. 그러나 1995년, 외국과 같이 천연, 합성의 구분없이 첨가물로서 단일화되어 최근에는 신선한 소재로 인식되어 앞으로 이용이 더욱 활성화 될 것으로 기대된다.

2 carrageenan

carrageenan은 carragheenin 또는 carragenin이라고도 하는데, 홍조류의 돌가사리목(Gigartinales)에 속하는 해조 또는 지누아리목(Cryptoneminales) 일부 해조에 들어있는 세포간 물질로서 galactose와 anhydrogalactose를 주성분으로 하는 다당류의 황산 ester의 칼슘, 칼륨, 나트륨, 암모니움, 마그네슘염을 주성분으로 하는 산성 점질다당류이다. 이것은 우뭇가사리류에서 추출한 점질다당류인 한천과는 달리 황산기 함량이 많아 응고성이 약한 대신 극히 점성이 큰 것이 특징이다.

Ireland나 미국의 Massachusetts주 등지에서는 주름진두발(*Chondrus crispus*)을 그것의 집산지였던 Ireland의 해변촌 carragheen의 이름을 그대로 따서 carragheen 또는 Irish moss라고 불렀으며, 이곳에 살던 사람들은 600년 이전부터 유즙에 섞어 식량이나 호흡기계 민간약으로 이용하였다고 한다. 아일랜드에서는 감자가 주식이었으나 1800년대 중기의 대기근으로 이들 진두발을 식용하였으며, 여기서 추출한 점질물을 carrageenan이라 하게 되었다. 이들은 다당이기 때문에 국제당질 명명규약에 따라 carrageenan이라 하게 되었다.

1) 원조

표 13.10 주요한 carrageenophyte(카라기난 원조)

돌가사리목(Gigartinales)
  가시우무과(Hypneaceae) 가시우무속(*Hypnea*) - *H. musciforme*
  끈적살과(Solieriaceae) *Eucheuma*속 - *E. isiforme, E.spinosum, E. cottoni, E. unicinatum, E. gelatinae*
  돌가사리과(Gigartinaceae)
    진두발속(*Chondrus*) - *C. crispus*(주름진두발), *C. ocellatus*(진두발)
    돌가사리속(Gigartina) - *G. exasparata, G. papillata, G. acicularis, G. radula G. tenella*(돌가사리), *G. pistillata*
    *Iridacea*속 - *I. cordata, I. heterocapa, I. lineare*
지누아리목(Cryptoneminales) Halimenia과 *Corynomorpha*속, 지누아리사촌속

carrageenan 원조(carrageenophyte)로서는 홍조류중 돌가사리목에 속하는 많은 종류 및 지누아리목에 속하는 소수의 종류가 이용된다(표 13.10).

2) 화학구조

Carrageenan은 D-galactose와 3,6-anhydro-D-galactose로부터 된 고분자 다당류에 황산기가 일부 결합한 산성 다당류이다. 구성당이 한천과 비슷하나, 한천과 다른 점은 한천은 3,6-anhydro-L-galactose인데 비하여 carrageenan은 3,6-anhydro-D-galactose이고, 한천에서 β-D-galactose의 C-6 위치에 있는 -OH기가 methyl기나 sulfate로 치환되었고, 황산기의 함량이 한천은 3~6% 정도로 적은데 비하여 carrageenan은 20~35%로 극히 많으며, 또 한천은 응고력이 강한데 비하여 carrageenan은 응고력이 약하고 점성이 강한 점이라고 할 수 있다(표 13.11).

표 13.11 carrageenan의 주요 구성당

carrageenan 종류	주요 구성당
κ - carrageenan	D-galactose 4-sulfate, 3,6-anhydro-D-galactose
λ - carrageenan	D-galactose 2-sulfate, D-galactose 2,6-disulfate
ι - carrageenan	D-galactose 4-sulfate, 3, 6-anhydro-D-galactose-2-sulfate
μ - carrageenan	D-galactose 4-sulfate, D-galactose 6-sulfate, 3,6-anhydro-D-galactose
ν - carrageenan	D-galactose 4-sulfate, D-galactose 2,6-disulfate, 3,6-anhydro-D-galactose
ξ - carrageenan	D-galactose 2-sulfate, 3,6-anhydro-D-galactose-2-sulfate

구조는 α-1,3 결합 및 β-1,4 결합을 한 2당류 unit내에 황산기가 위치를 달리하여 결합하고 있다. 즉 carrageenan은 단일의 다당류가 아니고 황산기의 함량 및 결합위치 등에 따라 여러 종류의 carrageenan이 존재하게 된다. 종전에는 carrageenan 수용액에 KCl을 가할 때 gel화하여 침전하는 부분을 κ-carrageenan, 그대로 용존하는 부분을 λ-carrageenan이라고 하여 2종류로 나누었으나, 현재는 κ-, λ-, ι

−, μ−, ν−, 및 ξ−carrageenan 등의 6 종류가 알려져 있다. 그 중에서 κ−, λ−carrageenan이 가장 많이 연구되어 있다.

이들 carrageenan 은 화학구조상의 반복 단위가 되는 2당류의 carrabiose가 어떻게 구성되는가에 따라 두 유형으로 나눌 수 있다. 즉 그 하나는 D−galactose와 3,6−anhydro−D−galactose가 β−1,4 결합을 한 carrabiose가 다시 α−1,3 결합으로 연결한 ι−, κ−, ξ− carrageenan 등이고, 또 다른 하나는 D−galactose와 D−galactose가 β−1,4 결합을 한 carrabiose가 서로 α−1,3 결합으로 연결한 ν−, μ−, λ−carrageenan 등이다. 이들 carrabiose에 황산기가 C2, C4 또는 C6 등, 그 결합 위치를 달리함으로서 여러 종류의 carrageenan이 생겨나게 된다(그림 13.8).

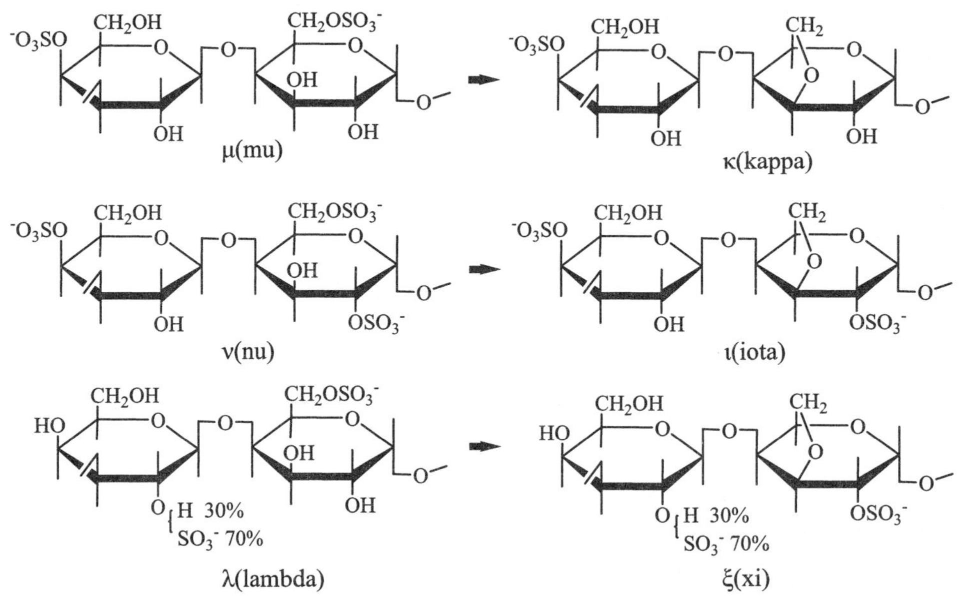

그림 13.8 carrageenan 구성에 있어 반복단위인 carrabiose의 추정구조

κ−carrageenan은 D−galactose와 3,6−anhydro−D−galactose 그리고 sulfate가 6:5:7의 비율로 결합해 있다. ι−, κ−carrageenan은 gel화하는 성질을 가지는데, D−galactose의 C4 위치에 황산기가 결합하여 있으며, 이에 비해서 점성을 나타내기는 하나 gel 화하지 않는 λ− 및 ξ−carrageenan은 그 위치에 황산기가 결합되어있지 않다.

그리고 ν-, μ-, λ-carrageenan은 각각 ι-, κ-, ξ-carrageenan의 전구체로서, 생체 내에서는 효소작용에 의해서 전환이 이루어진다. 뿐만 아니라 알칼리의 작용에 의해서도 이 전환이 되어지는 것이 알려져 있다. 즉, 알칼리에 의해 그림 4-7에 있어서 A쪽 D-galactose의 C6 위치에 결합하고 있던 황산기가 이탈하고 분자내 축합이 일어나 3,6-anhydro-D-galactose를 생성하게 된다. 따라서 원조에서 carrageenan을 추출할 때의 알칼리의 농도, 온도 및 시간에 따라 전환의 정도가 달라서 조성이 다른 제품을 얻을 수 있다. 그런데 carrageenan의 원조는 κ-, λ-, ι-, μ-, ν-, ξ-등의 6종류의 carrageenan을 모두 함유하고 있는 것도 아니다. 즉 원조의 종류에 따라 함유되는 carrageenan의 종류도 각각 다르다. 이를테면 κ-carrageenan을, *Eucheuma isiforme, E. spinosum, E. uncinatum* 등은 주로 ι-carrageenan을, 또 주름진두발(*Chondrus crispus*)은 주로 κ- 및 λ-carrageenan을 함유한다.

*Eucheuma*속으로 만든 carrageenan은 sulfate의 함량이 40% 이하이며, 분자량 약 150,000인 성분과 약 20,000이면서 sulfate함량이 많은 두 성분으로 되어 있다. *E. spinosum*이나 *Aghardhiella tenera* 등의 홍조에 들어있는 ι-carrageenan은 1,4 결합한 D-galactose의 C-4 위치와 3,6-anhydro-D-galactose의 C-2 위치에 sulfate가 결합해 있어서 친수성이 강하다.

그러나, 이러한 carrageenan의 조성은 계절에 따라서도 변동을 하며, 또한 생육세대에 따라서도 달라진다. 이를테면 돌가사리과의 진두발속(*Chondrus*), 돌가사리속(*Gigartina*), *Iridaea*속 등에서는 배우체(gametophyte)일 때는 κ-carrageenan을, 4분 포자체(tetrasporophyte), 조포체(sporophyte)일때는 λ-carrageenan을 생성한다고 한다.

carrageenan 함량의 계절 변화를 보면, 부산 연안산 진두발(*Chondrus ocellatus*)의 경우 동계(1~2월)에 함량이 낮고 추계(8~10월)에 높은 변화를 나타낸다. 또한 3, 6-anhydro- D-galactose 및 황산기의 함량변화는 역상관관계를 나타내어 황산기 함량이 적은 하계에 많았고, 반대로 황산기 함량이 많은 추동계(11~1월)엔 적다(그림 13.9).

또한 춘계에 채취한 진두발에서 추출한 carrageenan은 KCl 용액에 대한 용해도가 낮고 반대로 추계에 채취한 것은 용해도가 큰 경향을 나타내어, 계절에 따라 함유되는 carrageenan의 조성이 변화되는 것을 알 수 있다(표 13.12).

표 13.12 carrageenan의 성분 조성

구성성분(%)	κ-carrageenan	λ-carrageenan	ι-carrageenan
D-galactose	약 29	약 45	약 20
3,6-anhydro-D-galactose	23~28	약 2	20~30
황산기	13~27	30~35	30~32

한편 carrageenan을 분해하는 효소가 *Pseudomonas carraageenovora*에서 분리되고 있는데, 이 효소는 κ-carrageenan의 β-1,4 결합을 분해하며, 한천이나 λ-carrageenan에는 작용하지 않는다고 한다.

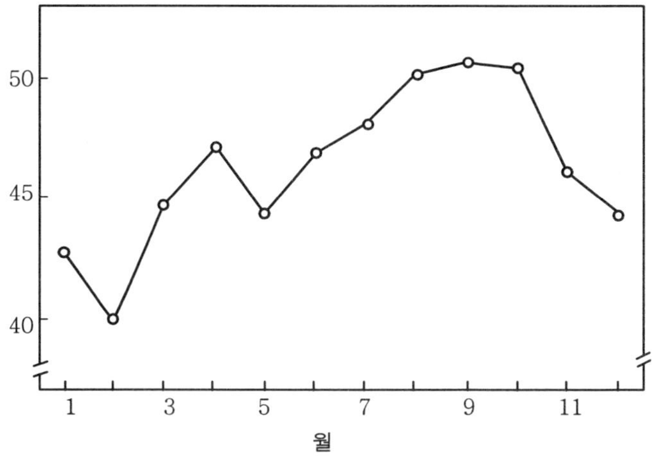

그림 13.9 부산 연안산 진두발(*Chondrus ocellatus*)의 carrageenan 함량의 계절 변화

3) 이화학적 성상

(1) 일반적 성상

Carrageenan은 무미, 무취의 백색 또는 옅은 황색을 띤 분말로서, 분자량은 10만 내지 80만 정도이다. carrageenan은 단일의 다당류가 아니고, 구성당의 결합방식, 황산기의 함량 및 그 결합위치등에 따라 6종류의 carrageenan이 알려져 있다. 즉 κ-, λ-, ι-, μ-, ν-, 및 ξ- carrageenan 등이며, 각각 특성이 다르다. 이 중 산업적으로 생산되어 널리 이용되는 것은 κ-, λ-, ι-carrageenan 이다.

(2) 용해성

Carrageenan에 에스테르 결합을 하고 있는 황산기에 K^+, Na^+, Ca^{2+}등이 결합하여 각종 염을 형성하는데, 염의 종류에 따라 용해성이 다르다. κ- 및 ι-carrageenan의 Na염은 냉수에 용해하나, K 및 Ca염은 팽윤할 뿐으로 용해하지 않는다. 그러나, 이들 염도 70도 이상에서는 완전히 용해한다. 단 ι-carrageenan의 Ca염은 요변성(搖變性, thixotropy)을 나타낸다. 즉 단순히 교반하여 줌으로서 gel이 유동성의 sol로 변하고, 이것을 방치하면 다시 gel이 되는 성질이 있다. 한편 λ-carrageenan의 모든 염은 냉수에 용해한다. 이들 수용액의 점도는 저분자량의 것은 농도와 더불어 거의 직선적으로 증가하고, 고분자량의 것은 지수 함수적으로 증가한다.

우유에 대한 용해성을 보면 κ-형 및 ι-형은 냉우유에 난용 내지 불용이나, λ-형은 냉우유에 용해한다. 가온 우유에는 모든 형의 carrageenan이 용해한다. 농후한 설탕용액(약 65%)에는 λ-형 및 κ-형은 가온하면 용해한다. ι-형은 가온하여도 난용성이다. 한편 농후한 식염용액에 λ-형은 저온에서도 용해하여 안정하나, κ-형은 가온하여도 불용이고, ι-형은 가온하면 용해한다.

(3) 응고성

Carrageenan의 응고성은 일반적으로 구성당 중 3, 6-anhydro-D-galactose의 함량이 많을수록, 또 황산기의 함량이 적을수록 강한 경향을 나타낸다. 또 분자 중의 황산기의 결합위치에 따라 응고성에 영향을 미친다. 즉 carrageenan 구성의 반복단위인 carrabiose의 구조에 있어서 A쪽 구성당의 C_6 위치에 결합한 황산기는 응고, 즉 gel화성을 방해하나, C_2 위치에 결합한 황산기는 방해하지 않는다. 한편 B쪽 구성당에 있어서는 C_2 위치의 황산기는 gel 형성을 방해하나 C_4 위치의 황산기는 크게 방해하지를 않는다.

κ- 및 ι-carrageenan의 열수용액을 냉각하면 응고하여 gel이 되는데, gel의 성상을 보면 κ-형의 것은 무르고 약하며 수분이 유리되는 이른바 이장현상이 일어나는데 비해서, ι-형의 것은 탄력이 있고, 이장현상이 없다. 또한 이들 gel의 강도는 금속이온의 존재에 의해서 강화되는데, 그 효과는 κ-형에 있어서는 $K^+ > Ca^{++}$이고, ι-형에서는 $Ca^{++} > K^+$ 이다.

이러한 gel강도 및 gel화 온도에는 carrageenan의 농도는 크게 영향하지 않으나, 금속이온의 농도는 크게 영향한다. 또 gel화 온도는 κ-K^+ 계에서는 10~50℃, ι-Ca^{++} 계에서는 40~60℃이고, gel의 융해온도는 gel화 온도보다 높아서 전자의 경우는 10~15℃, 후자의 경우는 4~5℃정도 각각 높다. 즉 carrageenan은 한천보다 gel화 온도와 gel의 융해온도와의 차가 적으며, 전반적으로 융해온도가 낮다. 또한 친수성이 강하여 응고한 gel을 일단 동결하였다가 해동하여도 수분유출이 적어 동결전의 gel상태로 되돌아가는 성질을 지니고 있다. 한편 λ-carrageenan의 수용액은 냉각하여도 gel화하지 않으며, 금속이온을 첨가하여도 gel화하지 않는다.

(4) 단백질과의 반응성

Carrageenan의 특성의 하나가 단백질과의 반응성이다. 즉 우유나 또는 콩 단백질 용액에 carrageenan을 첨가하면, 그 종류 및 첨가량에 따라 용액의 점도가 높아지고(λ-형), 또는 gel화한다(κ- 및 ι-형). 이 현상은 carrageenan과 단백질 분자가 복합체를 형성하기 때문이며, 이 때 Ca^{++}의 존재를 필요로 한다. 이러한 특성을 이용하여 유제품이나 육제품의 이장 방지제, gel화제, 보수 안정제 등으로 이용된다.

(5) 안정성

Carrageenan은 중성 내지 알칼리성에서는 고온에서도 안정하나, 산성에서는 가수분해되어 gel화력이나 점도가 떨어진다. 이러한 경향은 고온일수록 더욱 촉진된다. 일반적으로 pH 5이하에서 가열하면 상당히 급속히 분해하므로 pH가 낮은 식품의 제조에 carrageenan을 첨가할 때에는 가공조건을 조정 할 필요가 있다.

일반적으로 pH가 낮을 때의 안정성은 ι-형〉 λ-형 〉 κ-형의 순이다. 또한 가열의 영향을 보면 일반식품에 적용되는 온도범위에서는 비교적 안정하다. 그러나, 고온에서의 장시간 가열은 좋지 못하며, 90℃이상에서의 가열은 40분이내로 하는 것이 좋다.

(6) 다른 천연호료와의 혼화성(compatibility)

Carrageenan은 다른 천연호료, 예를들면 locust bean gum, tamarind seed

flour, gum guar, 한천, 젤라틴 등과 잘 혼합한다. 특히 locust bean gum과의 병용은 gel의 점탄성이나 보수력을 증강시키는 효과가 있다. 이러한 locust bean gum과의 상승적인 효과는 κ-형에서 두드러지고, ι-형이나 λ-형에서는 거의 볼 수 없다.

이들을 요약하여 표 13.13에 나타내었다.

표 13.13 carrageenan의 주요 성상

성상	κ-carrageenan	λ-carrageenan	ι-carrageenan
양이온의 영향	K^+이온에 가장 강하게 겔화	K^+이온에는 겔화 안함	Ca이온에 가장 강하게 겔화
냉수용해성	팽윤하나 불용, Na염은 잘녹음	모든금속염이 가용, 용액 유동성 양호	Ca염은 요변성, 분산액이 됨
고농도염 용해성	불용	불용	가열시 용해
고농도당 용해성	고온장시간 가열 용해	고온장시간 가열 용해	난용성
냉우유 용해성	불용	분해하여 점조, 겔화	불용
냉우유에 pyro 인산 Na 첨가시	점조, 겔화	점조, 겔화성 증대	점조, 겔화

4) 용도

Carrageenan은 미국 FDA에서 일반용인 안전식품으로서 용도는 그 점탄성, 보수성, 단백질과의 반응성, 유화안정성, 현탁분산성, gel 형성성 및 보형성등의 특성을 이용한 것으로 식품에 이용이 많으며, 최근에는 실내나 차량 방향제의 기질로서 이용이 많다.

(1) 유제품

아이스크림에 첨가하면 whey 분리방지, overrun의 향상 및 보형성을 높이는 효과가 있다(κ-형). 더욱 locust bean gum을 병용하면 일층 효과를 높일 수 있다. 또 chocolate milk drink에 첨가하면 cocoa입자의 침전을 방지하는 효과가 있다(κ-및 ι-형). 또한 cream cheese의 whey 분리방지제 및 custard의 gel화제로서(κ-및 ι-형), whipped cream의 지방 및 기포안정제로서(λ-형) 이용되기도 한다.

(2) 제과

Jam, jelly, marmalade, milk pudding 및 양갱 등의 gel화제, 이장 방지제로서, 또는 빵류, cake, butter등의 조직 개량제, 보수제로서 이용된다(κ- 및 ι-형, 또는 λ-형).

(3) 육제품

Ham. sausage 및 어묵 제품 등의 texture개량제, 이장 방지제로서(κ- 및 λ-형), 또는 통조림식품의 gel화제, 인공육의 복합 결합제로서(ι- 및 κ-형) 이용된다.

(4) 일반가공식품

Sauce, ketchup, 된장, 조미 조림품 등의 증점제, 이장방지제로서, 또는 juice 및 syrup 등의 증점 안정제로서 이용된다(λ-형). 그 밖에 면류의 조직 개량제(κ- 및 ι-형), salad dressing의 유화안정제(κ- 및 λ-형) 등으로도 쓰인다.

(5) 화장품 및 의약품

Shampoo, lotion 등의 계면활성제, 치약 등의 증점 보형제, 정제의 증점 결착제 등으로 이용된다(λ-형).

(6) 기타

수성도료의 분산안정제, 도자기의 유약 현탁 안정제, 날염제의 증점제, 누에의 사료 첨가제, 수산 냉동품의 glaze제 등으로 쓰인다(λ-형).

5) carrageenan의 제법

원조를 수세하여 부착하여 있는 패각, 토사, 염분 등 불순물을 제거한 다음, 약알칼리성 조건하에서 2~5시간 자숙하여 추출한다. 자숙수량은 추출액의 carrageenan농도가 약 1.5% 정도가 되도록 조정하는데, 일반적으로 원조 중량의 30배량을 기준으로 가감한다.

자숙액의 알칼리 농도, 처리온도 및 시간 등에 따라 추출되는 carrageenan의 조성이 달라진다. 즉 μ-, ν- 및 λ-carrageenan은 각각 κ-, ι- 및 ξ-carrageenan의 전구체로서 조체 내에서 효소작용에 의해서 전환이 일어날 뿐만 아니라, 알칼리의 작용에 의해서도 전환이 일어난다. 즉, 알칼리의 작용에 의해서 D-galactose의 C-6 위치에 결합되었던 황산기가 이탈되면서 분자내 축합을 일으켜 3, 6-anhydro-D-galactose가 형성된다. 그러므로 처리조건에 따라서 추출되는 carrageenan의 황산기 및 3,6-anhydro-D-galactose의 함량이 달라진다.

산업적으로 생산되는 carrageenan은 κ-carrageenan을 제조할 때에는 황산기 함량이 적고, 3,6-anhydro-D-galactose 함량이 많도록, 또 λ-carrageenan을 제조할 때에는 그 반대로 조정한다.

자숙 추출액은 규조토나 perlite등의 여과조제를 첨가하여 filter press로 가압 여과한다. 얻어지는 여액을 carrageenan농도가 2.5~3.0% 정도가 되도록 가열 농축한다.

이 농축여액으로부터 carrageenan을 분리하는데는 알콜탈수법, 압착탈수법 및 드럼건조법 등의 세 가지 방법이 이용되고 있다. 알콜탈수법은 여액을 다량의 이소프로필 알콜에 주가 혼합하면 carrageenan은 탈수되어 침전하므로 분리, 압착하여 이소프로필 알콜을 될 수 있는 대로 제거한다. 이 침전을 다시 이소프로필 알콜로 수회 세척하여 정제한 후, 건조시켜 분쇄한다. 이 알콜탈수법은 사용한 알콜을 회수하여 증류, 정제를 거쳐 재사용하여야 하므로 생산원가가 높기는 하나, 고순도의 품질이 좋은 제품을 얻을 수 있고, 또 처리공정의 조정으로 κ-형, λ-형 등의 각종 형태별로 carrageenan을 얻을 수 있는 장점이 있다.

압착탈수법은 추출여액을 농축하여 스테인레스 스틸제의 순환벨트식 냉각판에 얇게 흘려 응고시킨 다음, 압착틀에 여과포와 응고한 gel을 교대로 쌓아올려 가압탈수한다. 탈수하여 박막상태로 된 것을 건조가에서 건조한 다음 분쇄한다.

드럼건조법은 농축여액에 소량의 mono- 또는 diglyceride를 박리제로서 첨가하여 드럼건조기에 의해서 필름상의 박막으로 건조한다. 건조된 박막에는 약 2% 정도의 박리제가 함유되어 있으므로 쉽게 건조기에서 벗겨진다. 벗겨낸 박막은 분쇄를 한다. 드럼건조법으로 제조한 제품은 알콜탈수법으로 제조한 제품보다 순도가 낮고, 그 수용액의 투명도 및 색조도 떨어진다. 따라서 최근에는 알콜탈수법이 많이 이용되고 있다.

6) 안전성

Furcellaria과(Furcellariaceae)의 *Furcellaria fastigiata*에서 추출된 furcellaran은 통상 carrageenan과 별개로 취급하고 있으나, JECFA(Joint FAO/WHO Expert Commitee on Food Additives)에서는 화학적으로 이들을 같은 범주에 넣고 있다. 따라서 1969년, 1973년에 carrageenan에 furcellaran을 포함시켜 안전성을 검토하였으며, 그 후 실험자료를 기반으로 1984년에는 안전성이 매우 높아 1일 섭취허용량(ADI)을 0~70 mg/kg/day에서 지정을 해제(ADI 설정이 필요없음)로 변경하였다. 그러나, ι-carrageenan을 주성분으로 하는 *Eucheuma spinosum*을 묽은 황산으로 가수분해하여 분자량 20,000정도로 한 carrageenan은 황산기와 galactose 함량비가 가수분해 전과 차이가 없으나, 10%이상의 고농도에서도 gel화하지 않는다.

이 분해 carrageenan은 모르모트에 대하여 단기간에 병변을 일으키며, 유럽에서는 항궤양제로서도 쓰이고 있어 안전성의 평가는 매우 엄격하게 이루어졌다. 분해반응의 대부분은 위에서 일어난다. 따라서, κ- 및 λ-carrageenan 혼합물을 pH 1.2의 합성위액에서 37℃, 3시간 반응시켰으나, glycoside 결합의 분해는 0.1% 이하로, 이같은 미량의 분해반응은 장벽에 어떠한 영향도 주지 않는다.

Carrageenan은 미생물에 의하여 분해되기 어려우며, 이는 인체내에서나 모르모트에게도 마찬가지이다. 그러나 모르모트, 랫드, 원숭이의 분변에서 이들 동물에게 먹이로 준 carrageenan이 분해되었다는 보고가 있으나, 이로 인한 장에 궤양이 발생하지는 않았다. 이것은 분자량이 분해 carrageenan의 20,000보다 크다는 것을 의미한다. 또, 최고 5%까지 사료에 carrageenan을 첨가하여 랫드, 햄스터에게 최기형성 시험을 한 결과, 어느 것에도 악영향은 없었으며, 1.8%의 칼슘 carrageenan 함유 사료를 교미전 어미에게 먹인 시험에서 임신, 수유, 이유기간 동안에 태어난 새끼에게 외관상이나 행동발달에 아무런 이상이 없었다.

랫드를 이용한 3세대에 걸친 번식 실험에서도 1.0, 2.5, 5.0%의 carrageenan 함유 사료를 먹인 어미에게서 출산한 새끼들은 출생시 및 이유시에 체중 감소가 있었으나, 어느 투여 수준에서도 번식 시험에 관련한 제요인에 대한 영향은 찾아 볼 수 없었다. 5% 이상의 carrageenan을 사료에 섞어 랫드를 1~12개월 사육 시험하였을 때도 아무런 부작용은 없었으나, 5% carrageenan 함유 사료를 21~45일간 모르모트에 급이한 경우 맹장과 결장에 궤양이 발생하였다는 보고도 있다.

5% carrageenan 함유 사료를 랫드, 햄스터에게 일생동안 급여하여도 생존기간 동안 아무런 변화가 없었으며, 붉은털 원숭이에게 500mg/kg/day의 조건으로 carrageenan을 7년 반동안 사육한 결과, 변이 묽어지거나 가끔 잠혈반응이 있었으나, 이는 대조군에서도 보이는 현상으로 carrageenan 섭취에 따른 병리학적 병변은 나타나지 않았다. 6명의 환자에게 매일 5g씩 분해 carrageenan을 10일간 투여하고 적출 간장 표본을 관찰하였으나 궤양의 징후는 없었으며, 조직학적, 분석화학적 조사에서도 분해 carrageenan은 검출되지 않았다.

이상과 같이 가수분해로 저분자화한 분해 carrageenan은 동물종에 따라서는 궤양을 유발할 수도 있으므로 식품용으로 사용시에는 저분자 carrageenan은 주의할 필요가 있다. carrageenan의 최저 점도는 분자량 100,000에 상당하는 5cP 이상으로 정하여 안전성을 기하고 있다.

7) 생리작용

In vitro 실험에서 carrageenan은 pepsin에 대하여 저해작용을 나타내므로 위나 십이지장 궤양의 치료에 효과가 있다고 한다. 특히, 부분 가수분해하여 분자량을 적게한 것은 이 작용이 크다. 항 pepsin 작용은 carrageenan이 직접 pepsin에 작용하는 것이 아니라 그것이 pepsin의 기질 단백질에 결합하여 소화되기 어렵게 하기 때문이다.

영국에서는 부분 가수분해한 carrageenan이 건강식품의 일종으로 판매되고 있다고 한다. 한편, carrageenan은 농도가 비교적 높을 경우 혈액응고를 저지하여 heparin과 같은 작용을 나타낸다고 알려져 있다. 또 carrageenan은 면역력을 낮추며, 종양세포가 증식하기 쉽게 된다고 추정되고 있다.

8) 규격

carrageenan은 천연첨가물로서 식품위생법상 화학합성품 이외의 것으로 과거의 섭취 경험에 의하여 사람의 건강을 해하거나 해할 우려가 없는 것으로 간주하고 있다.

FAO에서는 일단, 사람에 대한 섭취 허용량을 체중 1kg당 하루에 75mg이하로 권고하고 있다.

홍조류에 속하는 carrageenan 추출용 해조의 종류는 JEFCA, 미국의 CFR(Code of Federal Regulation), 일본첨가물 협회간에 표 13.14에 있는바와 같이 다소 차이가 있다. JEFCA는 홍조 4과를 지정하여 가장 완만하고, 미국에서는 종까지 지정하여 가장 엄격하다.

표 13.14 국가별 지정된 carrageenan 추출용 해조

JECFA		일본식품첨가물 협회 지정 속	미국 CFR 지정 종
지정 과	속의 예시		
Gigartinaceae 돌가사리과	*Gigartina* 속	돌가사리속	*G. pistillata* *G. radula* *G. stellata*
	Chondrus 속	진두발속	*Chondrus crispus*
	Iridea 속		*C. acellatus*
Solieriaceae	*Eucheuma* 속	*Eucheuma*속	*E. cottonii* *E. spinosum*
	Anatheca 속		
	Meristotheca 속		
Hypnaceae	*Hypnae* 속		
Phyllophoraceae	*Phyllophora* 속		
	Gynmogongrus 속		
	Ahnfeltia 속		

표 13.15에는 각국별 carrageenan의 규격을 나타내었는데, 이 중에서 특히 분자량의 지정은 일본 뿐이지만 안전성의 항목에서는 점도가 5 cP 이상은 분자량 100,000에 상당하므로 그 외의 규격에 대하여는 특별히 지정하지 않고 있다.

표 12.15 carrageenan의 국가별 규격

	JEFCA	일본	CFR	EU
평균분자량	-	100,000 이하	-	-
건조감량	12% 이하	12% 이하	12% 이하	12% 이하
회분	15~40%	37% 이하	35% 이하	15~40%
산불용성회분	1% 이하	-	1% 이하	2% 이하
산불용물	2% 이하	-	2% 이하	-
황산기	15~40%	18~40%	18~40%	15~40%
비소	3ppm 이하	3.8ppm 이하***	3ppm 이하	3ppm 이하
납	10ppm 이하	-	10ppm 이하	10ppm 이하
동+아연	-	-	-	50ppm 이하
아연	-	-	-	25ppm 이하
중금속*	40ppm 이하	40ppm 이하	40ppm 이하	-
잔류용매**	0.1% 이하	-	-	1% 이하
점도	5체 dlg상			

*: methanol, ethanol, isopropyl alcohol만으로 총량 한도치,

: BL점도계로 1.5% 용액을 75℃에서 측정, *: As_2O_3로서 5ppm 이하

9) Carrageenan의 현황과 전망

Carrageenan의 공업적 생산은 1937년 미국에서 진두발을 원료로 처음 시작되었으며, 2차대전 중, 일본으로부터 한천 수입이 중단된 것을 계기로 한천 대신으로 carrageenan을 사용하게 되어 그 생산 규모가 커지고 이용분야도 넓게 되었다.

carrageenan의 원료와 제조업계의 변천은 3단계로 나누어 볼 수 있다. 제 1단계는 1950년부터 북미의 FMC Marine사, 유럽의 GENU pectin사, SKW Bio사등이 캐나다와 유럽 연안에 번성한 진두발을 원료로 알콜 침전법으로 제조하던 시기이다. 주된 용도는 pudding, 아이스크림, chocolate 우유 음료, 치약등이었다. 제 2단계는 1980년대부터 필리핀, 인도네시아등에서 양식한 *Eucheuma*를 원료로 알칼리 처리한 원조를 분쇄하여 만든 미정제형과 압착탈수형으로 제조하던 때이다. 미정제형은 축육제품이나 애완동물용으로 압착탈수형은 투명한 후식용 jelly 등에 사용되었다. 제 3단계는 1995년부터로 칠레, 아르헨티나산 돌가사리를 원료로 미정제형과

압착탈수형으로 제조하는 시기이다.

현재 carrageenan은 식품공업분야에서 용도가 다양하여짐에 따라 많은 나라에서 생산하고 있는데, 세계의 연간 생산량은 13,000톤 내외라고 추정되고 있으며, 미국과 덴마크가 각각 30%내외, 프랑스가 20% 내외를 차지하여 이들이 carrageenan의 3대 생산국으로 되어있다.

3 한천

일찍부터 식품공업 분야에서 널리 쓰인 한천은 우뭇가사리과(Gelidiaceae)나 꼬시래기과(Gracilariaceae) 등의 홍조류에 포함되어 있는데, 세포벽과 세포질 사이의 세포간 다당으로 분포한다. 냉수에는 녹지 않지만 열수에는 녹는다. 이 물질은 세포 골격의 안쪽을 형성하는 cellulose의 바깥 부분과 세포 간격을 채우고 있으며, 세포벽 구성은 물론이고 해수로부터 이온을 흡수하거나 배출하는 역할도 하는 듯하다. 한천은 이들 세포간 충전물질인 점질 다당류를 열수에 용출시켜 이것을 건조한 제품이다. 즉 우무를 건조한 것인데, 우무의 한천질은 친수성이 강하여 일반적인 천일건조법으로서는 잘 건조되지를 않는다. 그런데 이 우무를 동결건조식으로 건조하여 처음으로 한천을 만든 것은 지금으로 부터 약 삼백여년 전(1644년에서 1660년경) 일본에서였다고 한다. 즉 추운 겨울철에 우무요리의 찌꺼기를 야외에 버린 것이 자연적으로 동결건조된 것을 보고, 그 제조원리를 터득하게 되었다고 전해지고 있다.

또, 한천의 영명인 agar-agar는 그 어원이 말레이시아어에서 유래되었다고 하는데, 원래는 홍조류인 *Eucheuma* 속의 해조, 또는 그것으로 부터 추출한 젤리상의 물질에 대해서 붙여진 명칭이라고 한다. 이 젤리상의 물질은 요즘의 carrageenan을 지칭하는 것이지만, 그 성상이 비슷하여 한천이라는 뜻으로 전용을 하게 되었다고 한다. 한천이 우리나라에서 처음으로 제조된 것은 일제치하인 1926년으로 당시의 수산시험장에서 대구에 「한천제조시험소」를 설치하여 제조시험을 한 것이 그 시초이고, 이어 1926년에는 전남장성에 제 2 한천제조시험소를 설치 운영하였다. 그 후 1935년경부터 영호남 각지에 한천공장이 설립되어 조업을 하게 되였다.

1) 한천의 원료

(1) 원조

한천을 제조하는데 원료가 되는 해조를 한천 원조(agarophyte)라 하는데, 그 종류는 전세계적으로 13속 85종에 달한다고 한다. 이들 원조는 모두 홍조류(Rhodophyta) 중의 우뭇가사리목(Gelideiales), 돌가사리목(Gigartinales), 분홍치목(Rhodymeniales), 비단풀목(Ceamiales), 지누아리목(Cryptonemiales) 등에 속하는 해조들이다. 여기에 속하는 것으로서 우리나라 연안에 분포하는 종류를 들면 다음과 같다.

▶ 우뭇가사리목 Gelidiales

① 우뭇가사리속 *Gelidium* : 품질면에서나 생산량면에서 가장 주요한 원조이다.

ⓐ 우뭇가사리 *G. amansii*(Lamouroux) Lamouroux

ⓑ 가는참우뭇가사리 *G. amansii*(Lamouroux) Lamouroux f. elegans Okamura

ⓒ 누운우뭇가사리 *G. decumbenum* Okamura

ⓓ 애기우뭇가사리 *G. divaricatum* Martens

ⓔ 존스튼우뭇가사리 *G. johnstonii* Setehell et Gardner

ⓕ 작은잎우뭇가사리 *G. microphysa* Setehell et Gardner

ⓖ 왕우뭇가사리 *G. pacificum* Okamura

ⓗ 실우웃가사리 *G. pusillum*(Stackhouse) Lejolis

ⓘ 엶은우뭇가사리 *G. tenue* Okamura

ⓙ 막우뭇가사리 *G. vagum* Okamura

② 개우무속 *Pterocladia* : 생산량은 많지 않으나 우뭇가사리속과 함께 채취된다.

ⓐ 개우무 *P. capillacea*(Gmelin) Bornet

ⓑ 덤불개우무 *P. densa* Okamura

ⓒ 큰개우무 *P. robusta* Taylor

③ 새발속 *Acanthopeltis* : 주로 난해성이고 조체가 단단하며, 1속 1종이 알려져 있다.

ⓐ 새발 *A. japonica* Okamura

돌가사리목 Gigartinales

① 꼬시래기속 *Gracilaia* : 종래 배합용 원조로 이용되었으나, 화학적 처리법으로 품질을 개선할 수 있게 되어 원조로서의 가치가 높아졌다.

ⓐ 꼬시래기 *G. verrucosa*(Huduson) Papenfus

ⓑ 큰꼬시래기 *G. gigas* Havey

ⓒ 각시꼬시래기 *G. bursapastoris*(Gmelin) J. Agardh

ⓓ 활꼬시래기 *G. arcuata* Zanardini

ⓔ 꼬불꼬시래기 *G. incuruvata* Okamura

ⓕ 잎꼬시래기 *G. trixtorii*(Suringar) Hariot

ⓖ 개꼬시래기 *G. chorda* Holmes

ⓗ 쐐기꼴보시래기 *G. cuneifolia*(Okamura) I.K. Lee and Kurogi

② 가시우무속 *Hypnea* : 배합용 원조로서 이용하는 수가 있다.

ⓐ 참가시우무 *H. charoides* tamouroux

ⓑ 갈고리가시우무 *H. japonica* Tanaka

ⓒ 노루뿔가시우무 *H. cervicornis* J. Agardh

ⓓ 사이다가시우무 *H. saidana* Holmes

③ 싹새기속 *Ahnfeltia* : 이 속 중에서 원조로 쓸 수 있는 것은 싹새기 뿐으로, 석회처리를 하여 한천을 제조한다.

ⓐ 싹새기 *A. plicata*(Hudson) Fries var. tobuchiensis Kanno et Matsubara

비단풀목 Ceramiales

① 비단풀속 *Ceramium* : 배합용원조로서 이용된다.

ⓐ 비단풀 *C. kondoi* Yendo

ⓑ 청각비단풀 *C. codii*(Richardson) G. Mazoyer

ⓒ 술비단풀 *C. cimbricum* H. Petersen

ⓓ 애기손비단풀 *C. fastigiramosum* Boo et Lee

ⓔ 누운비단풀 *C. nakamurai* Dawson

ⓕ 털비단풀 *C. tenerrimum*(Martens) Okamura

ⓖ 참가는실비단풀 *C. gracillimum*(Kutzing) Griffiths et Harvey var.

byssoideum(Havey) G. Mazoyer

ⓗ 고리비단풀 *G. aduncum* Nakamura

ⓘ 실비단풀 *C. tenuissimum*(Roth) J. Agardh

ⓙ 바늘비단풀 *C. paniculatum* Okamura

ⓚ 단박 *C. boydenii* Cepp

ⓛ 명주비단풀 *C. flaccidum*(Kutzing) Ardissone

ⓜ 참가지비단풀 *C. koreanum* Boo et Lee

② 석묵속 *Campylaephora* 배합용 원조로서 이용된다.

ⓐ 굵은석묵 *C. crassa*(Okamura) Nakamura

ⓑ 석묵 *C. hypnaeoides* J. Agardh

▶ 지누아리목 Cryptonemiaies

① 지누아리속 *Crateloupia* : 주로 난해에서 생육하며, 드물게 배합용원조로서 이용하는 수가 있다.

ⓐ 참지누아리 *C. filicina*(Lamouroux) C. Agardh

ⓑ 가는지누아리 *C. ramosissima* Okamura

ⓒ 뼈지누아리 *C. divaricata* Okamura

ⓓ 털지누아리 *C. okamurai* Yamada

ⓔ 부채꼴꽃지누아리 *C. imbricata* Holmes f. falabellata okamura

ⓕ 미끌지누아리 *C. turuturu* Yamada

원조의 채취는 보통 5월에서 10월에 걸쳐 한다. 그러나 원조의 한천질 함량, 한천의 구성분인 agarose 및 agaropection의 조성비, 한천질의 gel화능, 한천질의 젤리강도 등 원조 및 한천절의 품질면으로 볼 때 원조의 채취시기는 7~9월간이 적당하다고 할 수 있다. 즉 우리나라산 우뭇가사리의 한천질 함량의 계절변화를 보면 그림 13.10과 같이 동계에 낮고 하계에 높은 경향을 나타내어, 경남 일광산의 경우 2월에 24%, 8월에 32%였다.

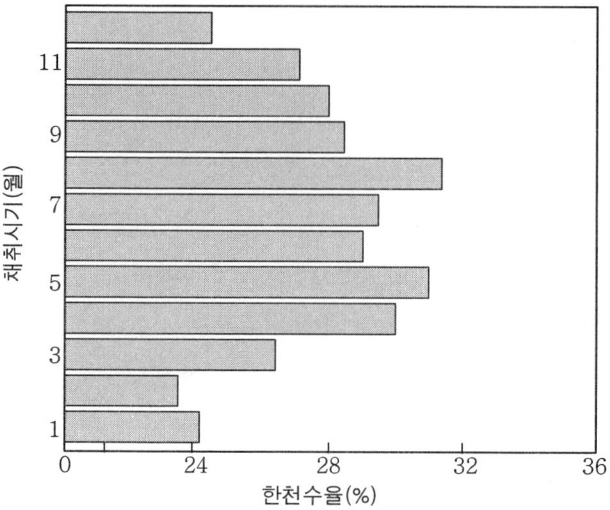

그림 13.10 우뭇가사리의 한천질 함량의 계절변화

이와 같이 원조 중의 한천질 함량은 원조의 종류. 계절, 산지, 추출방법 등에 따라 차이가 있다.

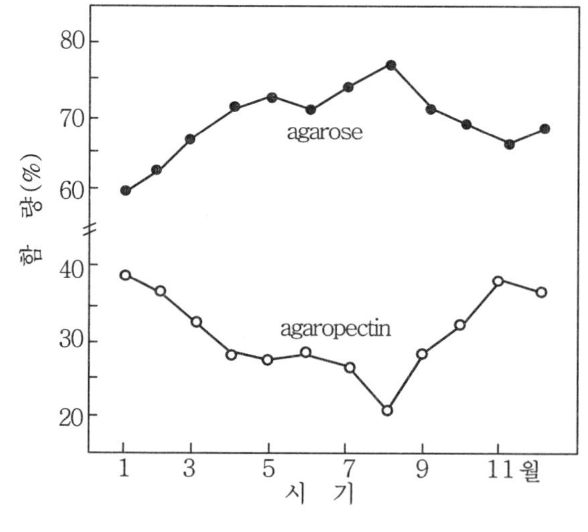

그림 13.11 우뭇가사리의 agarose와 agaropectin 함량의 계절변화

또한 agarose와 agaropectin의 조성비가 한천의 물성에 미치는 영향은 agarose 함량이 높을수록 gel화능과 젤리강도가 높은 값을 나타내는데, 경남 일광산 우뭇가사리의 경우는agarose의 함량이 1월에 최소이고, 8월에 최고였다(그림 13.11). 또한, 이에 따른 한천의 gel화능의 계절변화를 보면 그림 13.12와 같다.

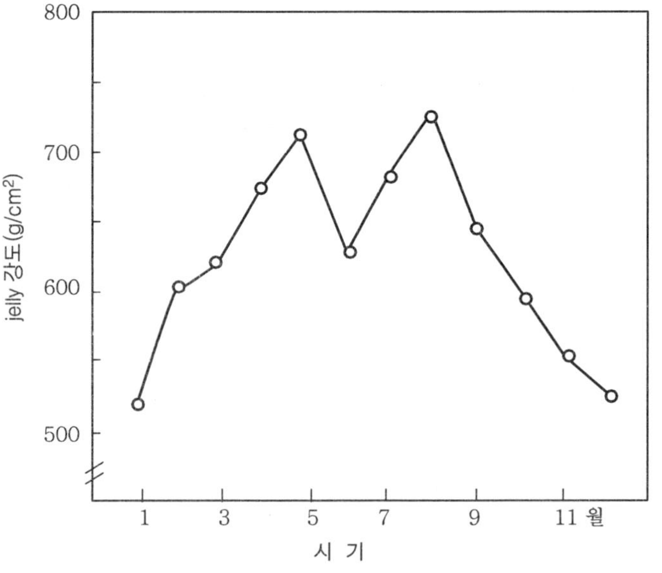

그림 13.12 한천의 gel화능의 계절변화

한천제조에 주로 사용되는 원조는 우뭇가사리속이고 그 밖에 개우무, 새발 등이 사용되는데, 이들 원조는 조체가 단단하고 자숙해도 잘 수축되지 않으므로 경초(硬草) 또는 친초(親草)라고도 한다. 이에 비해서 꼬시래기, 석묵, 비단풀 등은 점질물 함량은 적은 편이 아니나, 이 중 냉수 가용성 물질이 많고, 응고력이 약하여 품질이 떨어지므로 배합조 또는 잡초(雜草)라고도 한다. 즉 이들 원조의 추출물은 응고성이 약하기 매문에 한천제조에 있어서 주원조로서는 사용할 수 없고, 증량의 목적으로 주원조인 우뭇가사리속에 조금씩 배합하여 사용하는 것이다. 그러나 꼬시래기의 경우는 알칼리 처리법으로 한천질을 추출하면 응고성이 강화되어 젤리강도가 현저히 증가한다는 것이 밝혀져 공업한천의 주요원조로 이용되고 있다.

이러한 한천질의 응고력의 차이는 한천질에 결합하는 황산기의 양과 밀집한 관련이 있어, 일반적으로 황산기 함량이 적을수록 응고력이 강하다. 때문에 꼬시래기 점질물을 수산화나트륨용액과 같이 가열하면 황산기 함량이 감소하는데 따라서 응고력이 증가하고, 황산기 함량의 최저점과 응고력의 최고점이 일치하는 것을 볼 수 있다.

즉 한천질은 그 황산기의 감소로 해서 친수성이 떨어져 응고력이 강화된다고 볼 수 있다. 그러므로 응고력이 약한 꼬시래기 한천질도 알맞는 조건의 알칼리처리에 의해서 추출하면 응고력이 강한 한천을 얻을 수 있다. 원조에 함유되는 황산기 중 제품으로 옮겨가는 양을 나타내는 척도의 하나로 원조 중의 총 SO_3/회분 중의 SO_3량의 값을 이용하는 수가 많다. 이 값이 클수록황산기가 제품으로 많이 이행한다는 것을 의미하며, 1에 가까울수록 제품으로의 이행량이 적다는 것을 의미한다. 즉 이 값이 1에 가까울수록 원조 추출액의 응고력은 강해진다고 할 수 있다. 일반적으로 이 값이 1.4 이하이면 열수 추출만으로도 응고성이 강한 한천질을 얻을 수 있다고 하며, 또 이 값이 1.7 이상의 원조라도 알칼리처리를 하여 1.4이하로 떨어뜨리면 응고력이 강한 제품을 얻을 수 있다고 한다. 외국산 꼬시래기의 이 값을 보면 표 13.16과 같다.

표 13.16 외국산 꼬시래기의 화학성분과 비율(%)

생산국	수분	환원당	총질소	총SO_3	회분	회분중				총SO_3/회분중SO_3
						SO_3	SiO_2	MgO	CaO	
아프리카	13.0	54.2	3.4	2.1	9.4	1.5	1.3	2.1	0.6	1.4
포르투갈	13.9	47.4	3.0	2.9	7.0	1.2	0.6	0.5	0.4	2.4
칠레	14.4	50.4	4.4	3.8	7.4	2.2	1.4	0.7	0.5	1.7
아르헨티나	13.9	67.7	1.0	2.1	6.5	1.4	1.2	0.6	0.2	1.5
인도	15.9	41.3	1.4	5.9	18.0	4.7	6.7	2.2	0.8	1.3
대만	16.1	65.0	1.1	3.0	8.8	2.2	1.4	1.0	0.4	1.4
일본	15.3	39.5	3.4	6.1	9.5	3.7	2.2	1.9	1.3	1.7

2) 한천의 종류와 품질 검사

한천 제품의 형태에는 다음과 같은 것들이 있다.

자연한천(natural agar)
- 실한천(細寒天, string shaped agar)
- 모한천(角寒天, pillar shaped agar)

공업한천(industrial agar)
- 그물꼴한천(網狀寒天, network agar)
- 비늘한천(鱗狀寒天, flake agar)
- 싸락한천(顆粒寒天, granular agar)
- 가루한천(粉末寒天, powdered agar)

공업한천을 제조할 때 탈수한 우무를 건조망 위에 얹어 건조한 상태 그대로의 것을 그물꼴 한천, 엷은조각으로 파쇄한 것을 비늘한천, 과립상으로 잘게 파쇄한 것을 싸락한천, 분말상태로 분쇄한 것을 가루한천이라 한다. 이들 한천은 다시 각종 용도에 맞게끔 가공하거나 변형하여 이용하게 되는 것이다.

한천의 검사에는 관능검사 및 이화학적 검사가 있다. 관능검사는 색택, 형상, 제정도 등을, 이화학적 검사는 수분, 조단백질, 조회분, 열탕 불용해성 잔류물, 젤리강도(jelly strength) 등을 검사한다. 제정도는 제품의 모양, 크기, 색택 등이 같은 것을 선별하여 균일하게 간추린 정도를 말한다.

또한 젤리강도는 완전히 용해한 시료 한천의 1.5% 용액을 20℃에서 15시간 두어 응고시킨 gel에 대하여 그 표면 1㎠가 20초간 지탱할 수 있는 최대 중량(g수)로서 표시한다. 보통 한천의 젤리강도는 200~1,000g/㎠의 것이 많다.

3) 한천의 제법

한천의 제조방법은 원조를 자숙, 추출하여 얻은 우무를 겨울철의 자연 저온을 이용하여 동결건조하는 자연한천 제조법과 인공적인 방법으로 건조하는 공업한천 제조법으로 나뉘어 진다.

(1) 자연한천 제조법

① 제조적지

자연한천의 제조는 원조를 자숙해서 얻은 우무를 자연저온을 이용하여 동결, 융해를 반복해서 변패를 시키지 않고 건조시키는 것이므로, 그것을 제조하는 곳은 기후, 지형 및 수질 등의 조건이 알맞아야 한다. 일반적으로 기온은 하루의 최저기온(야간)이 −5 ~ −10℃, 최고기온(주간)이 5℃ ~ 10℃정도가 되는 곳이 좋다. 동결온도는 −10℃ 이하가 되어도 좋으나, 다만 융해, 탈수가 순조롭지 못할 우려가 있기 때문이다. 날씨는 맑고, 바람이 적은 것이 좋으며, 눈이나 비가 많은 곳은 동결, 융해가 순조롭지 못하므로 부적당하다. 지형은 동남쪽이 산이 없이 틔어 있어, 오전중에 햇빛을 많이 받을 수 있고, 서북쪽은 산이나 숲이 둘러 있어, 오후의 일사시간이 짧아 과도한 융해나 건조가 일어나지 않는 곳이 좋다. 또한 지면도 적당한 습기가 있어 바람이 불어도 먼지가 많이 나지 않는 곳이 좋다. 한편 한천 제조에는 원조의 세척, 자숙등에많은 양의 물을 필요로 하므로 맑고 질이 좋은 물이 풍부한 곳이라야 한다. 수원은 하천이든 우물이든 관계가 없으나, 철분이나 이토의 함량이 적어야 한다. 일반적으로 수질이 경수이면 제품의 색택을 나쁘게 할 뿐더러 한천질의 용출도 적어 수율도 감소된다. 특히 철분이 많으면 제품의 색택을 검게 한다.

② 원조의 전처리

원조를 자숙하기 전에 부착하여 있는 석회조류, 토사, 조개껍질 및 기타 수용성 불순물을 수세, 제거한다. 즉 원료를 물에 담구어 경초는 10~20시간, 배합조는 2~3시간 정도 팽윤시킨 후 세정기에 넣어 회전시키면서 부착하여 있는 협잡물을 제거한다. 세정기로 처리하는 시간은 원조의 종류나 상태등에 따라 다르나, 보통 5~15분 정도이다. 이러한 기계 세정을 마친 원조는 다시 탱크물에 담구어 물을 흘려 내리면서 남아있는 수용성 불순물, 색소, 석회조류 등을 걸러낸다. 이 때 세척시간은 경초는 10~20시간, 배합조는 8시간 이상을 한다. 이러한 처리에 의한 원조의 무게 감소는 우뭇가사리의 경우 10~30%, 꼬시래기·석묵등은 30~50% 정도이다.

또, 전처리과정에서 원조를 표백하는 수도 있으나, 보통 자숙공정 중에 하거나 또는 여과공정 중에 표백제를 첨가하여 표백한다. 한편, 꼬시래기를 원조로 할 때에 하는 알칼리 처리법에 대하여는 공업한천의 항목에서 설명하기로 한다.

③ 원조의 배합

원조를 배합하는 목적은 첫째, 값이 싼 원조를 섞어서 생산원가를 싸게 하고, 둘째는 제품의 모양을 좋게 하며, 셋째, 추출액의 점성, 응고력, 우무의 탄력 등을 알맞게 조절하는데 있다. 이를테면 한천질의 응고력이 강한 원조만 사용하면 모한천의 경우 제품의 모가 튀어나와 형상이 올바르지 못할 때가 있다. 이런 경우 한천질의 응고력이 약한 원조를 적당히 배합하면 이런 결점을 보완할 수 있다. 일반적으로 우뭇가사리, 개우무, 새발 또는 알칼리처리를 한 꼬시래기 등 한천질의 응고력이 강한 경초에 비단풀, 석묵, 꼬시래기 등 한천질의 응고력이 약한 배합조를 섞는데, 그 배합 비율은 원조의 종류, 채취시기, 기온 등에 따라 다르다. 일반적으로 경초 배합조의 비율은 6~8 : 4~2 정도이다. 그러나 우리나라에서는 원조배합을 하는 일은 드물고,우뭇가사리를 주원료로 해서 한천을 제조하는 경우가 많다.

④ 자숙

원조의 자숙은 한천제조에 있어서 가장 중요한 공정 중의 하나라 할 수 있다. 그것은 한천의 품질과 수율에 직접 관련되는 공정이기 때문이다. 자숙수량은 원조의 한천질 함량으로부터 계산하여 추출액의 한천농도가 모한천 제조의 경우는 1.0~1.5%, 설한천제조의 경우는1.5~2.0% 정도가 되도록 조절한다. 일반적으로 물 1ℓ에 대하여 원조 40g의 비율을 기준으로 가감한다.

또, 자숙시에 황산을 첨가하는데, 그 목적은 한천질의 추출을 용이하게 하고, 또 추출액의 점도를 떨어뜨려 여과를 용이하게 하는데 있다. 황산의 첨가량은 원조의 배합비율, 염기도, 자숙온도 및 시간 등에 따라 다르며, 일반적으로 경초의 사용비율이 많을 때에는 많고, 기온이 높을 때, 가열시간이 길 때에는 적게 한다. 황산의 첨가량이 적으면 수율이 적고, 반대로 너무 많이 첨가하면 한천질의 가수분해가 많이 진행되어 제품의 젤리강도가 떨어지고 부스러지기 쉽게 되며, 극단적인 경우에는 gel화하지 않는 수도 있다. 첨가량은 일반적으로 황산농도가 0.01~0.02% 정도가 되도록 하면 좋은데, 보통 물 1ℓ에 대하여 황산 0.13g의 비율을 기준으로 가감한다.

자숙방법은 곳에 따라 약간씩 다르나, 일반적으로 조체가 단단한 경질 원조부터 먼저 투입하고 연질 원조는 나중에 투입하여 자숙한다. 일례를 들면 자숙솥의 물이 끓을 때 새발이나 개우무와 같은 경질의 원조를 먼저 넣고 5~10분간 끓이고, 다음에 우뭇가사리를 넣어 약 40분간 정도 끓인다. 이어 물로 희석한 일정량의 황산을 고루 교반하면서 첨가하여 다시 40분간 끓이고, 꼬시래기, 석묵, 비단풀 등의 배합조를 넣어 15분간 정도 끓인 후 불을 끈다. 이렇게 끓이는 시간은 원조, 첨가하는 황산의 양등과 관련이 있어 일률적으로 말할 수 없으나, 길어도 2시간을 넘지 않는다. 불을 끈 후 여열로써 약 10 시간 보온하며 한천질을 추출한다. 이 사이 추출액의 온도는 1시간당 1℃ 정도의 비율로 내려가는 것이 적당하며, 추출 종료시의 액온은 85℃ 정도가 되는 것이 보통이다. 이렇게 해서 자숙이 끝날 무렵에 추출액의 온도와 점도를 알맞게 하기 위해서 소량(5% 이내)의 냉각수를 첨가하여 교반하는 수도 있다.

황산을 첨가하는 시점은 자숙용수에 먼저 첨가하는 선산법, 원조를 모두 넣은 후에 마지막으로 첨가하는 후산법, 그리고 원조를 넣는 중간에 첨가하는 중산법 등이 있다. 원조 자숙 중의 추출액의 pH는 황산 첨가에 의해서 강산성으로 되나, 그 후 원조 중의 알칼리 성분의 용출에 의해서 1~2시간 후에는 점차 중성내지 약알칼리성으로 되어 그대로 유지된다.

한천 제조에 있어 그 수율을 높이기 위하여 원조 자숙액을 여과하고 남은 찌꺼기를 다시 한번 자숙하여 잔존하는 한천질을 재추출하는 수가 있다. 이러한 두벌 자숙을 할 때에는 초벌 자숙의 여과 찌꺼기를 적당량의 열탕에 넣어 약 1시간 정도 자숙하고, 초벌 자숙 때의 약 1/3정도의 황산을 첨가한 후 다시 20~30분간 가열한다. 다음 불을 끄고 약 85~90℃ 정도에서 약 7~9시간 두어 한천질을 추출한다. 초벌 자숙과 두벌 자숙의 한천 수율은 각각 80~90%, 20~10% 정도이다. 두벌 자숙의 여액은 투명도나 gel로서의 성질 등 품질이 떨어지므로 초벌 자숙의 여액과는 별도로 하여 한천을 만들거나, 또는 다음번 원조의 초벌 자숙 때 여과하기 약 3시간 전에 혼합하는 수도 있다. 한편, 원조를 자숙할 때 중화제, 방부제로서 탄산나트륨(Na_2CO_3), 붕산나트륨($Na_2B_4O_7$) 등을 첨가하는 수가 있는데, 과도하게 많이 첨가하면 오히려 제품의 색택, 품질 등을 나쁘게 하는 수가 있다.

⑤ 표백

원조에 함유되는 색소의 일부는 자숙시에 추출액으로 용출하므로 표백제를 첨가하여 이를 분해, 탈색시킨다. 표백제를 첨가하는 시점은 자숙공정의 말기, 즉 여과하기 약 30분 전에 첨가하는 경우와 여과 직후의 여액에 첨가하는 경우가 있다. 앞의 경우에는 표백제의 소비가 많고, 뒤의 경우에는 균일하게 혼합이 잘 안 되는 단점이 있다. 표백제로서는 sodium dithionite(sodium hyposulfite 또는 sodium hydrosulfite 라고도 함, $Na_2S_2O_4$)나 과산화나트륨(Na_2O_2)등을 사용한다. 사용량은 원조의 종류나 배합비율 등에 따라 다르나, sodium dithionite의 경우 보통 원조 10kg에 대하여 12~24g정도를 사용한다. 표백제의 첨가방법도 제조자에 따라 다른데, 일례를 들면 여과하기 직전에 분말을 액면에 뿌려 가볍게 교반한다.

⑥ 여과

자숙이 끝나면 여과를 하는데. 여과는 여액통 위에 여과대를 설치하고 그 안에 무명베나 합성섬유로 만든 여과자루를 얹어, 그 속에 자숙액의 상층액부터 퍼 넣어 마지막에 조체를 퍼 넣고 가압하여 여과한다. 여액은 원조의 미세한 부스러기 등이 섞여 있으므로 정치하였다가 위의 밝은 여액을 응고통에 옮겨, 냉각하여 응고시킨다.

⑦ 우무의 동결, 융해 및 건조

응고한 우무는 우무절단기로써 실한천용 또는 모한천용의 일정한 크기의 치수로 절단하여 야외의 동건장으로 옮겨 동건한다. 보통 실한천용은 길이 35~38cm, 폭 6.2~6.5cm, 두께 7.0~7.2cm이고, 모한천용은 길이 30~35cm, 폭 4.2~5.0cm, 두께 4.0~4.2cm 정도의 크기로 절단한다. 단 실한천을 제조하는 경우에는 동건장에서 다시 우무세절기로서 더 잘게 절단한다. 보통 길이 35~38cm 굵기는 5~6mm 각으로 세절한다.

우무는 1.0~1.5% 정도의 한천질 외에는 대부분이 수분이고, 그 밖의 미량의 색소, 단백질, 염류, 가용성 탄수화물 등을 함유하고 있다. 우무에 함유되는 다량의 수분을 동결과 융해의 과정을 반복해서 탈수, 건조를 하게 된다. 따라서 이 동결, 융해가 순조롭게 진행되어야 제조기간도 단축될 뿐더러 품질이 좋은 제품을 얻을 수 있다. 즉 기온이 높아 너무 완만하게 동결이 되면 표면이 과도하게 건조되고, 색소등

불순물이 잔류되기 쉬워 빛깔이나 윤택이 나빠지는 수가 있다. 이러한 경우에는 물을 뿌리고 발을 덮어 두었다가 기온이 내려가면 발을 걷어내어 동결시키는 것이 좋으며, 또 표면이 얼기 시작할 때 얼음가루를 뿌려 동결을 촉진시키는 수도 있다. 반대로 기온이 너무 낮으면 모한천의 경우 제품의 형상이나 수율이 떨어진다고 하나, 그러한 영향보다는 융해가 순조롭지 못하므로 해서 수용성 불순물의 제거가 불충분하여 색택이 떨어지는 수가 있다.

우무의 동건공정 중의 수분의 제거는 승화, 증발, 액체적하 등의 과정에 의해서 진행된다고 볼 수 있으나, 주기구는 액체적하와 증발이다. 즉 동결한 우무는 주간에 그 일부가 녹아서 액즙으로서 적하하게 되는데, 이 액체적하에 의한 탈수는 보통 2~3일 만에 끝나고, 그 후는 주로 증발에 의한 건조가 진행된다.

이러한 기구에 의해서 제거되는 수분의 비율은 동결, 융해시의 기온에 따라 다르나, 일반적으로 액체적하에 의하는 것 약 60~70% 정도이고, 증발에 의하는 것이 약 30~40% 정도라고 한다. 한편, 융해한 우무에서 적하하는 묽은 황색의 액즙은 우무 중의 색소 및 수용성 성분을 함유하고 있는데, 이들 용출성분은 함질소물질, 탄수화물 등의 유기질이 대부분이고, 무기질은 비교적 적다. 따라서 액즙으로서 적하하는 수분이 많을수록 이들 불순물의 제거가 많아서 한천질이 정제된다고 볼 수 있다. 우무의 동건 중 기온이 높은 날이 계속되어 동결이 불충분하면 한천 분해효소, 색소 생성세균이 번식하여 우무를 변패시켜 품질을 크게 떨어뜨리는 수가 있다. 즉 제품은 황등색을 나타내고 젤리강도가 저하하게 된다. 이러한 변패를 방지하기 위해서는 동건대의 발을 10% 차아염소산나트륨(sodium hypochlorite)의 1/1,000 용액에 60분간 침지하든가, 또는 sodium pentachlorophenate의 1/500용액에 30분간 침지하였다가 사용하는 것이 좋다. 또 우무에 과산화수소 1/5,000~1/1,000을 첨가하는 방법도 효과적인 방법이다. 동결, 융해의 반복으로 대부분의 수분이 제거되면 천일건조를 하여 나머지 수분을 제거한다. 건조가 끝난 제품의 수분함량은 17~22% 정도이다.

⑧ 수율 및 제조기간

한천의 수율은 원조의 품질에 따라 차이가 크며 또 제조방법, 제품의 종류에 따라서도 다르므로 일률적으로 말하기 어려우나, 일반적으로 원조에 대한 제품 수율은 20~30% 정도이고, 전처리를 마친 세척 원조에 있어서는 35~40% 정도이다. 일반적으로 모한천보다 실한천의 수율이 적다. 자연한천의 제조기간은 일반적으로 12월 하순부터 2월 하순까지의 60~70일간이다. 그리고, 원조의 전처리에서 부터 제품이 완성될 때까지의 소요일수는 기상조건에 따라 많이 좌우되나, 순조롭게 진행되면 실한천은 14~16일 정도, 모한천은 17~19일 정도이다.

2) 공업한천 제조법

공업한천의 제조법을 분류하면 그다음과 같다. 그러나 현재 산업적으로 이용되는 방법은 ① 동결 탈수법과 ② 압착탈수법이고, 그 밖의 ③ 전기영동 탈수법, ④ 분무 건조법, ⑤ 드럼 건조법 등은 한 때 시도된 일이 있으나, 아직도 해결하여야 할 많은 문제점이 있어 실용화되고 있지 않다. 일반적으로 동결 탈수법은 우뭇가사리를 원조로 할 때 많이 이용되고, 반면에 압착 탈수법은 알칼리전처리를 한 꼬시래기를 원조로 할 때 많이 이용된다.

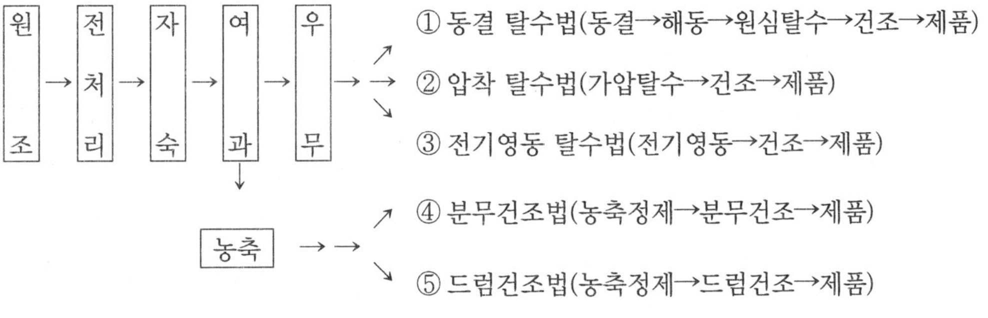

(1) 동결 탈수법

원조를 물에 담그어 팽윤시킨 다음 세정기에 의해서 부착한 패각, 석회조류, 모래 등을 제거, 수세한다. 우뭇가사리속의 원조는 조체가 경질이므로 자숙은 일반적으로 압력솥을 사용하여 가압 자숙을 한다. 즉 내부압력 2~3기압, 110~130℃의 온도에서 2~3시간의 자숙 추출을 한다.

자숙액은 가압식 여과기(filter press)에 의해서 여과한다. 즉 추출액에 대하여 0.2~0.3%의 규조토, perlite, 활성탄 등의 여과조제를 가해서 보온하면서 filter press로 여과한다. 더욱 미세한 찌꺼기를 제거하기 위해서 정밀 여과기나 고속 원심

분리기(5,000rpm 이상)로 2차 여과를 하는 수도 있다.

여액은 순환벨트(endless belt)식 응고기나 또는 파이프식 응고기에 의해서 응고와 동시에 절단을 한다. 순환벨트식 응고기는 스테인레스 스틸제의 순환벨트 이면에 냉각수를 분사하도록 되어 있어, 추출 여액이 벨트가 이동하는 사이에 박막상으로 응고하게 된다. 또한 파이프식 응고기는 적당한 크기의 금속제 파이프에 추출여액을 주입하여 수조 중에 침지하거나, 또는 상부로부터 냉각수를 분사하여 응고시키고, 파이프 상부로부터 압축공기를 송입하여 우무를 밀어낸다. 이 때 파이프 하단에 부착된 가는 철사로 만들어진 절단용 금망에 의해서 우무가 적당한 치수로 절단된다.

절단한 우무는 동결팬에 담아 -5 ~ -8℃ 정도의 냉장실에서 예냉을 한 후 -15 ~ -20℃의 동결실에서 동결시킨다. 또는 절단한 우무를 빙관에 채워 제빙할 때와 같은 방법으로 -10℃ 이상의 저온 brine에 침지하여 동결시킨다. 어느 방법이든 너무 저온에서 급속한 동결은 피하는 것이 좋은데, 그것은 융해시 탈수가 용이하도록 하기 위해서이다.

완전히 동결한 우무는 30℃를 넘지 않는 유수 중에서나, 또는 살수를 하여 해동시킨다. 해동이 되면서 상당량의 수분이 탈수가 되나, 우무 중에는 아직도 약간의 비응고성 점질물, 색소, 무기질 등을 함유하며. 때로는 묽은 갈색을 나타낼 때도 있다. 이러한 불순물을 제거하기 위해서 탈수우무를 수세 및 표백을 한다. 즉 유효염소 0.05% 정도의 차아염소산나트륨 용액으로써 세척을 하여 불순물의 제거와 표백을 동시에 한다. 단, 이 때의 산화표백으로 해서 젤리강도가 떨어지는 수가 있으므로 수산화나트륨용액으로서 pH를 중성으로 조정을 하는 것이 바람직하다.

세정, 표백한 탈수 우무는 부착한 수분을 될 수 있는 대로 제거하기 위해서 원심분리기로써 탈수를 한다. 원심 탈수된 우무는 건조망에 얹어 건조실내에서 50~55℃의 열풍건조를 하여 수분함량 6~8% 정도의 제품을 얻는다. 또 건조방법으로 적외선 건조를 하는 수도 있다.

(2) 압착 탈수법

이 방법은 주로 꼬시래기를 원조로 할 때에 사용되는 방법이다. 꼬시래기를 원조로 할 때에는 먼저 조체를 알칼리처리를 한 후 자숙을 하는데, 이렇게 하면 응고성이 강한 한천을 얻을 수 있다. 이것은 알칼리처리에 의해서 한천중의 amylopectin함량을 감소하는 한편, agarose함량이 증가하기 때문이라고 한다. 즉 agaropectin의 황산기가 많이 제거되어 agarose 유사의 구조로 전환된다고 볼 수 있다. 알칼리처리의 조건은 원조인 꼬시래기의 품질에 따라 다른데, 예를 들면 표 13.17 및 표 13.18과 같다.

표 13.17 꼬시래기의 등급에 따른 알칼리처리

원조등급	NaOH농도(%)	처리온도(℃)	처리시간(시간)
상급	3	85~90	3.0~4.0
중급	3	80~82	2.0~3.0
하급	3	70~75	1.5~2.0

표 13.18 외국산 꼬시래기의 알칼리 처리 조건

원조등급	NaOH농도(%)	처리온도(℃)	처리시간(시간)
아르헨티나	6	50~60	1.0
칠레	6~7	88~90	2.0
멕시코	6	90	0.5~1.0
아프리카	20	70	1.0
인도	10	85~90	1.0
포르투갈	4~5	60	1.0

알칼리처리는 보통 원조를 세척하기 전에 그대로 알칼리용액에 담그어 가온처리한다. 알칼리처리를 마친 것은 패각, 토사 등의 부착물이 적을 때에는 그대로 수세를 하고, 부착물이 많을 때에는 세정기에 넣어 세정한 후 수세를 한다.

다음 물 100ℓ에 대해서 10% 차아염소산나트륨 70g 정도의 비율로 녹인 용액에 원조를 넣어 표백하여 하루방 방치한 후 수세한다. 이렇게 처리를 한 원조는 자숙을 하는데, 자숙수량은 물 1ℓ에 대하여 원조 70g정도의 비율로 가감한다. 물이 비등하였을 때 원조를 투입하여 98~99℃에서 3.5~4.0시간 정도 자숙한다. 자숙시 약산을 첨가하면 자숙시간을 단축할 수 있다. 즉 30분 정도 자숙한 후 물에 대해서 초산

0.44~0.53ml를 첨가하여 1.5~2.0시간 정도 자숙을 하면 된다.

자숙액에 여과조제를 가해서 filter press에 걸어 여과한다. 여액은 냉각식 eddless belt에 엷게 흘려 냉각 응고시켜 박편의 우무로 만든 다음, 적당한 치수로 절단하여 1~4시간 수중에 담구어 가용성물질을 제거한다. 이렇게 해서 얻은 우무는 가압하면 쉽게 탈수할 수 있다. 즉 압착틀에 여과포를 깔고 그위에 두께 5~10mm 정도의 우무를 놓고, 그 위에 다시 여과포를 깐다. 이와같이 여과포와 우무를 교대로 40~50단 정도 쌓아올려 우무가 허물어지지 않을 정도로 서서히 가압하면 우무 중의 수분이 압출된다. 이러한 예비 탈수에 의해서 수분의 약 30~40% 정도가 제거되면 수압기나 유압기 등의 기계적 가압으로 최종압력 $100kg/cm^2$ 정도로 2~3시간 압착을 한다. 이렇게 해서 얻은 탈수우무를 40~50℃의 건조실에 넣어 수분함량 6~8% 정도까지 건조한 후, 30~80mesh 정도의 분말로 분쇄한다.

(3) 전기영동탈수법

우무를 탄소판과 철판사이에 끼어 탄소판을 양극, 철판을 음극으로 하여 직류전압을 걸면, 우무 중의 물은 음극쪽으로, 한천질은 양극쪽으로 끌리어 용이하게 단시간에 탈수할 수가 있다. 그러나 처음 우무의 한천분 농도가 낮을 때에는 직류전압은 물과 한천질의 분리에만 부하되어 급속히 탈수가 이루어지나, 탈수가 진행되어 한천분의 농도가 높아지는데 따라 탈수 속도는 서서히 감소한다. 즉 탈수작용 외에 한천질의 가수분해에도 전압이 작용하여 나중에는 탈수가 되지 않게 된다.

일반적으로 우무의 수분이 55% 정도가 된 시점에서 부터 전압은 한천분의 가수분해에도 부하하기 시작하여 제품의 품질을 떨어뜨리므로 수분함량이 55~60% 정도에서 탈수처리를 그쳐야 한다. 뿐만 아니라 전압 부하시 탄소 전극의 탄소입자가 콜로이드상으로 되어 우무속으로 침입하여 품질을 떨어뜨리는 문제, 우무 중의 불순물이 많을수록 우무 자체의 전기저항이 커져 발열에 의해서 변색되는 문제, 전극의 분극작용에 의해서 전극에 가까운 물이 전기분해를 일으켜 양극에 산소, 음극에 수소가 발생하여 전압이 떨어지는 문제 등 여러 가지 해결하여야 할 점이 있어, 아직은 실용적인 방법이라고는 하기 어렵다.

(4) 분무 건조법 및 드럼 건조법

원조 추출액 그대로의 묽은 용액으로서 분무건조나 드럼건조를 하기에는 작업능률, 소요열량, 제품품질 등의 면에서 실용성이 적다. 따라서 전처리로서 추출액의 액량을 적어도 1/4정도까지는 농축을 해야 한다. 원조 추출액의 농축에 있어서 상압농축을 할 경우는 한천질의 가수분해에 따른 제품의 젤리강도 저하, caramel화에 의한 착색, 가용성 불순물의 제거곤란 등의 문제점이 있다. 또 진공 농축의 경우도 발포의 방지가 곤란하고 설비, 운영비가 많이 드는 결점이 있다. 그러므로 추출액을 1/4이상으로 감압농축을 하여 응고시켜 끓은 표백제 용액에 침지하여 표백 및 가용성 불순물의 제거를 한 다음, 다시 용해시켜 분무건조나 드럼건조를 하여야 한다. 그러나 이러한 농축, 건조 등의 공정은 모두 열처리에 의하는 것이므로 열량비, 시설비등의 문제로 해서 실용성이 적다.

4) 한천의 화학적 구조

일반 한천의 성분조성은 수분 13~24%, 무질소물(당질) 70~85%, 조단백질 1.5~3.0%, ether 추출물 0.2~0.3%, 조섬유 0.5~0.8%, 회분 1~3% 정도이다. 한천은 균일한 조성으로 되어 있지 않고, 아세틸화된 한천에는 클로로포름에 녹는 agarose(60~80%)와 녹지 않는 agaropectin(20~40%)이 섞여 있다. 종에 따라서는 구성당인 D-galactose의 일부가 6-*O*-methyl화한 것도 있고, 4-*O*-methyl-L-galactose나 2-*O*-methyl-D-galactose로 치환된 것도 있어, 이를 이용하면 분류나 진화의 단서를 얻게 될지도 모른다.

Agarose는 D-galactose와 3,6-anhydro-L-galactose가 β-1,4결합한 agarobiose의 직쇄상 다당이다. 다른 한편으로는 3,6-anhydro-L-galactose와 D-galactose가 α-1,3결합한 neoagarobiose의 직쇄상 다당이라고도 할 수 있다(그림 13.13).

Agaropectin은 구성당인 D-galactose의 1/3이 6-*O*-methyl-D-galactose이며, agarobiose 잔기에 3.5~9.7%의 sulfate와 0.04~2.9%의 piruvic acid나 D-glucuronic acid 등이 ester결합한 산성다당이다. 이처럼 agaropectin의 주성분은 agarose와 마찬가지로 D-galactose와 3,6-anhydro-L-galactose이지만, uronic acid나 sulfate가 어느 위치에서 ester 결합하고 있는지도 분명치 않아 아직

까지는 한천에서 agarose부분을 제외한 나머지 부분을 agaropectin이라 한다.

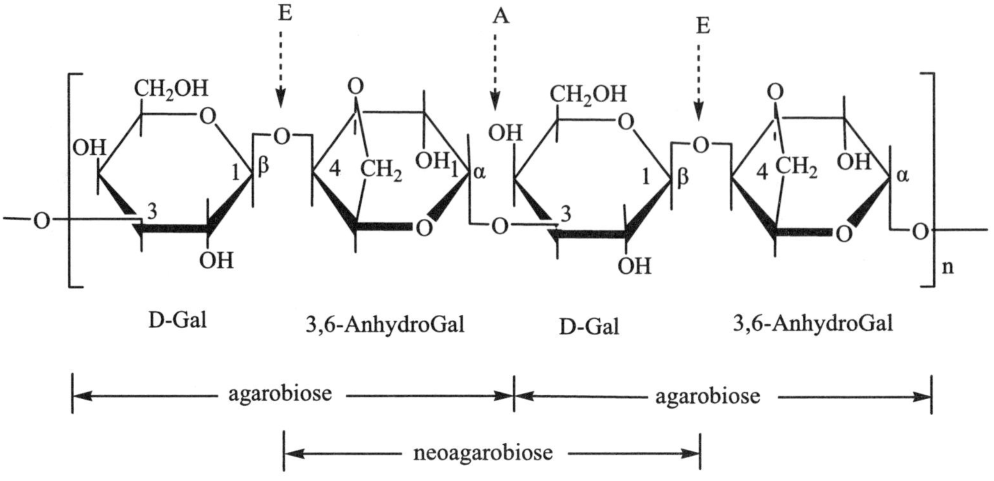

그림 13.13 한천의 구조(E: 효소분해, A: 산분해)

우뭇가사리속(*G. lingulatum*)으로 만든 한천은 D-galactose와 3,6-anhydrogalactose가 각각 52.5%와 34%로 주요 성분이고, 그 밖에 6-*O*-methyl-*O*-galactose 7.6%, sulfate 3.6%, glucose 1.5%, 2-*O*-methyl-galactose 0.9%, mannose 0.5%로 되어 있다. 우뭇가사리과의 한천 함량은 계절에 따라 변동하지만, 건물로는 33~55% 정도이다. 또, 꼬시래기 *Gracilaria verrucosa*는 sulfate의 함량이 여름철과 가을철에 많아 8%나 되며, anhydrogalactose는 봄과 여름철에 34~43%로 많아지지만 두 성분 사이에 상관관계는 없다.

한편, 우무가사리, 우무, 한천의 대략적인 화학성분은 표 13.19와 같다. 대략적이라는 의미는 원조의 대표라 할 수 있는 우무가사리의 경우 같은 종이라 하여도 계절이나 서식 심도등에 따라 성분이 크게 다르기 때문이다. 특히, 단백질을 포함한 총질소량에 차이가 심하다.

표 13.19 우뭇가사리, 우무, 한천의 일반 화학성분(g/100g 가식부)

		우뭇가사리 (건조품)	우무	각한천
에너지 Kcal(KJ)		144(602)	2(8)	154(644)
수분		15.2	99.1	20.5
단백질		16.1	0.2	2.4
지질		1.0	0	0.2
탄수화물		53.8	0.6	74.1
회분		13.9	0.1	2.8
무기질 (mg)	Na	1900	3	130
	K	3100	2	52
	Ca	230	4	660
	Mg	1100	4	100
	P	180	1	34
	Fe	6.0	0.1	4.5
	Zn	3.0	trace	1.5
	Cu	0.24	0.01	0.02
비타민	retinol(㎍)	0	0	0
	carotene(㎍)	200	0	0
	retinol상당량(㎍)	33	0	0
	D(㎍)	0	0	0
	E(mg)	0.2	0	0
	K(㎍)	730	0	0
	B_1(mg)	0.08	0	0.01
	B_2(mg)	0.83	0	0
	Niacin(mg)	2.2	0	0.1
	B_6(mg)	0.08	0	trace
	B_{12}(㎍)	0.5	0	0
	엽산(mg)	93	0	0
	pantothenic acid(㎍)	0.29	0	0.46
	C(mg)	trace	trace	0
콜레스테롤(mg)		51	trace	trace
식이섬유(%)		47.3	0.6	74.1
식염상당량(%)		4.8	0	0.3

5) 이화학적 성상

한천은 냉수에는 거의 녹지 않으나, 80℃ 이상의 열수에는 녹고, 그 열수용액을 냉각하면 탄력있는 gel, 즉 우무를 만들며, 이것을 다시 가열하면 융해하는 가역성을 지닌 물질이다. 한천 수용액의 점도는 agaropectin이 agarose보다 크고 또, agaropectin은 agarose보다 가수분해를 받기 쉽다. 한천의 gel 형성능은 극히 강하며, 순도가 높은 것은 0.04% 정도의 농도에서도 gel을 형성한다. 다른 친수성 콜로이드 중에서도 한천만큼 저농도에서 강한 gel을 형성하는 것은 없다.

한천 구성당의 gel 형성능은 agarose가 agaropectin보다 훨씬 강하다. 이러한 gel 형성능은 3,6-anhydrogalactose 함량, 분자량 및 황산기 함량이 크게 영향하는데, 일반적으로 3, 6-anhydrogalactose 함량 및 분자량이 클수록, 또 황산기 함량이 적을수록 gel 형성능이 크다. agarose는 한천의 강도를, agaropectin은 점탄성에 관여한다. 이 두가지 galactan의 비율은 원조의 종류에 따라 다르며, 이것이 한천의 물성을 좌우하게 되는 것이다.

한천용액의 gel화 온도 및 한천 gel의 융해온도는 표 13.20과 같이 일반적으로 gel화 온도가 35~94℃로서 융해온도가 gel화 온도보다 40~60℃ 정도 높은 특성을 지니고 있다.

또한 구성당 종류별로 보면 agarose가 agaropectin보다 gel화 온도 및 융해온도가 모두 5~10℃ 정도 높다. 일반 한천 중에는 함질소 성분, 무기질, 산, 한천질 이외의 당류 등을 함유하는데, 이러한 불순물을 제거하여 정제하는데는 보통 다음과 같은 방법이 이용된다.

수침법 : 유수 중에 침지하든가, 또는 제조공정 중에 우무를 물에 침지한다.

유기용매에 의한 침전법 : 한천을 물과 같이 가열 용해시켜. 여기에 에틸알콜, 아세톤, 메틸알콜 등을 3~4배량 가하면 한천질을 침전하므로 이것을 분리한다. 이 처리에서 액온이 40~50℃ 정도로 되었을 때 NaCl을 첨가하는 수도 있다.

젤라틴은 장시간 가열이나 장기간 방치를 하면 성질이 변화하기 쉬운데 비하여, 한천은 가열, 냉각을 반복하여도 가역성 gel을 만드는 특성은 그대로 유지된다.

표 13.20 한천용액의 응고온도 및 한천겔의 용해온도

	응고온도(℃)			용해온도(℃)		
	agarose	agaropectin	한천	agarose	agaropectin	한천
우뭇가사리	35.3	29.6	35.1	97.5	79.8	93.9
꼬시래기	37.9	29.2	39.0	82.8	77.5	82.2
단박	41.2	35.7	39.5	83.2	82.1	84.3

※ 1.5% sol과 gel 시료, 한천은 알칼리처리 원조에서 추출한 한천.

우무가 어떤 화학구조의 변화로 굳어지는가에 대하여는 아직 모르는 부분도 있으나 다음과 같이 설명되고 있다. 즉 sol 상태의 경우는 그림 13.14에 나타낸 것과 같이 agarose와 agaropectin사슬이 무질서하게 엉켜져 있는 실과 같으며 그 사이사이에 다량의 수분을 보유하고 있다. 용액의 온도가 낮아지면 분자의 일부가 질서정연하게 감겨 이중나선을 만들며 sol은 gel화하기 시작한다. 온도가 더 낮아지면, 이중나선의 감김은 조밀하여져 한 분자중에 200개 이상이나 되며 이중나선 부분은 평행으로 정열한 부분이 많아져 gel II와 같이 된다.

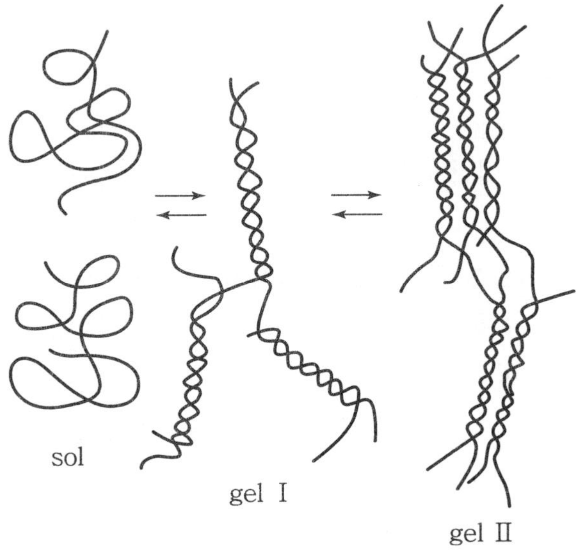

그림 13.14 한천 sol과 gel의 분자형태의 추정 분자 구조

한천의 jelly 강도는 설탕의 첨가에 의해서도 변화한다. 이를 알기 위하여 한천제조회사에서는 sugar test법을 개발하여 쓰고 있다. 이 시험은 한천 4g과 설탕 250g을 물 200g과 함께 끓여 응고시킨 다음 jelly 강도를 측정하는 것인데 용도에 맞게 제품을 개발하는데 매우 유용하게 이용된다고 한다.

설탕농도와 jelly 강도와 관계를 보면 그림 13.15에 나타낸 것과 같이 한천 중에 들어있는 agarose와 agaropectin의 함유비율이 큰 관계가 있음을 알 수 있다.

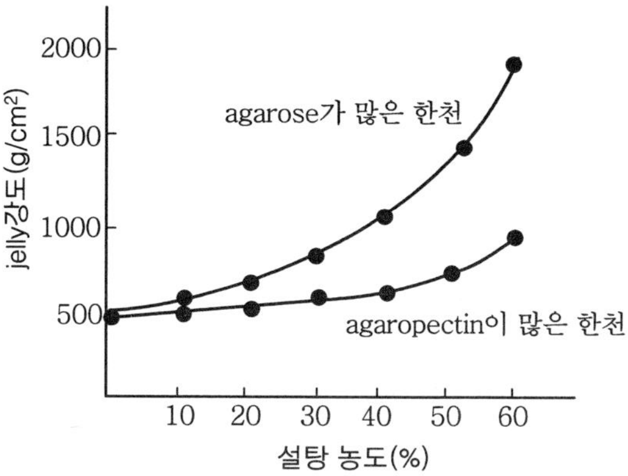

그림 13.15 설탕농도와 jelly 강도

양갱 포장을 뜯었을 때, 설탕의 결정이 석출된 것을 볼 수가 있는데, 이것은 gel화 한 것에서 과잉의 수분이 침출되어 나와(이장수) 수분은 증발하고 녹아 있던 설탕이 결정으로 남아 생긴 것이다. 이러한 현상을 이장현상(물이 분리되는 현상, syneresis)이라고 한다.

이 현상은 제품의 저장성과도 관련이 있으며, 부패나 변질의 원인이 되기도 한다. 따라서 이장수가 적을수록 좋은데 이 정도를 알아보면 제품의 품질도 알수가 있다. agarose 함량이 많은 한천은 설탕농도가 낮아짐에 따라 급격히 이장수가 증가하지만, agaropectin이 많은 한천은 이장수 발생이 많지 않음을 그림 13.16에서 알 수 있다.

설탕의 농도와 응고온도의 관계에 있어서도 꼬시래기를 주원료로 사용하여 만든 한천은 우무가사리로 만든 것과 비교하면, 당농도가 높아질수록 꼬시래기의 응고점은 더 상승하여 우무가사리의 응고온도와의 차이를 더 크게 만든다. 또, 설탕농도와 융점의 관계를 보면, 내열성이 강한 한천과 일반적인 한천 모두 설탕농도가 진할수록 융점이 높아진다. 이러한 결과는 한천을 사용한 제품을 만드는데 중요한 자료가 된다.

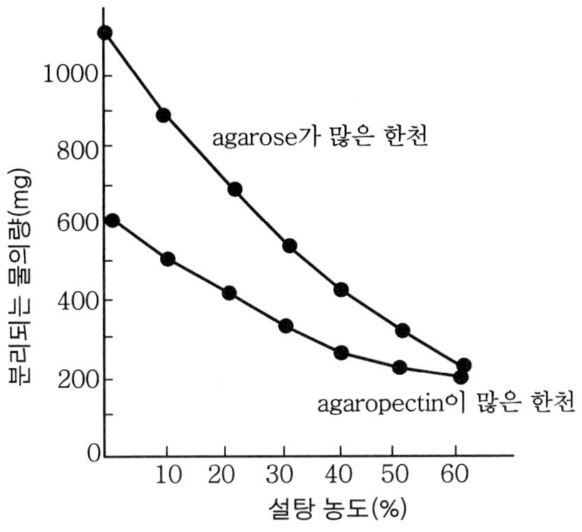

그림 13.16 설탕농도와 분리되는 물의 양

6) 한천의 용도

한천의 용도는 그 응고성. 보수성, 점탄 및 촉감 등의 물성을 이용하는 것이다. 한천의 응고력은 젤라틴의 7~8배나 되며, 그 젤리는 비교적 융점이 높고, 잘 부패하지 않는다. 또한 젤라틴은 장시간 가열이나 장기간 방치를 하면 성질이 변화하기 쉬운데 비하여, 한천은 가열, 냉각을 반복하여도 가역성 gel을 만드는 특성은 그대로 유지된다.

알칼리 처리를 한 원조에서 추출한 한천을 응고한 우무의 특징의 하나는 수분을 일정한 형태로 유지하는 능력이다. 이러한 성질을 이용하여 성형제, 보수제, 안정제, 응고제, 물성유지제 등으로 널리 많이 이용된다. 한천의 용도를 분류하면 다음과 같다.

(1) 식품용

한천은 식물섬유가 식품중 가장 많아 저칼로리 다이어트 식품으로, 건강식품에 대한 관심이 높아짐으로 인해 우무 등의 소비가 늘고 있다. 또 여러 식품에서 식품성분의 지지체로서 이용되고 있는데, 대표적인 것이 양갱, 아이스크림, 요구르트 등의 부형제이다. 그 외 유제품, 제과용(젤리, 잼, candy gels 등), 양조용(맥주, 포도주, 청주, 식초, 간장 등의 청징제), 통조림용(관재와 내용물의 접촉방지, 육중의 과잉 수분의 제거, 내용물의 증량 등), 젤라틴 대용, 촉감 좋은 푸딩, 각종요리(우무요리, 중국요리, 일본요리) 및 식품가공용으로 용도가 넓다.

한편, 종래의 한천은 열을 가하여 끓여서 용해하였으나, 80℃의 가온으로 용해 가능한 즉용성 한천이 개발되었다. 이것은 sol 상태에서 직접 탈수하여 분자를 random한 모양 그대로 분말화한 것이다. 용도는 떡이나 소의 가죽을 만들 때 쌀가루에 즉용 한천을 혼합하여 사용함으로서 기계에 부착하지 않아 박리성이 향상되어 작업 능률을 높인다. 이것은 즉용 한천이 쌀가루와 공존하에서도 용해가 가능하기 때문이며, 한천이 가지는 gel화 능력과 보수력이 떡가루의 반죽 형성에 관여하기 때문으로 보인다.

또, 어떤 형태의 한천은 유단백 안정기능을 가지는 특수한 한천으로 아이스크림이나 lacto ice의 안정제로 다른 증점제와 병용하기도 한다. 표 13.21에 한천의 용도별 사용농도를 나타내었다.

표 13.21 한천의 용도별 사용 농도(%)

종류	농도	종류	농도
엿	0.07~0.2	drink jelly	0.1~0.3
물양갱	0.3~0.5	pudding	0.1~0.3
양갱	1.0~1.2	ice cream	0.05~0.2
icing	0.2~0.4	yogurt	0.05~0.3
dessert jelly	0.2~0.5	우무	0.8~1.0

식품 자체에는 아니지만 식당에 진열하는 메뉴의 모조 식품에도 한천이 사용된다. 일반적으로 여기에는 양초, 염화비닐, 플라스틱 등이 쓰이는데, 이들은 실리콘을 사용하여 열처리하므로 일단 굳어버리면 더 이상 가공이 불가능하다. 한천과 양초를 병용해서 쓰면, 재현성에 부가하여 형태를 만든 양초에 정밀한 가공이 가능하다는 것이 큰 장점이다.

(2) 공업용

한천은 다음과 같은 여러 가지 용도로 일상생활과 관련한 산업에 이용되고 있다. 한천용액을 건조하면 강인하고 광택있는 피막을 만들므로 도료용, 호료용, 광택제 등으로도 이용된다.

ⓐ 호료용 : 견직물의 호료, 사진지 및 미술용의 인쇄지등의 하도 등
ⓑ 도료용 : 방수, 방음, 방열, 방한 등 의 도료
ⓒ 인쇄용 : 한천판 인쇄 등
ⓓ 화장품용 : 샴푸(shampoo), 로션(lotion), 치약, 모발유, 크림 등
ⓔ 농약용 : 살충제 및 농약의 안정제 등
ⓕ 기타 : 각종모형 성형용, 유리대용 등

최근에는 금속가공용 binder로서도 한천이 이용되고 있다. 금속이나 세라믹의 미세분말은 그 자체로서는 성형이 되지 않으며, 풀에 상당하는 물질을 사용하여 분말끼리 연결하여야 한다. 현재 binder에 사용되고 있는 풀에 상당하는 것은 플라스틱이지만 여기에 한천을 사용하여 binder 공업에 이용하는 기술이 특허를 얻었다.

(3) 의약용

인조 치아를 만들 때는 먼저 그 사람에게 맞는 치형을 만들어야 한다. 이때 치형에 사용되는 인상제로 한천과 함께 알긴산이 사용된다.

또 최근에 개발된 것으로 의약용 한천 연질 캅셀이 있다. 종전에는 젤라틴으로 만들었으나, 한천으로 만든 것이 내산성, 내열성이 우수하여 지금까지는 위에서 녹아버렸던 것이 장에까지 도달하여 필요한 곳에서 녹게 되었다. 그 외 소갈제, 정장제, 오블라아트(oblate, wafer), 외과용 붕대에도 쓰이고 있다.

(4) 저칼로리 식품

우무는 소화기관내에서는 소화되지 않으므로 영양적으로는 가치가 없으나, 비만방지용 저칼로리식품으로, 또는 다량의 수분을 함유하고 있으므로 변비를 막는 완하제로서의 이용도 있다.

(5) 세균 및 조직 배양용

한천은 보통세균이나 효소 등의 작용으로 분해되지 않고, 또한 응고력이 강하므로 세균배지에도 이용된다. 세균 배양에 한천이 처음 사용되게 된 것은 19세기 후반 독일의 한 주부의 생각에 의한 것으로 이를 발전시킨 사람이 유명한 코호박사 이다.

한천이 고온에서 sol 상태로 되어 각종 영양소를 첨가하여 멸균한 다음 온도를 낮추어 세균을 접종하여 굳혀 균을 배양시키는 것으로 순도가 높은 한천이 필요하다.

한편, 동일한 원리와 방법으로 식물의 조직 배양에 이용된다. 영양소가 첨가하고 멸균하여 굳은 한천배지에 식물의 잎이나 조직 절편을 이식하여 비루스가 없는 무균 또는 신품종의 개발, 대량 증식에 유용하게 이용되고 있다.

(6) 생물공학에 이용

한천을 구성하는 agarose는 전기에 반응하지 않으며 생물에 악영향을 주지 않으므로 전기를 띈 유전자나 생체액의 생화학적 조사인 전기영동에 이용된다. agarose gel을 지지체로하여 여기에 검체를 넣고 전기를 흘려주면 DNA 등이 전하량과 분자량에 따라 gel속에서 이동한다. 이것을 염색하여 나타나는 band의 위치를 비교하는 것으로 범인이나 친자의 감정에도 쓰이고 있다.

한천에서 보다 더 고순도로 정제한 agarose는 각종 효소, 단백질, 다당류 등 고분자 물질을 분리정제하는데에도 gel 여과제로서 널리 이용되고 있다. 여기에 사용되는 agarose는 매우 고가로서 앞으로 많은 이용이 기대된다.

(7) 방향제 및 소취제로 이용

한천은 carrageenan과 마찬가지로 방향제나 소취제에 사용되고 있다. 이들에는 액상과 고체상이 있는데, 고체상의 것은 여러 가지 향기성분이나 냄새 흡수 성분을 포함하면서 이들의 증발을 조절할 수 있는 것이 필요하다. 이들 만족할 수 있는 것이 한천으로서 최근에 수요가 많이 늘고 있다.

(8) 기타

지금은 사용이 극히 미미하지만 누에의 먹이에도 한천이 쓰이고 있다. 어린 누에는 젖거나 너무 마른 뽕잎을 먹지 않거나 먹게 되면 병에 걸리기도 한다. 비가 올 것이 예상되는 경우 뽕잎을 건조하여 분말로 한 다음 한천으로 굳혀 누에의 사료로 하는 방법이 개발되었다. 이 때, 뽕잎 이외에 여러 가지 무기질이나 단백질을 첨가하여 누에 발육을 더 좋게 할 수가 있다.

한편, 분자형태가 다른 oligosaccharide로 조제되어 새로운 용도가 개발되고 있다.

7) 한천의 생리작용 및 한천 원조의 생리활성

미국 FDA에서는 한천을 일반적으로 허용된 안전한 식품으로 인정하고 있다. 한천은 carrageenan이나 알긴산과는 달리 그 자체로서는 생리작용이 없으나 식물섬유로서 대표적인 것이기 때문에 식이섬유항을 참고하기 바라며, 여기서는 한천원조의 생리활성에 대하여 설명한다.

(1) 혈당저하작용

우뭇가사리와 유사한 개우무의 물추출물에서 한천과 단백질을 추출하고 한천을 제거한 다음 수용성 단백질만을 모아서 칼럼을 통하여 3개의 획분으로 나누어 2~3 kg의 토끼 40마리에 대하여 20mg/kg의 함량을 귀의 혈관을 통하여 주입한 결과 인슐린과 유사하게 혈당 저하작용이 있는 것으로 나타났다.

(2) 적혈구 응집소

1996년 참우뭇가사리 추출물로부터 키틴 affinity 크로마토그래피에 의하여 lectin을 분리하는데 성공하였으며, 존재 부위도 확인되었다. 따라서, 금후 한천 뿐아니라 lectin으로서의 이용도 가능하여 우뭇가사리의 가치를 한층 높일 수 있다.

(3) 자외선 흡수물질

해조에는 오래전부터 자외선 흡수물질이 존재하는 것으로 알려져 있으며, 오존층의 파괴와 더불어 주목을 받고 있다. 한천 원조인 우뭇가사리의 자외선 흡수물질은 생리활성 항에서 설명한다.

8) 한천 원료 및 한천공업의 현황

세계 여러나라에서 한천의 원조로서 채취되고 있는 해조의 종류와 채취량 등을 표 13.22에 나타내었다. 지금까지 한천은 우뭇가사리나 지두발류에서 추출되어 이용되는 것으로 알려져 왔으나, 중국에서는 김에 속하는 *Porphyra haitanensis*로 부터도 한천을 만들고 있다. 중국에는 품질이 떨어지는 김이 많고 이를 유용하게 사용하는 한 예라고 볼 수 있다. 방사무늬김으로부터 제조도 시도되었으나 이들은 모두 조체중의 porphyran을 알칼리 처리하여 황산기를 제거하여 만들어 수율은 15% 정도로 매우 낮다.

현재 한천을 생산하는 나라는 우리나라를 비롯하여 일본, 덴마크, 포르투갈, 모로코, 스페인. 러시아, 칠레, 호주, 뉴질랜드, 미국, 대만, 아르헨티나, 중국, 멕시코, 필리핀, 인도네시아, 남아연방 등 20수개국에 달하며, 우리나라의 연간생산량은 약 600~800톤 정도이다. 세계적인 연간 생산량은 약 6,000톤 정도라고 추정되고 있다. 본격적인 생산 개시년도와 생산량, 제조방법도 표 13.22에 나타내었다. 천연의 추위를 이용하여 만드는 나라는 한국과 일본뿐이다.

표 13.22 세계 여러 나라의 한천 원조 및 한천 생산량

국가	생산 개시년	한천생산량	방법	원조	원조채취량(톤)	채취방법
한국	1924	750~800	N,I	우뭇가사리	2,000~2,500	손, 잠수
일본	1644	1,700~1,900	N,I	우뭇가사리	2,000~2,500	손, 잠수
				꼬시래기	1,500~2,000	손
북한	1960	30~40	I	우뭇가사리	250~300	손
				싹새기	500~700	손, 떠밀려온 해조
중국	1937	150~160	I	우뭇가사리	300~400	손
				꼬시래기	400~500	떠밀려온 해조
대만	1950	80~100	I	우뭇가사리	40~50	손
				꼬시래기	250~300	떠밀려온 해조
필리핀	1964	40~50	I	우뭇가사리	200~300	손
				꼬시래기	1,000~1,500	손
인도네시아	1939	200~500	I	우뭇가사리	400~500	손
				꼬시래기	700~800	손
인도	1968	30~40	I	우뭇가사리	200~300	손
호주	1943	40~50	I	꼬시래기	30~50	손
뉴질랜드	1943	50~60	I	우뭇가사리	50~100	손
				꼬시래기	150~200	손
미국	1920	-		우뭇가사리	-	-
멕시코	1950	60~80	I	우뭇가사리	800~1,000	잠수
브라질	?	70~80	I	꼬시래기	1,000~1,500	떠밀려온 해조
아르헨티나	1963	180~200	I	꼬시래기	2,500~3,000	떠밀려온 해조
칠레	1950	1,200~1,300	I	우뭇가사리	300~350	손
			I	꼬시래기	9,000~11,000	떠밀려온 해조
러시아	1940	100~120	I	싹새기	2,000~2,500	손, 떠밀려온 해조
덴마크	1945	800~900	I	Furcellaria	2,000~2,500	trawing
스페인	1944	550~600	I	우뭇가사리	4,000~5,000	손, 떠밀려온 해조
포르투갈	1951	280~300	I	우뭇가사리	1,300~1,500	손, 떠밀려온 해조
프랑스	?	60~70	I	우뭇가사리	300~350	떠밀려온 해조
이탈리아	?	70~80	I	꼬시래기	700~800	손
모로코	1953	300~350	I	우뭇가사리	1,800~2,000	손, 떠밀려온 해조
남아프리카	1943	-	I	꼬시래기	1,000~1,200	떠밀려온 해조
			I	우뭇가사리	150~200	손

* N: 자연동건법, I: 공업적 방법

4 Fucoidan

Fucoidan은 알긴산과 같이 갈조류에 함유되어 있는 점질 다당류이다. 그러나, 알긴산은 약 알칼리에서 추출되지만, fucoidan은 물이나 묽은 염산에 의하여 추출되는 점조성 물질이다. 이 물질은 1913년 스웨덴에서 처음으로 발견되어 fucoidin이라고 하였으나 국제당질명명규약에 따라 fucoidan으로 부르게 되었다.

1) fucoidan의 원조

Fucoidan은 *Fucus*속, 다시마속, *Macrocystis*속(Giant kelp류), 미역속(*Undaria*)에 들어있으나 그 함량은 종류, 시기, 수심에 따라 크게 달라 다시마나 Fucus속은 가을에서 초겨울에 걸쳐서 건물당 20%까지 함유되어 있으나, 봄에는 5%에 지나지 않는다. 그러나, 알긴산이나 laminaran처럼 변동이 크지는 않고 계절적으로는 mannitol의 변동과 비슷하다. fucoidan의 조체 내에서의 역할은 상처를 입었을 때 그곳으로부터 세균이 침입하지 않도록 보호하거나 간조시 공기중에 노출되어 건조하지 않도록 보호작용이 있는 것으로 추정된다.

2) fucoidan의 구조와 이화학적 성상

주요 구성성분은 L-fucose(Fuc)와 sulfate이고, 종류에 따라서는 galactose, xylose와 소량이지만 gluculonic acid도 들어 있다. 예를 들어 Fucus속의 fucoidan은 fucose 56.7%, sulfate 38%, galactose 4%, xylose 1.5%, uronic acid로 되어 있으며, giant kelp의 fucoidan에는 galactan이나 galacto-D- xylo-L-fucan과 같은 복합 다당류가 들어 있다(그림 13.17).

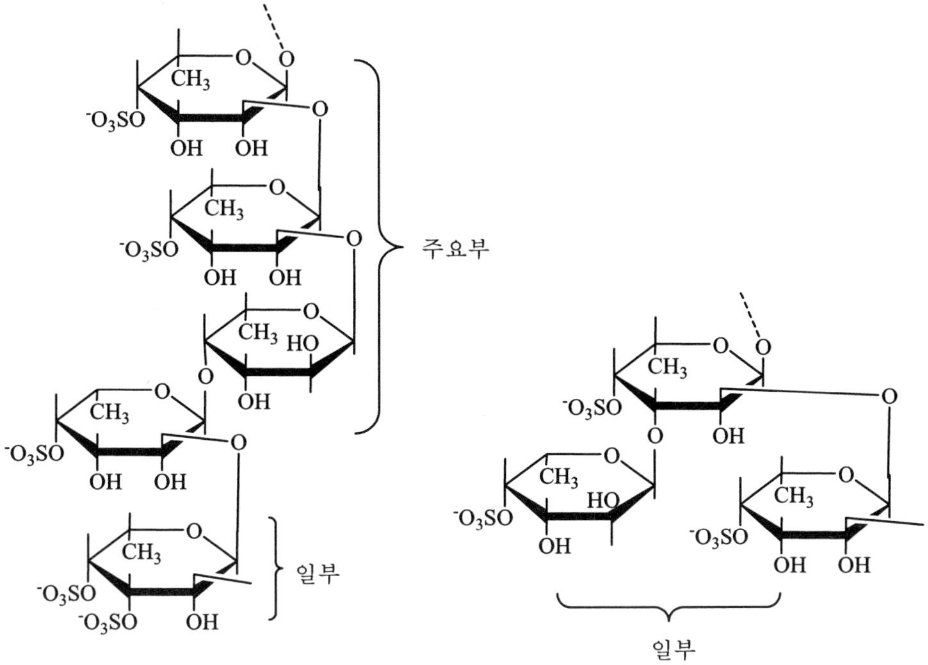

그림 13.17 fucoidan의 부분 구조

미역은 대략 fucose 14~24%, sulfate 6~68%, uronic acid 8~10%이지만, 소량의 galactose, xylose, arabinose도 들어 있으며, 특히 arabinan sulfate가 들어 있어 주목을 끈다. Fucoidan은 대개 fucose가 많은 황산 다당을 말하는데, 그 구조는 L-Fuc-4-sulfate의 1,2결합을 주체로 하지만, 이 밖에도 1,3결합이나 1,4결합한 것도 섞여 있고 분지구조인 것도 있다. 분자량은 133,000±20,000 정도이지만, 침강법으로는 7.8×10^4으로 측정되었다.

미역귀와 큰잎모자반을 열수로 추출하여 알긴산을 제거한 다음, 칼럼으로 분리하면, 3개의 획분으로 나누어지는데 각 획분별 주요 구성당과 황산기 함량을 보면 표 13.23과 같다.

표 13.23 DEAE-Sephadex 칼럼에 의한 fucoidan의 분획

	SO_4^{2-} (%)	GlcUA (%)	mol 비			
			Fucose	Galactose	Mannose	Xylose
미역포자엽 A	5.1	10.5	1	0.77	0.04	0.03
B	17.0	3.3	1	0.87	0.03	0.04
C	24.7	2.5	1	1.76	0.04	0.08
큰잎모자반 A	5.1	20.5*	1	0.36	0.82	0.78
B	16.0	9.8	1	0.37	0.35	0.42
C	24.2	6.8	1	0.44	0.11	0.12

* : 알긴산 포함. GlcUA : glucuronic acid

Fucoidan은 종류에 따라 성분조성이 크게 달라 uronic acid나 galactose도 함유되어 있으나 소량의 xylose, mannose, rhamnose등도 포함한다. glucuronic acid 5% 이하로 황산기 함량이 많은 획분을 진정 fucoidan, glucuronic acid가 많고 황산기가 적은 uronic acid 함유 황산다당을 fucan이라고 한다.

65~70%의 설탕용액에 fucoidan을 녹이면, 극단적으로 점성이 증가하여 실상태로는 2m까지 늘어나며 점성은 수년간 유지된다고 한다.

전복과 같은 연체동물은 알긴산을 분해하는 효소와 함께 fucoidan을 분해하는 효소도 가지고 있어 갈조류에 많이 함유된 이와 같은 다당류를 즐겨먹는 것으로 보인다.

3) fucoidan의 이용

fucoidan은 수용액 중에서 공존하는 단백질등과 결합하여 응집을 일으킨다. 이러한 성질을 이용하여 배수처리, 특히 BOD값이 높은 식품을 제조할 때 생기는 폐액중의 단백질 제거에 응집제로서 이용할 수 있으나 다른 응집제에 비하여 가격이 비싸 널리 이용되지 않고 있다.

4) fucoidan의 생리작용

(1) 항혈액응고활성

모자반속에서 얻어진 sargassan의 한 획분은 표준 heparine에 비하여 72배나 높은 항혈액응고 작용을 나타낸다. 40여년 전의 in vivo 실험에서 체중 2~3kg의 건강한 토끼에 40~50mg의 fucoidan을 정맥으로 주사하였을 때, 대조구에서는 혈액응고 시간이 10~25분인데 비하여 fucoidan 투여시는 40분~1.54시간후에는 30~147분, 3~4시간 후에도 21~112분의 응고 지연이 확인되었으며, 이 효과는 평균 6시간동안 지속되었으며, 그 후에도 아무런 후유증을 나타내지 않아 특허를 얻은 바 있다.

(2) 항종양활성

괭생이모자반과 대황에서 추출한 fucoidan상 물질은 sarcoma-180 고형종양을 이식한 마우스의 복강내 투여시 표 13.24와 같이 괭생이 모자반은 약 60%의 증식억제 효과를 나타내었다. 애기다시마의 조fucoidan은 sarcoma 뿐아니라 L-1210 백혈병 종양세포에 대하여도 항종양활성을 나타내었으나 여기에는 알긴산도 섞여있어 알긴산과 fucoidan의 활성을 조사한 바, 알긴산은 Meth-A-복수형과 sarcoma-180 종양에 유효하며 fucoidan은 L-1210에 특히 유효한 것으로 나타났다(표 13.24).

표 13.24 Sarcoma-180에 대한 항종양효과

해조	조성	투여량 마리/일x6(i.p.)	판정	종양평균직경/평균중량 처리구/대조구	종양억제율(%)
괭생이 모자반	Fuc,Gal다량, Xyl,UA소량	0.123mg	15일	0.18/1.97(g)	58.9
	SO_4^{2-}20~30%, 단백질 5%〉	0.25mg	15일	0.68/1.97(g)	65.5
대황	Fuc, SO_4^{2-} 32.3%	50mg/kg/일	25일	5.3/7.6(mm)	30

표 13.25에는 괭생이모자반과 지충이의 Ehrich 복수암에 대한 항종양 효과를 나타낸 것으로 괭생이모자반의 다당획분을 복강내 투여시 연명효과를 나타내었으며 지충이도 대조구에 비해 연명효과를 나타내었다.

표 13.25 Enrich복수암에 대한 항종양효과

해조	조성	하루투여량(i.p.)	생존수 (일/마리)	평균 생존일	이식세포수 (개/마리)
괭생이 모자반	Fuc,Gal다량, Xyl,UA소량 SO_4^{2-}20~30%, 단백질 5%〉	0.25mg/마리/x7	60 / 7	60일	$3x10^5$
		대조군		18.1일	
지충이	Fuc,Gal,Xyl,Man,Glc, GlcUA, SO_4^{2-}(소량)	10mg/kgx10	20 / 1	36.7일	$2x10^5$
			21 / 3		
			22 / 2		
		20mg/kgx10	60 / 4	60일	
			60 / 10		
		대조군	12 / 2	13.3일	
			13 / 3		
			14 / 5		

(3) 지혈 청징작용

*F. vesiculosis*의 열수추출물에서 각종 농도의 에탄올 획분에서 얻은 7종의 fucoidan을 식이성 지혈증 랫드에 정맥주사하여 2시간후 혈액의 청징도를 610 nm에서 탁도로 조사한 결과, IV, V 획분에서 heparin의 2배의 활성이 있었다(표 13.26).

표 13.26 *F. verculosis* 유래 fucoidan의 고지혈증 청징효과(랫드)

시료	분획 에탄올 농도 (%)	methyl pentose(%)	ED_{50} (mg/kg/i.v.)
I	42	25.8	10.0
II	47.5	32.2	6.0
III	52.5	44	2.5
IV	59	48.5	1.5
V	63	59	1.7
VI	69	65.5	5~10
VII	78	65.5	10
heparin			3.2

미역의 포자엽 a,b,c 획분의 마우스에 대한 혈액 청징작용을 조사한 결과, 표 13.27에 나타낸 것과 같이 황산기가 많을수록 활성이 강하였다. 이것은 약 18시간 절식시킨 다음 인위적으로 고지혈증을 유발시킨 마우스에 각획분을 정맥주사하여 혈액의 탁도를 육안관찰한 결과이다. 활성이 강한 미역 포자엽 C획분은 heparine의 1/23의 활성을 나타내었으나 이 활성은 황산함량에 의한 것이 아니고 황산기의 결합위치와 결합하는 당잔기의 종류에도 관여하는 것으로 추정된다.

표 13.27 미역(포자엽) 유래 fucoidan의 고지혈증 청징효과

시료	투여량 (mg/kg/i.v.)	마우스 고지혈증수/총수(%)	ED_{50} (mg/kg/i.v.)
대조군	-	34/34 (100)	-
A획분	10	6/6 (100)	〉10
B획분	10	6/6 (100	〉10
C획분	10	0/6 (0)	
	3	0/6 (0)	0.82
	1	5/15 (33)	(0.32~1.2)*
	0.3	6/6 (100)	
heparin-Na	0.3	0/6 (0)	
	0.1	1/13 (8)	0.035
	0.03	3/6 (50)	(0.015~0.056)*
	0.01	6/6 (100)	

* 대조군은 생리식염수, ()는 고지혈증을 나타낸 마우스 %, * 95% 신뢰한계

5 Laminaran

Laminaran은 갈조류 특히, 다시마과의 해조에서 1885년 독일에서 처음으로 추출되어 laminarin으로 명명된 갈조류 저장다당의 일종이다. 그 후 국제당질명명규약에 따라 laminaran으로 개명되었다.

1) laminaran의 원조

갈조류의 대황(*Eisenia bicyclis*)속이나 패과의 패(*Ishige okamurai*)에 약 1% 전후, 다시마속의 *Laminaria cloustobi*에 많은 것은 25% 전후로 들어있다. 대황 중의 laminaran 함량은 날자별로나 계절에 따라서도 변하며(그림 13.18), 또한 laminaran은 광합성 산물인 mannitol로부터 생합성된다는 사실이 밝혀졌다. 한편, 수심이 6m, 9m, 12m인 곳에서 채집한 다시마속의 *Laminaria longicruris*에 들어 있는 laminaran과 mannitol 함량은 9월에 가장 많고, 생장이 왕성한 4월에 가장 적어 계절적인 변화를 한다는 보고도 있다.

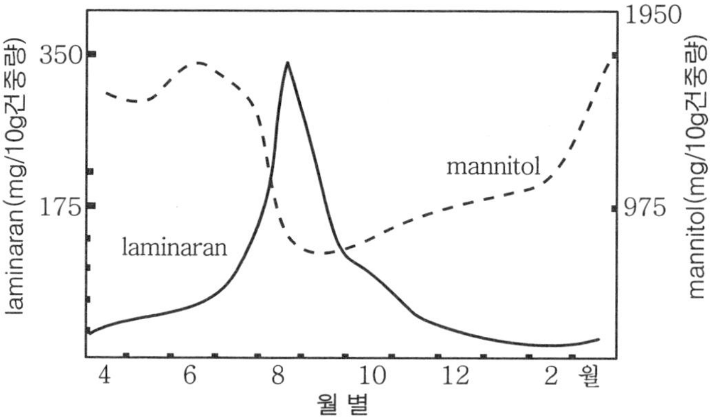

그림 13.18 대황에서의 mannitol과 laminaran의 계절변화

2) laminaran의 구조 및 이화학적 성상

laminaran은 β-D-glucopyranose가 1,3 결합과 1,6결합을 중합체의 분지쇄 구조를 하고 있다(그림 13.19). 그러나 화학적 결합은 갈조류의 종류에 따라 다르며, laminaran분자의 반 이상은 mannitol을 함유하고 있다. 그러나, 대황의 laminaran은 mannitol을 함유하고 있지 않다.

한편, 다시마속에는 냉수에 녹는 laminaran과 녹지 않는 laminaran이 들어 있다. 이들은 주로 β-1,3 결합을 하고 있지만 β-1,6 결합인 부분도 약간 있다. 그렇지만 패처럼 1,3 결합과 1,6 결합이 4:1의 비율로 분지쇄 구조를 하고 있는 것도 있고, 대황처럼 β-1,3 결합 사이에 β-1,6 결합이 약 1/3 정도 들어 있으면서 직쇄구조의 가용성인 것도 있다.

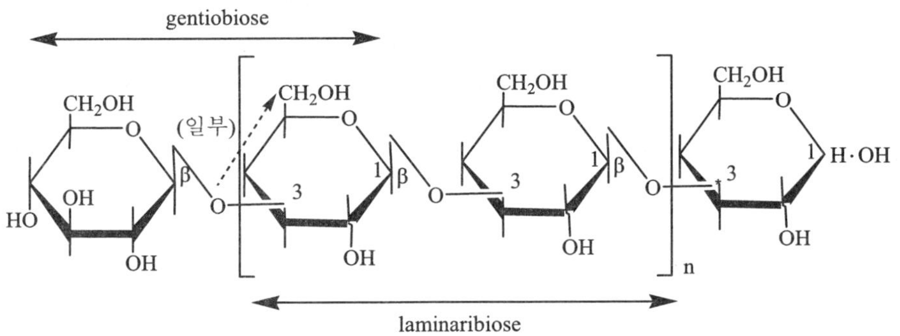

그림 13.19 laminaran의 구조

3) laminaran황산의 이용과 생리활성

laminaran 그 자체는 그다지 이용되지 않고 있다. 외과 수술시에 크리너로서 쓰이는 정도가 알려져 있다. 그 때문에 laminaran은 황산 유도체로 이용되어 laminaran황산이라고 불리운다. laminaran황산은 항혈액 응고작용이 있어 heparin 대용으로 사용될 수 있음이 알려졌다. 그러나, 황산화 정도가 높으면, 항혈액 응고작용은 heparin과 비슷하나 독성이 커진다. 독성이 낮은 laminaran황산은 항종양작용이 있어 이식한 항종양세포의 유사분열을 저해한다. 대황 laminaran으로 합성한 것은 백변종수컷 모르모트의 혈청지질 함량을 낮추어 동맥경화를 방지한다. 이 효과는 laminaran 분자중 glucose 1개당 치환도(glucose 1개에 3개의 유리 수산기가 치환되면 치환도는 3.0)에 따라서도 다르며, 치환도가 낮으면 효과는 크다고 한다. 이러한 것은 심장병의 치료약으로 사용될 가능성이 높으며, 영양적으로는 고지혈증에도 heparin과 유사한 작용을 할 것으로 기대된다.

6 Sargassan

알긴산이나 한천 이외에 갈조인 모자반과의 *Sargassum limifolium*에는 fucoidan과 매우 비슷한 sargassan이라는 황산 다당이 들어 있다. 이 물질은 sulfate가 18%나 되며, 당조성이 Fuc : Xyl : Man : Gal : GlcUA = 2.5 : 2.5 : 1 : 8.4 : 4.6(mol비)으로 glucuronic acid와 mannose와 galactose가 주요 뼈대를 이루어 연결되어 있고 xylose와 fucose sulfate가 측쇄를 이룬다. fucoidan과 다른 점은 mannose가 들어 있다는 점이다.

7 Furcellaran

홍조류 *Furcellaria fastigiata*에 함유된 다당류로서 carrageenan과 한천의 중간적 성질을 가진다. 한천과 같이 얼면 수분을 방출하지만 구조는 κ형의 carrageenan과 비슷한 D-galactose, 3,6 anhydro-D-galactose 및 황산ester로 되어있다. 덴마크 한천(Danish agar)라고도 부르며, 원조는 발틱해와 캐나다의 St. Laurence만에 대량으로 서식한다. carrageenan과 비슷한 용도 특히 유제품에 사용된다고 하나 우리나라에서는 사용되지 않는것 같다.

이외에도 김류에 함유된 funoran, porphyran등이 있으나 산업적으로 중요하지는 않다.

8 해조다당의 유용성

옛부터 우리 민족은 해조를 즐겨 먹어 왔다. 그러나, 최근 들어 식생활이 서구화되어 감에 따라 해조를 적게 먹을 뿐만 아니라, 그 종류도 줄고 있다. 그러나, 다행인 것은 해조를 많이 먹는 지방의 주민들이 다른 지역 주민들보다 장수한다는 임상결과들이 많이 발표됨에 따라 해조를 영양학적 또는 약리학적인 관심의 대상으로 삼기 시작한 점이다. 더욱이 앞으로 대기권에 이산화탄소가 늘고 바다 수온이 높아질 것에 대비하여 해조의 동화기능에 기대가 모아지고 있으며, 약리학적이나 영양학적인 특징이 주목을 끌고 있다. 다음에 그 개요를 설명한다.

1) 약리효과

Heparin은 혈액이 응고하는 것을 막아주고 혈액 중의 중성지방을 줄여주는 작용이 있는데, 해조에 들어 있는 황산다당, fucoidan, carrageenan, sargassan도 이와 같은 작용이 있는 것으로 보고되어 있다. 더욱이 해조에 들어 있는 산성다당은 항 cholesterol효과도 있다. 파래, 참김, *Eucheuma*속은 혈장 중의 cholesterol을 낮추는 효과가 있고, 다시마는 부신 cholesterol을 낮추는 효과가 있는데, 황산다당이 반드시 유효성분은 아니며 산성다당이나 알칼로이드 유사획분에 유효성분이 있다고 한다. 더욱이 sulfate가 없고 carboxy기가 있는 알긴산의 중합도 226~417인 획분에서 혈중 cholesterol을 낮추는 효과가 확인되었다.

한편, 버섯이나 세균의 다당류 중에는 암조직을 이식한 마우스에서 뚜렷하게 항암효과를 보이는 것이 있다고 하지만, 해조 중에서도 갈조인 다시마, 모자반, 괭생이모자반, 짝잎모자반의 황산다당이나 녹조인 청각의 glucuronic sulfate도 Sarcoma나 Ehrlich carcinoma의 암세포에 대해 연명효과가 있다. 다시마(*Laminaria japonica*)와 그 근연종인 *L. ochotensis*, *l. augusta*, 대황(*Eisenia bicyclis*), 감태(*Ecklonia cava*)에서 추출한 조fucoidan도 백혈병 암세포 L-1210을 접종시킨 마우스의 생명을 25% 이상이나 연장시켰다.

그리고 녹조에 들어 있는 황산다당, 알긴산, κ-, λ-carrageenan, porphyran은

Ehrlich 암세포에 경구적으로 유효하였으며, Meth-A 고형 종양에도 저해적으로 작용하는 것으로 알려져 있다. 육상식물과는 달리 해조에는 이상과 같은 특이하고도 복잡한 구조의 다당이 들어 있는데 이것들은 인공적인 항암제와는 달리 정상세포는 공격하지 않고 암세포만 공격하며, 면역세포의 기능을 증진시키는 약리작용이 있다. 더욱 이 방면의 연구가 기대된다.

2) 식이섬유의 효과

구미선진국의 지난 10여년 동안의 식사 내용을 보면 고기, 유지, 유제품, 설탕의 비율은 높아지고, 그 대신 섬유가 들어 있는 곡류를 비롯한 콩류, 야채, 과일의 비율은 줄어들었다.그 결과 비만, 심장질환, 신장질환, 고혈압, 당뇨병, 통풍 등의 성인병이 급증하여 섬유와 문화병의 관계가 관심을 끌게 되었고, 식이섬유가 얼마나 중요한지를 알게 되었다. 다시 말해서 섬유를 섭취함으로써 비만을 방지할 수 있고 혈중의 cholesterol을 정상수준으로 낮출 수 있으며, 배변을 잘 되게 하여 유독성분이 장내에서 머무는 시간을 줄이고 배변량을 늘림으로써 유독성분의 독성을 희석시켜 대장암의 발병률을 낮출 수 있다. 또한 혈당의 급상승을 억제하여 서서히 증가시키며, 유용 장내세균이 잘 번식할 수 있도록 하고, vitamin이 활발하게 합성되도록 한다는 사실이 밝혀지고 있다. 식이섬유란 주로 식물의 세포벽을 구성하는 성분 중에서 소화되지 않는 물질을 말하는데, 여기에는 조섬유 외에 한천질이나 mannan도 포함된다.

우리나라 사람의 음식물 열량을 보면, 1975년에는 단백질 11.9%, 지방 10.3%, 탄수화물 77.85%였다. 그런데 1977년 미국 상원의 영양문제특별위원회는 당시 미국인들의 영양 섭취가 발병률과 커다란 연관이 있다고 지적하면서 종래의 단백질 섭취량을 13%에서 12%로 줄이고, 지방도 42%에서 30%로 대폭 줄이며, 그 대신에 탄수화물을 46%에서 58%로 높여야 한다고 강조하였다. 최근, 우리나라에서도 급격한 식생활의 서구화로 말미암아 탄수화물의 비율이 1965년에는 83.3%이던 것이 1970년에는 81.5%로, 그리고 1980년에는75.0%로, 그리고 1990년에는 64.7%로 해가 갈수록 급격히 줄고 있어 각종 성인병이 증가할 위험이 있기 때문에 해조의 효능에 관하여 다시 한번 관심을 기울여야 할 것으로 여겨진다.

(1) 해조류에 함유된 식이섬유 종류와 함량

해조식품의 식이섬유 함량은 톳이 54.9%, 다시마 28.6%, 파래 38.6%, 김 29.7%, 미역 37.9%로 대체로 육상 식물보다 많은 편이다. 더욱이 황산 다당처럼 혈중의 lipoprotein 수준을 낮추는 산성다당을 함유하는 것이 특징이다. 식이섬유의 종류를 표 13.28에 나타내었다.

표 13.28 해조류에 함유된 식이섬유 종류

해조류	식이섬유	주요 구성 단위
홍조	cellulose	glucose
	mannan	mannose
	xylan	xylose
	한천	galactose, anhydrogalactose, glucuronic acid
	carrageenan	galactose, anhydrogalactose, 황산기
	funoran	galactose, anhydrogalactose, 황산기
	porphyran	galactose, anhydrogalactose, 황산기
갈조	cellulose	glucose
	알긴산	mannuronic acid, glucuronic acid
	fucoidan	fucose, galactose, xylose, 황산기
	laminaran	glucose
녹조	cellulose	glucose
	mannan	mannose
	xylan	xylose

(2) 식이섬유의 체내에서 역할

식이섬유에는 표에 나와 있는 바와 같이 불용성과 수용성이 있으며, 일반적인 생리작용은 각각 다르다. 예를들면, 불용성은 혈청 cholesterol에 영향을 주지 않으나 수용성은 감소시키는 등 여러 가지 차이가 있다. 이와 같은 차이들을 표 13.29에 정리하였다.

표 13.29 수용성과 불용성 식이섬유의 생리작용의 차이

생리작용	불용성 식이섬유	수용성 식이섬유
저작시간	길어진다	짧아진다
위내체류시간	약간 길어진다	길어진다
장내 pH 변화	변화없다	저하한다
담즙산과 결합	결합한다(lignin)	결합하지 않는다
발효성	제한적으로 약간 발효한다	광범위하게 발효한다
장점질물질	그다지 늘어나지 않는다	늘어난다
변중량	증가시킨다	기여하지 않는다
혈청콜레스테롤	변화없다	저하한다
식후혈당치	변화하지 않는다	상승을 억제한다
대장암	예방한다	변화없다

식이섬유의 인체내에서 작용은 물리화학적 기능, 생물학적 기능, 생리 기능의 세 가지를 가지고 있다. 즉, 물리화학적 기능은 수분을 흡착하는 보수성과 가용성 섬유가 가지는 점성 등이다. 또, 이온결합에 의해 양이온과 음이온이 결합하거나 비이온적으로 흡착하는 기능을 말한다. 생물기능은 소장에서의 소화흡수 없이 대장에서 미생물의 영양이 되는 것이 많은데 이 결과 일부는 흡수되어 에너지원이 되거나 영양기능을 발휘한다.

한편, 해조식이섬유는 장내세균의 균형이나 장내 환경에 많은 영향을 끼친다. 장내세균은 소장에서 흡수되지 않고 대장까지 운반된 식이섬유에 대하여 보통의 소화효소보다 강력한 효소로 분해, 대사, 발효작용을 한다. 그 대사산물에는 단쇄지방산이나 비타민등과 같이 건강에 필요한 것과 암모니아나 skatol과 같은 유해한 부패생산물도 있다. 사람의 장내세균중 대표적인 18종을 이용하여 갈조류에서 알긴산, fucoidan, laminaran, 홍조류에서 xylan, mannan, porphyran에 대하여 각각의 분해이용능을 시험관내에서 조사한 결과, 알긴산은 *Bacteroides ovatus*에만 이용되었으며, Laminaran은 *B. ovatus, Clostrium rumosum*에 이용되었다. xylan, mannan도 *Bifidobacterium*의 일종과 수종의 *Bacteroides*종에 이용되었고, porphyran도 수종의 *Bacteroides*에 이용되었다. 이러한 결과로부터, 사람의 소화효소로는 분해되지 않는 다당류도 대장내에 있는 미생물효소에 의해 분해 이용되며, 장내균총 및 장내환경과 건강에도 영향을 줄 수 있는 가능성을 시사하였다.

이들 실험의 결과, 수종의 장내균이 해조다당류를 발효시킬 수 있음을 알았으며, 해조류의 식이섬유가 실제로 장내세균총에 영향을 주고 있다는 실험 보고도 있다. 식이섬유 무첨가 사료에 2% 다시마, 2% 방사무늬김, 각각의 해조에 함유된 다당류를 가한 사료를 수컷 랫드에 2주간 급이하여 분변과 맹장내의 세균총을 조사하였다. 식이섬유의 평가에 대하여는 일반적으로 *Bifidobacterium*의 증가, 분변의 pH 저하, 암모니아의 감소등을 장내환경 변화의 지표로 하여 조사한 결과를 표 13.30에 나타내었다.

표 13.30 다시마, 방사무늬김과 이에 함유된 다당류가 장내환경에 미치는 영향

식이섬유 종류	미생물 flora		pH	NH_3-N	배변 중량
	증식한 균	감소한 균			
2% 다시마	Bacteriodaceae Peptococcaceae *Lactobacillus*	Enterobacteriaceae			증가
2% 알긴산		Peptococcaceae *Lactobacillus* *Streptococcus*			증가
10% laminaran	*Bifidobacterium* Bacteriodaceae *Eubacterium* Peptococcaceae		저하		증가
2% 방사무늬김		Enterobacteriaceae *Eubacterium*	저하	감소	증가
0.04% xylan/mannan		Enterobacteriaceae *Streptococcus*			
0.2% porphyrin		Enterobacteriaceae *Streptococcus* Peptococcaceae	저하	감소	

다시마의 영향에서는 Bacteroidaceae와 *Bifidobacterium*등 혐기성균 대부분이 증가하는 경향을 보였으며, 생균수도 증가하였다. 한편, 별도의 실험에서는 부패산물을 생산하는 Enterobacteriaceae와 *Staphylococcus*등의 호기성균은 감소하였다. 10% laminaran을 섭이하였을 때는 다시마를 섭이하였을 때보다 혐기성균총 특히, *Bifidobacterium*의 증가와 호기성의 *Staphylococcus*의 감소가 확인되었다. 더구나, pH저하도 확인되어 장내에서 laminaran의 발효가 활발하게 일어나는 것으로 추정되었다. 알긴산식이에서는 이러한 결과가 나타나지 않았으며 2% 방사무늬김을 급이한 경우는 전체적인 균수의 증가는 없었으나 다시마식과 마찬가지로 *Bifidobacterium*의 점유율이 증가하고, 장내 균총의 균형이 개선되었다. 이와같이 식이섬유의 섭취는 장내균총에 좋은 영향을 주지만 식이섬유의 종류에 따라 그 영향이 다르며, 모든 식이섬유가 장내균총을 개선한다고 보기는 어렵다.

(3) 식이섬유의 생리기능

생리기능은 앞서 말한 여러 가지 기능이 단독 또는 복합적으로 생체에 영향을 주어 소화기관의 혈액성상이나 각종 조직에 여러 가지 반응을 일으켜 나타난다.

우선, 식이섬유는 잘 씹는 것이 필요하며 심리적으로는 포만감을 준다. 또, 식이섬유가 체내에 들어가서 대변으로 나올 때까지의 체류시간은 불용성 cellulose는 비교적 빠르나 수용성의 glucomannan 등은 길다는 것이 알려져 있으며, 단백질, 당질, 지질, 지용성 비타민, 무기질의 흡수를 다소 억제하지만, 담즙산의 분비를 촉진하는 역할도 한다. 이들 작용은 서로 연관하여 여러 가지 생리작용을 직접적으로 생체에 주며, 그림 13.20에 나타낸 것과 같이 여러 가지 질병이나 증상에 간접적으로 영향을 주게 되는 것이다.

이들 기능은 해조에 함유된 수용성 및 불용성 식이섬유에 의한 것으로 생각하여도 좋으며, 특히, 알긴산, carrageenan, 한천등 해조의 식이섬유를 대표하는 것에 대하여는 각 항에서 언급하였으므로 이들을 고려하여 생리기능을 참고하기 바란다.

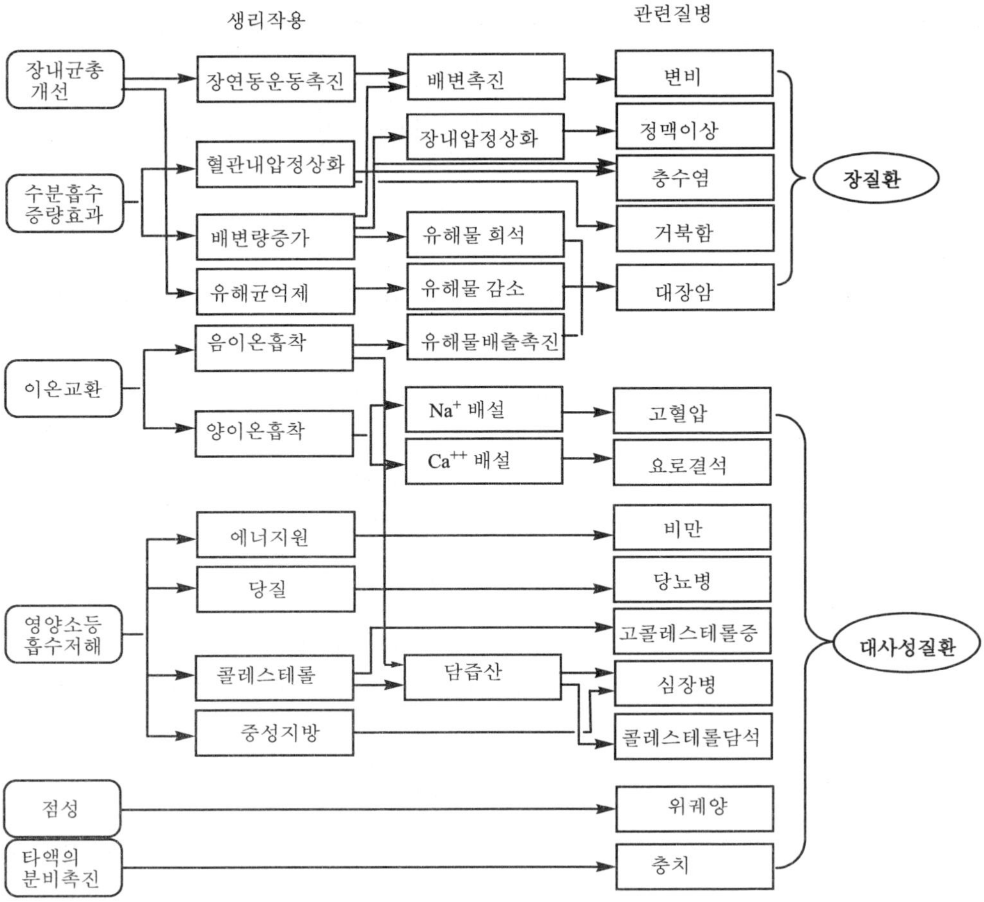

그림 13.20 식이섬유의 생리작용과 질병의 관련

① 변비의 해소와 치질의 예방

식이섬유는 사람의 소화효소에 의해서는 분해되지 않으므로 대변의 양을 증가시키며 변비를 막는 것은 당연한 것이다. 표 13.31에 식이섬유를 적게 섭취하는 영국인, 많이 섭취하는 아프리카 원주민과 그 중간 정도를 섭취하는 사람들의 대변량과 식물의 소화관 통과시간을 측정한 것이다. 음식물의 식이섬유량과 대변의 양은 상관관계가 있으며, 음식물 통과시간과는 역의 상관관계가 있다.

표 13.31 식사의 차이에 의한 음식물의 장내 통과시간과 대변의 량

	인종	소화관통과 평균시간(시간)	평균 배변량(g/일)
식이섬유가 적은식사			
영국해군 군인부부	백인	83.4(44~144)	104(39~223)
영국 기숙사학생	백인	76.1(35120)	110(71~142)
남아프리카 학생	백인	48.0(28~60)	173(120~195)
식이섬유가 중간인 식사			
인도 간호부	인도인	44.0(23~64)	155(-)
남아프리카 도시 어린이	아프리카인	45.2(24~59)	165(120~260)
영국 입원환자	백인	41.0(27~48)	175(128~248)
우간다 기숙사 학생	아프리카인	47.0(22~118)	185(28~348)
영국 채식자	백인	42.4(18~97)	225(71~488)
식이섬유가 많은 식사			
남아프리카 농촌 어린이	아프리카인	33.5(20~48)	275(150~350)
우간다 농부	아프리카인	35.7(19~68)	470(178~980)

식이섬유는 분해가 전혀 되지 않고 그대로 대변으로 나오는 것이 아니라 대장에서는 미생물에 의하여 이용되며 주로 유기산으로 대사되는 것으로 여겨진다. 더구나, 수용성 식이섬유는 발효되기 쉽고, 불용성의 식이섬유는 발효되기 어렵다. 발효되면 대변량을 증가시키는 역할은 감소되지만 유기산은 장벽을 자극하여 연동을 촉진하여 배변이 되기 쉽도록 한다. 그 밖에도 유기산은 장내에서 유해한 미생물의 증식을 억제하고 흡수되어 혈중 cholesterol을 낮춘다고 한다. 또, 인체에 필요한 에너지원이 되기 때문에 식이섬유라고 해서 열량이 전혀 없는 것은 아니다.

한천은 수용성 식이섬유이기 때문에 물을 흡착하는 성질이 강하고 건물중량의 250배까지 물을 흡수한다. 이 수분은 위나 소장에서도 흡수되지 않고 직접 대변으로 배설되기 때문에 변비의 예방에 도움이 된다. 배변이 순조로우면 치질이 될 가능성도 적어지게 되는 것이다.

② 비만의 예방

식이섬유를 섭취하면 입안에서 씹는 횟수와 시간도 길어진다. 특히, 수용성 식이섬유는 흡수, 팽윤하게 되어 외견상 양도 늘어나게 된다. 그 결과, 만복감을 느껴 과식을 피할 수 있어 에너지원의 과다 섭취를 막아주게 된다. 또, 침이나 위액의 분비량도 촉진하여 소화도 잘되고 포만감을 느끼게 한다.

③ 혈청 총 cholesterol의 저하

총 cholesterol의 저하작용은 수용성이며 점성이 있는 식이섬유의 효과가 크다. 그 기구는 식이섬유가 지방이나 cholesterol의 소화흡수를 억제하며, 담즙산의 재흡수를 억제하여 배설을 촉진하고, 인슐린의 감수성을 높여 glucose대사를 촉진시켜 지질대사를 개선한다. 또, 식이섬유가 많은 식사를 함으로서 지방이나 에너지 섭취량이 억제되기 때문이다.

④ 대장암의 예방효과

식이섬유와 대장암의 관계는 역학조사에 의하여 밝혀졌다. 대장암은 결장암과 직장암으로 나눌 수 있는데 식이섬유와 관계있는 것은 결장암이다. 이에 대하여는 대장암 환자와 채식주의자들의 대변중의 steroid를 분석한 결과, 대장암 환자에 있어서는 그 배설량이 확실하게 많다고 한다. 담즙산 대사에는 장내세균이 관여하고 있으며, 그 대사물이 발암에 관여할 가능성이 크다. 따라서, 식이섬유는 음식중의 발암물질의 배설을 촉진할 뿐 아니라 담즙산 대사를 통한 발증을 저하시킬 가능성이 있다고 보아진다.

⑤ 혈당상승의 억제

당뇨병환자 20인에게 1일 60g의 식이섬유를 16일간 섭취시킨 결과 현저한 효과가 있었으며 동시에 혈청 cholesterol과 중성지방의 개선 효과도 나타내었다. 식이섬유를 장기간에 걸쳐 섭취하면, 인슐린의 분비와 그 감수성에도 영향을 주며 말초조직에서의 포도당 대사를 증가시킨다고 알려졌다. 이러한 자료를 바탕으로 미국당뇨병학회에서는 당뇨병 치료식으로서 고당, 고식이섬유, 저지방식을 권장하고 있다.

당질을 섭취한 후 혈당치의 상승은 식품에 따라 다른데, 예를 들면 콩류는 상승하기 어려우며 특히 lens콩은 현저하고, 빵에 비하여 스파게티가 상승하기 어렵다고 한다. 이와같은 식품의 차이를 Glycemic Index(GI)로 나타내고 있다.

⑥ 영양소 이용 효율에 미치는 영향

식이섬유가 많은 음식을 섭취하면, 음식물의 소화기관 통과시간이 짧아지고 대변량이 증가한다. 그 결과 단백질, 지질, 무기질 등은 미량이지만 소화흡수율이 저하하기도 한다. 소화효소 활성의 저해, 영양소 흡수시간의 감소, 이온교환이나 흡착에 의한 식이섬유의 영양소와의 결합 등이 그 원인으로 여겨진다.

⑦ 비타민을 합성한다

비타민 B군의 여러 가지는 장내에서 합성되어진다. 따라서 식이섬유가 장내에 존재하게되면 비타민 합성에 관여하는 장내세균이 증식하기 쉬운 조건이 되므로 비타민을 많이 합성하여 공급하므로 부족되지 않는다.

⑧ 담석의 예방

담석에는 cholesterol계와 villirubin계가 있는데, 최근 cholesterol계가 증가하고 있다. 앞서 말한 것과 같이 식이섬유는 cholesterol을 감소시키므로 담석이 될 가능성이 낮아진다.

⑨ 면역력의 상승

식이섬유가 소화관내에 있으면 면역력과 관련이 있는 *Bifidus*균이 증가하고 *Welchii*균이 감소한다. 따라서, 식이섬유는 면역력을 높이는데도 도움이 된다.

이상과 같이 식이섬유와 각종 질병과의 관계에 대하여도 여러 방면에 걸쳐서 조사가 이루어지고 있다. 예를들면 충치, 정맥류, 요로결석, 소화관 일부가 툭 튀어나와 부푼 것 등에도 여러 가지로 효과가 있다고 보고되거나 관찰되었다.

(4) 식이섬유의 가공에 따른 변화

해조류의 가공에 따른 변화에 대하여는 자료가 거의 없다. 톳 자건품, 다시마, 김 조리 가공품의 자숙 공정중 식이섬유의 변화에 대하여 검토한 것을 보면, 표 13.32에 제시한 것과 같이 톳은 6시간, 김과 다시마는 2시간 동안 가열로서는 식이섬유는 거의 변화가 없으나 수용성 식이섬유의 저분자화가 약간 나타난다. 이러한 결과는 가열에 의하여 조체조직이 유연하게 되고 불용성에서 수용성으로 식이섬유의 이행이 촉진되어 구성다당류가 저분자화 되고 이에 따라 당이 용출되는 것으로 여겨진다.

이러한 가열에 따른 변화가 생리활성에 어떠한 영향을 주는지에 대하여는 금후의 과제이다.

표 13.32 가열 가공중 식이섬유의 변화

	가열시간 (시간)	식이섬유량(g/100g)			분자량($\times10^4$)
		불용성	수용성	계	수용성식이섬유
꼬시래기 (자건품)	0	37	6	43	49
	0.5	27	6	33	44
	1	30	7	37	40
	3	30	9	39	18
	6	24	10	34	15
다시마 (조림)	0	30	7	37	75
	1	12	26	38	35
	2	11	26	37	17
김 (조림)	0	17	4	21	200
	1	24	6	30	29
	2	20	6	26	21

3) 에너지자원 및 신소재로서 활용

식물의 바이오매스(biomass)를 석유나 석탄 대신 이용하려는 연구가 외국에서는 이미 시작되었다 미국에서는 하루 성장량이 건물로 1~9g/m^2/일 이나 되고 크기가 60m나 되는 giant kelp를 양식하는 데 성공하여 앞으로 닥칠지도 모르는 식량 위기와 에너지 위기에 대비하고 있다. 더욱이 인간의 활동으로 인한 환경변화 중에서 대기에 이산화탄소가 많아져서 이른바 온실효과가 일어나고 있는데 이처럼 기온이 상승하면 바다수온도 2~3℃ 씩높아진다고 한다. 인류가 해조류 양식에 관심을 보이는 이유는 태양 에지의 절반 이상이 바다 표면에서 흡수되어 해조가 광합성을 하는데 쓰인다는 점, 육상과는 달리 한발이 없다는 점, 이미 개발할 대로 해버린 육상보다 해조를 기를 수 있는 면적이 5~10배나 되는 데도 불구하고 아직까지 변변한 개발이 이루어지지 않았다는 점, 현재 바다로부터 얻는 원료는 잠재 생산량의 수 %에 지나지 않는다는 점, 열공해가 전혀 없다는 점 때문이다. 해양목장에서는 바다 깊은 곳의 영양분이 풍부한 해수를 표면으로 끌어 올려서 해조를 양식하고, 수확한 것은 그림 13.21처럼 사람의 식량 또는 가축이나 어류의 사료나 비료로 이용하고 이들을 다시 사람의 식량으로 할 수 있다.

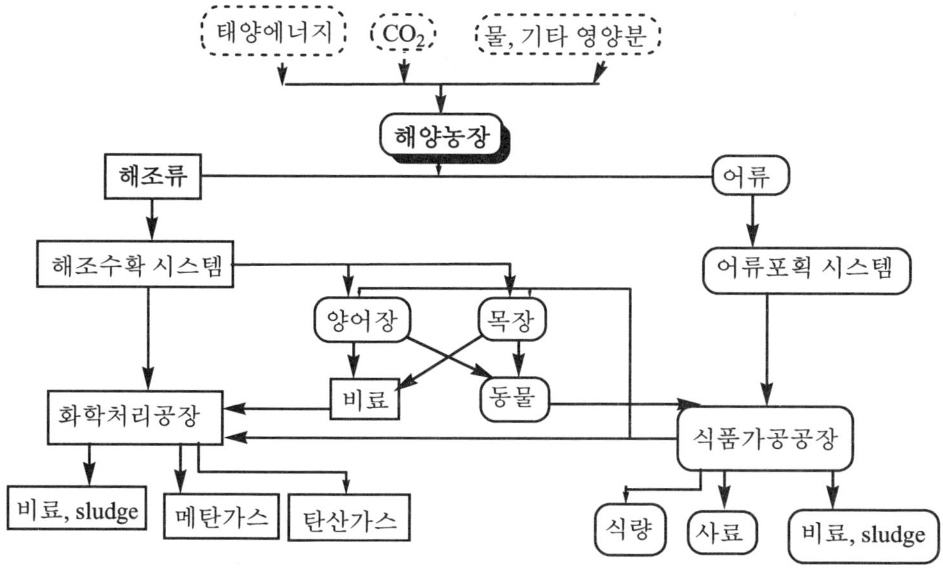

그림 13.21 해양농장의 개념도

그리고 해조 다당에는 탄소가 많기 때문에 이것을 발효시키면 메탄을 비롯하여 비료, 에틸알콜, 윤활유, 플라스틱 섬유, 그 밖에 여러 가지를 만들 수 있다.

그러면 giant kelp를 이용하는 방법을 살펴보자. 우선 수확한 해조를 약산으로 처리하여 세포를 파괴시켜서 탄수화물과 고형물을 가수분해 시킨다. 이 때 얻어진 수용성의 당류는 발효시켜 에틸알콜등을 만들고, 고형물은 혐기성 세균으로 발효

($C_6H_{12}O_6+H_2O \rightarrow 3\ CH_4+3CO_2$)시켜 메탄가스를 만든다.

이처럼 알콜이나 메탄가스 등의 연료 외에도 식품 첨가물, 의약품 소재로 이용할 수 있는 알긴산, laminaran, mannitol, fucoidan 등도 얻을 수 있다. 우리나라에서는 옛부터 김이나 미역, 다시마, 우뭇가사리 등을 먹어 왔지만, 에너지 자원으로 이용하기 위해서는 거대조이면서 대량으로 공급할 수 있는 종류를 개발해야만 할 것이다. 국내산 조류 가운데 생산력, 종묘생산의 용이성, 넓은 온도범위에서 재배 가능성, 메탄등의 전환효율성 등을 감안하면 다시마과의 11종, 미역과의 3종, 모자반과의 11종은 유망할 것으로 보인다. 이들 해조의 최대 수량은 대체로 30kg/㎡이상이고, 현재량은 10kg/㎡ 이상일 것으로 여겨진다. 또, 각종 생물 신소재로서의 이용 가능성이 매우 높다(그림 13.22).

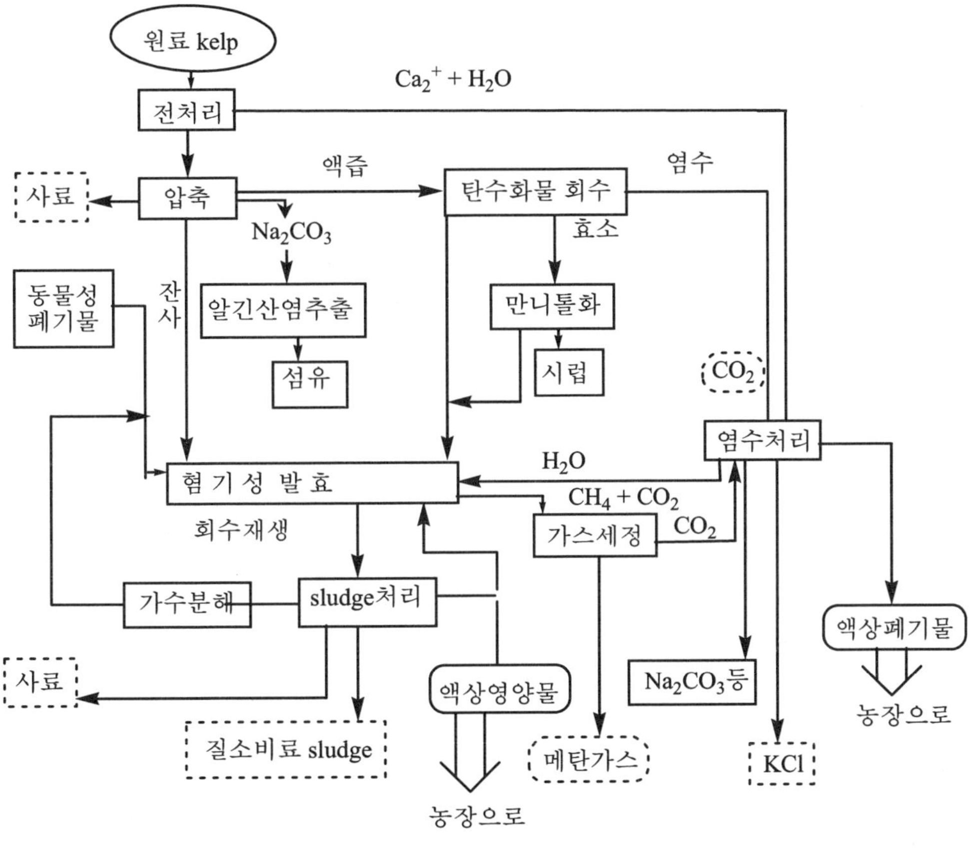

그림 13.22 해조의 처리, 가공 기술도표

CHAPTER 14

해조의 생리활성 물질과 이용

CHAPTER 14

해조의 생리활성 물질과 이용

1 생리활성 물질이란

해조는 아주 오래전부터 식용을 중심으로 이용되어져 왔다. 이것은 패총이나 니탄, 유적으로부터 미역, 톳 등 해조의 화석이 발견되는 것으로부터 약 1만년 전 신석기시대부터 이용되어 온 것으로 생각된다. 그 이용에 있어서는 인간의 건강을 유지하거나 증진시키는 성분들이 많이 들어있기 때문에 화학구조 등과 같은 상세한 것을 고려하여 이용한 것이라기보다는 전통적으로 이용되어 온 것이 많다. 예를 들면, 중국 주나라 시대의 기원전 820년 경 일본 홋까이도에서 건너간 다시마가 갑상선 호르몬의 치료에 이용되어 온 일이나 장수촌으로 알려진 오끼나와에서는 돼지고기와 함께 해조를 잘 이용하고 있다고 알려져 있다. 이것은 지금까지 설명한 여러 가지 성분에만 의한 것이 아니라 그 외에도 기능성을 가진 성분들에 의하여 효과를 나타내는 것이 많다.

이와 같은 기능성을 가지는 성분에 관한 연구는 1950년경부터 시작되었으며 비교적 최근이 되어서야 비로소 밝혀진 것들이 많다. 금후, 점점 더 이 분야의 연구가 발전하여 해조 이용 분야에 응용과 더불어 여러 방면에서 이용될 것으로 기대되고 있다. 이 분야의 성과에 대해서는 이미 여러 책에서 볼 수 있으나, 여기서는 좀 다른 관점에서 보기로 한다.

일반적으로 생리활성 물질이라고 하면, 미량으로서 생물체의 생명 활동을 촉진하거나 억제하여 조절하는 화학물질이라고 할 수 있다. 알기쉽게 말하면, 생명이나 생체의 항상성 유지를 위하여 생체가 생산하여 이용하는 화학물질, 동식물체의 생식, 성장, 생명유지 등에 관여하여 소화, 호흡, 감각, 조직, 기관, 세포등의 기능을 조절하는 물질로서 비타민, 호르몬, 신경전달 물질, 페로몬 등의 정보전달 물질, 면역 부활물질, 항생물질 등을 말한다.

해조의 생리활성 물질은 크게 두가지로 1) 식물 섬유 및 관련물질, 즉, 소화 흡수되기 어려운 세포벽이나 세포사이를 채우고 있는 고분자 물질, 2) 분자량이 비교적 적고 흡수되어 체내에서 대사에 영향을 주는 물질이 있다.

이미 다당류의 생리활성에 관하여는 각각의 항에서 설명하였지만, 많은 물질들이 한 가지 활성만을 갖고 있는 것이 아니라 다양한 활성을 나타내므로 일부 중복된 것들도 있다. 따라서, 다른 관점에서 가능하면 중복되지 않도록 기술하였다.

2 인간의 생활, 건강에 도움을 주는 물질

1) 항궤양성 성분

해조류에는 항궤양성 성분이 함유되어 있는 것이 알려져 있다. 위궤양을 예로 들면 그 발생기구로부터 shay 궤양과 stress궤양의 두 가지로 나뉘어진다. Shay 궤양의 발생에는 단백 분해효소, 특히 carboxyl pretease의 효소군이 관계가 있다고 한다. 위액 중의 pepsin, gastricin, rennin 및 세포 중의 cathepsin 등이 이에 포함되나, 그중에서도 위산과 pepsin이 특히 shay궤양 발생에 깊은 관계가 있다고 한다. 따라서 shay궤양의 예방치료를 위한 화학요법제의 연구는 carboxyl pretease에 대한 효소 저해제의 연구에 집중되고 있다. 한편 stress 궤양은 그 발생이 신경 전달기구와 관계가 있다고 한다. 즉 shay궤양은 위액의 pH가 주원인이 되고, 스트레스 궤양은 주어진 스트레스에 대한 저항에 의해서 발생하는 것이라고 할 수 있다. 일반적으로 신경 전달은 화학물질에 의하는 것과 전기적 기구에 의하는 것이 있는데 스트레스 전달을 차단할 수 있는 신물질의 개발에 많은 관심이 모아지고 있다. 항궤양 성분을 탐색하기 위하여는 인위적으로 shay궤양이나 stress궤양을 유발시킨 쥐를 이용하여 실험을 한다.

(1) porphyosin

참김을 각종 용매로 추출하여 감압하에서 용매를 제거한 다음, 1% CMC 수용액에 현탁시켜 40㎎/body량을 궤양에 걸린 랫드 복강에 투여하여 보면, 표 14.1에 나타낸 바와 같이 n-hexane 추출물은 100%의 저지율을 나타내지만, 그 외 다른 용매에서는 매우 낮은 저지율을 나타내었다. 이 추출물은 투여농도 40㎎/kg까지 100%의 저지율을 나타내었으며, 5배 희석시 63.7%의 저지율을 나타내었다.

표 14.1 참김 추출물의 추출 용매별 랫드에 대한 항 shay 궤양 효과

용 매	추출물(mg)	저지율(%, 40mg/kg 투여)
n-hexane	109	100,63.7(8.0mg), 14.9(1.6mg)
benzene	149	47
ether	123	12
ethyl acetate	89	33
acetone	442	13
ethanol	313	7
methanol	3,388	14
물	406	27

Porphyosin은 참김에서 n-hexane에 의하여 추출, 분리된 무색 비늘 모양의 결정으로서 $C_{27}H_{42}O_3$의 분자식을 가진다. 특히 shay 궤양에는 5㎎ 투여로 100%의 저지율을 나타내지만 stress 궤양에 대하여는 동일한 농도에서 전혀 효과가 없다(표 14.2).

표 14.2 porphyosin과 vercoyosin의 랫드(200g)에 대한 항궤양 효과

시료	투여량	궤양지수	shay궤양 저지율(%)	stress 궤양 저지율(%)
porphyosin	5mg	0	100	0
1% CMC aq.	1ml	4		
vercoyosin	5mg	3.5(30.0)	12.5	37.5
	10mg	3.6(28.0)	10.0	40.0
1% CMC aq.	1ml	4 (48.0)		

* ( )은 stress 궤양지수

(2) vercoyosin

꼬시래기에서 추출한 물질로서 $C_{29}H_{50}O$의 분자식을 가지며, 항 stress 궤양 활성을 가진다. 랫드(체중 200g)에게 5mg 투여한 실험에서 shay궤양에 대해서는 12.5%의 저지율을 나타내고, stress 궤양에 대해서는 37.5%의 저지율을 나타내었다고 한다(표 14.2).

이와 같이 porphyosin은 항 shay 궤양 작용을 강하게 나타내고, vercoyosin은 약한 항 stress 궤양작용을 나타내는데, 이 양 물질은 랫드의 위액 pH를 변화시키지 않았고, pepsin 작용도 저해하지 않으며, 또 급성독성도 나타내지 않았다고 한다. 앞으로의 연구진전에 따라 사람의 위궤양치료에도 기대할 수 있는 성분이라고 생각된다.

(3) dimethyl-β-propiotethin(DMPT)

함황 휘발성 냄새성분의 전구물질이기도 한 DMPT의 랫드에 대한 stress성 궤양의 예방 효과를 조사한 결과에 따르면, 비타민 U라고 하는 methyl methionine보다도 수배 강한 항 궤양효과를 나타낸다고 한다. DMPT는 녹조류 특히, 파래류에는 다른 홍조나 갈조보다 10~100배나 많이 들어있어 그 이용이 기대된다.

2) 혈압조절 물질

(1) 혈압강하성분

우리나라에서는 옛부터 일부 해조류가 고혈압의 예방이나 치료에 효과가 있는 것

으로 알려져 왔다. 그 유효성분으로서 다시마류인 *Laminaria angustata*로부터 laminine(5-amino-5-carboxypentyl trimethyl ammonium)이 분리되고 있다. 이 laminine은 일종의 아미노산인데, 이 성분은 말초신경을 확장시켜 혈압을 낮춘다. 그 약리작용을 보면 이것의 염산염 30mg/kg 또는 100mg/kg의 정맥주사로서 모두 20~30mmHg의 혈압강하를 나타내었다고 한다. 또 laminine monocitrate 10~30mg/kg을 토끼에 정맥주사하여 20~40mmHg의 혈압강하가 있었다. 그러나 이들은 일과성이라는 것이 밝혀졌다.

이 laminine은 각종 다시마과 해조류에 함유되어 있으나, 다시마과 해조뿐만 아니라 갈조류의 헛가지말, 개미역쇠, 홍조류의 철사싹새기 등에도 존재한다는 것이 밝혀져 있다(표 14.3) 그러나, 다시마류 및 감태 이외에는 함량은 낮다. 한편 laminine은 합성에 성공하고 있다. 또, 홍조류인 넓은지누아리에서 분리된 homotaurine(2-hydroxy-3-aminopropane sulfonic acid)도 혈압 강하작용이 있는 것이 밝혀져 있다. 또한 laminine의 α-amino기가 acetyl화된 N-acetyl laminine이 지중해산 *Jania rubens*에서 분리・동정되어 그 생리활성과 조체내 대사의 면에서 주목을 받고 있다.

표 14.3 갈조류의 laminine 함량(μmol/g)

종류	함량	종류	함량
다시마속(*Laminaria*)		개다시마	0.02
L. japonica	0.07	쇠미역사촌	0.04
L. fragilis	0.10	감태	0.16
L. angustata	0.34	미역	0.02
L. yezoensis	0.18	대황	-

알긴산의 혈압 강하작용에 대하여는 13장의 알긴산 항에서 설명하였다.

(2) 혈장 cholesterol 저하 성분

장수촌 중에는 어촌이 많다는 사실로부터, 식용 해조의 혈장 cholesterol 저하 효과가 관심을 모으고 있다. 갈조인 다시마, 녹조인 파래, 홍조인 김을 비교하면 홑파래, 가시파래와 같은 녹조와 홍조의 김은 저하 효과가 뚜렷하지만 laminine이 들어 있는 다시마, 톳, 미역 같은 갈조류는 그다지 효과가 없다. 그리고, 혈장 cholesterol을 저하시키는 데는 효과적이었지만 간장에 들어있는 cholesterol 함량에는 아무런 영향을 미치지 않는다는 것도 확인되었다. 그 유효 성분을 조사한 결과, betaine 성분에 효과가 있음을 알게 되었고, 유효성분으로 녹조인 홑파래로부터 β−alanine betaine, β−homoserine betaine으로 구성된 ulvaline과 glycine betaine을, 홍조인 방사무늬김으로부터는 γ−butyrobetaine이 분리되었다.

한편, 1%의 cholesterol이 들어 있는 사료에 0.12%의 각종 betaine을 첨가한 것과 그렇지 않은 것을 흰쥐에게 먹여 혈장 cholesterol 수준을 비교하였더니, β−alanine betaine만이 약 70%의 저하 효과가 있었다(표 14.4).

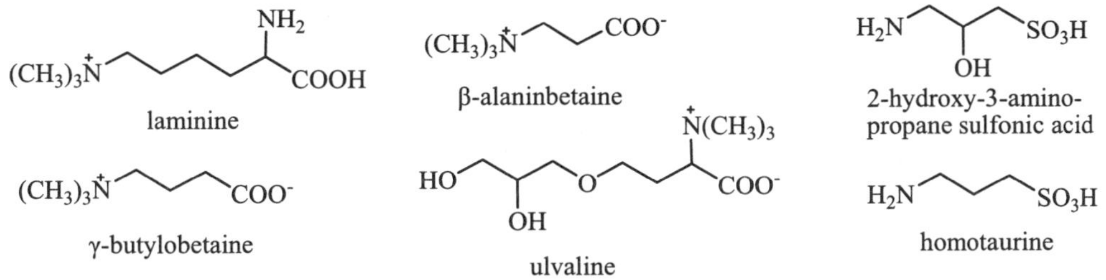

표 14.4 흰쥐의 혈장 콜레스테롤값과 체중 증가

투여사료	체중 증가(g)	혈장콜레스테롤량(mg/dl)	
		총콜레스테롤	유리콜레스테롤
콜레스테롤무첨가	65±3	65±5	15±2
콜레스테롤첨가 + betaine무첨가	78±4	110±2	24±1
0.12% glycinebetaine 첨가	74±8	105±5	21±1
0.12% alaninebetaine첨가	80±9	79±3	17±1
0.12% γ-butylobetaine첨가	76±8	105±6	22±1
0.06% glycinebetaine+ 0.06% β-alaninebetaine첨가	70±9	86±3	21±1

또한, 갈조 *Analipus japonicus*에서는 불포화 지방산과 chlorophyll 분해산물인 pheophytin, pheophorbide와 단백질 중에 존재하는 triiodothyronine과 thyroxine 같은 함요오드 아미노산도 혈장 cholesterol 저하에 유효한 것으로 추측하였다. 또, 갈조에 들어있는 fucosterol도 혈중 콜레스테롤을 감소시키는 작용이 있다고 알려져 있다.

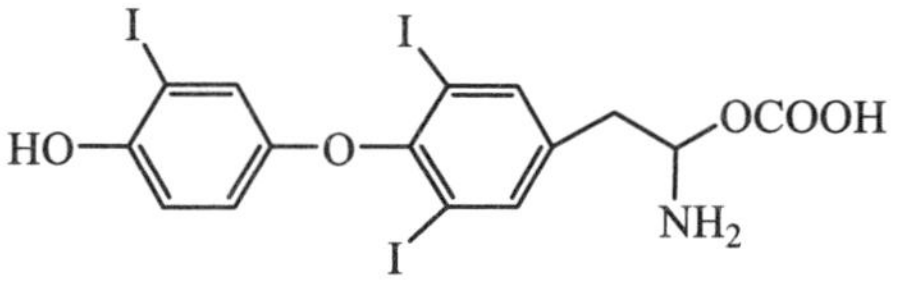

tri-iodo-tyronine

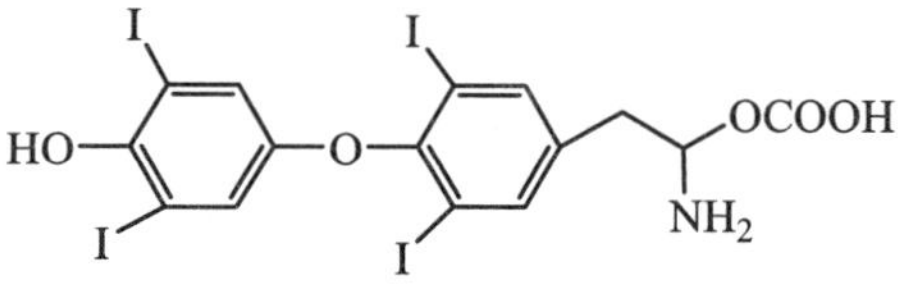

tyroxine

김 중에 들어있는 지질함량은 많지는 않으나 그 지방산의 50%는 EPA가 들어있다. EPA는 혈청중 콜레스테롤과 중성지질의 함량을 감소시키는 작용이 있다.

다당류 중에서는 갈조의 알긴산, 홍조의 funoran, carrageenan은 효과가 있으나 한천(agar)은 효과가 없다. 최근들어 식이섬유가 cholesterol을 흡수하고 침착시키는 데 효과가 있다는 보고가 있는데, 해조의 효과는 이들이 서로 복합적으로 작용하기 때문인 듯하다.

(3) 항혈액응고 성분

해조의 황산 다당류는 항혈액응고 활성을 나타낸다고 하는 것이 오래 전부터 알려져 왔다. 예를 들면, 갈조에서 추출되는 sargassan의 어느 획분은 heparin의 72배나 강한 효과가 있다고 한다. 13종 해조류의 항 trombine 활성을 조사해 본 결과, 어느 것이나 산성다당류는 표준 heparin보다 활성이 강하였으며, 특히 홍조의 *Eucheuma*와 불등풀가사리가 활성이 강하고 이들에 함유된 산성다당류의 함량과 상관성이 있었다. 미역귀의 fucoidan에는 황산기 함량이 다른 성분이 여러개 포함되어 있는데, 황산기 한량이 많을수록 항 trombine 활성이 강하였고 heparin의 2배 정도 효과가 있다.

3) 혈구응집소(血球凝集素, lectin)

종전에는 동물의 혈구를 응집하는 응집소가 식물종자, 주로 콩과식물의 종자 중에 함유되어 있어, 이것을 식물성 혈구응집소(phytohemagglutinin) 또는 lectin이라고 하였다.그러나 이들 응집소는 비단 혈구응집뿐 만 아니라 각종 결합 특이성을 가지고 식물종자에도 세균이나 동물의 생체 조직 중에도 존재한다는 것이 밝혀지게 되었다. 이들 응집소는 세포막의 특정한 당질과 결합하므로서 각종 활성을 나타내는 당결합성 단백질이다.

최근 분자생물학의 급속한 발전에 힘입어 단백질 공학, 유전공학에 이어 복잡한 생명현상을 이해하기 위하여 다양하고 대량의 생물학적 정보를 가지고 있는 당쇄의 역할을 해명하기 위해 당쇄 공학이 급속하게 발전하여 왔다. 당쇄는 세포 표면에서의 생체 정보 전달, 세포의 형태 형성, 단백질의 공유결합에 의한 고차 구조의 유지 등, 유전자나 단백질과 같이 개체의 생물 활동 유지에 불가결한 기능을 담당하고 있다. 또, 각종 질병에 있어서도 당쇄가 특이하게 변화를 일으키고 있는것이 밝혀졌다. 이러한 특유의 당쇄를 구별하게 하는 것이 lectin이다. 즉, 적혈구나 임파구등 각종 세포의 응집, 정상세포와 비교하였을 때 암세포의 특이적인 응집, 임파구의 활성화 및 분열 촉진작용과 같은 다양한 생리활성을 나타낸다.

lectin의 생물활성 면에서 본 응용예를 표 14.5에 나타내었으며, 세포 응집과 lectin에 의한 응집 저해의 모식도를 그림 14.1에 나타내었다.

표 14.5 lectin의 생물활성과 응용

생물활성	응용
세포응집	혈액형판정, 각종세포분리, 미생물동정
종양세포 특이적응집	악성화와 전이진단, 미사일요법
임파구 분열촉진	면역기구해명, 면역기능진단, 항체생산
독성	식품, 가축사료 영양가 개선
당결합 특이성	복합당질정제, 당쇄구조해석, 세표표식

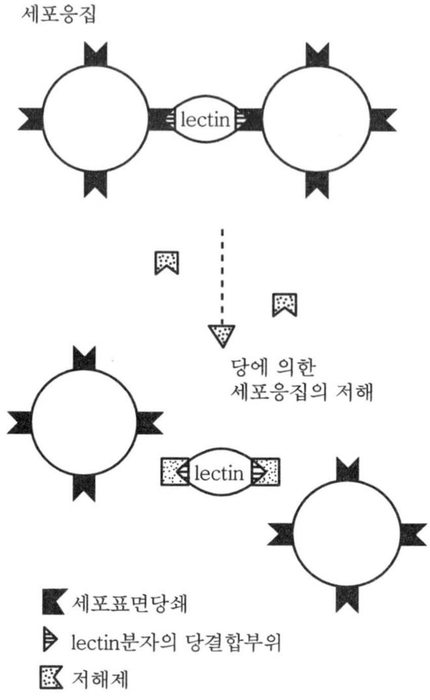

그림 14.1 lectin에 의한 세포 응집과 당쇄에 의한 응집 저해 모식도

Lectin은 생물계에 널리 분포하나 해조류에 함유되어 있는 lectin에 대한 연구는 아직 미흡하여, 앞으로의 연구 진전에 따라 lectin의 중요한 공급원이 될 수 있을 것으로 기대되고 있다. 해조의 lectin에 대하여는 1966년에 처음으로 알려진 이래 많은 연구 성과가 보고되었다. 현재까지 녹조, 홍조, 갈조류 약 330여종에 대한 검색이 이루어져 적어도 한 종 이상의 적혈구에 응집활성을 나타낸 것이 205종이다. 그러나, 이와 같이 해조류 중의 응집소의 분포는 넓으나, 정제되어 그 물리화학적 성상이 밝혀져 있는 것은 꼬시래기, 헛빗가지, 청각등 15종에 지나지 않는다. 홍조 돌가사리목의 *Agardhieila tenera* 에서는 모르모트와 집토끼의 혈구를 응집시키고 사람의 A, B, O형의 혈구에도 약하나마 활성을 보인 응집소가 분리되었는데 분자량은 12,000~13,000인 당단백질임이 밝혀졌다. 이 밖에 홍조 *Cytoclonium purpreum*, 꼬시래기 *Gracilaria verrucosa, Palmaria palmata*의 응집소도 각기 정제되었다.

일본산 해조 63종에 대해 조사하여 그 중 20여종에서 응집활성을 확인한 바 있으나, 그후 단백질 분해효소인 pronase로 처리한 양의 적혈구를 이용한 방법으로 하였더니 대부분의 해조가 응집활성이 있었다. 한편, 녹조인 *Boodlea coacta*, 홍조인 갈고리 가시우무*Hypnea japonica, Carpopeltis plabellata, Solieria robusta*로부터는 다수의 응집소가 분리되어 그 성상이 밝혀졌다. 이제까지 정제된 해조 lectin과 생물학적 특성을 표 14.6에 나타내었다.

표 14.6 지금까지 정제된 해조 lectin과 특성

해조류	분자량		subunit구조 및 등전점	당함량(%) 및 단당결합성
	SDS-PAGE	겔여과		
녹조				
Boodlea coacta(4종 isolectin)	14000~15000	17000~20000	α 4.15~4.90	+ None
Codium fragile	9500	69000	α_{6-7} nd	+ D-GlcNAc
C. fragile subs.atlanticum	15000	60000	α_4 3.8, 3.9	13.1 〉D-GlcNAc
C. fragile subs.tomentosides	15000	60000	α_4 3.8, 3.9	11.9 D-GlcNAc
C. tomentosum	16000,15000	nd	nd 4.0~4.6	39.0 D-GlcNAc
C. minus	9500,8500	36000	$\alpha_2\beta_2$ nd	+ D-GlcNAc
C. pugniformis	9500,8500	36000	$\alpha_2\beta_2$ nd	+ D-GlcNAc
C. divaricatum	11000	72000	α_2 nd	+ D-GlcNAc
C. intricatum	36000	60000	α_2 nd	+ D-GlcNAc
C. cylindricum	11000	nd	nd nd	+ D-GlcNAc
홍조				
Serraticardia maxima	nd	25000	nd nd	+ None
Carpofeltis flabellata	25000	25000	α 6.0~6.5	+ None
Solieria robusta(3련 isolectin)	29000	23000	α 4.3,4.2,4.1	+ None
S. chordalis	35000	70000xn12000	α_2 nd	nd None
Agardhiella tenera	13000	12000	α 6.1	2.7 None
Eucheuma serra(2종 isolectin)	29000	24600,24800	α 4.75, 4.95	- None
E. gelatinae(3종 isolectin)	28000,29500	25200~26800	α 4.95~5.50	- None
E. cottoni(2종 isolectin)	29000	24600,25000	α 5.05, 5.10	- None
Cystoclonium purpureum	6000	12500	α_2 5.6	5.6 None
Hypnea japonica(4종 isolectin)	4200,11500	4200~11500	α 4.3	- None
Glacilaria verrucosa	12000,10500	41000	$\alpha_2\beta_2$ 4.8	nd None
G. verrucosa	10500	26000	α_2 5.1	16.8 None
G. bursta-pastoris	30000	15500	α 4.7	20.0 None
(G. tikvahiae G-3*)*	nd	29700,24900	nd nd	nd NANA
Palmaria palmata	20000	43000	α_2 4.6	+ NANA
(Griffithia flosculosa)	11500	〉300000	nd nd	nd D-GlcUA D-GalNAc D-GalNAc
Ptilota purmosa	nd	65000,170000	nd nd	nd α-D-Gal
(P. serrata)	nd	64500	nd nd	nd D-GalNAc D-Gal,D-Fuc
(Pulmaria elegans)	nd	18500	nd nd	nd None

* ( )부분정제품, +전기영동상PAS염색 양성, - 불검출, None 단결합성없음, nd 미동정

한편, 1993년부터 청각과 헛빗가지 유래의 lectin이 시판되게 되었다. 청각 lectin은 N-Acetyl-D-galactosamine에 친화성을 나타내며, 헛빗가지 lectin은 B형 혈액에 높은 특이성을 가지는 특징을 갖고 있다. 안정적으로 공급 가능한 적혈구 응집소에 대한 검토에서는 최근에 chitin affinity 크로마토그래피에 의해 단리, 정제가 가능하게 되었는데 그 수율과 활성을 표 14.7에 나타내었다. Marinechite를 이용한 정제에서 참우무가사리 lectin의 수율은 약 17㎍/100㎎ 이었다.

표 14.7 해조추출물과 정제된 참우뭇가사리 lectin의 활성 농도

수량(㎍/100mg)			토끼혈청에 대한 최소활성농도(㎍/㎎)	
			pronase처리	pronase미처리
조추출물	마쇄한것	2,080	ND	2.93
	마쇄안한것	71	62.5	0.977
정제 lectin	마쇄한것	16.4	7.8	0.031
	마쇄안한것	18.3	3.9	0.031

이 참우뭇가사리 lectin을 포함한 해조 유래의 lectin과 육상 동식물 유래의 lectin을 비교하면 단당류에서 큰 차이를 보인다. 즉, 해조 lectin은 단당류를 거의 인식하지 않거나, 인식하여도 매우 약하다. 당단백질에서는 해조 lectin이 전체적으로 asianofetuin과 lactoferrin에 특이성을 나타내는데 특히, 참우뭇가사리 lectin이 현저한 특이성을 나타낸다.

이들을 육상식물에서 분리된 응집소와 비교하면 몇 가지 특징이 있다. 즉, ① 해조응집소의 분자량은 4,200~60,000 정도이나 고등식물은 10만 전후로 훨씬 크며, ② 육상식물의 것은 대개 subunit로 이루어졌으나 해조의 것은 대부분 monomer이고, ③ 육상식물의 것은 단당이나 소당에 의해서 활성이 억제되지만 해조의 것은 소당을 인식하는 것은 그다지 많지 않고 대부분은 그림 14.2와 같은 비교적 복잡한 당사슬을 강하게 인식한다는 점이다.

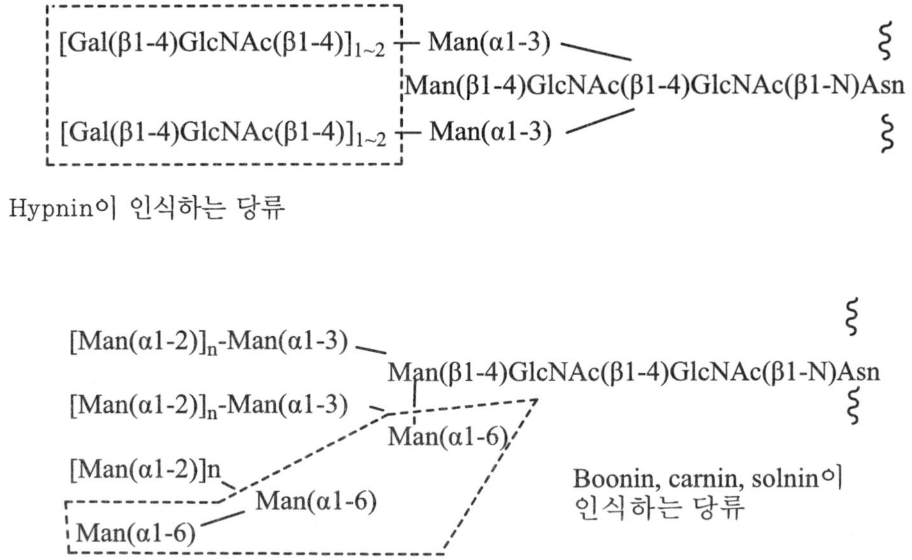

그림 14.2 해조 lectin이 인식하는 당류

당단백질의 당쇄 구조는 asparagine 결합형과 serine/threonine 결합형으로 대별된다. 전자는 복잡형, 고mannose형, 혼성형의 3가지로 나누어지며, 복잡형은 다시 측쇄의 개수에 따라 2개, 3개, 4개의 사슬형으로 구분된다. 또 표 14.8에 있는 것과 같이 당단백질에 대한 결합성으로부터 해조 lectin은 복합형이나 고mannose형 각 1개만을 인식하거나, 양쪽을 모두 인식하는 3개의 군으로 나눌수 있다고 한다.

표 14.8 해조 lectine의 asparagine 결합형 당쇄의 결합 특이성

복합형을 인식하는 것 홍조 *Hypnea japonica, Gracilaria verrucosa* 녹조 *Codium fragile, C. minus, C. pugniformis, C. divaricatum, C. intricatum, C. cylindricum*
고 mannose형을 인식하는 것 녹조 *Boodlea coacta*
복합형 및 고 mannose형을 인식하는 것 홍조 *Gracilaria bursa-pastoris, Carpofeltis flabellata, Solieria robusta, Eucheuma serra, E. amakusaensis, E. cottonii*

한편, 해조 lectin의 등전점은 모두 7이하이고, 구성성분은 당단백질로서 그 아미노산 조성은 ① hydroxyamino acid(Thr, Ser)이 극히 많아 전체의 20%를 차지하며 ② 산성아미노산(Asp, Glu)은 염기성아미노산(Lys, His, Arg) 보다 상당히 많고, 함황 아미노산(Met, Cys)이 적은것이 공통적인 특징이다. Cys은 어느 응집소에도 함유되지 않는다. 이들 응집소의 생리활성에 대해서는 적혈구 응집활성이 가장 잘 조사되어 있는데, 사람의 적혈구보다는 동물의 적혈구에 대한 활성이 높다. 적혈구 이외의 활성에 있어서는 종양세포, 효모, 단세포 남조류 등을 응집하든가, 면역부활 작용이나 종양세포의 증식을 억제하는 것 등이 있다. 이러한 해조의 lectin은 육상식물의 것과는 분자구조나 당결합성이 다른 것이 많으므로 생화학 시약, 암 연구시약, 암 치료약 등으로의 개발이 기대된다.

육상식물과 해조 lectin의 구조, 당쇄구조, 생리기능등으로 볼 때, 진화상의 차이를 그림 14.3과 같이 생각하기도 한다.

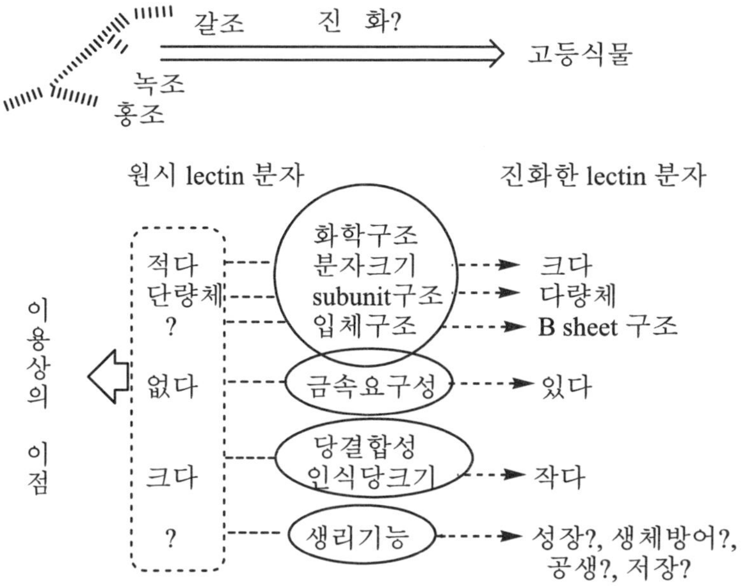

그림 14.3 해조 lectin과 육상식물 lectin의 비교

참우뭇가사리 lectin이 추출이 용이한 것으로부터 추출되기 쉬운 부위에 존재하는 것인지 당 특이성 시험 에서 얻은 lactoferrin 형광으로 표식하여 본 결과, 참우뭇가사리 lectin은 조체의 가장 바깥쪽에 존재하며, 지금까지 알려진 cuticular와 같은 부위에 존재하고 있음이 확인되었다.

생체내에서 해조 lectin의 생리기능에 대하여는 잘 알려져 있지 않으나, 고등식물이나 미생물을 대상으로 조사한 것을 보면, 일반적으로 인식 결정 기능을 갖는다고 생각되며, 식물 lectin은 생체방어, 성장, 저장, 콩과 식물에서는 뿌리 혹 박테리아과 함께 공생등에 관여한다고 한다.

참우뭇가사리 lectin 특성을 좀 더 연구하고, 한천과 함께 분리가 가능하다면 해조자원의 유효 이용에도 크게 이바지 할 것이다.

4) 자외선 흡수 물질

해조 중에 자외선 흡수 물질에 대하여는 비교적 최근에 많이 늘어났다고 한다. 여기서는 300nm 이하의 파장을 흡수하는 것과 300nm 이상의 파장을 흡수하는 물질로 나누어 보기로 한다.

(1) 300nm 이하의 파장을 흡수하는 물질

① 핵산 관련 물질

진두발의 과염소산 추출액 중에서 260nm 부근에 흡수를 나타내는 물질을 활성탄 흡착, 이온 교환수지 처리에 의해 단리하여 핵산 염기인 uridine이 함유되어 있었다.

② 아미노산

방향족 아미노산인 Try, Tyr, Phe 등은 특징적인 자외부 파장을 흡수하는 것이 알려져 있다. *Tichocarpus crinitus*의 추출액은 330nm 부근과 270nm 부근에 강한 2개의 흡수 물질을 가지고 있다. 이 물질을 활성탄에 흡착시켜, 이온 크로마토그래피에서 분리하여 결정물질을 각각 얻어 구조를 해석한 결과, 하나는 272nm에 최대 흡수 파장을 가진 homarine이었으며, 다른 하나는 265nm에 흡수를 가진 trigonene으로 동정되었다. 이들의 생체내에서 역할은 아직까지 불명확하나, 1978년 완두콩에서 세포 증식을 조절하는 식물 호르몬의 G_2 factor임이 보고되었다.

③ 기타 구조 미확인 물질

서실속의 *Laurencia* spp. 등에는 258nm와 462nm에 흡수를 가지는 미확인 물질이, *Bostrychia soorpioides*로부터 263nm에 흡수를 가지는 물질이 있으나 자세한 것은 확인되지 않았다.

(2) 300nm 이상의 파장의 자외선 흡수 물질

1990년에 오존층과 해조의 자외부 흡수 물질의 상관 관계를 조사하여 성층권의 오존층이 10% 감소하면 쿠알라룸푸르와 브라질에서는 19%, 런던과 오슬로에서는 11%나 자외선이 증가한다고 한다. 또, 1989년과 1975년에 동일한 열대해역에서 해조의 자외선 흡수 물질을 정량한 수치를 비교하였더니, 해조의 자외선 흡수 물질은 남조에서 5.67~6.20배로, 홍조에서는 1.78~10.93배, 갈조에서는 4.44~28.38배, 녹조는 1.53~7.31배로 증가하였다. 이와 같은 현상은 적어도 이 물질이 오존층을 통하여 조사되는 자외선의 증가에 반응하여 생성되는 것으로 보인다.

또, 얕은 곳과 깊은 곳에 사는 홍조의 자외선 흡수물질을 보면 조간대는 0.949 이상의 높은 흡광도를 나타내었으며, 다량의 자외선 흡수물질을 포함하고 있었다. 수심 5m까지의 조하대의 홍조도 0.5이상의 높은 흡광도를 나타내는 종이 많았으나, 깊은 곳에 사는 홍조는 흡광도가 0.309 이하로 자외선 흡수물질의 량이 적었으며, 몇 종에서는 흡수 최대 파장도 없었다. 이러한 것으로부터 자외선 흡수물질의 생태학적 역할이 종래부터 생각되어 왔다시피 자외선에 대한 생태 방어물질로서 작용하는 것이 시사되고 있다.

홍조 엑스분 중에는 근자외선을 강하게 흡수하는 물질이 들어 있다. 붉은 은행초(*Rhodomela larix*)의 palythine, 김의 porphyra-334, 진두발속(*Chondrin yendoi*)의 shinorine으로, 이들은 320~340nm의 근자외선을 강하게 흡수한다.

이들은 모두 iminocyclohexene 고리를 가지며 glycine과 serine, 또는 threonine을 부분구조로 하는 일종의 아미노산인 듯하지만, 조체내에서의 생리적 역할은 분명치 않다.

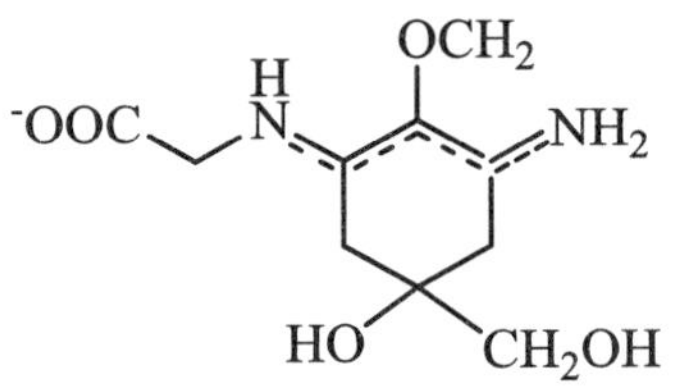

palythine

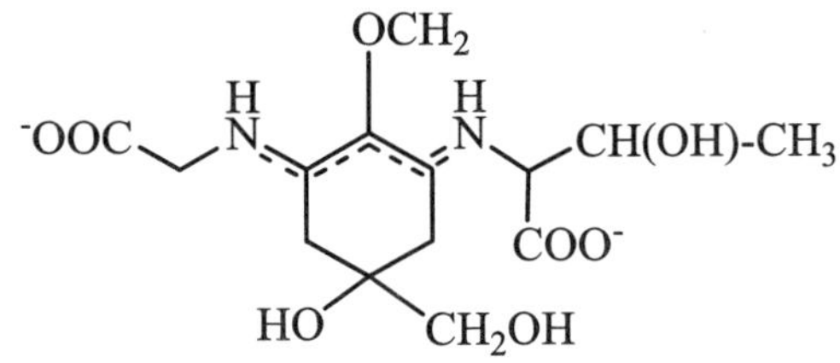

porphyra-334

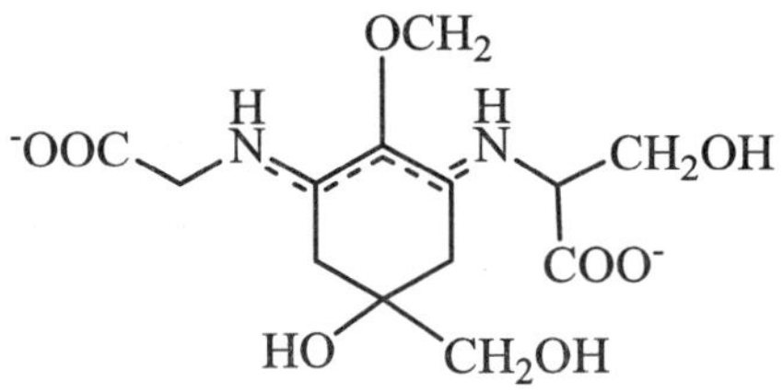

shinorine

5) 산화 방지제

산화를 방지하는 것은 그동안 주로 식품의 변질을 예방하기 위하여 사용되어 왔으나, 최근에는 노화나 각종 질병과 관련이 있는 생체내 산화를 방지하려고 하는 측면에서 항산화제를 개발하는 연구가 활발하게 이루어지고 있다. 산화 방지에 쓰이는 물질은 천연 유래의 것과 천연물의 화학구조에 유사한 것을 화학적으로 합성한 산화방지제가 사용되고 있다. 합성 항산화제로서 널리 쓰이고 있는 것은 BHA (Butylated hydroxy anisol)와 BHT(Butylated hydroxytoluene)이며, 천연의 항산화제는 tocopherol과 ascorbic acid이다. 그러나, 안전성의 면에서 보면 역시 천연의 것이 좋다고 하겠다.

합성 항산화제의 사용은 공기중의 산소가 전자를 받아서 생성된 활성산소나 반응성이 큰 free radical(유리기, 쌍을 이루지 않은 고립된 전자를 가진 원자, 원자단, 화합물) 등은 생체에 작용하여 과산화물을 생체내에 축적하는 원인이 되며, 동맥경화나 간염의 원인이 되며, DNA사슬을 절단하거나 DNA 구성염기에 결합하여 유전적 장해를 가져오며, 질병, 발열, 노화의 원인이 된다고 한다. 또, 활성산소는 모든 발암과정에 공통적으로 작용하는 보편적 인자로 항산화제가 발암을 억제하는 작용도 있는 것이다.

해조의 항산화제에 대한 최초의 보고는 김의 지질을 연구하는 중에 인지질이 김의 산화를 방지하고 있다는 것이었다. 얇은 마른 김은 고도불포화 지방산이 풍부함에도 장기간 보존이 어려운 점으로 보아 이는 인지질이 작용과 함께 세포막에 보호되어 있는 조직학적 특성이 중요한 역할을 하는 것으로 밝혀졌다. 그 후, 많은 연구자들이 외국을 포함하여 많은 해조로부터 항산화제를 탐색하여 왔다.

갈조 대황에서는 silica 칼럼에 의하여 5개의 항산화 성분이 분리되었으며, 이들은 methyl-α-linolenic acid의 자동산화 유도기간을 연장하는 효과가 있다. 200여종의 해조에 대하여 항산화성을 검색한 결과에 따르면, 수십종의 해조 추출물이 항산화 효과를 나타내었으며, 그 중, 홍조 서실속의 오까무라서실(*Laurencia okamurai*)에 비교적 많은 량의 항산화 활성이 확인되었는데, laurinterol계 화합물로 동정되었다.

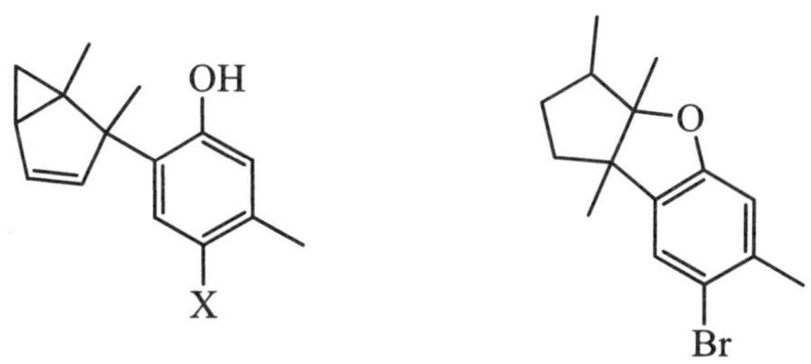

X= H debromolaurinterol

X=Br laurinterol

aplysin

이 물질을 합성 항산화제 BHA, BHT와 활성을 비교한 것을 그림 14.4에 나타내었는데, 대조구가 5일 정도에 산화되는데 비하여 α tocopherol은 10일, laurinterol과 BHT는 25일 이상 산화를 억제하는 것으로 나타났다.

갈조 감태에서 polyphenol을 추출하여 분말로 한 것을 전갱이 건제품 제조시 염수에 이 추출물을 0.01%, 0.05% 첨가하여 30분간 침지하여 말린 제품을 저장 시험을 해 보았을 때, K값, VBN, TBA값 등에서 대조구보다 현저히 산화방지 효과가 있는 것이 확인되었다(표 14.9).

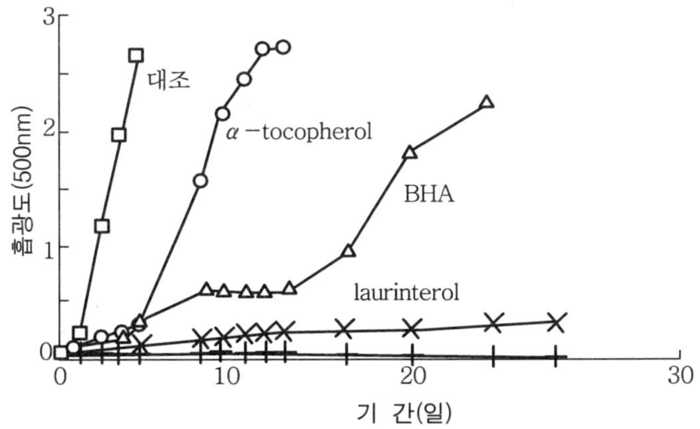

그림 14.4 laurinterol의 항산화성

표 14.9 감태에서 추출한 polyphenol의 전갱이 염건품에 대한 항산화 효과

	a값(적색도)	K값 (%)	VBN (mg/100g)	TBA (Abs)
대조구	0.03	80.3	39.6	1.13
0.01%	1.0	79.4	36.5	1.11
0.05%	1.9	61.0	24.7	0.33

해조 중에 갈조류 특히, 다시마목, Ectocarpus목, 돌가사리목에는 많은 량의 탄닌이 함유되어 있다. 갈조 큰잎모자반에서 polyphenol화합물인 phloroglucinol기를 함유한 탄닌이 분리되었다. 이 탄닌은 항산화 성분으로 공기중에서 쉽게 산화하여 흑색이 되는 catechin류에 속한다. 녹차에 있어서도 항산화 성분은 떫은 맛을 내는 탄닌이 대부분으로 이를 첨가하면 산화방지 효과가 있어 특허품으로서 수산식품 중 전갱이의 건제품 제조에 이용되고 있다.

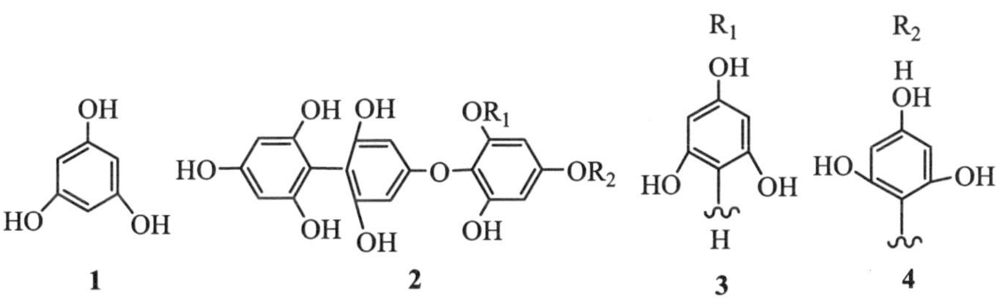

1 : phloroglucinol, 2,3,4 : polyphenol

이상 두가지의 항산화 물질과 그 효과에 언급하였으나, 문제는 이들 원료가 되는 해조 자원의 양이다. 오까무라서실은 생육기간이 짧고, 자원량의 년 변동이 심하며 양식 가능성이 불분명하다. 감태류는 해중림으로 또 전복의 먹이로서 필수적인 해조로 재배어업을 추진하는데 적극적으로 해중림을 조성하고 있으나 다른 목적으로는 채취가 곤란하다. 이러한 것들을 해결하지 않고서는 해조에서 항산화제를 대량으로 얻기는 어렵다.

6) 항생물질

자연계에는 여러 생물들이 서로 관계하면서 생활권을 형성하고 있다. 바다속에서도 마찬가지로 특히 암초 등에 고착하여 생활하는 해조와 같은 생물은 도태와 진화를 거듭하면서 다른 생물로부터 몸을 보호하는 방어기능이 발달하여 왔다. 해조에 함유된 항생물질도 이 중의 하나로서 해양 미생물의 침입이나 다른 조류의 부착에 대한 방어물질로 작용하고 있는 것으로 보아진다.

항생물질은 항균, 항바이러스 항곰팡이 물질의 총칭으로서 해조의 항생물질에 대하여는 1950년경부터 많은 연구자들에 의해 세균, 곰팡이 바이러스등에 대한 활성을 조사하면서 시작되었다. 특히, 1970년 이후 적외선, 핵자기공명, 질량분석과 크로마토그래피의 기술이 획기적으로 발전하면서 새로운 항생물질의 구조가 속속 밝혀지게 되었다.

해조로부터 최초로 밝혀진 항균물질은 창자파래(*Entermorpha intestinales*)에서 분리된 acrylic acid로서 그람양성균에 강한 항균작용이 있는 것이 1960년 Sieburth에 의하여 보고되었다. 그 후 여러나라에서 조직적으로 다량의 해조에 대한 광범위한 연구들이 이루어지게 되어 많은 성과를 보게 되었다. 화학구조가 해명된 항생물질의 종류는 ① 지방산과 그 유도체 ② phenol류 ③ 유황화합물 ④ terpenoid ⑤ halogen 화합물 ⑥ 다당류 등과 같이 크게 6가지의 부류로 나눌 수 있으며, 대형 해조인 녹조, 홍조, 갈조에서 알려진 것은 표 14.10에 정리하였다.

표 14.10 해조에 함유된 항생물질

녹조류			
전반	항균	지방산	acrylic acid
Caulerpa ashimemeadi	항균	terpenoid	caulerpeyne
Cladophora fascicularis	항진균	phenol	bromodiphenylether
Avrainvuillea nigricans	항균	phenol	3-bromo-4,5-dihydroxybenzyl alcohol
Cymopolia barbata	항균	halogen	dibromophloroglucinol
Dictyopteris	항균	halogen	
Ulva 속	항균	tannin	
Entermorpha 속	항균	tannin	
갈조류			
전반	항균	지방산	acrylic acid
*Dictyopaceae*과	항균	terpenoid	dolabellane
Dictyota dichotoma	항균	terpenoid	10-acetoxy-18-hydroxy-2,7-dolabella-diene, pachydictyol A
Pachydictyon coriaceum	항균	terpenoid	dictyol E, amijiol, isoamijiol, dictyodial
Dilopus okamurai	항균	terpenoid	dictyol E, acetoxycrenulatin
Dictyopteris undulta	항균	phenol	zonarol, isozonarol, chromazonarol, isochromazonarol, zonaroic acid
Delsea fimbriata	항균	halogen	1-octen-3-one
*Fucus*속	항균	tannin	
홍조류			
전반	항균	지방산	acrylic acid
Chondria californica	항균	황화합물	lenthionene, 1,2,4,6-tetrathiepane, 4-dioxo-1,2,4,6-tetrathiepane
*Rhodomelaceae*과	항균	황화합물	thiepane, thiolane, lenthionene
Rhodomela subfusa	항균	halogen	
R. confervoides	항균	halogen	
Odonthalia dentata	항균	halogen	
Symphyocladia latiuscula	항균	halogen	
*Ceramiaceae*과	항균	halogen	
*Delesseriaceae*과	항균	halogen	
*Bonnemaisoniaceae*과	항균	halogen	
*Corallinaceae*과	항진균	halogen	
*Phabdoniaceae*과	항균	terpenoid	monoterpene
Laurencia intermedia	항균	terpenoid	laurinterol, isolaurinterol
L. hybrida	항균	지방산	11-formyl-undeca-5,8,10-trienoic acid
	항진균		12-hydroxy-eicosa-5,8,10,14,17-penta-enoic acid
*Sphaerococcus*속	항균	terpenoid	sphaerococcenol A
	항진균		debromolaurinterol, isolaurinterol
	항균	terpenoid	palisadin A, B, aplysistatin
*Sphaerococcus*속	항균	halogen	bromobekerelide, acetoxyfimbrolide
Gelidium subcostatum	항균	halogen	bromobekerelide, acetoxyfimbrolide
Delisea fimbriata		halogen	dichloroacetamide
Amphiroa aberrans	항균	halogen	haloketone류
Asparagopsia taxiformis	항균	halogen	1,1,3,3-tetrabromo-2-heptanone
Bonnemaisonia hamifera		halogen	1-iodo-3,3-dibromo-2-heptanone
	항균	halogen	fimbrolide
Delsea fimbrata	항진균		hydroxyfimbrolide, acetoxyfimbrolide
Polysiphonia morrowii	항균		
P. urceolata			

(1) 녹조류

창자파래에서 분리된 항균성을 나타내는 지방산으로서는 acrylic acid (CH_2=CHCOOH)를 들 수 있는데, 이것은 Gram 양성균, 음성균의 양자에 대해서 효과가 있으며, 그 나트륨염은 0.012~12mg/㎖의 농도로써 효력을 나타낸다.

녹조에서는 특수성분이 그다지 발견되지 않았지만, 방향족 고리의 halogenated sesquiterpene과 독특한 색소가 확인되었다. 앞의 것으로는 석회조의 일종인 *Cymopolia bartata*에서 분리한 cymopol과 그 유도체를 들 수 있고, 나중 것으로는 옥덩굴과의 *Caulerpa serrulata, C. racemosa var. clavifera*에서 분리한 복숭아빛의 붉은 색소를 들 수 있다. 이 색소는 caulerpin으로 입에 넣으면 짜릿한 느낌의 독성이 있다. 이 성분은 2분자의 tryptophan에서 유도된 분자구조로 되어 있다.

이 밖에도 녹조에서는 옥덩굴과를 중심으로 약 30여종의 sesquiterpene과 diterpene이 확인되었다.이들 대부분은 2개 이상의 aldehyde기나 enol acetate기가 있어 생물활성이 기대되는데, 실제 어독성이 있다. 예를 들면, *Caulerpa ashmemeadi*의 caulerpenyne은 분자 중에 acetylene 구조가 있다.

녹조의 phenol 화합물에는 몇가지가 있고, 클라도포라속의 *Cladophola fascicularis*는 항염증작용과 항미생물작용이 강한 bromodiphenyl ether가 들어있다.

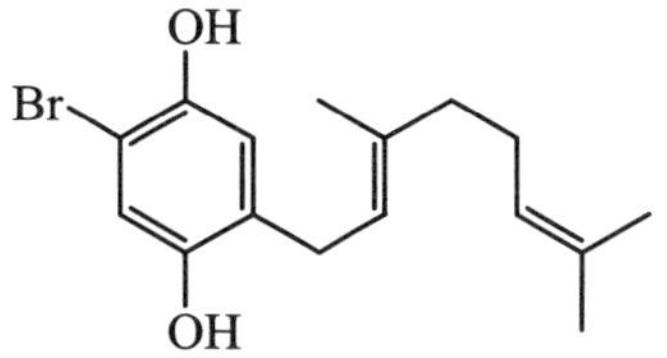

cymopol

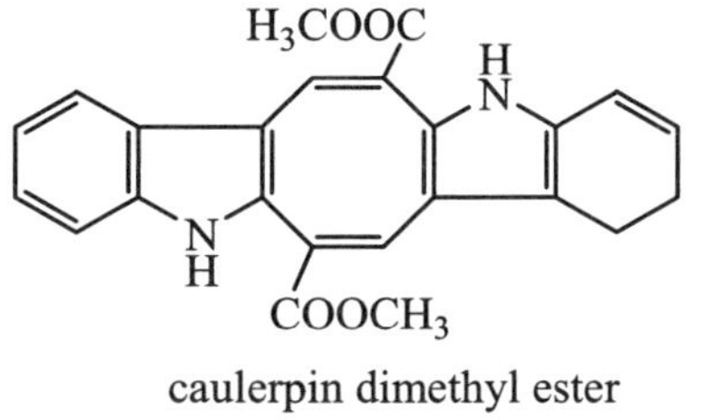

caulerpin dimethyl ester

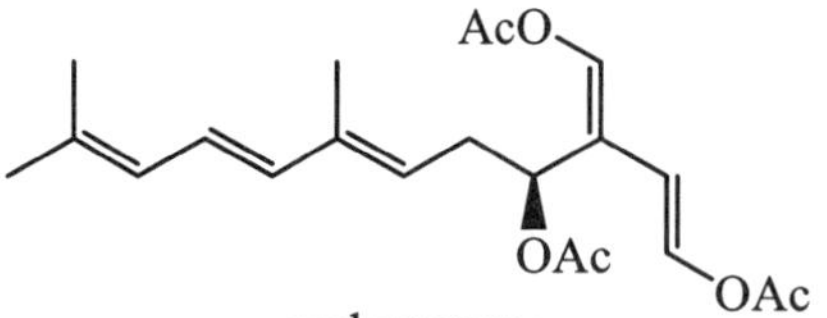

caulerpenyne

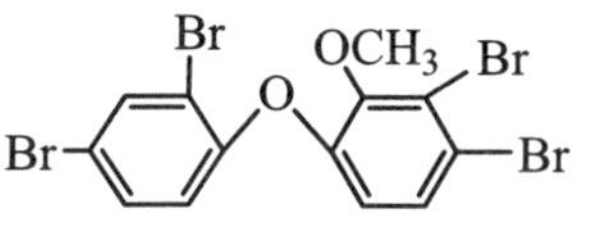

bromodiphenyl ester

(2) 홍조류

국수나물목, 돌가사리목, 비단풀목, 지누아리목의 해조에서는 브롬(Br)과 요오드(I)가 많은 독특한 구조의 유기화합물이 확인되었다.

바다아스파라거스과의 바다아스파라거스속(*Bonnemaisonia*), *Ptilonia*속, *Delsea*속, *Asparagopsis*속의 해조에는 할로겐화 지방족 화합물이 다양하게 분포한다. 특히, 바다아스파라거스속의 해조에는 잎 부위의 vesicular cell이라는 특수한 세포속에서 할로겐 대사가 이루어지는데, Br은 이 해조의 생육을 위해 반드시 필요한 원소인 듯하다. 바다아스파라거스 *Asparagopsis taxiformis*는 향기가 좋아 하와이 주민들이 아주 좋아하는 해조이다.

미국 서해안산의 바다아스파라가스의 조사에서 아세톤 및 butenone 유도체를 11종이나 확인되었다. 그 중에서도 1,1,3-tribromooacetone과 tribromo-3-butene-2-one이 양적으로 많았다. 한편, 하와이산 바다아스파라거스에서는 bromoform($CHBr_3$)이 주성분으로 동정된 외에도 I와 Br이 들어 있는 일련의 haloform 및 할로겐화 메탄, 에탄, 아세톤, acrolein, CH_2=CHCHO), butenone 등 42종이나 동정되었다.

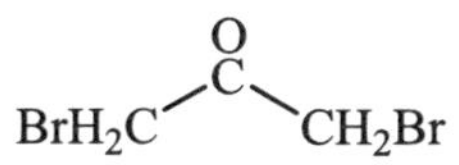

1,1,3-tribromoacetone

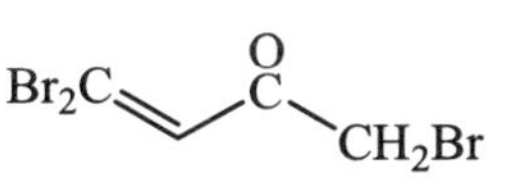

1,3,3 tribromo-3-butene-2-one

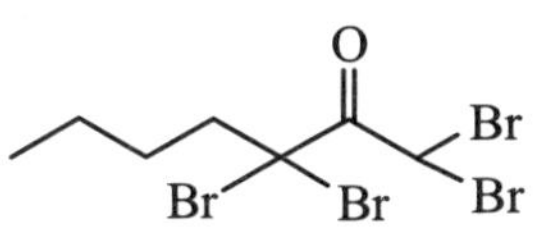

1,1,3,3-tetrabromo
-2-heptanone

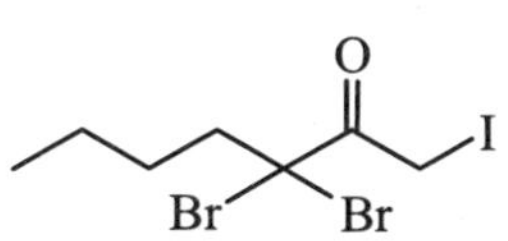

1-iodo-3,3-dibromo
-2-heptanone

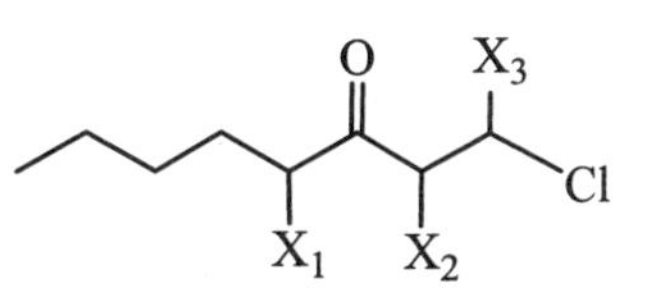

X_{1-3} Br or H
1-octene-3-one

Haloketones는 *Staphylococcus, Fusarium, Vibrio*등의 세균에는 항균성이 강하지만 사람에게는 아주 해롭다. 갈고리 아스파라거스(*Bonnemaisona hamifera*)도 Br의 양이 많아 습윤상태에서는 오랫동안 단맛의 Br 냄새를 내며, 그 추출액은 고초균(*Bacillus subtilus*)에 대하여 항균성이 있다. 이 항균작용은 1,1,3,3- tetrabromo-2-heptanone, 1-iodo-3,3-dibromo-2-heptanone과 같은 C_3, C_4, C_7의 할로

케톤류 때문이다. 갈고리아스파라거스의 별종인 *B. asparagoides*에서는 I와 Cl가 붙어 있는 C_8의 haloketone인 1-octene-3-one류가 확인되었다.

*Delisea fimbriata*에도 건물량으로 약 5%나 되는 특수한 지용성 성분이 들어 있는데, 이들은 항균성과 항곰팡이성이 강하다. 그 주성분은 $C_9H_9O_2BrRXY$라는 일반식으로 표시할 수 있는 특수한 lactone이며, R=H인 것이 hydroxfimbrolide이고, R=OAc인 것이 acetoximbrolide이다. 우뭇가사리과(Gelidiaceae)의 *Bekerella subcostata*는 한천의 원료로 쓰이는데, 이 추출액도 고초균에 대하여 강한 항균성이 있고, fimbrolide와 구조가 비슷한 bromobeckerelide와 chlorobeckerelide가 확인되었다.

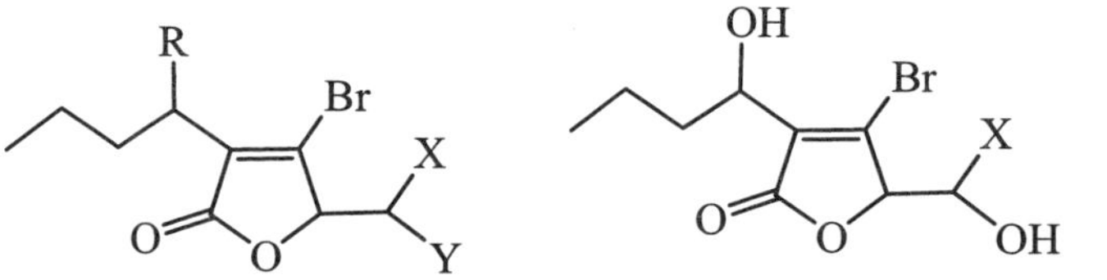

R= H, OH 또는 OAc
X,Y= Br, Cl, I 또는 H

fimbrolides

X= Br bekerelide
X= Cl chlorobekerelide

bekerelides

빨간검둥이과 서실속(*Laurencia*)의 해조 중에서 검은 서실 *L. intermedia*와 *L. glandurifera*로부터 항균성이 있는 Br이 결합된 특수한 탄소 골격의 화합물들이 1965년에 동정된 이래 지금까지 약 20여종이 확인되었다. 이들은 탄소골격을 기준으로 하면 11개의 그룹으로 나눌 수 있는데, 그 중에서 몇 가지만을 예로 든다.

① laurinterol로 대표되는 방향족 고리를 가진 sesquiterpene, ② pacifenol 등의 스피로고리(spiro ring)가 붙어 있는 sesquiterpene, ③ oppositol이 대표적인 sesquiterpene alcohol(이것은 *Staphylococcus aureus* 에게 중간 정도의 항균성을 갖음), ④ spirolaurenone, 10-bromo-α-chamigrene과 같은 chamigrene 골격의 sesquiterpene, ⑤ laureatin 등의 C_{13}의 nonisoprenoides(acetylene기가 있는 독특한 화합물 군), ⑥ concindiol 등의 diterpenes

해조에 항 미생물작용이 있는 indol 화합물로는 고초균(*Bacillus subtilis*)과 효모(*Saccharomyces cerevisiae*)의 발육을 저해하는 서실속의 *Laurencia broniartii* 에

서 2,3,5,6-tetrabromo indole과 *Martensia fragilis*에서 martensin A가 분리되었다. 해조에는 brome이 들어 있는 terpene 계통의 화합물이 많은데 이들 대부분은 항균성이 있다(7.3 참조).

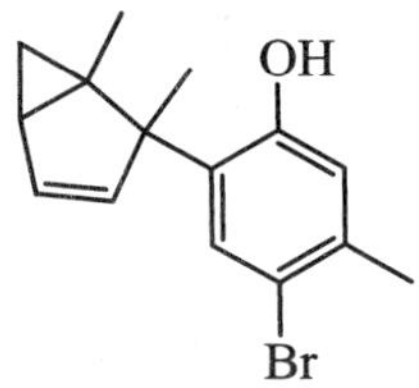

laurinterol

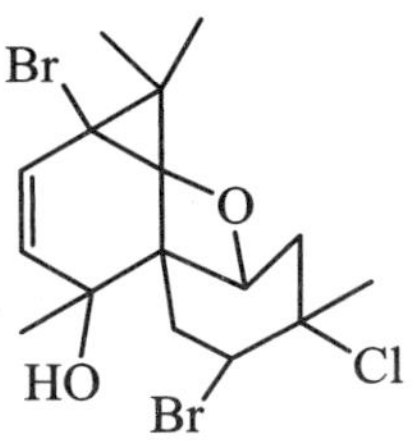

pacifenol

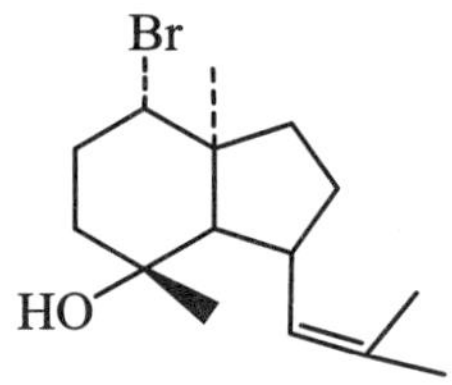

oppositol

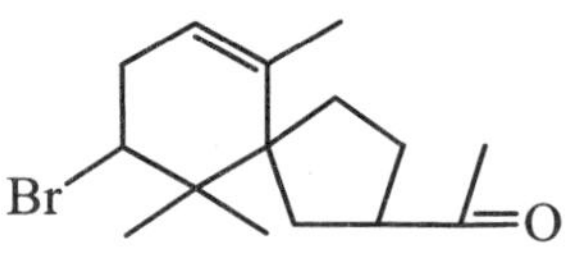

spirolaurenone

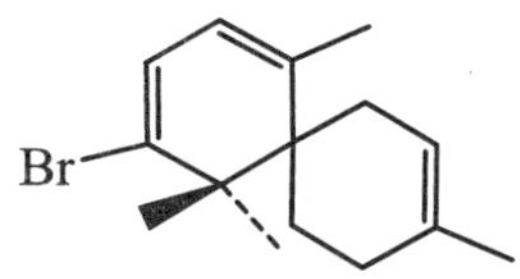

10-bromo-α-chamigrene

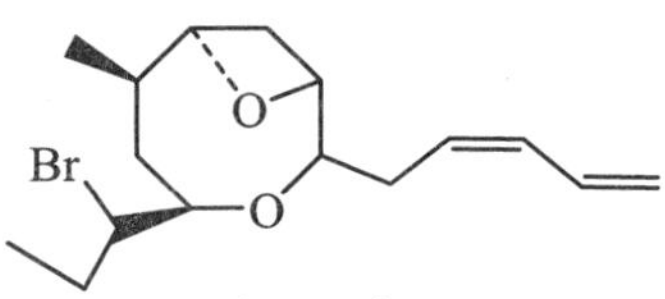

laureatin

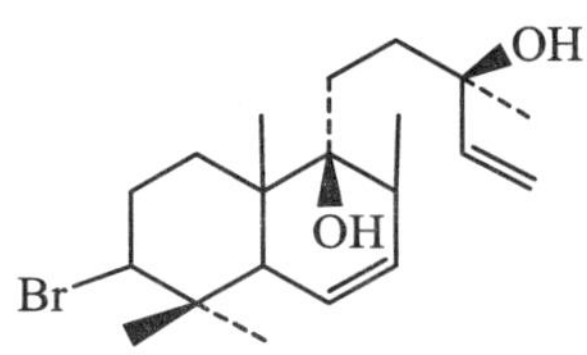

concindiol

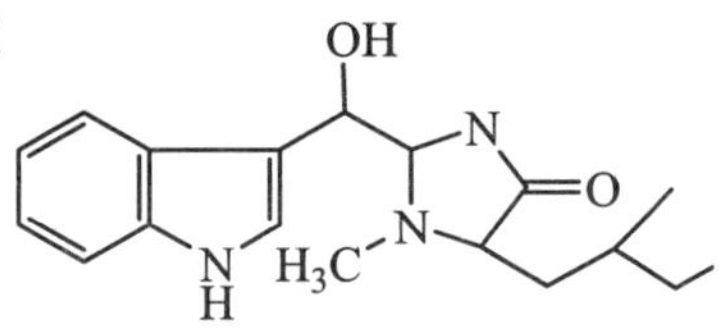

martensinA

서실속이 아닌 *Sphaerococcus cronopifolius*로부터도 bromo diterpene인 sphaerococcenol A가 확인되었다.

Plocamium과 *Plocamium*속의 *P. cartilagineum*, *P. violaceum*으로부터는 violacene을 비롯하여 4종의 할로겐화 환상 monoterpene과 12종의 직쇄상 monoterpene을 확인하였으며, 이들을 먹이로 하는 군소의 소화관 내용물 중에서도 유사한 화합물이 확인되었다.

빨간검둥이과의 모로우붉은실로 부터도 항균성이 있는 bromophenol이 발견된 것은 앞에서도 설명하였지만 이제는 붉은실속(*Polysiphonia*)외에 *Rhodomenia*속, *Symphyocladia* 속, *Donthalia* 속을 비롯하여 산호말과, 비단풀과, Delisea과의 몇몇 종류에서도 30여종의 bromophenol이 확인되었다. 그 중에서 비교적 양도 많고 분포도 넓은 것이 lanosol인데, 처음에는 황산 에스테르로 분리되었다. 이 화합물의 methyl-, ethyl-, isopropyl ether 구조도 확인되기는 하였지만 이는 분리과정 중에 만들어진 것으로 여겨진다.

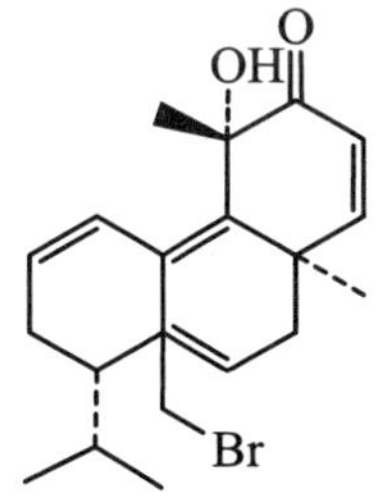

spearococcenol A

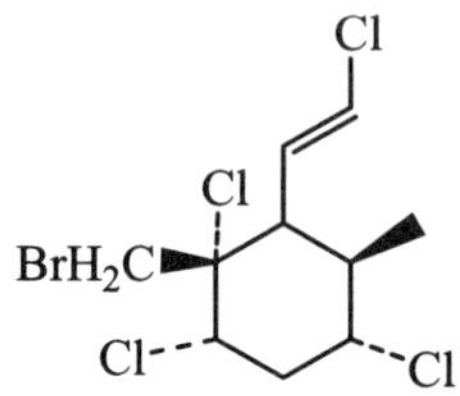

violacene

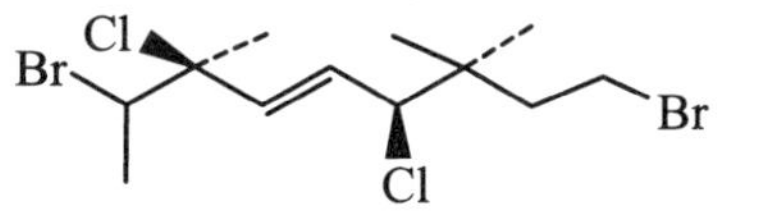

monoterpene

Bromophenol은 항균성이 있다고 알려져 있는데 lanosol은 $4\times10^{-5}\sim10^{-6}$ 의 낮은 농도로도 단지꼴폴리시포니아 *Polysiphonia urceolata*나 마디볕 *Goniotrichum alsiedii*에 대하여 성장을 자극하는 효과가 있다고 한다. 이 성분의 생리학적, 생태학적 의의는 아직 밝혀지지 않았지만, 세포막이나 세포외벽에 분포농도가 큰 것으로 미루어 세균이나 다른 조류가 부착하는 것을 막는 듯하다.

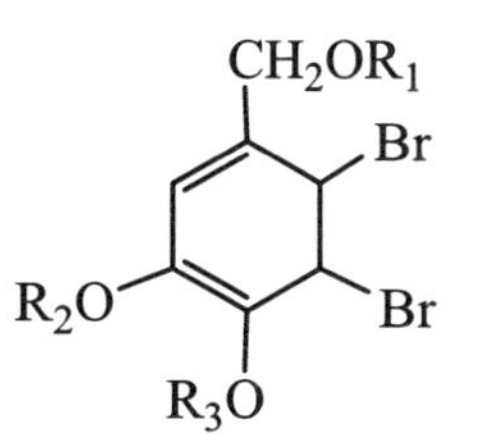

$R_1=R_2=R_3=H$(lanosol)
$R_1=H,\ R_2=R_3=SO_3K$
$R_1=Me,\ R_2=R_3=H$
$R_1=Et,\ R_2=R_3=H$
$R_1=C_3H_5,\ R_2=R_3=H$

한편, 서실속을 비롯한 홍조류에서는 갖가지 bromoindole 화합물이 분리되었다. 이들도 정도의 차이는 있지만 항미생물 활성이 있으며, 특히, 2,3,5,6-tetrabromoindol은 *Bacillus subtilis, Saccharomyces cerevisiae*의 생육을 저해한다.

이 밖에 서실류에는 생리활성이 있는 갖가지 triterpene이 확인된다. 그 중에서도 *L. thyrsifera*의 tetrahydrofuranoid인 thyrsiferol은 백혈병 세포인 P-388 세포의 증식을 저해시키며, 애기서실 *L. venusta*에서 얻어진 입체 이성체인 venustatriol은 항바이러스 활성이 있다. 그러나 할로겐을 가지지 않은 생리활성 물질도 여러가지 있다. 호주산 돌가사리과의 *Phacerocarpus labillardieri*에서 얻어낸 acetyl기가 붙어 있는 γ-pyrone 유도체는 독성이 강하다.

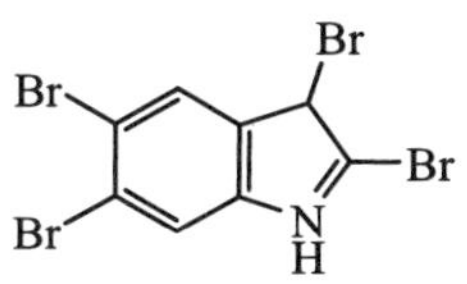

2,3,5,6-tetrabromoindol

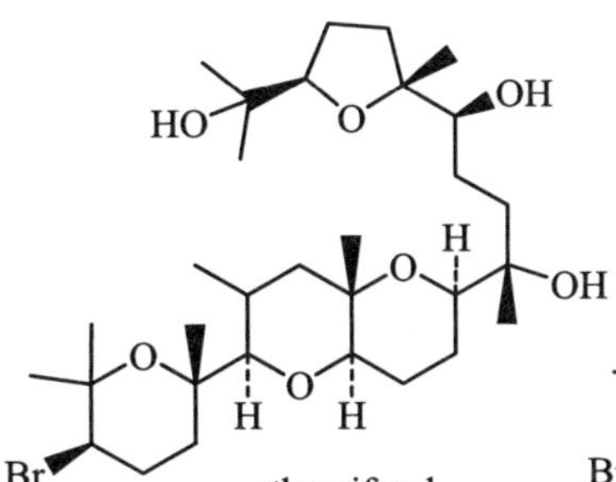

thyrsiferol

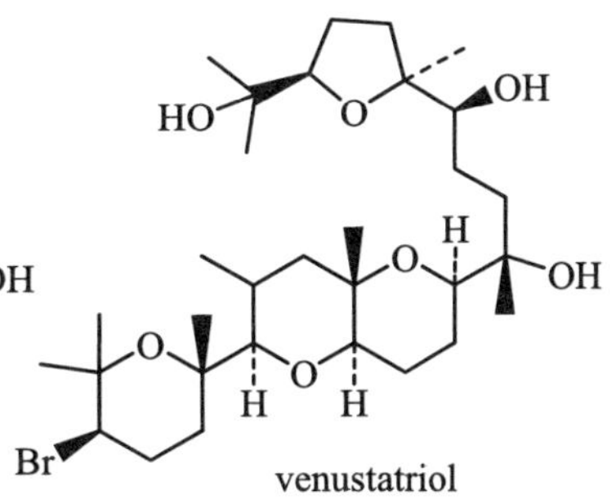

venustatriol

한편, 서실속의 *Laurencia hybrida*로부터는 지방산인 formyl decatrienoic acid와 hydroxy eicosapentaenoic acid가 확인되었다. 그리고 꼬시래기속의 *Glacilaria lichenoides*로부터는 항고혈압 성분인 prostaglandin PGE_2와 PGF_2를 확인하였는데, 이들의 양은 건물량으로 0.07~0.1%나 된다.

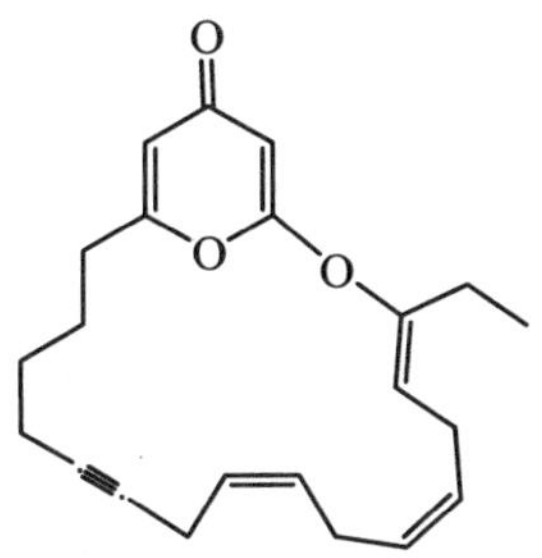

γ-pyrone 유도체

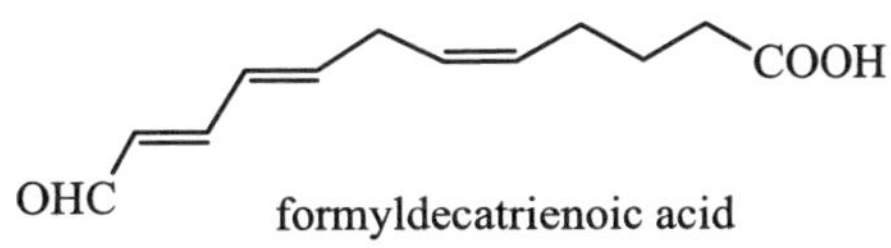

formyldecatrienoic acid

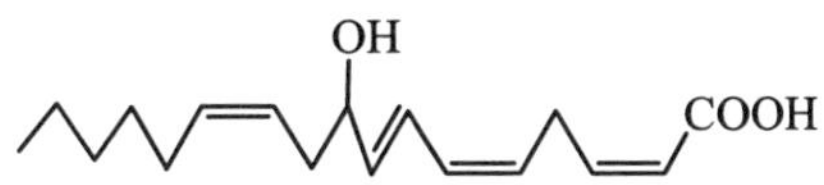

hydroxyeicosapentaenoic acid

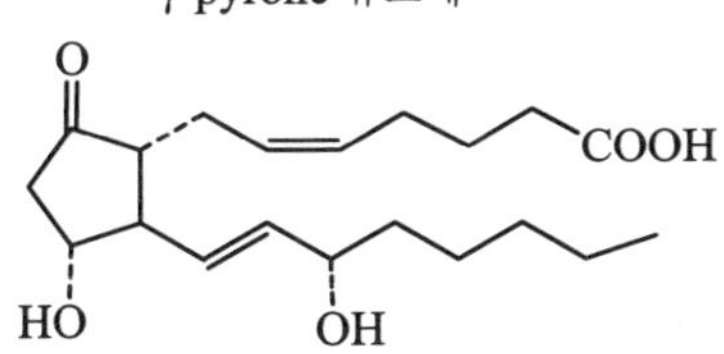

R=O : PGE_2(prostaglandin E_2)

R=αOH, βH : $PGF_{2\alpha}$(prostaglandin $F_{2\alpha}$)

멕시코만에 분포하는 각시서실속의 일종인 *Chondria californica*는 강한 유황 냄새를 내는데, 이 추출액은 *Vibrio angillarum*에 강한 항균성이 있다. 이 성분은 환상의 유황화합물인 1,2,4-trithiolane[1]을 비롯한 [2]~[6]의 구조를 한 화합물들로 동정되었다. 흥미로운 것은 이 중에서 [2]와 [3]은 표고버섯의 향기성분 중에서 발견된 것이며, [3]은 lentionine으로 알려져 있다. 항균성은 [6]이 제일 강하다. 갈조류에서는 *Dictyopteris*속에서 3-hexyl-4,5-dithiocycloheptanone이 함황 화합물로 발견되었을 뿐이다.

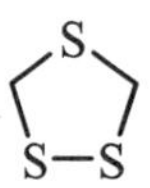
[1]

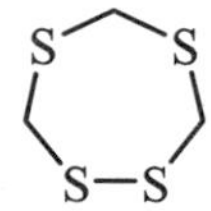
[2]

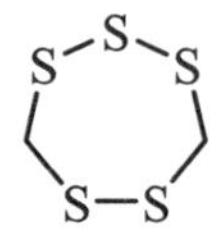
[3]

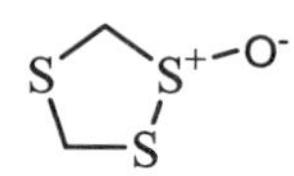
[4]

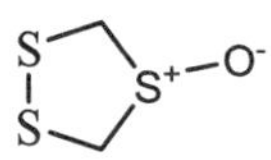
[5]

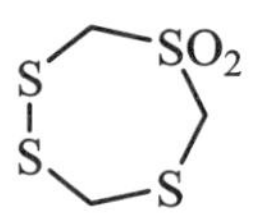
[6]

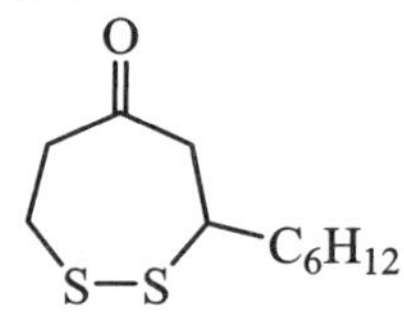
3-hexyl-4,5-dithiocycloheptanone

(3) 갈 조 류

Dictyota과의 해조에는 항균성이나 항바이러스 활성을 갖는 것이 많아 자세히 연구된 바 있지만 홍조처럼 할로겐화 terpene류는 그다지 많지 않다.

가죽속(*Pachydictyon*)과 *Dictyota*속에서는 pachydictyol A와 dictyol A처럼 hydroazulene 골격을 지닌 diterpene alcohol이 확인되었으며, 그 중에서도 특히, pachydictyol A는 *Staphylococcus aureus*에게 약한 항균성을 보인다. *Dilopus* 속에는 특이한 탄소골격의 acetoxycrenulatin이나 dilophol이 들어 있다.

이 밖에도 카리브해의 갈조인 *Stypopodium zonale*는 초식어에게 해로운 물질을 방출한다. 주요 성분은 *O*-quinone 골격을 지닌 styplodione이다. 그 전구체는 pyrocatechol인 stypotriol이며, stypotriol은 styplodione보다 활성은 5배나 강하지만 불안정해서 쉽게 변한다.

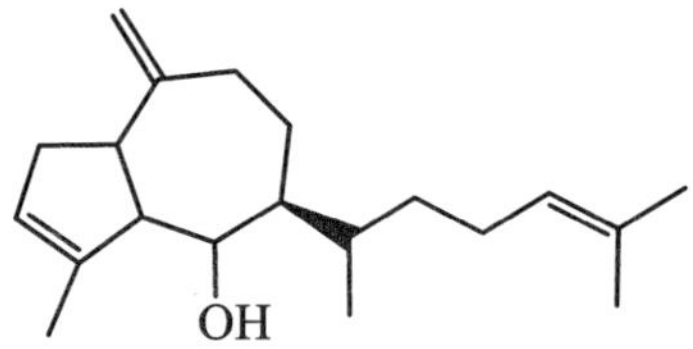

pachydictyol A

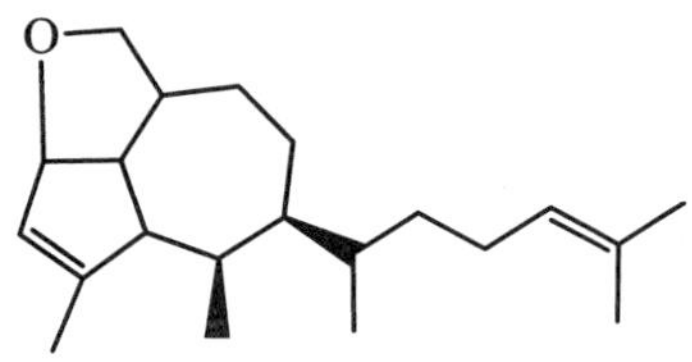

dictyol A

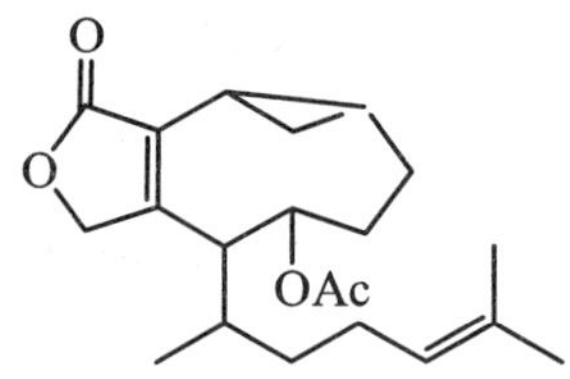

acetoxycrenulatin

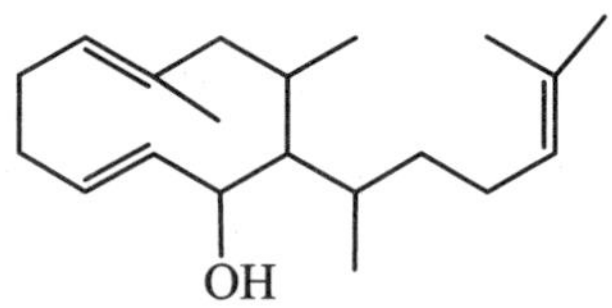

dilophol

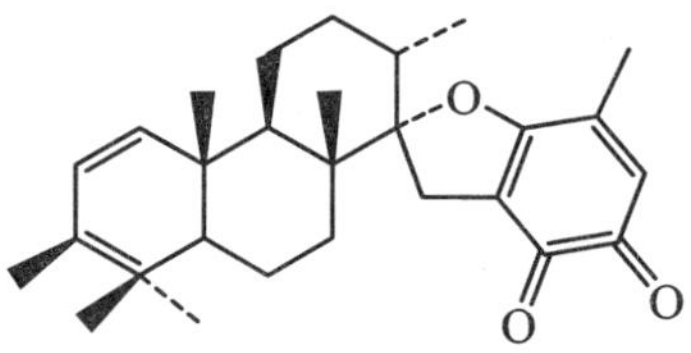

styplodione

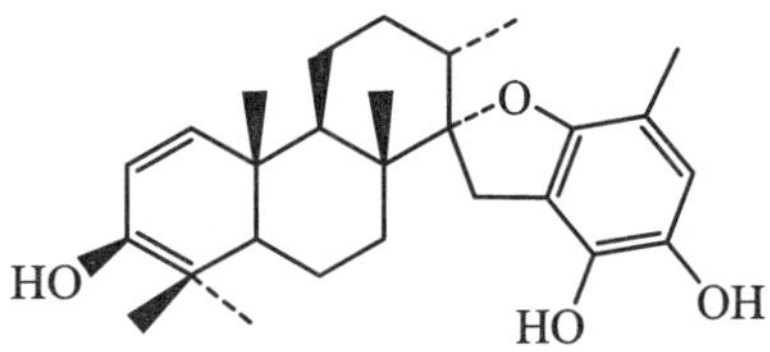

stypotriol

(4) 갈조 탄닌

갈조류의 세포에는 빛을 심하게 굴절시키는 physodes라는 액포가 들어 있다. 그 속에 갈조 탄닌이라는 phloroglucinol과 그 유도체가 들어 있으며, 이들은 항 생물 활성이 있다. 그러나 불안정해서 화학 구조를 밝히기까지 오랜 시간이 걸렸다. 이들 화합물은 acetyl화하거나 methyl화하여 많은 물질의 분자구조가 해석되었는데 크게 8가지로 나눌 수 있다.

① fucols : phloroglucinol이 diaryl 축합으로 축합(condensation)한 것
② phloretol류 : aryl ether로 축합한 것
③ fucophlorethols : 1분자 안에 diaryl 축합과 aryl ether 결합한 것이 함께 있는 것
④ fuhatols : phloretols에 −OH가 붙어있는 것
⑤ isofuhatols : aryl ether 결합을 통해 phloroglucinol이 *p*− 또는 *m*− 위치에 있어서 만들어지는 oligomer로 적어도 −OH가 1개 붙어 있는 것

⑥ eckols : 3개의 phloroglucinol 단위로 이루어졌는데 그 중 2개는 고리모양으로 dibenzo dioxine을 이루고 나머지 1개가 ether 결합한 것을 기본골격으로 하는 것
⑦ halogenated phlorotannins : I, Br, Cl이 치환된 것
⑧ sulfated phlorotannins : phloroglucinol의 -O- 가 황산 ester화 한 것

다시마속, *Dictyota*속, *Fucus*속 등의 10속 17종의 조류에서는 유리상태의 phloroglucinol이 발견되었고, *Fucus*속, *Dictyota*속, *Bifurcaria*속에서는 fucol이, 그리고, *Fucus vesiculosus*에서는 fucophlorethol이, *Laminaria ochroleuca*와 *Dictyota dichotoma*에서는 phrolethol이 확인하였다. 그리고, fuharol은 *Halidrys siliquosa*와 *Bifurcaria rotundata*에서 확인하였고, isofuhalol은 끈말 *Chorda filum* 등에서, eckol은 미역과의 *Ecklonia kurome*에서 확인되었다. halogenated phlorotannin은 대황류인 *Eisenia arborea*등에서 검출되었고, sulfated phlorotannins은 *Ascophyllum nodusum* 등의 여러 갈조에서 검출되었다.

이제까지 약 80여종의 각종 화합물이 갈조에서 확인되었지만, 그 중에서 항미생물 활성, 항산화성 활성을 비롯하여 생물활성을 확인할 수 있었던 것은 그다지 많지 많다. eckol과 그 유도체에는 항염증작용이 있어 주목을 끈다. Amijiol, zonarol, dolabellane, bifurcarenone, 5-hydroxycystofuranoquinol도 갈조류에서 발견된 항균물질이다.

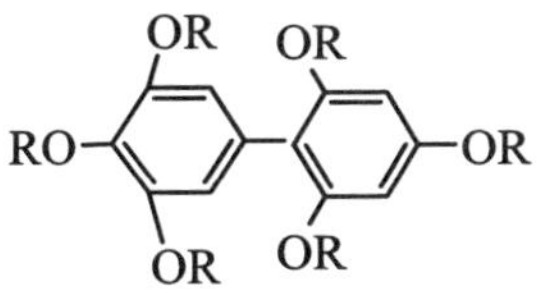
fucols

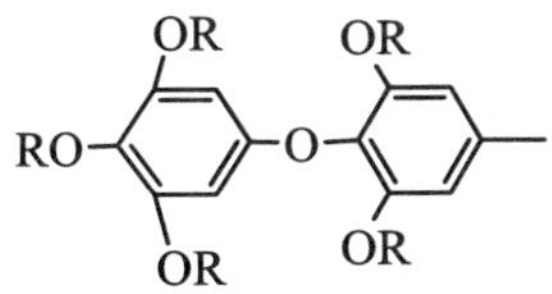
phlorethols

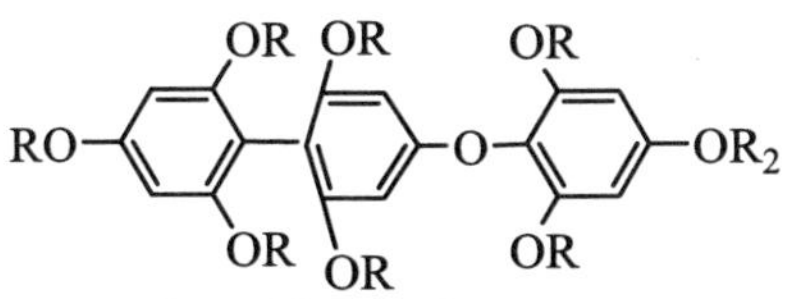
fucophlorethols

R=CH_3CO 또는 CH_3^-

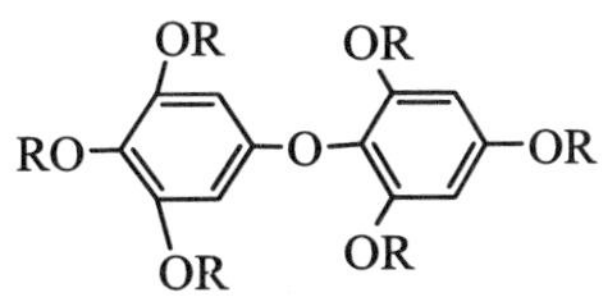
fuhalols

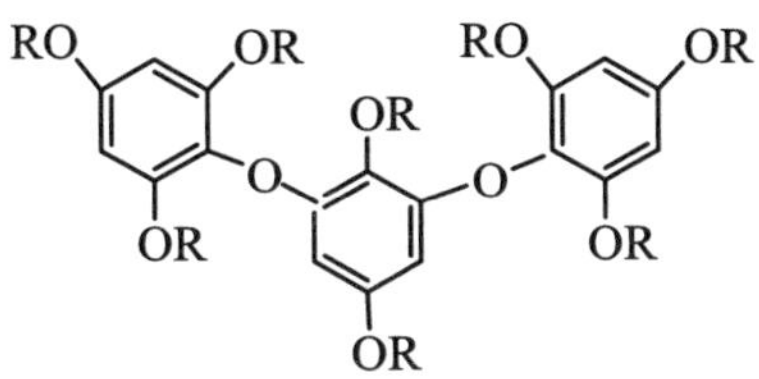
isofuhalols

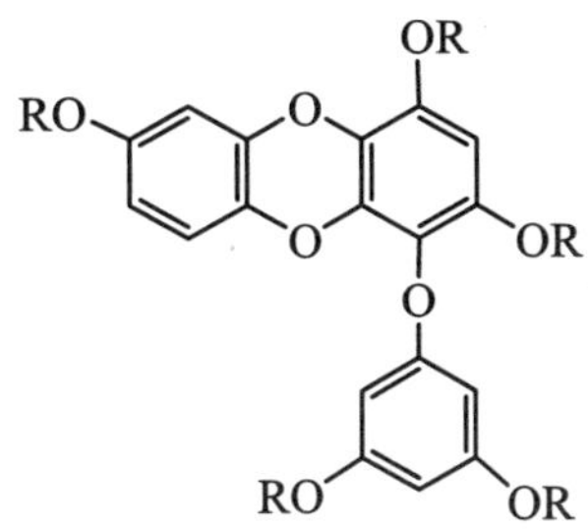
eckols

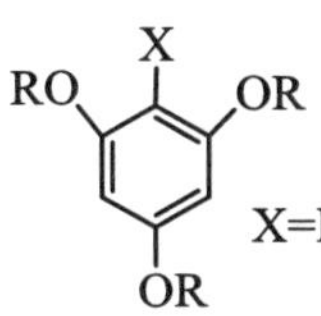
X=Br, Cl 또는 I

halogenated phlorotannins

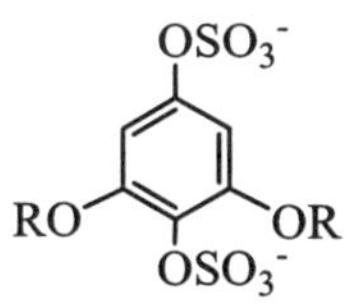
sulfated phlorotannins

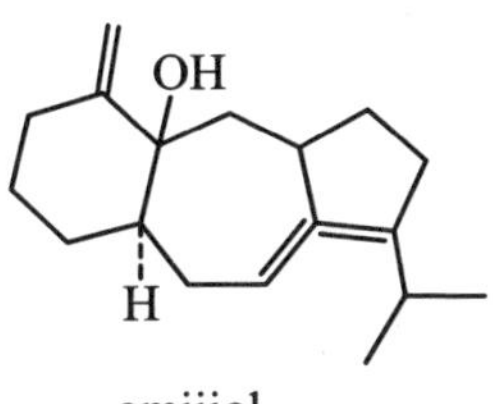
amijiol

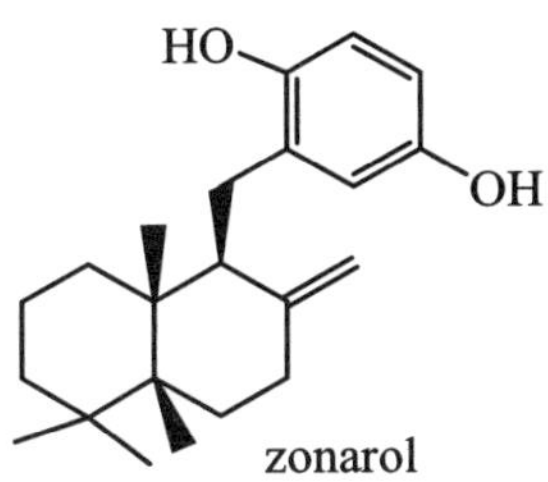
zonarol

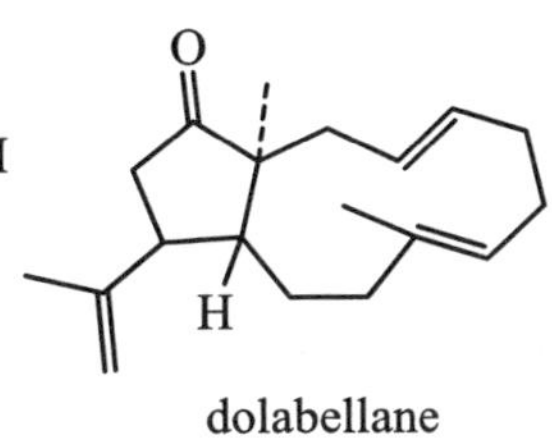
dolabellane

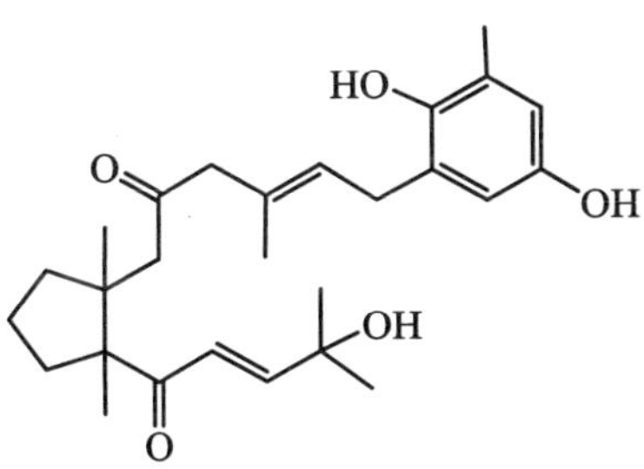
bifurcarenone

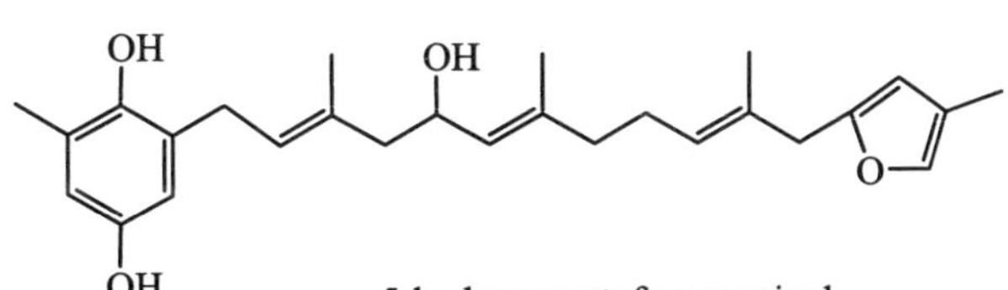
5-hydroxycystofuranoquinol

또, *Dictyopteris*속의 해조에는 Br 냄새가 심하게 나는데 항균성을 가진 지용성 성분의 40%는 C_{11}이 주요 성분인 탄화수소의 정유이다. 같은 속의 *D. plagiogramma, D. australis*에는 (+)-dictyopterene A 등 직쇄상 C_{11} 화합물과 (-)-dictyopterene C'(dictyopterene C') 등의 환상화합물 및 S-(3-oxoundecyl) thioacetate와 같은 함황화합물이 발견되는 것이 특징이다.

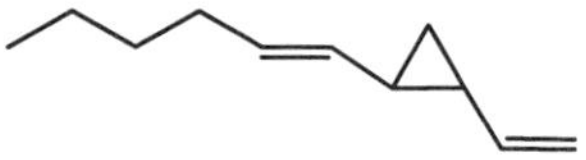

dictyoterpene A

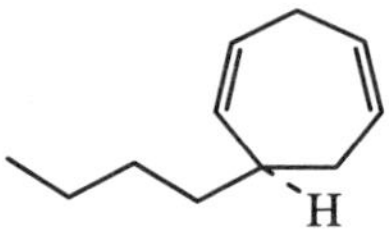

dictyoterpene C

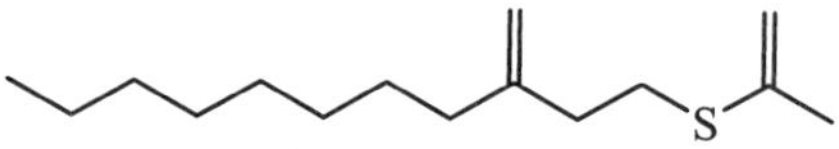

S-(3-oxoundecyl)thioacetate

7) 항종양 성분

궤양과 마찬가지로 해조 중에는 종양에 대하여 효과가 있는 성분들이 함유되어 있는 것으로 알려져 있다.

(1) 다당류

식용해조인 다시마류 등에 항종양 활성이 있다고 알려져 있는데, 이들은 알긴산과 fucoidan등 다당류로서 다당류의 생리활성항을 참고하기 바란다.

(2) terpene류

P388 임파성 백혈종양 세포에 현저한 활성을 갖는 sesquiterpene인 aplysistatin과, 보다 강한 활성을 지닌 polyether계의 thyrsiferyl 23-acetate가 붉은 서실에서 발견되었다. 참그물바탕말(*Dictyota dichotoma*)에서는 diterpene 4-acetoxydictyolactone과 그 유도체가 B16 마우스 흑색 악성종양에 강한 활성을 나타낸다. 왕관잎모자반(*Tubinaria ornate*)에서는 분리된 지방산의 일종인 tubinaric acid도 활성이 있는 것으로 보고되었다.

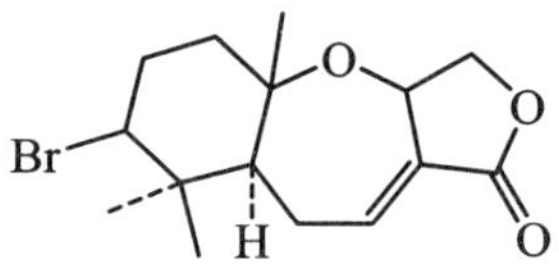

aplysistatin

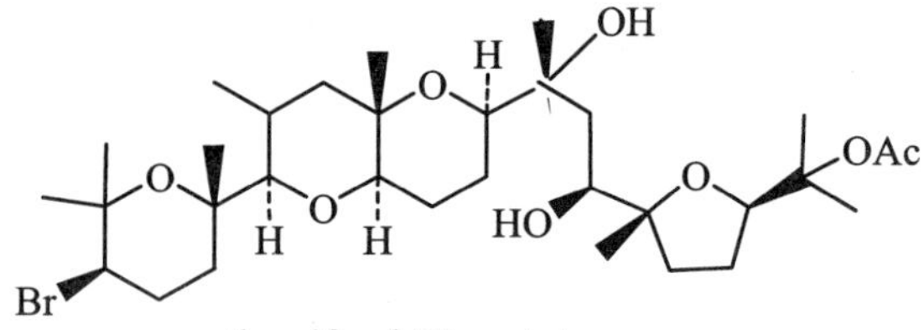

thyrsiferol-23-acetate

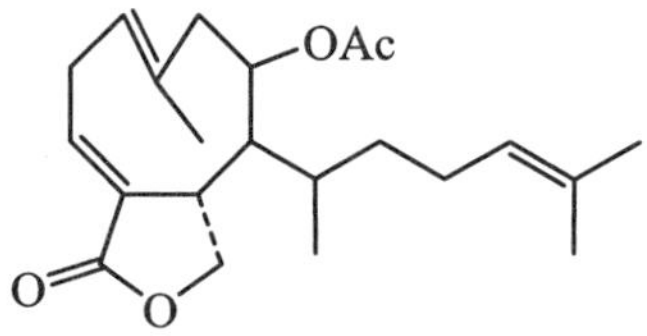

4-acetoxydictyolactone

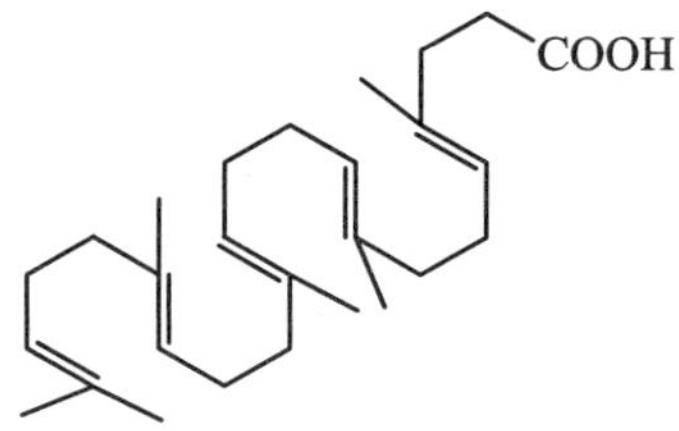

tubinaric acid

8) 항암 성분

해조 중에 항암작용이 있다는 것은 오래전부터 알려져 왔다. 예를 들면, 중국에서는 수종류의 갈조류가 한약으로서 암 예방과 치료에 쓰이고 있는데, 항암 성분으로서는 다당류, terpene류가 알려져 있다. 다당류의 생리작용에서도 언급되었으므로 여기서는 구체적인 예를 들어본다.

(1) 해조 열수 추출물과 해조 분말

표 14.11은 다시마 *Laminaria angustata* 등 3종의 다시마 열수 추출물을 감압농축하여 투석한 내액을 다시 감압농축한 것을 이용하여 sarcoma 180 복수종양세포를 쥐의 피하에 이식시켜 항암 효과를 조사한 것이다. 암의 저지율은 90% 이상으로 매우 높으며, 이러한 항암 효과를 나타낸 성분은 투석 내액을 이용한 것과 중성당과 산성당의 비율이 큰 것으로 볼 때, 유효성분은 다당으로 추정되었다. 또, 다시마 등 4종의 갈조류의 분말과 열수 추출물을 경구 투여하여 sarcoma 180에 효과를 조사한 시험에서도 모두 항암활성을 나타내었다.

표 14.11 다시마, 모자반 추출물의 S-180에 대한 항암 활성

해조류	투여시료	투여방법	투여량 (mg/kg/day)	사료첨가량 (%)	저지율 (%)
Laminaria angustata	투석내액	복강	100x5		94.8
	열수추출물	경구		0.05	76.3
Laminaria longissima	투석내액	복강	100x5		92.3
	열수추출물	경구		0.025	83.2
	분말	경구		0.15	80.2
모자반	투석내액	복강	100x10		89.3
다시마속	분말	경구		0.7	81.0

그 외 모자반속의 *Sargassum kjellmanianum*의 열수 추출물이 쥐의 sarcoma 180 종양에, 녹조 참홑파래(*Monostroma nitidium*)의 열수 추출물 또는 그 투석 내액이 L-1210 백혈병 세포 이식 마우스에 연명효과가 있었다.

(2) 다당류

알긴산과 fucoidan의 효과는 각각의 항에서 설명하였으므로 그 이외의 것을 설명한다. 해조다당의 항암성에 대한 최초의 연구는 불등풀가사리에서 추출한 funoran을 이용한 sarcoma 180 복수종양세포를 이식한 마우스에 투여하여 69%의 저지율을 얻은 보고이다. 그 후 참풀가사리에서 funoran이 Erlich 복수종양과 고형종양, sarcoma 180 종양, Meth-A 고형섬유 육종등에 효과가 있다고 보고하였다.

김류에 함유된 황산 galactan인 porphyran이 Erlich 고형 섬유육종에 대하여 복강내 투여시 항암활성이 있다고 한다.

(3) carrageenan

Carrageenan 중에서 κ와 λ형이 Erlich 고형암에 대하여 경구 투여시 효과가 있었으며, Meth-A형 고형섬유 육종에 대하여도 복강 투여시 효과가 있다.

(4) jasmonic acid

최근 우뭇가사리나 클로렐라등 미세조류에서 jasmonic acid 또는 methyl jasmonate가 발견되었다. 이 휘발성 식물 성장 조절 호르몬은 주목나무 줄기 세포의 배양액에 첨가하면 paclitaxel 생산량을 대폭 증가시킨다. 이 paclitaxel은 유방암이나 난소암에 대하여 항암 작용을 가지며 항암제 taxol이란 이름으로 미국에서 실용화되어 있다.

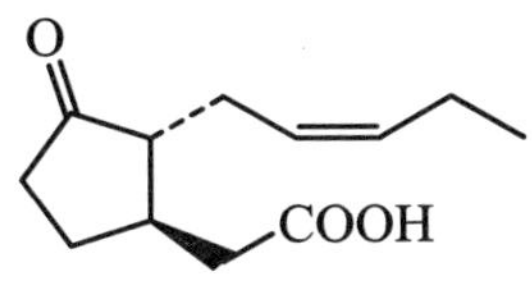

jasmonic acid

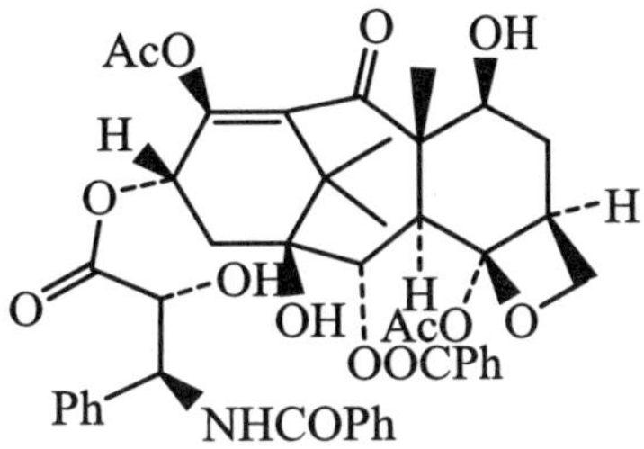

paclitaxel

(5) 지질

녹조, 갈조, 홍조등으로부터 추출된 중성지방, 당지질, 인지질을 각각 나누어 항암 활성을 Meth-A 섬유육종을 피하에 이식한 쥐에 복강 투여하여 실험하여 본 결과, 어느 것이나 통계적으로 유의한 저지율을 나타내었다.

(6) 미역의 유방암 발생 억제 효과

갑상선 질환이 있는 사람들에게 유방암 발생율이 높으며, 역으로 기능 항진 환자에 유방암 이환율이 높은 것을 볼 때, 어느 것이나 갑상선 질환과 유방암이 관련성이 있을 것으로 추정되어 처음에는 요오드를 가지고 시험하였다. 그 결과, DMBA (dimethylbenzanthracene) 유발 랫드 유선암에 요오드를 투여하면 종양이 억제되었다.

여기서, 식용으로 하고 있는 미역을 이용한 결과를 보면 다음과 같다. 생후 4주령의 암컷 SD계 랫드를 5군으로 나누어 표 14.12와 같이 미역 첨가 사료로 4주간 키워 유선 종양을 발생시키기 위하여 DMBA를 투여하였다. 결과는 그림 14.5에 있는 바와 같이 대조구에서는 DMBA 투여후 6주간부터 종양이 발생하기 시작하여 16주 후에는 모두 종양이 발생하였다. 그러나 1-D 구에서는 10주후부터 종양이 발생하기 시작하였으나, 18주 후에도 발생율은 매우 낮았으며, 미역 첨가량과도 상관성이 있었다.

표 14.12 사료에 첨가한 미역의 양과 유기 요오드 섭취량

군	미역섭취량	유기요오드섭취량 (mg/rat/day)
control	-	-
I-A	2.5%	0.175
I-B	12.5%	0.8754
I-C	25.0%	1.75
I-D	50.0%	3.50

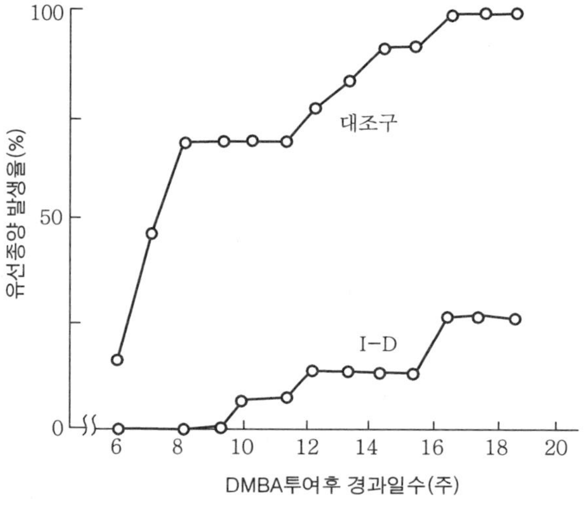

그림 14.5 유선종양 발생율

이러한 결과는 미역에 들어있는 유기 요오드가 유선에 이행하여 직접 작용하기 때문으로 보인다.

이상과 같이 해조에 함유된 각종 다당류, 지질등이 항암 활성이 있으며 이들은 저분자 물질에 의한 직접 세포 저해작용, 또는 항변이원성 작용에 의하여 초기에 발암을 억제하거나 면역 부활작용, 비타민류의 항산화 작용으로 발암 촉진이 억제될 수도 있으며, 해조에 많이 들어있는 식이섬유에 의하여 발암물질의 흡수가 저지되어 활성을 나타낼 수도 있다. 표14.13에 일본 근해산 해조류의 항암활성을 정리하여 놓았다.

표 14.13 항암활성을 나타낸 식용해조와 실험계(○ 경구투여, ● 복강투여)

	마우스이식 종양실험						화학발암		시험관	
	동종이계종양			동종동계종양			랫드			
	S-180	Erich		L1210	Meth-A		장암	유방암	항변이원성	발암촉진억제
	고형	복수형	고형	복수형	복수형	고형	DMH 유발	DMBA 유발		
	저지	연명	저지	연명	연명	저지	억제	억제		
갈조류										
다시마 분말			●							
투석내액	○			○						
fucoidan	○									
메탄올획분									○	○
다시마속 분말	●						●	●		
열수추출물	○●						●			
투석내액	○			○						
fucoidan				○						
Laminaria religiosa										
분말								●		
fucoidan				○						
Laminaria angustata										
분말							●			
열수추출물	○●						●			
투석내액	○									
인지질						○				
메탄올획분									○	○
Laminaria longissia										
분말	●						●			
열수추출물	○●			○			●			
투석내액	○			○			●			
fucoidan				○						
다당(핵산포함)				○	○					
대황 분말			●				●			
열수추출물	○			○			●			
투석내액	○			○			●			
fucoidan	○			○						

중성지질								
메탄올획분							○	○
감태 투석내액				○				
fucoidan				○				
미역 분말					●			
물추출물		○						
fucoidan			○					
당지질								
메탄올획분							○	○
미역귀 다당*								
톳 분말			●					
메탄올획분							○	○
fucoxanthin**								
당단백획분		○						
모자반 물추출물	○							
알긴산	○							
녹조류								
참홑파래 열수추출물	○							
투석내액	○			○				
가시파래 분말			●					
메탄올획분							○	○
청각 분말			●					
물추출물		○						
홍조류								
김 분말					●	●		
porphyran			○					
메탄올획분						●	○	○
방사무늬김 분말			●					
porphyran			○					
인지질								
β-carotene						●		
풀가사리속 funoran	○							
풀가사리 funoran	○	○	○					
메탄올획분							○	○
참가시우무 물추출물		○						
지누아리물추출물		○						

* 각종 마우스 이식암에 유효, ** 경구투여로 ENNG유발 마우스 십이지장암에 유효

9) 구충성분

해인초(海人草)라 불리는 홍조 *Digenia simplex*의 엑스분은 구충제로서 오래 전부터 쓰여 왔으며, 그 유효 성분은 L-α-kainic acid와 그 입체 이성체인 L-α-allokainic acid이다. 그리고, 일부 지방에서는 서실에 속하는 C*hondria armata*를 회충 구충약으로 쓰고 있는데, 그 유효성분은 domoic acid이다. 이들 구충성분은 모두 proline 유도체이며, di- 또는 tri-carbonic acid이다. *C. armata*를 말릴 때 파리가 앉으면 죽는데, 이것도 역시 domoic acid 때문이다. 곤충에게는 경구독성이 있으며 살충성도 있다.

Domoic acid의 바퀴 벌레나 파리에 대한 살충 효과는 γ-BHC나 DDT와 견줄 만하다. 최근에 *C. armata*로부터 domoic acid의 동족체인 iso-domoic acid A, B, C와 nor-domoic acid를 분리하였는데, 이들도 domoic acid 만큼은 못하지만 살충효과가 있다(표 14.14-15).

그밖에 청각, 지충이(*Sargassum thunbergii*). 패(*Ishige okamurai*) 및 우뭇가사리(*Geiidium amansii*)도 구충효력이 있는 것이 알려져 있다.

표 14.14 바퀴벌레에 대한 domoic acid, kainic acid, allokainic acid의 살충효과

투여량 (μg/g)	경구 투여후 사망률(%)	
	24시간 후	48시간 후
domoic acid 0	0	0
42.5	23.1	30.8
85	38.2	46.2
170	38.2	53.9
kainic acid 42.5	0	15.4
85	15.4	23.1
170	23.1	23.1
allokainic acid 42.5	0	0
85	0	7.7
170	0	15.4
γ-BHC 85	-	100

표 14.15 바퀴벌레에 대한 domoic acid의 살충효과

화합물	LD_{50}/개체(mol(μg))	비활성
domoic acid	2.6×10^{-9}(0.8)	14.0
isodomoic acid A	3.2×10^{-8}(10.0)	1.2
isodomoic acid B	3.2×10^{-8}(10.0)	1.2
isodomoic acid C	6.4×10^{-8}(20.0)	0.6
nordomoic acid	3.4×10^{-9}(1.0)	9.2
γ-BHC	7.0×10^{-8}(20.0)	0.5
pyrenthrin	1.8×10^{-7}(70.0)	0.2
allethrin	1.5×10^{-9}(0.5)	25.0
DDT	3.7×10^{-8}(13.0)	1.0

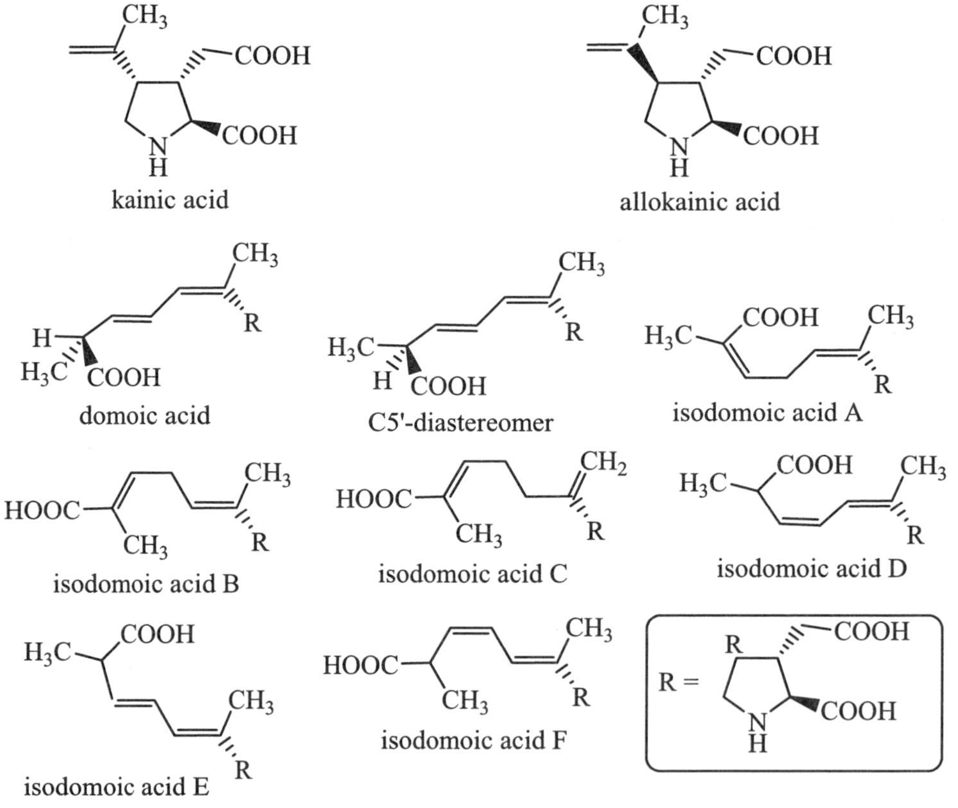

10) 효소 활성화, 저해인자

(1) 다당류

알긴산은 식물과 함께 섭취하면 장내의 amylase나 protease의 활성을 높여 준다. Carrageenan과 특히 이의 부분 가수분해물은 pepsin의 작용을 저해하여 위나 십이지장의 치료약으로서도 기대를 모으고 있다. 역으로 토끼, 쥐, 랫드 등에서는 carrageenan이 장에 궤양을 일으킨다는 보고도 있어 사용량이나 기간에도 관계가 있는 듯 하다. Carrageenan의 pepsin 저해는 pepsin에 직접 작용하는 것이 아니라 pepsin의 기질 단백질에 작용하여 소화되기 어렵게하기 때문으로 추정된다.

(2) terpene류

갈조 톳의 불검화물 획분에는 돼지 췌장 lipase 활성을 촉진하는 인자로서 terpene의 일종인 phytol이 보고되었다. 그러나, 기질이 emulsion 상태의 장쇄 지방에는 전혀 작용하지 않고 순수한 용액상태의 단쇄 지방에만 효과가 있는 것으로 보아 lipase보다는 carboxyesterase 활성화 인자로 작용한다는 것을 알 수 있다.

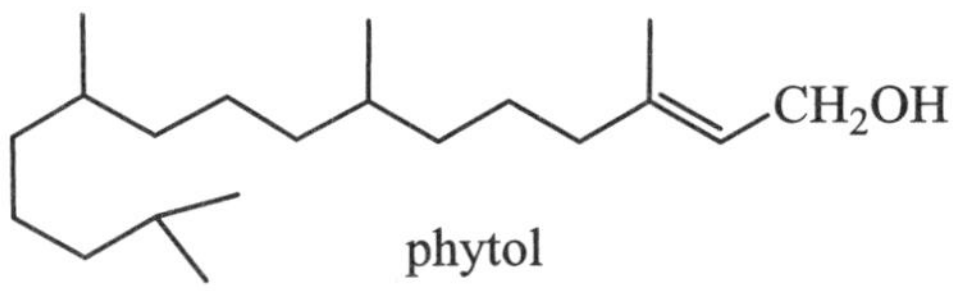

phytol

(3) polyphenol

갈조에 들어있는 dibenzo-1,4-dioxin 골격을 가진 eckol은 강력하고 특이한 항 plasmin 저해작용을 가지고 있다. plasmin은 urokinase나 streptokinase에 의해 활성화되어 혈전 용해작용을 하는데 항 plasmin 물질에 의해 불활성화 된다. Eckol은 plasmin의 작용을 측면에서 지원하며 혈전증 치료와 예방에 기대를 모으고 있다.

갈조 *Ascophyllum nodosum* 추출물은 α-amylase, trypsin, lipase를 저해하는데 저해물질은 분자량 30,000~100,000 정도의 polyphenol로 추축된다. 각종 해조이 함유된 효소저해 물질의 양을 아는 것은 가축사료나 건강식품 또는 해조 biomass 발효자원의 이용가치를 판단하는데 중요하다.

(4) sterol

해도 sterol은 소의 경동맥 내피배양세포에 있어서 혈전용해 효소 plasminogen 활성화 인자의 생성을 촉진한다. 즉, 세포배양액에 해조 sterol을 가하면 plasminogen 활성화 인자의 양이 sitosterol은 대조에 비해 3배, fucosterol은 약 7.2배나 증가한다. fucosterol은 갈조 미역, 톳 이외에도 미끈가지나 대황 등에도 상당량이 들어 있어 혈전의 형성 방지나 혈전 용해 효과가 기대된다.

11) 그 밖의 성분

(1) carnosadine

지누아리속의 홍조 *Grateloupia carnosa*에서 발견된 cyclopropane amino acid인 carnosadine은 항염증작용, 항암작용, 면역 부활 작용이 있어 그 분자구조와 함께 주목을 받고 있다(11장 참조).

(2) hordenine과 candicine

부챗살과의 홍조 *Phyllopora vercosa*에서 분리한 hordenine은 혈압 상승효과가 있으며, 해조 중에서 확인한 최초의 alkaloid이다. 그러나 같은 부챗살과의 *Ahnfelta paradoxa*의 2월산에는 hordenine이 있었지만, 6월산에는 없는 대신 trimethyl화된 약간의 candicine과 황산에스테르 화합물인 candicine-*O*-sulfate가 많았다. 이 물질은 물에 녹지 않는 판상의 결정이다. Candicine은 육상식물에 존재하는 것이 알려져 있었지만, 해양생물인 소라 *Turbo argyrostoma*의 유독성분의 하나로서는 처음으로 단리되었다. Candicine sulfate는 마우스 복강내 투여에서는 독성을 보이지 않지만, 먹이와 함께 체내에 들어가면 황산 에스테르가 분해되어 소라와 마찬가지로 독성을 보이는 일도 있다(그림 11.10 참조).

갈조의 황산 화합물로는 *Ascophyllum nodosum*으로부터 L-3,4-dihydroxyphenyl-alanine-3-sulfate(l-DOPA-3-sulfate)가 분리되었다. L-DOPA는 adrenaline의 전구체이므로 그 생리활성이 흥미롭다.

이 밖에 홍조인 가시우무속의 *Hypnia valentiae*는 흰쥐의 근육이완과 체온하강을 촉진하는 5'-deoxy-7-iodo-tubercidine이 분리되었으며, 이 물질은 강력한

adenosine kinase 저해작용이 있는 것으로 보고되어 있다. 또, 해조중의 산성 다당류는 항 혈액응고 작용, 항 고지혈장 작용, 항종양성 작용, 중금속의 선택적 제거 효과가 있다는 것이 알려져 있고, 이에 관한 연구가 진행되고 있다.

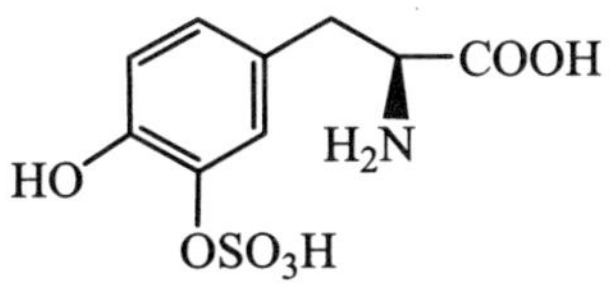

L-DOPA-3-sulfate

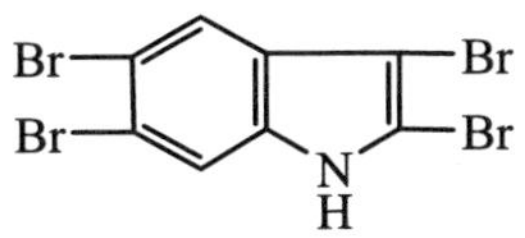

2,3,5,6-tetrabromoindole

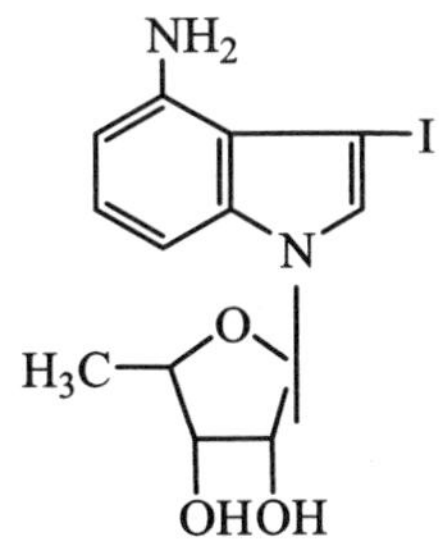

5'-deoxy-7-iodotubercidine

(3) 유해중금속 제거 배설 작용 성분

해조의 저장다당의 대부분은 carboxyl기나 황산기를 가진 산성 다당류이기 때문에 중금속을 비롯한 양이온과 결합하는 성질이 있다. 예를 들면, 알긴산은 Na, Ca와 결합하는 이외에 Sr이나 Cd와도 강하게 결합한다. 이 성질을 이용하여 방사성 Sr으로 심하게 오염된 실험동물에 알긴산 특히 glucuronic acid가 많은 것을 투여하면 Sr의 배설이 촉진된다. Cd는 itaiitai병의 원인으로 알려져 있는데, $CdCl_2$를 과다하게 투여한 랫드에 알긴산을 동시에 투여하면 병증이 호전된다고 한다. 즉, 해조다당류에 의하여 방사능이나 중금속의 장해로부터 몸을 보호할 수 있는 것이다.

(4) prostaglandin류

사람의 자궁을 수축시키며 혈압을 낮추는 성분으로 알려진 prostaglandin(PG)은 화합물의 종류가 다양하고 생물활성도 다양한 국소 hormone으로서 작용하고 있다. 조류의 PG로서는 홍조의 꼬시래기에 PGE_2가 0.05~0.07%, $PGF_{2\alpha}$가 0.07~0.1%(건물중)라고 하는 동물조직에 버금갈 만한 양이 검출되었다. PGE_2는 꼬시래기 식중독의 원인이기도 하지만 동물조직에 있어서는 PGE와 PGF가 특히 중요한 생리활성 물질로 혈압강하, 혈소판 응집억제, 위액분비 억제, 장관운동 항진, 기관지 확장, 자궁수축, 이뇨 등 다양한 작용을 한다.

PG 이외에도 eicosanoid 지방산에서 유도되는 여러 가지 생리활성 물질이 홍조류에서 발견되었다. 이 중에서 특히, 12-hydroxy-eicosa-5,8,10,14,17-pentaenoic acid는 항균성과 함께 혈소판 응집저해, 개 신장의 ATPase 저해활성을 나타낸다. Leucotriene B_4는 강력한 백혈구 응집활성이 있으며, 염증의 항진에 크게 관여한다.

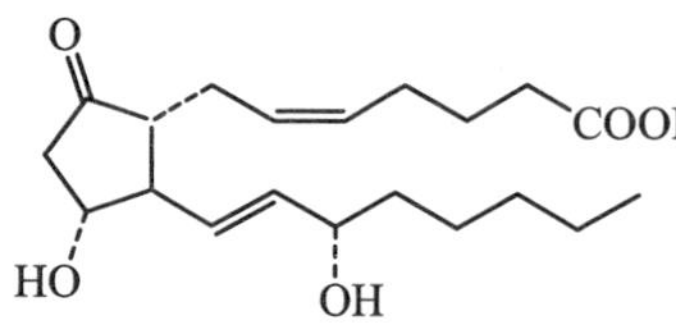

PGE_2

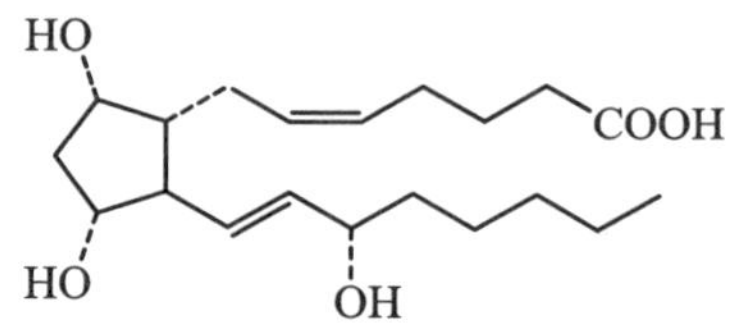

$PGF_{2\alpha}$

leucotriene B_4

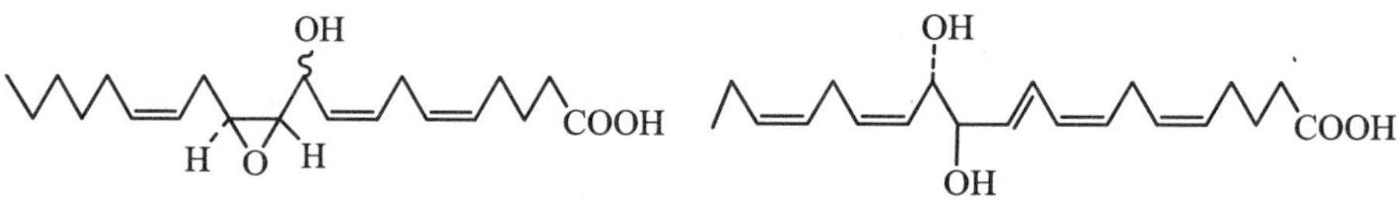

eicosanoids

3 양식어업에 도움이 되는 생리활성 물질

자연 수산 자원에만 의존하던 수산업이 기르는 어업으로 바뀌어 가고 있다. 어패류의 종묘생산이나 해면 양식, 정치망 어업의 각 분야에서 해조들이 유용하게 이용되기도 하지만 과도하게 번식되거나 원하지 않는 부위에 착생하여 문제가 되기도 한다. 이러한 여러 분야에 해조들에 함유된 생리활성 물질들이 매우 유용하게 쓰여질 수 있다.

1) 착저, 변태를 하는 생물의 종묘생산에 유용한 물질(착저, 변태 유인물질)

일반적으로 전복의 수정란은 해수 중에서 수정 후 곧바로 분열을 시작하고 약 8시간 후에는 섬모가 발생한 trochophore로 되고 수정 후 10시간 후에 이 trochophore는 난막을 깨고 부화하여 섬모를 움직이며 수중을 유영하게 된다. 수정후 24시간 정도 지나면 달팽이 모양의 껍질이 생겨 velinger 유생이 되고 2~3일 부유기를 거쳐 저서생활에 들어가 먹이활동을 시작한다. 이와 같은 착저, 변태를 하면서 성장하는 많은 생물들의 종묘를 생산하고 있다. 이때, 통상보다 빨리 착저하거나 빨리 변태하게 되면 좀 더 효율적으로 종묘생산을 할 수 있으며 비용도 절감할 수 있게 된다.

전복류에서 이와 같은 가능성이 있는 구체적인 물질로서 γ-aminobutylic acid(GABA)가 있다. 이것은 무절산호목에 함유되어 있는 캘리포니아 연안에 서식하는 붉은 전복(*Haliotis rufescens*)가 쩍속(*Lithothamnium*), 혹돌잎속(*Lithophyllum*), 바위딱지속(*Hildenbrandia*) 등 홍조류에 즐겨 착생하는 것으로부터 밝혀진 것이다. 붉은전복 유생의 착생에는 표 14.16에 나타낸 바와 같이 GABA가 유효한 물질임을 알 수 있다. 이 GABA는 10^{-6} M 농도로서도 유생의 98%를 2시간 이내에 착생시킨다. 또, GABA는 L-α,β-diaminopropionic acid와 L-lysine 등의 L-α,ω-diamino acid류의 존재로 그 효과가 촉진된다. GABA와 유사한 구조를 가진 γ-hydroxybutylic acid, δ-amino-n-pentaenoic acid, ε-amino-n-capric acid와 L-glutamic acid도 활성이 있으며 gabacurine과 phycoerythrin도 높은 활성을 나타낸다.

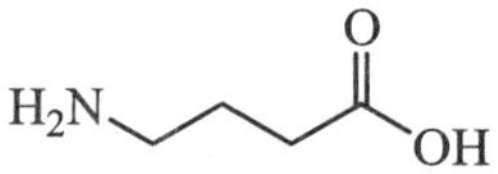
γ-aminobutylic acid(GABA)

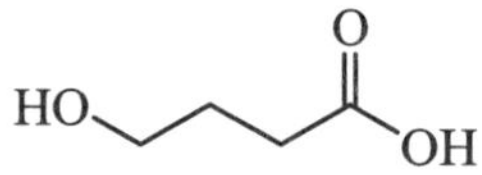
γ-hydroxybutylic acid

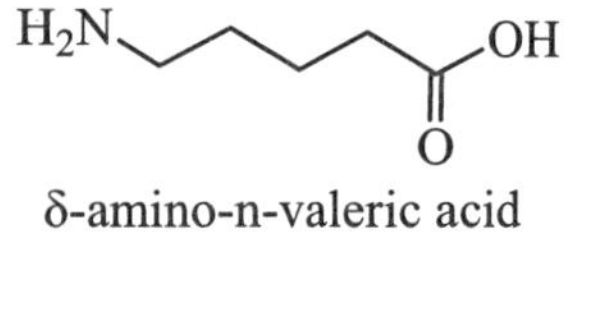
δ-amino-n-valeric acid

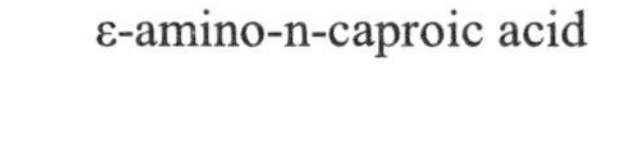
ε-amino-n-caproic acid

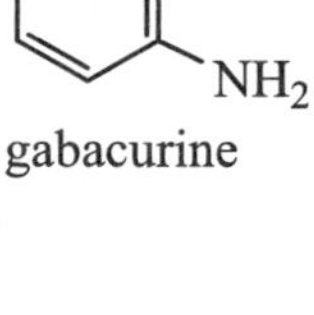
gabacurine

표 14.16 붉은 전복 유생에 대한 착저 유기 활성

물질	착저활성(%)
해수	0
Lithothamnium sp.,Lithophyllum sp.	98
Bossiella sp.	4
규조류, 세균, 미세조류	0
Microcystis pyrifera	0
Lithothamnium 추출물	2
상 동 끓인것	6
상 동 단백분해효소 처리후 끓인것	23
γ-aminobutylic acid	〉99
α-aminobutylic acid, β-aminobutylic acid	0
n-butylamine, n-butanol, n-valeric acid	0
succinic acid	0
γ-hydroxybutylic acid	58
δ-amino-n-pentaenoic acid	89
ε-amino-n-caproic acid	74
L-glutamic acid	12
D-glutamic acid	0
L-glutamine	0
L-asparagine	0
기타 신경전달물질	0

이 물질들은 둥근 전복이나 오분자기에는 효과가 없다고 하며, 참전복이나 시이볼트전복에 대한 정밀조사를 한 결과 이들에게 가장 적당한 유효농도는 10^{-6} M 이었으며, 이보다 높으면 유생의 섬모운동을 저해하였고 그림 14.6에처럼 침지시간이 길수록 변태율이 높았다. 한편 멸균해수에서 행한 실험에서는 뚜렷하게 효과가 있었으나, 1.6톤의 대형 FRP 수조에서는 뚜렷한 효과가 보이지 않았다. 이는 해수의 오염 정도나 부착판에 착생하고 있는 규조 등이 영향을 준 것으로 추정된다.

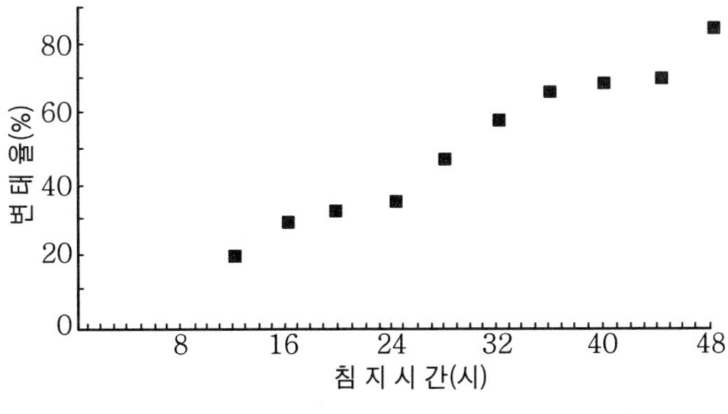

그림 14.6 전복의 GABA 용액중 침지시간별 변태율

또, 산호말과의 작은구슬 산호말(*Corallina pilulifera*)에서 추출된 유리 지방산이 일본산 붉은성게, 보라성게의 착저, 변태를 유기한다고 한다. 산호말 군락지에는 생식소가 발달하지 않은 성게가 다수 서식하고 있는데, 이러한 성게들은 산호말이 유생의 착생, 변태를 유기하는 화학물질을 생산하여 군락중에 성게를 모이게 하기 때문이라고 추측된다. 성게의 종묘생산도 행하여지고 있는데, 이 과정에서 유생의 착저, 변태를 유기시키기 위해서 녹조 아와비모가 사용되고 있다. 해조 군락의 천이에 관련한 화학적 방어물질에 대한 연구에서는 산호말류, 꼬치말, 작은구슬산호말, 아와비모 등이 공통적으로 CH_2Br_2, CH_2ClBr_2, CH_2Br_3를 다량으로 분비하는 것을 확인하였다. 시판 halomethane을 사용하여 성게의 착저, 변태 유기 효과를 살펴 보았더니 그 중에서 dibromomethane과 접촉하면 착저, 변태를 유기하는 것이 밝혀졌다(그림 14.7).

현재 전복의 종묘생산시에는 수정시킬 때 자외선 조사 해수를 사용하는 기술이 정착되어 있으며, 착생과 변태를 촉진하는 기술은 완전히 정착되어 있지 않은데, 이러한 물질의 사용으로 효율적인 종묘생산이 가능할 것으로 기대된다.

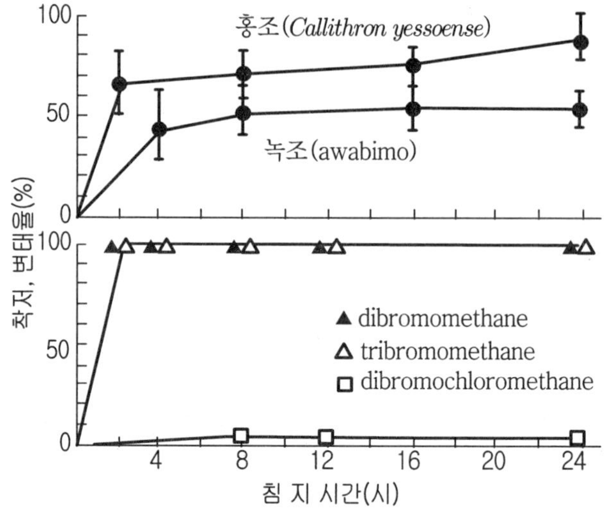

그림 14.7 각종 시료 용액에서 보라성게 유생의 착저, 변태율

(tribromomethane과 dibromochloromethane은 착저는 하나 변태는 유발하지 않는다)

2) 양식자재 및 선저 도료에 유용한 물질(해저 부유유생의 착생, 변태 저해 물질)

얼마 전까지만 하여도 해면 양식용 가두리망, 정치망의 방오제나 선박 하부 도료 등에 TBT(Tributyltin)가 널리 사용되었으나 해양오염이나 인체에 미치는 영향 등으로 실질적으로 사용하지 않게 되었다. 이 TBT가 해산 권패류의 imposex(암컷에 수컷 생식기관이 불가역적으로 형성되어 발달하는 현상) 현상을 일으키는 것이 자연계에서 발견되어 실험에 의하여 확인되었으며 일종의 내분비 교란물질로 문제가 되고 있다.

이 때문에 발전소의 취수관이나 배수관, 냉각관, 선체의 바닥, 정치망, 양식용 그물망 등 따개비나 조개류가 부착하여 기능을 저하시킬 뿐 아니라 이를 제거하기 위해서도 막대한 비용과 인력이 소모된다. 이러한 문제 해결에 아직까지 마땅한 방오제가 없는 형편이다.

육상식물과 해조류 약 200여종으로부터 진주담치의 부착저해 물질을 검색한 결과에서는 해조류 중 미역과 쇠미역(*Costaria costata*) 조체에서 DGDG(Digalactosyldiacylglycerol),

SQDG(6-Sulfoqunovosyldiacylglycerol), MGDG(Monogalactosyldiacylglycerol) 등 복합 당지질이 단리되었다. 이중, SQDG가 가장 활성이 강하였으나, 여러 가지를 혼합시 활성이 더 증가하였고 저해기구는 이들 지질이 계면활성제로서 작용하기 때문으로 보인다. 당지질인 DGDG는 진주담치가 부착하는 것을 방해하지만, 전복이나 성게에는 섭식 자극 작용을 나타낸다.

개그물 바탕말(*Dilophus okamurai*)의 메탄올 추출물에서는 전복 유생의 착저, 변태 저해물질로서 spatane형의 diterpene과 polyphenol류가 동정되었다.

이러한 물질의 활성을 살려서 이용하는 방법에 대하여는 금후 과제로 실제로 자연에서 필요한 만큼 방대한 물질의 추출은 어려우며, 화학적 합성에 의한 실용화 방안을 검토해야 할 것이다.

3) 종묘생산된 치패의 섭식 유인, 자극물질(조식동물의 섭이유인, 자극물질)

전복은 각장이 1cm 정도의 크기가 되면 대황이나 감태 등 알긴산을 많이 함유한 갈조류를 섭이하게 된다. 30여종의 해조를 대상으로 전복 치패를 유인하는 활성을 조사한 결과에서는 갈조류에서 강한 활성이 나타났다. 전복의 섭이 유인, 자극 활성은 avicell 판을 이용한 신뢰성 있고 간편한 방법으로 시험하여 가장 활성이 강한 미역 메탄올 추출물로부터 C_{14}~C_{20}의 포화, 불포화 지방산을 구성 지방산으로 하는 DGDG와 PC(phosphatidyl choline)과 같은 복합지질이 동정되었다. 이들은 소라, 방석고둥, 성게에도 활성을 나타내었다. 또, 소형 소라를 이용한 시험에서는 활성물질로서 DGDG, PC 이외에 엽록체로 광합성을 하는 식물에 많이 함유된 SQDG도 동정되었다. 녹조 구멍갈파래(*Ulva pertusa*)에서는 검은 전복 치패의 섭이자극 물질로서 DGDG와 glycero인지질인 1,2 diacylglyceryl-4'-O- (N,N,N-trimethyl)-homoserine(DGTH)도 확인되었다.

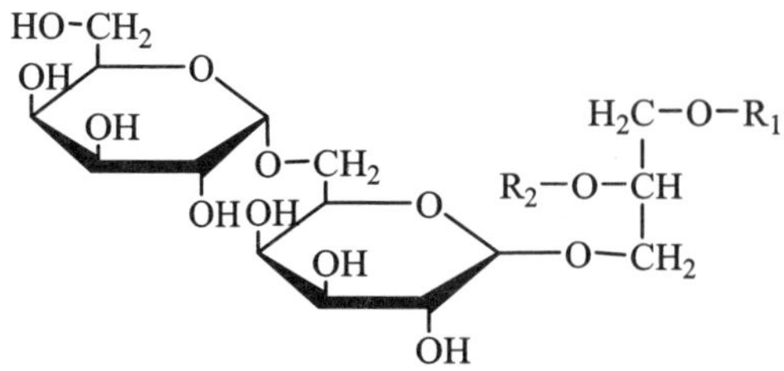

DGDG

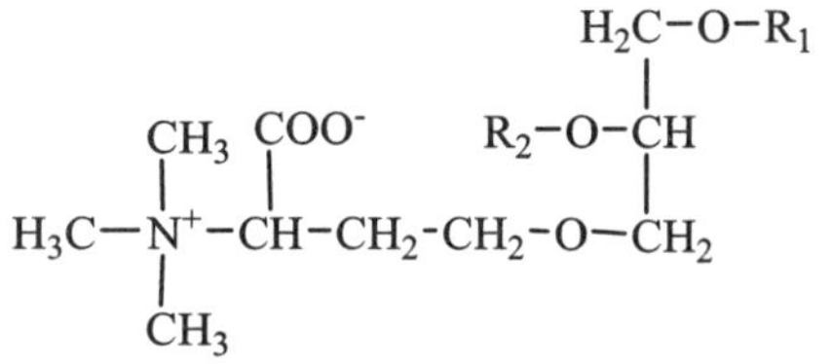

DGTH(R_1, R_2= acyl)
MGTH(R_1 = acyl, R_2= OH)

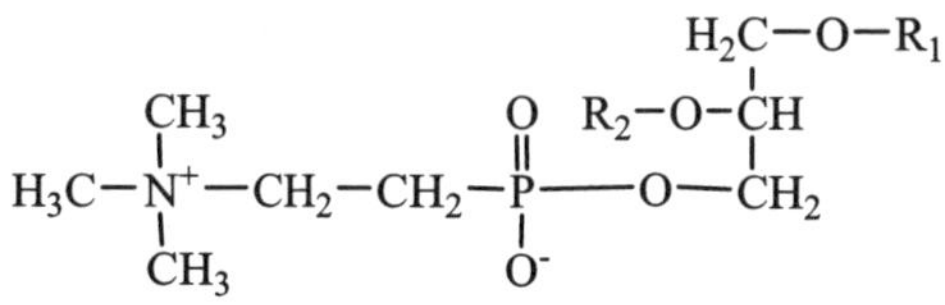

PC

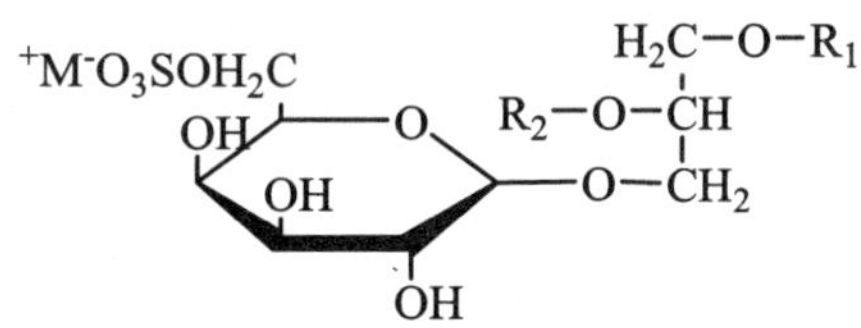

SQDG

표 14.17은 구멍갈파래에서 추출한 4종의 활성물질의 활성을 조사한 것으로서 PC가 가장 활성이 강하였고, DGDG나 DGTH도 모두 권패류에 활성을 나타내었으며, 황지질인 SQDG는 소라나 방석고둥에는 20㎍에서도 활성을 나타내었으나 검은 전복에는 그 10배량으로도 활성이 없었다.

표 14.17 구멍갈파래에서 분리한 복합지질의 조식성 권패에 대한 섭이자극활성

(sample zone 당 활성을 나타낸 최소량, ㎍)

종류	전복 *Haliotis discus*	소라 *Turbo cornutus*	방석고둥 *Omphalius pfeifferri*	군소 *Aplysis juliana*
DGDG	14~28	15~25	18~23	800
DGTH	10~20	24	10	100
SQDG	〉300	20~40	〈20	〉1000
미역 PG	10~20	15	〈15	〈50

4) 해중림 조성이나 백화현상 방지에 도움이 되는 물질(조식동물의 섭이 기피물질)

해조는 자기나름대로의 어떠한 방어기구를 갖고 있지 않으면, 조식동물에게 먹혀 버리므로 포식되기 쉬운 곳에 사는 해조일수록 화학 방어기구가 발달하여 있다. 예를 들면, 감태는 전복이 좋아하는 해조이므로 전복이 가까이 오지 못하도록 항상 전복이 싫어하는 물질인 polyphenol을 분비하여 종의 보존, 군락의 유지나 확대를 하려한다. 이러한 현상을 allerophage라하며 polyphenol과 같은 물질을 allerochemical이라고 한다. 해조와 해조 사이에도 이러한 현상이 있으며 allerochemical은 각각의 종에 따라 다르다.

참전복, 검은 전복, 소라에 대하여 allerochemical인 섭이 기피물질로서는 미끈뼈대그물말(*Dictyopteris divaricata*)에서 chromazonarol 등의 diterpene류, 다른 참그물바탕말과에서는 diterpene류와 그 유도체, 가는곱슬이(*Plocamium leptophyllum*)에서 monoterpene aplysiaterpenoid A가 분리되었다.

덩굴 대황(*Ecklonia stolonifera*)의 메탄올 추출물에서는 둥근전복 치패에 대한 phloroglucinol을 포함한 4개의 섭식저해물질을 분리되었으며, 대황으로부터는 phloroglucinol의 oligomer와 poligomer인 phlorotannin가 섭식저해작용 물질로 동정되었다. 개그물바탕말에는 둥근전복에 대한 섭식 저해물질로서 여러 가지의 diterpene이 들어있어 이들이 조식 동물의 착저, 변태저해와 함께 섭식저해도 조절하고 이다.

3~5년된 감태가 실제로 어느 정도의 polyphenol을 분비하는지 1톤의 수조에 넣고 해수중의 polyphenol 함량을 측정한 실험에서 그림 14.8에 나타낸 것과 같이 하루종일 방어물질을 분비하고 있는것을 확인하였다.

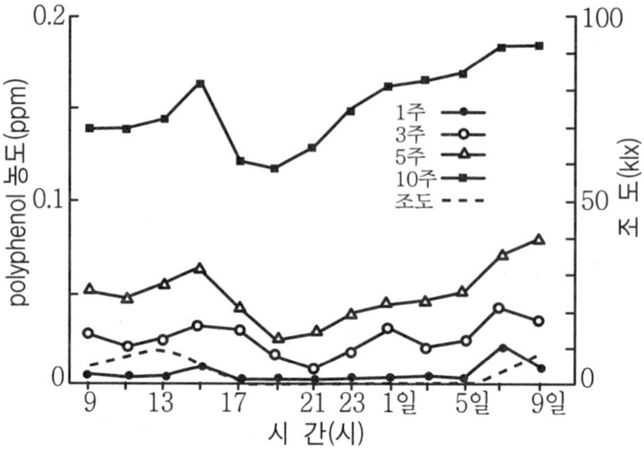

그림 14.8 실내 수조에서 감태의 polyphenol 분비량

이상과 같이 해조들은 각각의 방어물질을 분비하고 있음을 알 수 있다.

한편 갯바위의 백화현상은 유용 해조류가 소멸하고 적색이나 적백색을 띠는 석회조가 잘 보여 실제로 갯바위가 희게 된 것처럼 보이는 것이다. 이런 곳에 서식하는 어류나 이곳에서 태어난 치어들이 자라지 못하게 되고, 전복 등의 먹이가 없어져 식조성 패류가 성장을 못하여 결국은 죽게 되어 껍질만 남게 되고 어민들에게 큰 손실을 입히게 된다.

이 현상이 생기는 원인에 대하여는 여러 가지 설이 있으며 발생 해역의 수온 변화, 해조류의 질병, 오염등 환경조건, 서식 생물, 해류 등 해역에 따라 다르다. 이러한 백화현상을 방지하기 위하여 해중림을 조성하는 것이 필요하다. 해중림을 조성하기 위하여는 표 14.18에 나타낸 것과 같은 여러 가지 제반 기술요소들이 있으며, 마지막에 열거한 화학물질의 이용도 필요하다고 생각된다.

즉, 조식동물에 의한 해조의 소실을 막기 위하여 천연물 유래의 섭이기피 물질을 다량으로 살포하거나 기피 물질을 방출하게 하여 해중림의 보호가 가능할 것이다. 이러한 기술을 이용하기 위하여는 경제적인 면도 고려하여야 하므로 값싸게 합성하는 방법도 검토하여야 할 것이다.

표 14.18 해중림 조성기술의 요소

1. 종묘의 생산과 공급
   (1) 모조의 이식
   (2) 유휴자, 배우체, 아포체의 대량 살포
   (3) 인공종묘의 생산-로프양식, 해저이식
2. 착생기질의 정비
   (1) 투석, 조초의 설치
   (2) 암초의 폭파
   (3) 잡초의 구제(성게의 포식압 이용, 줄흔들기, 압축공기분사, 불도저이용등
3. 종묘의 보호 육성
   (1) 조식동물의 구제
   (2) 해조 대량 투입으로 섭식압 흡수
   (3) 조식동물 기어오름 방지
   (4) 망설치하여 식해 방지
   (5) 화학물질이용(천연물, 유기산)

5) 해조 종묘생산에 도움이 되는 물질(해조의 pheromone)

어패류 뿐 아니라 다시마, 미역, 김 등 여러 가지 해조류가 종묘생산 기술이 확립되어 있어 양식이 활발하게 이루어지고 있다. 최근에는 매생이나 구멍갈파래가 건강식품으로서도 각광을 받고 있으며, 조금만 연구한다면 미이용 해조류의 양식 기술을 개발하여 그 외의 여러 가지 해조류들이 만들어 내는 생리활성 물질을 산업적으로 이용할 수 있다.

해조류의 양식에 있어서는 이들의 생리에 관한 지식이 필요하다. 이 중의 하나가 최근에 밝혀진 해조의 성 pheromone(성유인물질)에 관한 것이다.

식물에 성 pheromone이 존재한다는 것이 처음 밝혀진 것은 물곰팡이인 *Allomyces*에서 알려진 것으로서 이는 유성생식의 경우 암컷 배우자가 sesquiterpene을 분비하여 수컷 배우자를 유인하는 것이었다.

1948년에 돌가사리 정자를 유인하는 물질이 휘발성이 큰 물질임이 알려졌으나 매우 미량이어서 당시의 분석기술로는 화학구조 등을 알 수 없었으나, 1971년이 되어서 녹조 참솜털의 암컷 배우자에서 분비되는 수컷 배우자 유인물질이 처음으로 밝혀

진 이래 최근까지 많은 물질이 보고되었다.

*Dictyopteris*속의 해조는 Br 냄새가 심하게 나는데, 지용성 성분의 40%는 C_{11}이 주요 성분인 탄화수소의 정유(精油)이다. 같은 속의 *D. plagiogramma, D australis*에는 (+)-dictyopterene A 등의 직쇄상 C_{11} 화합물과 (-)-dictyopterene C' 등의 환상 C_{11} 화합물 및 S-(3-oxoundecyl) thioacetate와 같은 함황 화합물이 발견되는 것이 특징이다.

표 14.19 갈조의 웅성배우자 유인물질

pheromone	갈조 종류
fucoserratene	*Fucus*속 (*Fucus serratus, F. vesiculosus*)
finavarrene	*Ascophyllum nodosum* 등
cystophorene	*Cytophorea siliquosa*
hormosirene	고리매(*Scystosiphon lomentaria*), *Hormosira banksii* 등
multifidene	채찍말과(*Cutleria multifida*), 끈말속(*Chorda tomentosa**)
viridiene	*Syringoderma phinneyi*
ectocarpene	*Ectocarpus siliculosus, E. fasciculosus* 등
desmarestene	쇠꼬리말산말(*Desmarestia viridis*), *D. aculeata** 등
dictyopterene C'	*Dictyota dichotoma*
lamoxirene	다시마(*Laminaria digitata**) 등

*웅성배우자 방출활성이 확인된 것.

이 중에서 ectocarpene은 *Ectocarpus siliculosus*의 수컷 배우자가 내는 암컷 배우자 유인물질이며, 성 pheromone으로는 가장 처음 동정된 것이다.

갈조에서는 모자반목, Dictyota목, 다시마목, 고리매목의 약 20여종에서 약 10여종의 암컷 배우자 유인물질이 밝혀졌는데 그 중에는 암컷 배우자 방출 활성이 있는 것도 있다(표14.19). 대표적인 것으로는 ectocarpene 외에 채찍말(*Cutleria cylindrica*)의 multifidene,고리매(*Scytosiphon lomentaria*)의 hormosirene, *Fucus evanescene*의 fucoserratene 등이며, 탄소수가 8인 fucoserratene을 제외하면 모두 C_{11}의 탄화수소들이다.

이들의 입체구조는 cyclopropane, cyclopentone, cycloheptadiene, 그리고, 고

리모양의 olefin과 이들의 epoxide이며, 입체구조와 생물활성과의 관계, 생합성 경로도 조금씩 밝혀지고 있다.

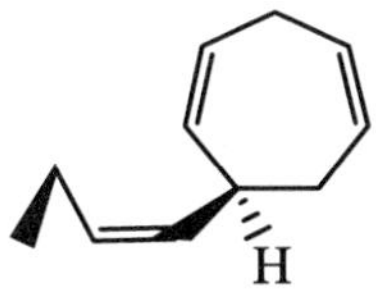
ectocarpene

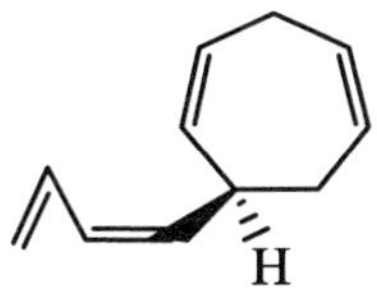
desmarestene

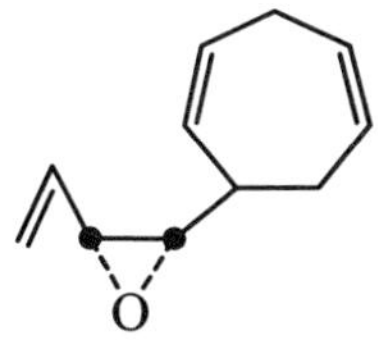
lamoxirene

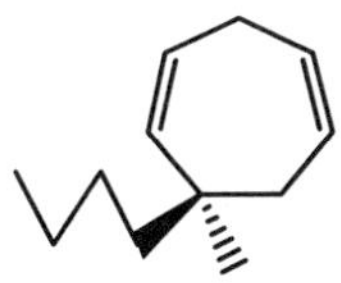
dictyopterene C'

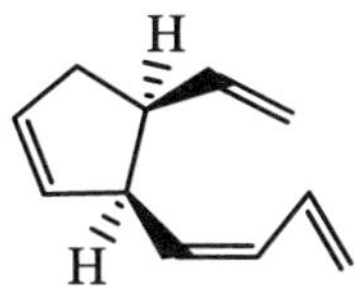
viridiene

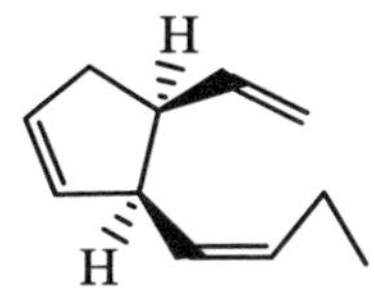
multifidene

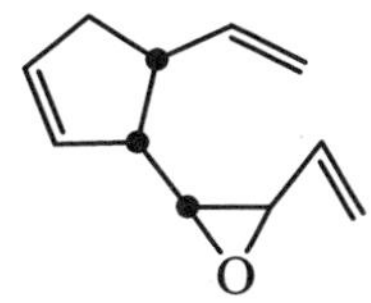
caudoxirene

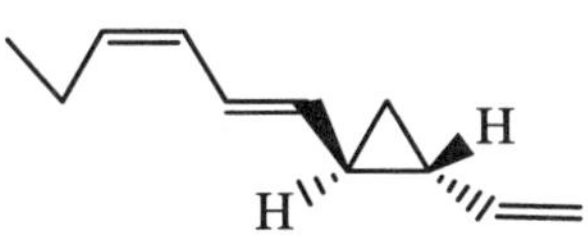
hormosirene

finavarrene

fucoseratene

cystophorene

현재 양식되고 있는 미역이나 다시마에도 성 pheromone이 존재하는 것일까? 다시마에서는 성숙한 조체의 자낭반에서 헤엄쳐 나온 유주자가 착상하여 이것이 암컷이나 수컷 배우체가 된다. 이들을 각각 빛을 비춘 배양액에서 배양하면 암컷에서는 난자가, 수컷에서는 정자가 각각 생기고 정자는 용이하게 조정기에서 헤엄쳐 나와 난자에 유인되어 수정이 이루어 진다. 그러나, 수컷 배우자 뿐일때에는 조정기에서 정자가 방출되지 않는다. 미역에서도 이와 같은 현상이 일어난다. 이처럼 해조의 성 pheromone은 수정시 뿐아니라 정자의 방출도 유인하는 역할을 하고 있다.

이들 성 pheromone은 비수용성으로서 이는 물에 녹아 널리 희석되는 것을 막기 위한 것으로 여겨진다. 이러한 pheromone은 어느 정도의 량이 되어야 사람이 느낄 수 있는 것인가?

이상과 같은 정보들이 해조류의 활성물질을 종묘생산에 이용하는데 기초적인 자료가 되어 많은 기술 개발이 이루어지기를 기대한다.

4 해조의 유독성분

앞서 기술한 여러 가지들은 주로 해조에 함유된 유용한 성분들에 관한 내용이었다. 해조류에 함유된 성분들은 과연 모든 면에서 유용한 성분들만 들어 있는 것일까?

패류에서 마비성 패중독이나 설사성 패중독, 적조나 녹조에 함유된 유독 성분들도 1차적으로는 와편모조류나 남조류와 같은 미세 조류가 만들어 내는 독소들이다. 그러나, 이 책에서 주로 다루는 내용들은 대형 해조에 관련한 것들이므로 녹조, 홍조, 갈조류에서 밝혀진 유독 성분들을 보기로 한다.

1) 녹조에 의한 중독

옥덩굴속은 필리핀 등지에서는 식용으로도 하고 있는데, 계절에 따라서는 혀끝이나 입술이 마비되거나 사지 말단에 냉감, 탈력감을 주기도 하며, 평형감각을 상실하게 하는 독성분이 알려져 있다. 이들 독소는 옥덩굴속의 여러 해조에서 분리되어 caulerpicin, caulerpin이라고 명명되었다.

$CH_3(CH_2)_{13}CHCH_2OH$
$NHCO(CH_2)nCH_3$
caulerpicin, n= 23-25

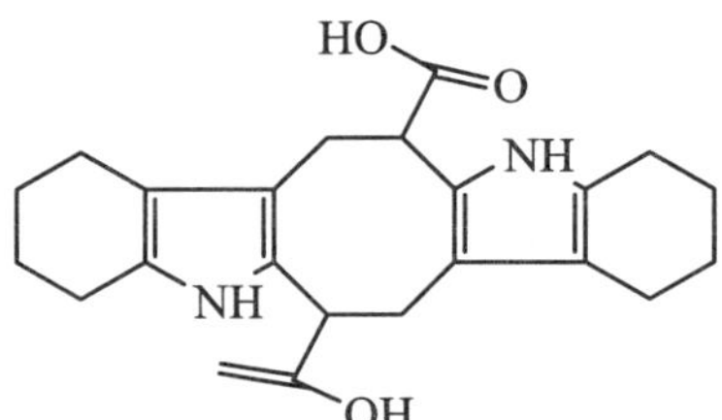
caulerpin

또, 파래속은 강한 용혈작용을 나타내는데, 구멍갈파래를 이용한 실험결과, 2개의 용혈 성분이 분리되었다. 이들은 각각 1'-O-palmitoyl-3'-O-(6-O-α-D-galactopyranosyl-β-D-galactopyranosyl)-glycerol과 1'-O-palmitoyl-3'-O-(6-sulfo-O-α-D-quinovopyra-nosyl)-glycerol로 추정되었다. 이들은 매우 미량으로서도 성게알에 대하여 독성을 나타낸다. 이들처럼 2개의 지방산 잔기가 결합한 galacto-lipid와 sulfolipid는 여러 식물에서도 분리되고 있으나, lyzo형의 물질이 분리된 것은 처음이다.

2) 갈조에 의한 중독

나래미역속(*Alaria*)과 헛모자반속(*Cystoseira*)에는 경련을 일으키는 독이 있다고 알려져 있는데, 중독이 가장 많이 발생하는 것은 미끈가지이다. 1967년 일본 秋田현에서 미끈가지(*Nemacystus decipiens*)를 세척한 다음, 잘게 썰어 열탕에 데쳐 간장을 뿌려 먹고 먹은 사람 15명 전원이 식중독을 일으켰으나 사망자는 없었다. 증상은 마비, 전신 통증, 복통, 기침, 권태감, 구토 등이 있었다. 1974년 6월, 鹿兒島현에서는 오끼나와미끈가지(*Cladosiphon okamuranus*)를 먹은 5명 전원이 식중독에 걸렸는데, 위화감, 전신을 바늘로 찌르는 듯한 통증, 사지 말단의 경련과 통증, 언어장해, 안면홍조, 안면 근육 경련, 호흡 곤란 등의 증상이 있었다. 1979년과 1980년도에 채취한 잔가지끈말(*Sphaerotrichia divericata*)에서도 독성이 확인되어 2가지 성분을 얻었는데 유기과산화물로 추정되었다.

3) 홍조에 의한 중독

홍조에서는 꼬시래기에 의한 식중독이 많다. 꼬시래기는 한천의 원료로서도 쓰이고 있지만, 참치회의 안주로서도 이용되고 있다. 꼬시래기를 알칼리와 열탕으로 처리하기 때문에 진한 초록색을 띠어 수산관계자들도 녹조라고 하는 사람들도 많다. 1980년부터 1993년까지 꼬시래기에 의한 식중독 상황을 표 14.20에 나타내었다.

표 14.20 꼬시래기류에 의한 식중독 발생

년도	장소	환자 (명)	사망 (명)	주증상	원인종
1980	일본 山形県	4	1	구토,설사,복통,혈압저하	*Gracilaria chorda*
1981	일본 愛媛県	2	1	구토,설사,복통,혈압저하	*G. verrucosa*
1991	미국령 Guam	13	3	설사,구토,전신경련,혈압강하	*Polycavernosa tsudai*
1992	미국 Sanfrancisco	3	0	설사,구토,혈압저하	?
1993	일본 神奈県	2	1	설사,구토,혈압저하,의식장해	*G.verrucosa*
1994	미국 Hawaii	8	0	설사,구토,panic sansation	*G. coronopifolia*

주된 증상은 설사, 구토이나 사망예도 많다. 구체적인 예로서 1980년 8월 酒田시

에서 개꼬시래기를 먹은 일가족 4명이 중독되어 1명이 사망하였다. 채취한 개꼬시래기는 하루밤 동안 물에 담가두었다가 먹기 직전에 밥에 얹어 뜨거운 된장국을 부어 먹었다고 한다. 1982년 4월 愛媛현 東子에서는 꼬시래기를 먹은 2명이 중독되어 1명이 사망하였는데 증상은 복통, 구토, 설사였다. 1994년 하와이의 Maui섬과 Ohau섬에서 연속하여 모사꼬시래기(*G. coronopifolia*)에 의해 8명의 식중독 환자가 발생하였다. 이들의 증상은 설사, 구토와 함께 입과 목이 타는 듯한 느낌으로 다른 중독과는 증상이 다르게 나타났다.

꼬시래기에 의한 식중독의 특징은 발생건수나 식중독 환자에 비해 사망률이 높은 점, 그 지역에서 오래동안 식용하여 온 것임에도 불구하고 갑자기 식중독이 일어나는 점, 날것이나 된장국에 넣어 먹고 30분 정도에 증상이 나타나고 독성이 강한 점 등이다.

꼬시래기 중독에는 두가지 형태가 있다. 하나는 일본이나 미국에서 구토, 구역질, 설사 증상이 있으며, 중증자는 혈압 강하, 의식 장해를 거쳐 사망하게 된다. Guam에서 일어난 식중독은 여기에 부가하여 지각 이상, 근육 경직, 지속적인 경련, 혈중 산소압의 저하, 탄산가스 증가에 의한 호흡 곤란, 피부가 붉게 되는 등이 나타난다.

Guam에서 일어난 식중독의 경우는 마우스 독성을 지표로 하여 지용성 획분으로부터 polycavernoside A,B,C라고 명명한 새로운 독소가 발견되었다. 아래에 polycavernoside A의 구조를 나타내었는데, 생시료 2.6kg에서 얻어진 량은 불과 0.4mg이었다.

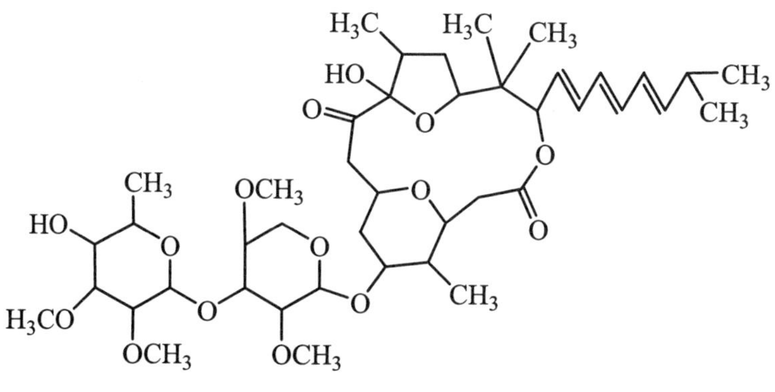

polycavernoside A

그러나, 山形, 愛媛, 神奈川 등에서 발생한 식중독의 경우는, 원인이 확실하지는 않으나, 중독이 일어나기까지 prostaglandin E_2와 A_2가 증가하는 것과 이들이 설사나 혈압 강하를 유발하는 것으로 보아 prostaglandin이 식중독에 관여하는 것으로 추정된다.

하와이에서 발생한 식중독은 중독 검체로부터 몇 개의 독성 물질을 분리하였는데, 그 중, 독성이 강하고, 함량도 많은 2가지의 성분을 질량분석과 핵자기공명 분석등의 방법으로 구조를 해석한 결과, aplysiatoxin과 debromoaplysiatoxin임이 밝혀졌다.

그 후, Maui도에서 경시적으로 모사꼬시래기의 독성을 시험한 결과, 3개월 후에는 독성이 상당히 감소하였으며, 남조나 미세조류가 적은 겨울철에는 독성이 완전히 소실되었다. 이러한 것으로부터, aplysiatoxin류는 꼬시래기 자체가 만들어 내는 것이 아니라 부착한 남조류에 유래하는 것으로 추정되어 꼬시래기의 표면을 조사한 결과, 많은 수의 남조류가 부착되어 있는 것이 관찰되었으며, aplysiatoxin은 남조류에서 유래하는 것으로 확인되었다.

지금까지의 보고에 의하면 꼬시래기류에 의한 식중독은 모두가 자연산을 채취하여 먹은 경우에 한하여 일어났다. 참치회의 안주로 쓰는 것은 알칼리 처리하여 발색시킨 것이기 때문에 식중독을 일으킬 염려는 거의 없다.

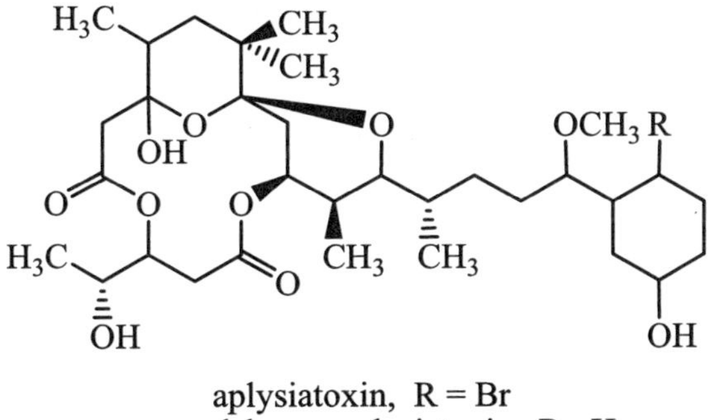

aplysiatoxin, R = Br
debromoaplysiatoxin, R= H

4) 다시마 천식

중독과는 관계없으나, 다시마를 취급하는 어민들 중에 어떤 사람은 6월부터 10월까지 천식에 걸리며, 다시마 어기가 끝날 무렵에는 깨끗이 낫는다고 한다. 다시마를 접는다거나 다시마 표면에 부착해 있는 먼지 같은 것을 금속으로 긁어낼 때, 날아다니는 먼지를 들여 마시는 일이 있다. 특히, 다시마 표면에 부착되어 있는 수염이라고 부르는 곰팡이 비슷한 기생생물을 흡입하면 천식상태를 일으킨다고 한다. 이 부착물에서 *Thermoactinomyces vulgaris*라고 하는 균이 분리되었으며, 이 환자의 혈청을 검사한 결과, 이 균에 의한 것임이 확인 되었다.

북유럽이나 북미의 낙농가에서 널리 발생하는 농부폐증이라는 질병이 있는데, 이 원인은 목초지대에 증식하는 방선균을 장기간 농부들이 흡입하여 발생한다. 이 원인균은 *T. vulgaris*와 *Micromonospora faeni*의 2 종으로 추정된다. 이러한 사실로 보아 다시마 천식은 목장 등지에서 증식한 *T. vulgaris*의 포자들이 하천을 통하여 바다에 흘러 들어와 다시마에 부착하였다가 다시마 작업을 하는 사람들에게 감염되어 농부들에게 발생하는 천식과 동일한 증상을 나타내는 것으로 보인다.

5) 유해 원소

다시마, 미역, 톳등과 같은 해조중의 비소 함량은 습중량으로 1.6~97.3ppm으로 높으며, 대부분 저분자의 유기태 화합물로 존재하는 것으로 추정된다. 해조중 비소 화합물의 안전성에 대하여서는 고려해야 할 여지가 많으며, 우리나라에서도 김에 들어 있는 중금속 때문에 논란이 많은데 국제적으로도 통일되어 있지 않다.

프랑스에서는 표 14.21과 같이 6개의 원소에 대하여 기준치가 설정되어 있으며, 미국도 같은 기준을 따르고 있다. 그러나, 호주에서는 어개류에 대한 무기 비소 기준을 1 μg/g 로 정하고 있으며 해조류도 이 기준을 준용하고 있다.

표 14.21 프랑스의 해조 중 중금속 기준치

원소	규제치(μg/g, 건조중량기준)
무기비소	3
카드뮴	0
수은	5
납	0.1
아연	5
요오드 다시마류	5
기타해조	6,000
	5,000

방사무늬 김에서 부분 정제한 arseno sugar(dimethyl 비소와 ribose가 결합한 것)을 이용하여 마우스에 대한 대사를 실험한 결과를 그림 14.8에 나타내었다. 이 그림에서 알 수 있는 바와 같이 배설 경로는 경구 투여시는 분변, 정맥 투여시는 오줌으로 배설되는데, 어느 방법으로 투여하든지 거의 100%가 단시간 내에 체외로 배출되는 것을 알 수 있다. 비소 이외의 카드뮴, 수은, 납도 염려되는 면도 있으나, 우선 화학적인 형태를 밝힌 다음에 독성이나 대사를 조사하는 것이 필요하다.

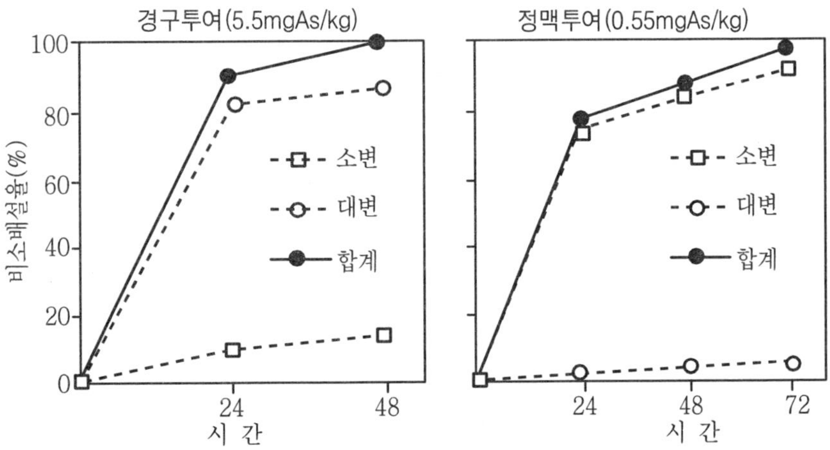

그림 14.9 방사무늬 김에서 정제한 arsenosugar를 투여한 마우스에서의 비소 배출

6) 기타 성분

1987년 캐나다에서는 담치류에 의한 설사, 구토, 복통 등의 소화기장애와 함께 기억상실 같은 신경장애를 동반한 식중독이 발생한 적이 있는데, 그 원인물질은 domoic acid 였다. 이는 domoic acid를 만들어내는 해산 규조류의 *Pseudonitzschia pungens*가 환경 조건에 따라 발생한 것을 담치류가 먹이로 섭취 후, 내장에 축적하고 있어, 이를 사람이 먹어서 중독을 일으키게 된 것이다. 이와 동일한 물질인 domoic acid와 이의 유도체인 kainic acid가 홍조류의 해인초에도 들어 있다. 해인초를 그대로 식용하는 일은 없어 이로 인한 식중독은 발생하지 않지만, 신경 전달물질이나 그 저해제로 알려지고 있으며, 신경 생리학의 유효한 시약으로 이용될 수 있다.

해조에도 중독을 일으킬 수 있는 amine류가 존재한다. 홍조인 *Furcellaria lumbricalis*에는 histamine이 아주 많아 주의할 필요가 있다.

CHAPTER

15

해조의 비료, 사료 및 발효소재로서 이용

CHAPTER 15

해조의 비료, 사료 및 발효소재로서 이용

1 비료로서의 이용

세계적으로 보더라도 각 나라의 연안지방에서는 해조를 비료로서 사용하였던 것을 2세기에 로마시대 그림에서도 확인할 수 있다. 중국, 일본에서도 비료로 사용한 역사는 오래되었으며, 영국, 아일랜드, 프랑스, 스페인 등 여러 나라에서도 12세기경부터 활발하게 이용하여 상당한 양의 해조가 채취되었다. 프랑스 서안에서는 다량의 해조가 비료용으로 쓰기 위해 양식되었다고 한다.

비료용 해조는 주로 *Ascophyllum*, *Macrocystis*, 다시마속, 미역속, 모자반속, *Durvillea*, *Carpophyllum*, *Himanthalia* 등의 갈조류와 *Pachymenia*, *Lithothamnion*, *Phymatolithon* 등의 홍조류가 유럽 여러 나라에서 널리 이용되고 있다. 홍조류의 마지막 2종은 석회조로서 산성토양 개량제로서 영국, 스코트랜드, 포르투갈 등에서 널리 쓰이고 있다.

해조비료는 두가지로서 생해조를 건조한 것과, 추출물의 수용액이 있다. 수용액은 다시 제법에 따라 해조분말을 열수 추출한 것, 생해조를 냉동분쇄하여 원심분리하거나 여과하여 얻은 추출액을 투석막에 의해 한외여과하여 농축한 것, 갈조를 수%의 탄산나트륨 용액 중에서 가압분해하여 불용성 부분을 제거한 액을 건조한 것 등으로 구분할 수 있다.

해조추출물의 비료 효과는 해조의 분해가 빠르고, 잡초 종자, 병원균 포자, 기생충란의 혼입이 없으며, 요오드, 식염 등이 성장을 촉진하는 것이 알려져 있다.

해조 중에도 gibberrellin이나 cytokainin과 같은 식물 호르몬이 존재한다. 갈조의 *Fucus vesiculosa*에는 gibberrellin 유사물질이 존재하며, 다시마에서는 cytokainin 유사물질이 확인되었다. 유럽에서는 주로 갈조인 *Ascophyllum nodosum*을 비롯해서 다시마속, *Fucus*속, 모자반속등의 해조 엑스분가 시판되고 있는데, 대부분 농업이나 원예작물의 재배용으로 쓰인다. 최근에는 비료효과가 큰 무기화학 비료와 독성이 강한 농약류가 많이 이용되고 있으나, 식물의 안전성 면에서도 유기비료가 좋다는 것이 재평가되어 이용이 늘고 있으며, 해조비료는 잎사귀에 분무하기도 하고, 토양에 뿌리기도 하는데, 수확량이 늘고 종자 발아율, 서리에 견디는 내상성, 내병해성, 무기염 흡수성 등이 좋아진다. 이런 효과는 미량금속 때문인 것으로 알려져 왔으나 실제는 cytokainin 때문인 것이 확인되었다.

실제로 그림 15.1에 나타낸 것과 같이 토마토의 잎에 해조비료를 살포하였을 때 엽면에서 흡수되어 효과가 있음을 알 수 있으며, 마그네슘, 망간, 아연, 요오드등의 결핍증이 있는 열대과일에 수주간 해조비료를 엽면살포하여 회복된 예도 있다.

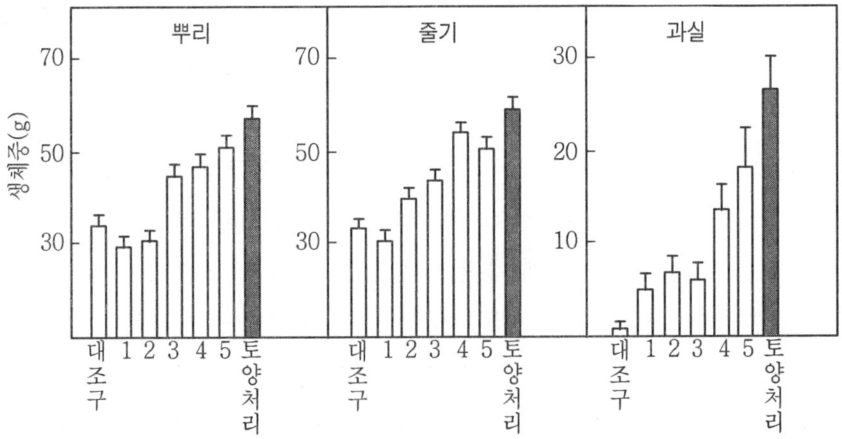

그림 15.1 토마토의 뿌리, 줄기 및 과실에 미치는 액체비료의 영향
(1~5 : 엽면 살포회수)

액체비료가 효과를 나타내는 기구는 사과에 요소를 엽면살포하여 조사한 바에 따르면, 2시간 후부터 잎의 뒷면에서 표면보다 10배나 빠르게 흡수되었다. 또 해바라기나 배의 성숙한 잎과 젊은 잎사귀를 비교하면 젊은 잎사귀의 요소 흡수력이 높다. 해조성분을 주체로 한 해조비료의 성분을 표 15.1에 나타내었는데, 해조비료는 여러 가지가 복합된 것으로 이들의 상승효과에 의해 생육촉진, 품질향상, 수량증가 등의 능력을 발휘하는 것으로 보인다.

표 15.1 Kelpak 66 원액 1ℓ 중의 성분

단백질	23.75g	Mn	8.4mg	Met	0.72g
탄수화물	16.9g	Mo	0.39mg	ProOH	36mg
질소	3.8g	Ni	0.35mg	Phe	8mg
인산	17.1g	Na	0.8g	Asp	3.16g
K	9.0g	S	0.64g	Glu	20mg
Ba	1.9mg	Zn	4.2mg	Tyr	3.32g
B	0.24mg	Ala	0.28g	Orn	20mg
Ca	0.8g	Val	1.48g	Lys	2.72g
Co	0.3mg	Gly	1.36g	Arg	16mg
Cu	0.2mg	ILe	0.92g	비타민 B1	0.08mg
F	0.4mg	Leu	1.8g	B_2	0.08mg
I	34ppm	Pro	1.8g	C	20mg
Fe	13.6mg	Thr	1.52g	E	0.08mg
Mg	2.12g	Ser	2.08g	Cytokinin	0.031mg

해조 액체비료를 쇠약해진 밀감나무의 엽면에 살포하여 그 후에 새로 생긴 가지의 성장 정도를 조사한 결과 표 15.2에 나타낸 것과 같이 500배 희석액을 3회에 걸쳐 살포하면, 대조구보다 1.6배나 크게 자랐으며, 잎도 많이 생기고 잎의 넓이나 두께, 광택이 모두 좋아졌다. 또, 조직의 세포내에 동화 전분량도 증가하였다. 따라서, 엽면살포하면, 보충된 질소화합물 등이 광합성 능력이 큰 엽록체를 만들어 내어 이 엽록체가 다량의 동화 전분을 만들어 축적하게 되고, 이 탄수화물을 사용하여 기력 회복, 성장촉진, 품질향상, 수량증가에 기여하는 것으로 보인다.

표 15.2 액체비료의 엽면살포가 과입 충실도에 미치는 영향

처리구	새 가지		잎의 수
	길이(cm)	수	
Kelpak66	11.98	14	8.1
pon액비2호	10.91	12	7.0
요소	12.36	13	8.2
대조구	9.71	11	6.9

2 가축 사료로서의 이용

야생의 동물들도 해조를 먹이로서 이용하고 있는 것이 목격되고 있다. 원숭이, 사슴, 토끼, 여우, 곰등 다양한 동물들이 해초를 먹는 것이 유럽 등에서는 자주 목격되고 있다고 한다. 특히, 일부 지역의 원숭이들은 떠밀려 온 미역을 채취하여 말린 다음 가져가 먹이로 사용한다고 한다. 이 때, 인근의 주민들은 원숭이가 채취하여 말린 미역을 시간을 보아서 빈 통 등으로 소란을 피워 원숭이를 쫒아 보내고 미역을 수확하기도 하였다는 이야기가 있다.

해조는 기원전 40년경 그리스, 로마 시대에도 가축의 사료로 썼다는 기록이 있다. 스코틀랜드 Orkney제도에서는 조간대 상부에서 자라는 지방이 풍부한 해조를 소가 먹어 송아지의 풀(calf weed), 노르웨이에서는 *Ascophyllum*(돼지의 풀), 아이누미역속의 Alaria esculenta(cow weed, 암소의 풀) 등으로 부르는 것으로 보아 가축이 이들 해조를 먹였던 것으로 보인다.

해조는 그 자체를 주식으로 먹이는 것이 아니라 첨가물로서 건조하거나 분말화 한 것을 섞어 준다. 닭에게 주면 난황이 색이 더 진하게 되고, 소에게 줄 경우 우유의 butter 성분이 증가한다. 최근에는 과학적 근거에 의하여 말, 소, 돼지, 양, 닭 등의 첨가사료로 시판되고 있는데, 배합시 해조 분말을 넣는데 아직까지는 가격이 비싸 많이 이용되지는 않는다.

파래류를 산란용 닭에게 3,6,9% 되도록 배합하여 먹이고 2주간 후 낳은 계란의 난황 carotene, lutein등의 화학성분과 6주후 사료 섭취량, 산란율 등을 연구한 결과를 표 14.3, 그림 15.2, 3, 4에 각각 나타내었다. 총 carotene 함량을 보면, 섭취한 함량에 비하여 난황의 carotene 함량은 1.5%로 낮았으나 lutein 함량은 첨가 농도에 비례하여 증가하였다. Zeaxanthin과 cryptoxanthin은 첨가물의 함량이 적어 대조구와 차이가 없었다. 요오드함량은 크게 증가하였으며, 산란율, 사료 요구율 등은 차이가 없었다.

표 15.3 건조 파래 및 사료 100g중 carotenoid와 요오드 함량

	파래(mg)	사료(mg)
총carotene	6.78	0.16
lutein	9.47	0.81
zeaxanthin	0.47	0.69
cryptoxanthin	nd	0.26
요오드	4.8	-

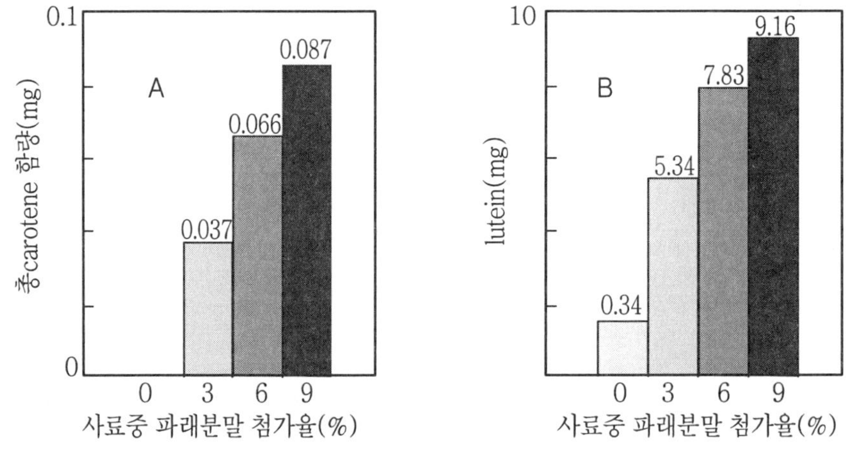

그림 15.2 생난황 중 총 carotene 함량(A) 및 lutein 함량(B)

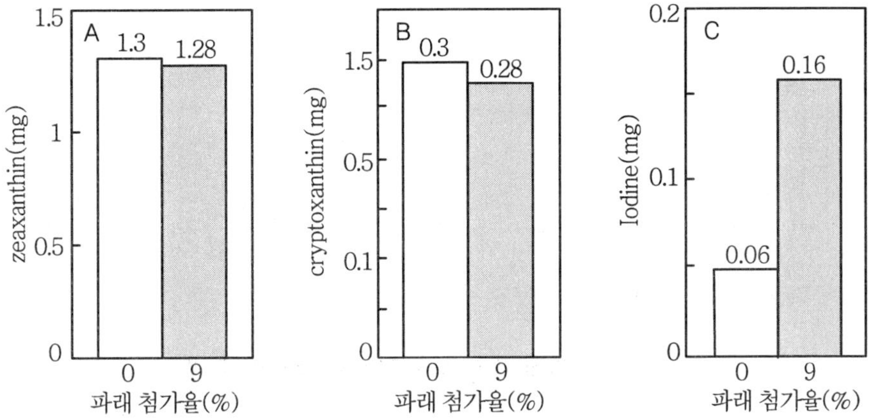

그림 15.3 생난황중 zea-(A), cryptoxanthin(B), 요오드(C) 함량

3 어패류 사료로서 이용

진주를 채취하기 위하여 양식하는 전복에 갈조류만을 투여하면 거부반응 등으로 진주를 만들지 않으나 여기에 파래를 섞어 먹이면 emeral green 진주를 생산한다고 한다. 이는 파래의 tranquilizer 기능에 의한 것으로 보인다. 최근 우리나라에서도 전복 양식에 성공하여 대량으로 양식하고 있다. 조식성의 패류, 특히 전복에는 다시마, 미역 등 갈조를 주 먹이로 투여하고 있으며, 홍조나 녹조류는 사료로서 효과가 거의 없다.

종전에는 어류 양식에 지질이 많은 사료를 주어 단기간에 성장시키는 방법을 이용하였으나, 요즈음에는 자연산에 가까운 식감, 병에 강하고 맛이 좋은 고기를 키우는 것이 요구되고 있어 해조를 첨가한 사료도 연구되고 있다. 표 15.4에 참돔 양식에 각종 해조를 첨가한 사료를 주어 성장을 본 것인데, 어느 것이나 해조는 돔의 성장에 효과가 있었다. 이는 단백질 합성능을 향상시키고 분해능은 저하하였기 때문이라고 한다. 해조 투여에 의해 사료 중 단백질과 당류이 장에 흡수되기 쉽게 되고 해조의 dimethyl β-propiotethin이 성장촉진물질로서 효과가 있기 때문으로 추측하고 있다.

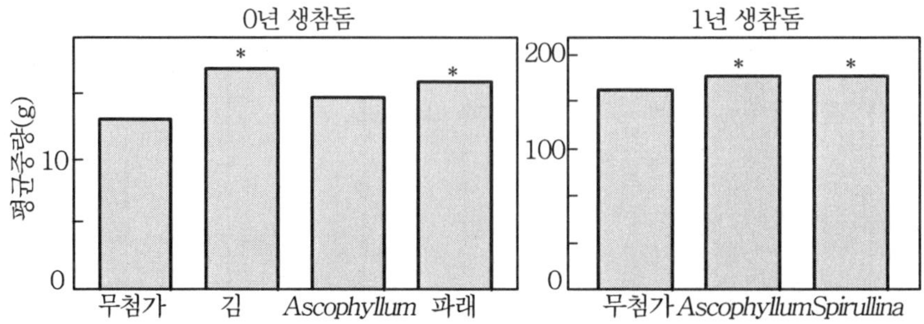

*는 무첨가구에 비하여 유의차가 있음

그림 15.4 참돔의 성장에 미치는 해조의 효과

그림 15.5은 흑돔에 파래를 급여하여 월동시켰을 때, 체중변화를 조사한 것으로 사료를 주지 않고 월동시킬 때, 지질이 에너지로 유효하게 이용되기 때문에 체중변화가 적다. 해조류는 이러한 지질대사를 개선시키는 효과가 있다. 마찬가지로 흑돔의 사료효율과 파래 첨가량의 관계를 그림 15.6에 나타내었는데, 파래 첨가량은 5% 정도가 적당하다. 넙치사료에 파래 첨가량은 그림 15.7에 나타낸 것과 같이 2% 정도가 적당함을 알 수 있다. 현재 배합사료에 첨가되는 해조분말은 치어용 2%, 육성용 1% 정도이다.

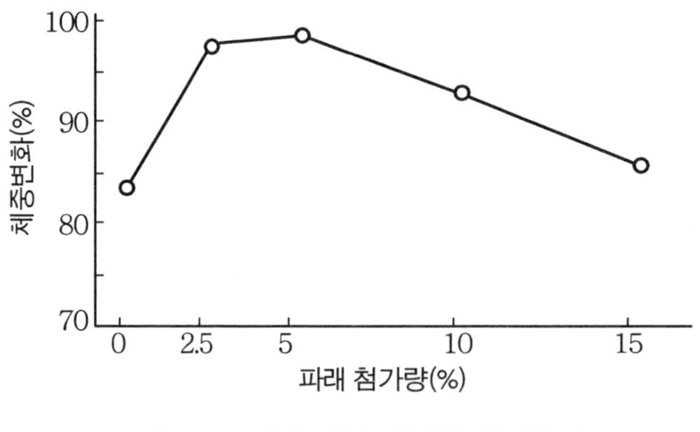

그림 15.5 흑돔 월동시 파래 첨가효과

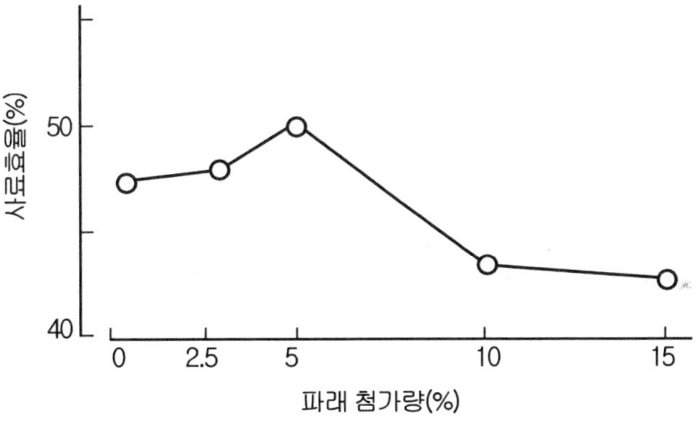

그림 15.6 흑돔 사료효과에 미치는 사료중 파래 첨가량

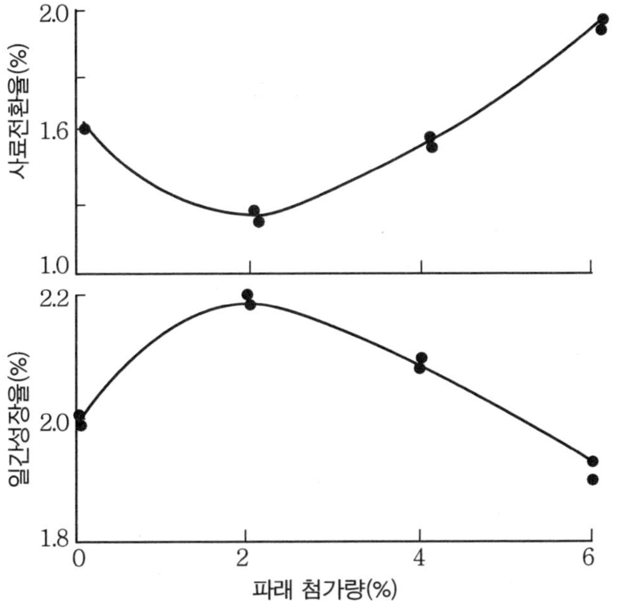

그림 15.7 넙치 사료 전환효율, 성장과 파래 첨가량

전복, 성게, 해삼등의 배합사료에는 *Ascophyllum*, *Lesonia*, 다시마, 미역등이 15~30% 첨가된 것이 있다. 대만에서는 오분자기를 많이 양식하는데, 사료로는 꼬시래기를 사용하고 있다.

이상과 같이 가축, 어패류의 사료에 해조류를 첨가하고 있는데, 해조 중에는 여러 가지 성분이 들어있어 복합적으로 다음과 같은 유효한 작용을 하는 것으로 볼 수 있다.

1. 식이섬유 2. alspmineral 3. carotenoid 4. 비타민 5. 항산화작용 6. 비타민과 상승효과 7. 점착제 8. 섭이유인, 촉진물질 9. 기타

4 해조발효소재로의 개발과 이용

해조를 이용하려는 것 중에서 이제까지 주목받지 못했던 분야 중의 하나로 최근들어 관심을 끄는 것이 해조를 발효시켜 이용하려는 것이다. 해조에 들어있는 분자량이 크고 다양한 섬유질을 적당하게 발효시키거나 효소적으로 분해한다면 그 분해산물은 더욱 다양한 생리활성을 가질 것으로 기대되며 이용분야를 확대할 수 있다.

해조중 파래를 대상으로한 발효기술을 개발하기 위하여 발효 미생물을 검색한 결과, 유산균의 *Lactobacillus brevis*, 효모의 *Debaryomyces hansenii var. hansenii* 와 *Candida zeylanoides* 등이 우점종으로 밝혀졌으며, 대사산물은 알콜발효를 동반한 유산균 발효로 추정되었다. 따라서 이들 미생물과 cellulase를 복합적으로 이용한 복합 발효법의 개발이 시도되고 있다.

1) 수산사료 소재로의 이용

해조발효 산물은 배양이 까다로운 미세조류 사료의 대체품으로서 이용이 가능하다. 이매패류의 양식의 경우 현재는 사료를 인공적으로 공급하는 것이 아니라 전적으로 자연에 의존하고 있다. 따라서, 산업규모의 계획 생산이 가능하도록 안정적으로 공급이 가능한 사료 소재의 개발이 필요하다.

한 예로서 건조미역 분말을 유산발효시켜서 조제한 발효 단세포성 사료(Fermented single cell diet, FSCD)를 이용하여 진주조개의 초기 치패를 대상으로 사육실험한 결과를 표 15.4에 나타내었다. 진주조개에 이상적인 사료라고 하는 *Chaetoceros calcitrans*를 30,000cells/ml/day로 투여한 경우에 가장 양호한 패각 성장율이 168㎛/day(생잔율 66.7%)을 나타내었으며, 먹이를 주지 않은 무급이구에서는 패각 성장율이 −10㎛/day(생잔율 53.3%)이었다.

한편, FSCD를 20,000cells/ml/day로 단독 투여한 경우 패각 성장률은 30㎛/day(생잔율 53.3%)로 그다지 높지는 않으나 사료로서의 가치는 충분한 것으로 판단된다. 또, FSCD 20,000cells/ml/day에 *Chaetoceros*를 3,000cells/ml/day 혼합한 사료를 공급하였을 경우의 패각 성장률은 30㎛/day(생잔율 80.0%)의 양호한 결과를 얻었다. 그러나 *Chaetoceros* 단독으로 3,000cells/ml/day를 급여하였을 경우는 그다지 높은 사료효율을 나타내지 않았다.

이러한 결과는 FSCD에 소량의 Chaetoceros를 병용한 사료를 공급하므로서 상승적인 사료효과를 나타낸 것으로 추정된다. 이러한 효과를 나타내는 이유는 아직까지 명확하게 밝혀 지지는 않았으나 FSCD만으로는 미량이지만 부족한 영양소가 있어 사료효과가 충분하지 않은 것으로 보인다.

표 15.4 미역발효사료가 진주조개 치패 성장에 미치는 영향

시험구	급이 조건	패각의 성장 (㎛/day)	생잔율 (%)
무급이구	사료 주지 않음	-10	53.3
*Chaetoceros*구	*C. calcitrans* 3x10^{4}cells/ml/day	168	66.7
Chaetoceros 1/10구	*C. calcitrans* 3x10^{3}cells/ml/day	11	66.7
발효미역구	발효미역입자 2x10^{4}cells/ml/day	30	53.3
발효미역 + *Chaetoceros* 1/10구	발효미역입자 2x10^{4}cells/ml/day+ *C. calcitrans* 3x10^{3}cells/ml/day	130	80.0
미역	미역입자 2x10^{4}cells/ml/day	32	66.7
미역 + *Chaetoceros* 1/10구	미역입자 2x10^{4}cells/ml/day+ *C. calcitrans* 3x10^{3}cells/ml/day	51	93.3

2) marine silage

농업분야에서는 식물을 발효시켜서 퇴비로서 이용하는 방법이 널리 보급되어 있다. 또한 축산에 있어서도 목초를 유산발효시켜서 가축의 사료로 사용하는 기술이 확립되어져 있다. 수산분야에 있어서도 이와 비슷한 기술의 도입이 가능하지 않을까 하는 발상에서 나온 것이 marine silage이다. Marine silage란 어패류의 재배를 목적으로 해조(조류)를 발효시켜서 조제한 사료로 정의할 수 있다. 최근 들어 전국 연안 각지의 내만에서는 부영양화로 인하여 파래를 비롯한 각종 해조가 대량으로 번식하여 이들의 제거에 지방자체단체들이 고심하고 있다. 따라서, 이러한 해조류를 marine silage 기술로 처리하여 사료소재로 전환시켜 이매패류나 치자어 등의 먹이로서 이용을 검토할 필요가 있다. 특히, 비식용 파래등은 반지락등의 유용 수산물자원 증식과 연결된다면 어촌계 등에서 하고 있는 갯벌의 조개 양식이 잘되게 되므로 영양염의 육상으로 이동과 바다의 정화도 겸하여 할 수 있다.

종래의 수산증양식은 지속적인 양식을 위하여 별도로 환경정화가 필요하다는 시각으로 보았으나, marine silage의 개념은 오히려 환경정화를 위하여 수산증양식을 이용하려고 하는 것이다. 또한, 종래의 방식은 먼저 양식 대상물을 선정하고 이들에게 제공할 먹이 생물을 배양하는 방법을 연구하고 마지막에는 이 먹이생물을 배양할 먹이를 검토하는 방식으로 연구개발이 이루어져 왔다. 그러나 marine silage 방식은 먼저 먹이로 이용할 해조자원(1차 생산자)을 정하고 이를 어떻게하면 경제적 가치가 높은 어종(고차생산)에 효율좋게 연결시킬 것인가의 관점에서 연구개발을 하려는 것이다. Marine silage는 단순히 새로운 사료소재를 제공하는 것이 아니라 바다의 퇴비기술이란 것과 새로운 환경조화형 수산증양식 system이라 할 수 있다.

3) 건강기능성 식품소재로 이용

해조발효 생산물은 해양 유래의 식물성 소재를 유산발효시켜 얻는 것으로서 식품소재로서의 이용도 충분한 가능성이 있다. 앞서 언급하였듯이 단세포화 효율은 해조에 따라 다르지만 유산발효는 비교적 해조의 종류를 가리지 않고 용이하게 할 수가 있다. 또, 식물성의 유산균이라면 균종에 크게 관계없이 starter로서 이용이 가능하다. 특히 해조의 종에 따라서는 물성, 색깔, 냄새 등에 있어서도 매우 다양한 소재를 얻을 수 있다.

해조발효 소재를 이용한 건강기능성을 알아보기 위하여 랫드 사육시험으로 지질대사 개선효과를 조사한 결과를 표 그림 15.8에 나타내었다. 발효미역을 10% 첨가한 사료로 3주간 사육한 랫드는 미역을 첨가하지 않은 대조구의 랫드에 비하여 혈액이나 간장 중에 triacylglycerol 함량이 유의성있게 저하하였다. 또 간장중의 콜레스테롤치도 유의성 있게 감소하였다. 발효처리하지 않은 미역을 같은 비율로 혼합한 사료로 사육한 랫드의 경우도 이들은 감소하였으나 발효미역 첨가 사료구가 현저히 감소하였다.

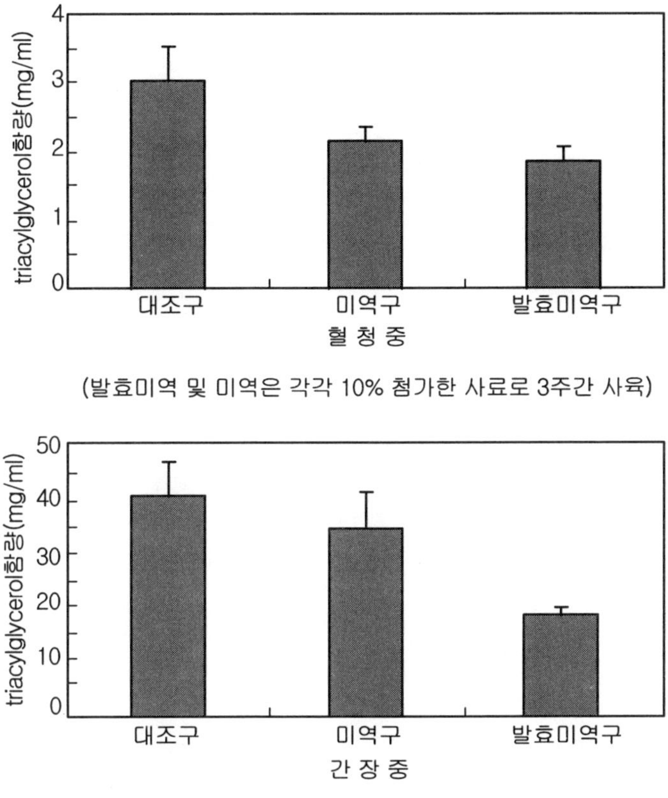

그림 15.8 미역 및 발효미역 첨가사료로 사육한 랫드의 triacylglycerol 함량

한편, 간장효소 측정에서는 glucose-6-인산탈수소 효소의 활성이 감소하는 등 지방산 합성계의 대사가 억제되었다. 지방산-CoA의 미토콘드리아막 통과시 운반체의 역할을 하는 carnitine은 유의성있게 증가하여 지방산 산화계는 활발하게 작용하는 것으로 추정된다.

미역 자체가 가지고 있는 지질대사 개선작용은 이미 알려져 있는 것으로서 유산발효가 과연 이 작용을 증가시키는가에 대하여는 아직 의문점이 있으나 해조 자체와 그 유산발효물 이 두가지가 합하여진 유산발효소재는 여러 가지 기능성이 있을 것으로 기대된다.

이러한 기능성 이외에도 해조류의 발효산물이 가지는 식감을 이용한 조미료 소재, topping 재료, 유아나 노인용 식품소재, 절임식품을 만들 때 사용하는 쌀겨 대용으로의 이용도 기대된다.

CHAPTER

16 해조의 화장품으로서 이용

CHAPTER 16

해조의 화장품으로서 이용

1 화장품에 이용되는 해조 성분

해조에서 추출된 성분이 소위 끈적거리지 않는 성질과 고점성이 있어 화장품 등에도 사용되고 있다. 화장품 전문점에서도 해조추출물 첨가 등의 표시가 있는 것을 볼 수 있는데 다음과 같은 것들이 쓰이고 있다.

① 해조 엑기스

돌가사리속, 다시마속, 진두발속 등의 해조를 정제수, glycol류, ethylene glycol monobutylether, 에탄올, 또는 이들의 혼합액으로 추출한 엑기스로 여기에 glycerine을 첨가한 것. 성분은 알긴산염, mannit, 요오드, 칼륨 등으로 피부의 유연화, 피부의 당김, 활성화, 보습작용 등이 있어 크림, 유액, 욕제, 정발제 등으로 쓰이고 있다. 이같은 해조 엑기스는 추출 방법과 원조에 따라 다음 4가지로 분류된다.

㉠ 해조엑기스 1 : 갈조류 전조 또는 부착기 부분을 에탄올, propylene glycol, 1,3 butylene glycol, glycerine 또는 이들의 혼합액으로 추출시 얻어지는 엑기스. 보습성, 면역부활작용이 있다.

㉡ 해조엑기스 2 : 갈조류 전조를 식염수 용액으로 추출하여 얻은 엑기스. 주로 알긴산, 유화안정제, 현탁성, 흡습성, 보습성, 증점성이 있다.

㉢ 해조엑기스 3 : 갈조류 다시마속, 홍조류 비단풀속의 전조를 물로 추출하여 얻은 엑기스. 보습성, 피막형성성, 피부 유연화, slimming 작용이 있다.

㉣ 해조엑기스 4 : 녹조류, 갈조류, 홍조류 전조를 1,3-butylene glycol 용액으로 추출하여 얻는 엑기스. 보습성, 피막형성성, 피부 유연화, slimming 작용이 있다.

② 해조 분말

돌가사리속, 진두발속등을 건조분말화 한 것으로 약간의 해조취가 있는 황색~황갈색의 분말. 성분은 알긴산염, mannit, 요오드화 칼륨, 아미노산, 비타민 등으로 피부를 부드럽게 하고, 피부를 당겨주며, 증점 영양 보급, 유화보조작용 등을 가진다. 유액, 크림, 팩, 욕제, 정발제로 쓰인다. 여기에는 두 가지 형이 있다.

㉠ 해조분말 1 : 갈조류 전조를 분말화한 것. 보습성이 있어 화장품 전반, 건강보조 식품에 쓰인다.

㉡ 해조분말 2 : 홍조류 전조를 분말화 한것. 보습성이 있어 화장품 전반, 건강보조 식품에 쓰인다.

③ 알긴산칼륨

햇빛 차단용, 면도용 크림이외의 크림이나 유액류에 속하는 화장품에 사용한다.

④ 알긴산 나트륨

점성, 유화안정성, 현탁성, 흡수성 등이 있어 로션, 유액, 각종 크림류, 파운데이션, 액상의 메이크업 등에 사용한다. 또 증점제로 치약, compact cake, 피막형성을 이용하여 팩에도 이용한다. 거품 안정용, 점도조절용으로 액체 샴푸, 세트로션, 비누에도 쓰이는데 이때 사용 농도는 표 16.1과 같다.

⑤ 알긴산 propylene glycol

pH 2~7의 물에 녹고 점성, 유화안정성, 현탁성이 있으며, 산성에서 안정하여 유액, 크림, 로션, 파운데이션 등의 산성액에 쓰인다.

⑥ carrageenan

단백질 반응성, gel화성, 증점성이 있어 치약, 로션, 샴푸, 크림 등에 이용한다.

표 16.1 알긴산나트륨의 화장품에 이용

화장품	사용목적	사용농도(%)
크림	농후제, 분산제	0.5~2.0
로션	농후제	0.5~2.0
액체샴푸	농후제	0.5~1.5
액체합성세제	농후제	0.5~2.0

2 해조류의 미용효과

1) 항 elastase 활성

피부노화는 여러 가지 세제의 사용, 일광에 노출등에 의해 elastase가 분비되어 elastin분해가 촉진되기 때문이라고 생각되어 진다. 프랑스의 BIOGIR 연구소의 연구에 의하면 파래(AOSA) 추출물 중에는 elastase 활성 저해 작용 물질이 들어 있다고 한다. 이 실험은 in vitro에서 돼지 췌장 elastase를 이용하여 실험한 것으로 추출물 농도를 0.5~100mg/㎖, 100~500mg/㎖의 두 군으로 나누어 실험하였는데 후자의 결과를 표 16.2에 나타내었다. 이 실험에 의하면 AOSA 추출물 농도가 50 mg/㎖를 초과하면 농도가 높아질수록 elastase 억제효과가 높아졌다. 확산법(elastin agarose법)에 의해서도 그림 16.1에 나타낸 것과 같이 elastase 억제효과가 있었다.

표 16.2 elastin 분해 억제효과

측정시간(분)	AOSA추출물 농도(㎎/㎖)			
	C0	C1	C2	C3
	0	100	300	500
1	0.139	0.148	0.173	0.213
2	0.182	0.186	0.203	0.238
3	0.227	0.224	0.233	0.264
4	0.270	0.264	0.265	0.289
5	0.315	0.305	0.295	0.316
6	0.359	0.345	0.327	0.342
7	0.403	0.386	0.360	0.368
8	0.447	0.429	0.391	0.394
9	0.492	0.469	0.423	0422
10	0.535	0.511	0.456	0.499
DA/DT	0.04410	0.04048	0.03148	0.02621
촉매활성 역가단위/ l (b)	bC0=129.71	bC1=119.05	bC2=92.58	bC3=77.09
억제율 %	-	8.2%	28.6%	40.6%

* 시료 : 파래(AOSA) 추출물(AOSAINE)
돼지췌장 esterase : 2.5U/mg

항 elastase 작용 기구에 대하여는 1) elastin에 억제물질의 결합, 2) 아마노산 잔기의 carboxyl기를 차단하여 효소 구조의 변화, 3) elastase의 elastin에 정전기적 흡착력의 변화 등이 추정된다.

이 추출물은 선이아세포의 증식효과, ATP/ADP의 향상효과, 콜라겐 합성촉진 효과등 여러 가지 효과가 있다. in vivo 실험에서 이물질을 0.4% 배합한 skin care 크림을 1일 2회, 28일간 연속 발랐을 때, 눈 주위의 주름이 23% 감소하였으며, 특히, 얼굴 화장에 큰 위력을 발휘하므로 각종 skin care 제품에 응용될 것으로 기대된다.

한편, 프랑스 CODIF 사에서도 클로렐라 추출물이 elastase 저해효과가 있다고 보고하고 있다.

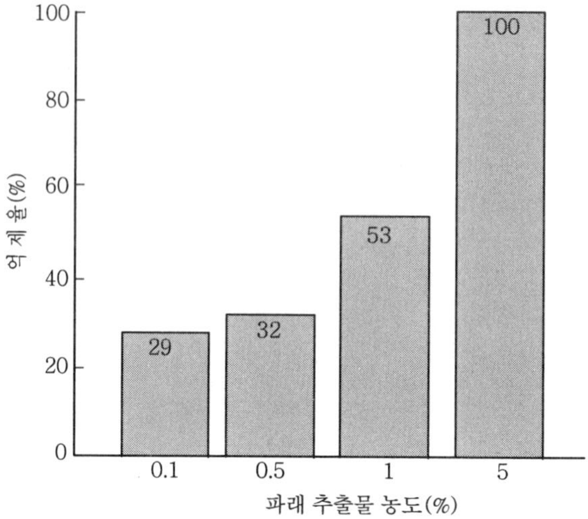

그림 16.1 확산법에 의한 elastase 억제율

2) free radical 제어물질

활성산소를 비롯한 free radical은 노화나 여러 가지 질병을 일으켜 궁극적으로는 죽음과 밀접한 관련이 있다고 한다. 미용면에서는 자외선 등 유해 광선이나 흡연 등이 체내에 free radical을 생성시켜 피부를 늙게한다.

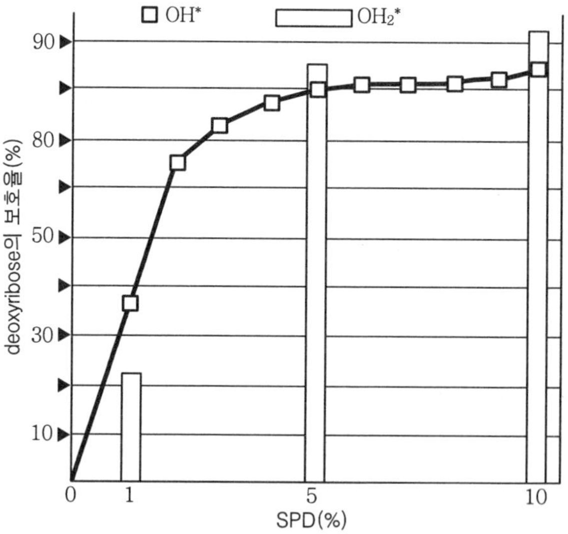

그림 16.2 SPD의 free radical에 대한 deoxy ribose의 보호율

어떤 종의 해조는 광합성 과정에 있어서 손상에 대하여 매우 효율적인 보호물질을 만들어 낸다. 프랑스의 SECMA사는 이 보호물질을 추출하여 화장품에 이용하는데 성공하였다. 이 물질은 1,000 dalton 이하의 적은 분자로 free radical 포착제인 superphyco D(SPD)가 이것의 상품명이다. 이 물질은 프랑스의 Bourtaneu 지방의 Blea제도의 수심 20m 이하에서 채취한 해조에서 추출한 것으로 해조명은 알 수 없으나 갈조로 추정된다.

SPD의 free radical 포착제로서의 효과는 그림 16.2에 나타낸 것처럼 deoxy ribose 시험에 의해 증명되었는데, radical 포착속도가 매우 빠른 특이한 trap제로서 생산된 free radical이 표적에 도달하기 전에 즉시 포착한다. 이 물질은 superoxide radical, hydroxy radical 등 양 radical에 대하여 우수한 활성을 나타낼 뿐 아니라 안전성, 피부 흡수가 용이한 저분자, 우수한 열, 빛 안정성을 나타내어 노화방지 목적으로 여러 가지 제재에 이용이 기대된다.

3) 콜라겐 합성촉진

콜라겐은 elastin과 함께 피부 기능 보호하여 주름이 생기기 쉬운 조직이나 흔적(임신선등 피부선조)이 생긴 조직의 재편성을 촉진한다. 미세조류 클로렐라에서 추출한 물질 Dermoch(상품명)의 콜라겐 보호효과를 그림 16.3에 나타내었다. 0.8%의 Dermoch는 대조구에 비해 콜라겐 합성을 2.5배나 촉진하였다.

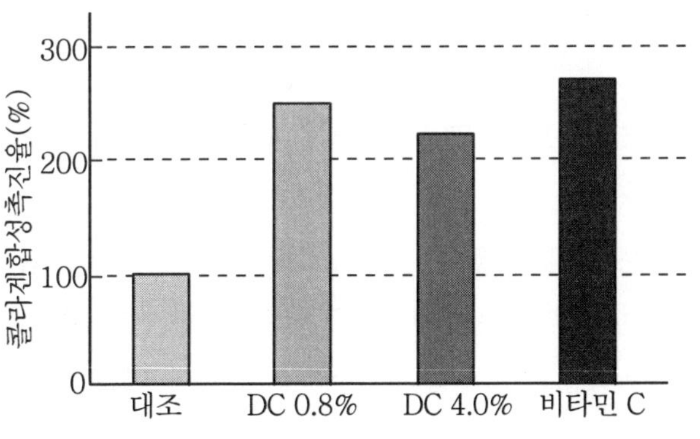

그림 16.3 Dermoch의 콜라겐 합성촉진 효과

4) 세포간 충진물질의 증가

세포간 충진물질은 세포의 형태를 유지하는데 중요한 물질로서 진피를 구성하는 물질의 양, 구성비율, 상호작용은 피부 탄력을 결정하는 중요한 인자이다. 클로렐라 추출물은 이의 개선효과가 있다.

5) 살빼기 효과

다시마에서 추출한 C. Phyco(상품명)는 세포부활제로서 효과가 있으며, Phyco R75(상품명)는 지방분해작용에 의해 살을 빼는 효과가 있는 것이 확인되었다. 그림 16.4는 C. Phyco 존재하에서 배지의 단백질 농도로부터 세포수를 예측한 것으로서 매우 적은 농도에서도 세포 증식 효과를 나타내며, 0.01% 이상이 되면 효과가 감소한다.

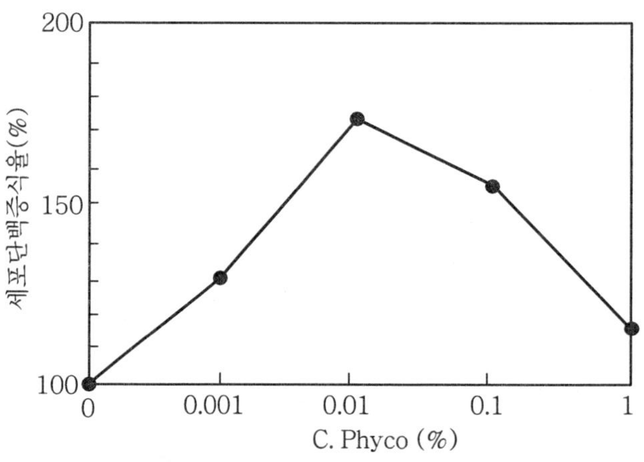

그림 16.4 C. Phyco의 세포 증식효과

해조성분에 살을 빼는 효과가 있는 것은 1,000년 이전부터 경험적으로 알려져온 사실이나 그 작용기구에 대하여는 밝혀진 것이 없었다. 사람의 지방세포를 염색하여 Phyco R75 1%를 가하여 관찰하면, 지방세포의 색이 연해지는 것으로부터 지방분해 효과가 있는 것을 알 수 있다(그림 16.5). 그 효과는 지방분해 물질인 adrenalin 10^{-5} M 과 같은 정도이었다.

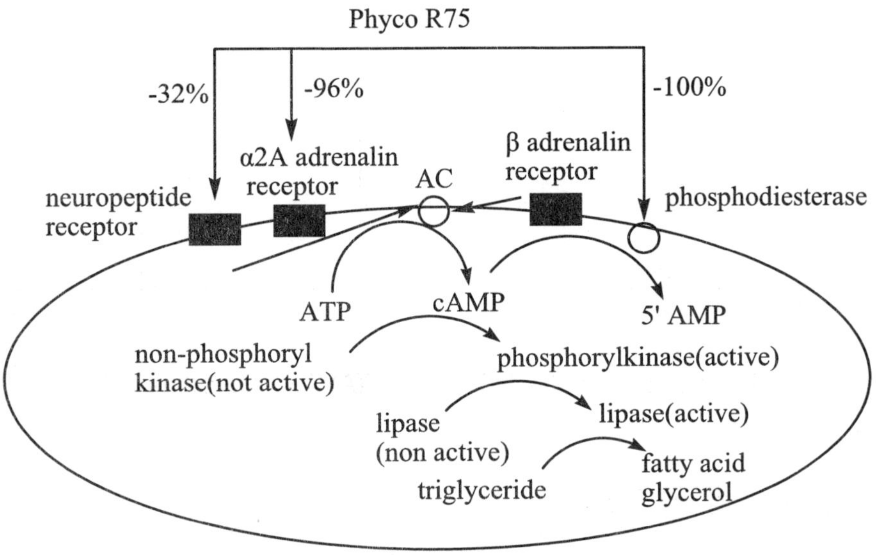

그림 16.5 갈조추출물(Phyco R 75)에 의한 지방 분해활성 효과

이와 같이 갈조 추출물의 사람 지방세포에서 지방 분해효과 작용에 대하여는 그림 10.5와 같이 phospholipase 억제와 세포막에 존재하는 recepter의 인식에 의하여 작용하는 것으로 추정된다.

6) 혈관 확장 효과

홍조류 팔손이풀에서 추출한 Rh Palmaria HG(상품명)는 치료효과가 있는 아미노산을 함유하고 있으며, 함유된 무기질에 의해 피부 균형을 잡아주는 효과가 있고, 보습효과가 있는 점액물질이 있다. 이 물질은 혈관 확장 효과에 의하여 혈류를 촉진하지만 붉은 반점이나 피부가 붉게되지는 않는다. 이 특성으로 다리의 부종에 대한 치료효과와 살빼기나 다이어트시 말초혈관의 미세순환을 촉진하여 체내의 불필요한 수분을 제거하며 울혈을 개선한다. 이들 효과를 그림 16.6에 나타내었다.

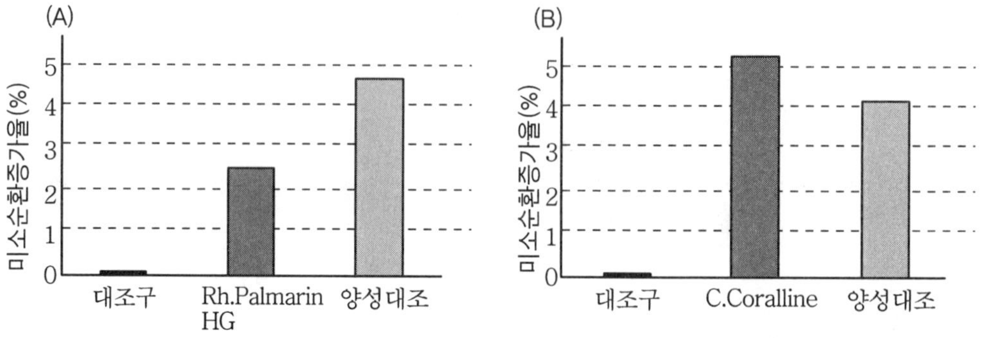

그림 16.6 Rh Palmaria HG의 미소혈관 순환 촉진(A) 및 C. Coralline의 혈관수축효과(B)

7) 얼굴 붉어짐 억제효과

마디석회조 *Corallina officinalis*에 함유된 물질은 울혈된 피부를 제거하여 적색 반점을 감소시키는 작용이 있는 것이 확인되어 CODIF사에서는 C. Coralline을 상품화하여 시판하고 있다. 그 효과를 그림 16.6(B)에 나타내었다.

8) 공해물질에 대한 보호효과

Phormidium과 같은 남조는 오염된 환경에도 잘 적응하기 때문에 현재까지 살아 남았다고 한다. 1979년 Bourtaneu 해안에서 AMOCOCadiez 석유 유출사고시 배가 난파된지 1년 후 몇종의 남조류가 생육하였다. 이들 남조류는 석유, 규산화합물, 인산화합물, 중금속 등 오염물질을 대사하는 능력이 있다.

따라서, 도시공해로부터 피부를 강하게 할 목적으로 남조류에서 추출한 물질을 화장품에 첨가하고 있다. 이들은 자동차에서 배출되는 탄소 미립자나 비닐하우스에 의한 공해에도 효과가 있다고 한다. CODIF사가 개발한 물질의 보호효과를 그림 16.7에 나타내었다.

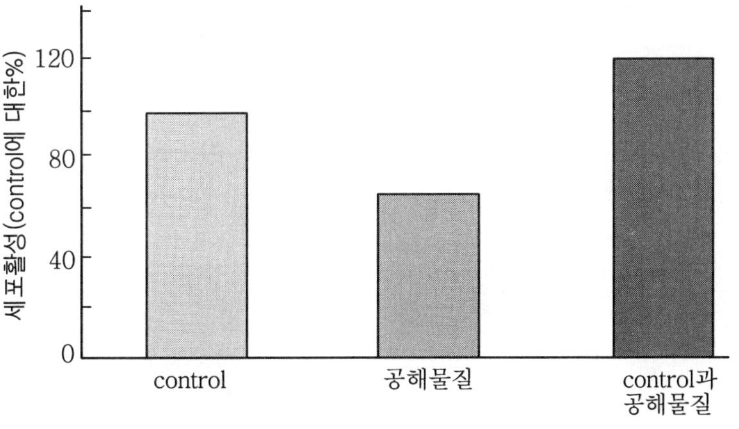

그림 16.7 남조추출물 함유 크림에 의한 자동차 배기가스로부터 피부세포 괴사 보호효과

9) oligo당의 진통효과

갈조류의 다시마속 등은 알긴산과 같은 다당이 많이 들어있어 이들을 분해하여 얻은 oli해 당은 진정작용, 항염증작용이 있어 화장품 업계에서도 많은 관심을 가지고 있다. 그림 16.8에는 그 통증 억제효과를 나타내었다.

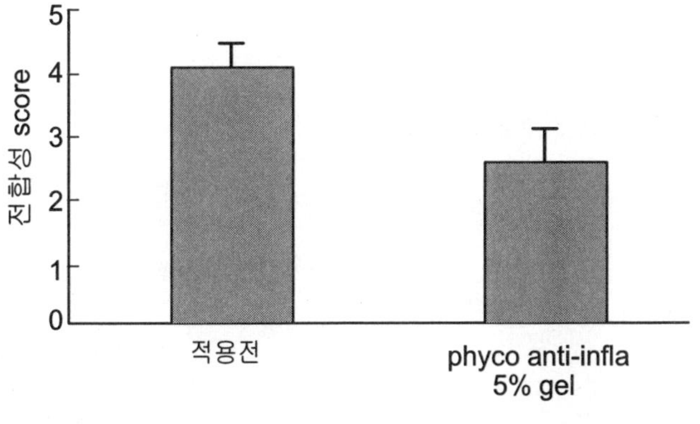

그림 16.8 갈조류에서 추출한 oligo당의 통증 억제효과

10) 피부지방 억제효과

이들 oligo당은 chelate를 만들어 활성을 강화하거나 새로운 활성을 만들어 낼 수 있다. 예를 들면, Mg나 Mn의 chelate 화합물은 항 free radical 작용을, 아연의

chelate 화합물은 항균작용을 가진다. 특히, 아연 chelate 화합물은 피지중의 아쿠네균과 비듬 균등의 증식을 억제하며, 황색포도상구균을 감소시킴과 동시에 5α-reductase 억제효과에 의하여 피지 합성을 억제한다. 이들의 효과를 그림 16.10에 나타내었다.

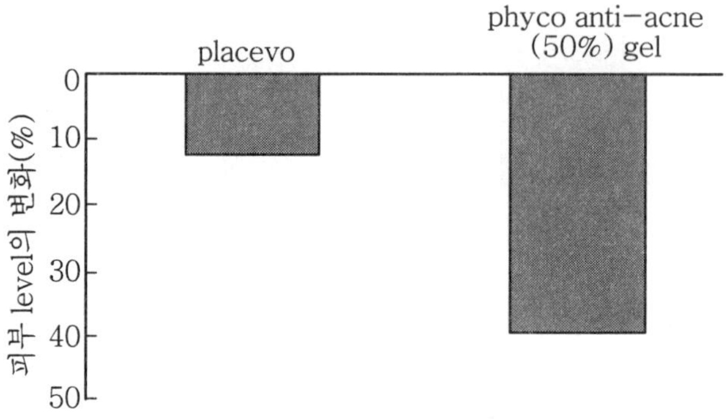

그림 16.9 해조 추출 oligo당과 미량원소 복합체에 의한 피지 억제효과

CODIF 사에서 개발한 해조추출물의 화장품 관련 물질에 관하여 표 16.3에 정리하였다. 이상과 같이 해조 추출물은 화장품에도 널리 이용되며 앞으로 더욱 용도가 늘어날 것이다.

표 16.3 해조추출물의 화장품에 이용

	기원	상품명	성분	작용	적용
홍조류	*Coralina officinalis*	C. coralline	미량원소, 펩티드, 아미노산	혈관수축, 진정, 피지억제	지성피부, 민감피부, 태양 노출된 피부
	Palmaria palmata	Rh. Palmaria HG	아미노산, mineral	미소순환촉진, 울혈완화, 수분제거	느슨해진 피부, 두피강장, 지방 제거, 부은다리
	Chondrus crispus	Rh. Chondrus HG	carrageenan, 황산당복합체, 환원당	보습, 항염증, 울혈완화	손상피부, 염증있는 피부

	Porphyra umbilicalis	Rh. Porphyra HG	단백질, 아미노산 다당(porphyran)	수복작용, 보호작용	피로한 피부, 느슨해진 피부
	Delesseria sanguinea	Rh. Deless HG	페놀화합물, 유리아마노산, 황산다당	수분제거, 울혈완화, 진정 미소순환촉진	부은다리, 과잉지방제거, 두피강장
	Gigartina stellata	Rh. Gigartina HG	carrageenan, 황산당복합체	보습, 항염증	손상피부, 염증있는 피부
녹조류	*Chlorella*	Dermoch D	단백질, 펩티드, 아미노산	피부보호	노화피부, 주름방지, 스트레치마크방지
	Ulva lactuca	Ch. Ulva HG	아미노산, 단백질, Mg,K 다량함유	보습, 항염증	염증있는 피부
갈조류	*Laminaria digitata*	Phyco R75	아미노산, 당류, 단백질, mineral	지방분해활성	지방과다, cellulite
		C. Phyco	점액질, 아미노산, 환원당	세포부활, 생리활성촉진, 세포활성화	노화된 피부, 피로한 피부, 태양 노출된 피부
		C. Algomarin I/I	풍부한 mineral, 아미노산	보습, mineral 보급, turn over 촉진	건조,노화 피부, 민감피부, 두피,두발, cellulite 제거
		Ph. Laminaria HG	laminaran, 요오드	지방분해	지방과다, cellulite
	Undaria pinnatifida	Ph. Undaria HG	요오드아미노산, 점액질	slimming, 유연,보습작용	지방제거, 건성피부
	Ascophylum nodosum	PhycoARL EDTA	당류,polyphenol, 단백질복합체,	세포부활, 유리기 억제	민감, 노화피부, 피로한 피부, 유리기로부터 보호
		Ph. Asco HG Ph. Asco A	아미노산 fucoidan	재생작용, 피지억제	노화, 건성피부, 두발

	Fucus vesiculossus	Ph. Fucus HG Ph. Fucus A	풍부한아미노산 풍부한무기질 fucan	재생, 지방감소, 피부조임	느슨한 피부, 노화 피부, slimming
	Himanthalia elongata	Ph. Hilmanth HG	polyphenol	항균	여드름, 두피, 위생상품
	Macrocystis pyrifera	Ph. Macrocys HG	guluronic acid, mannuronic acid, mannite	보호작용, 진정	손상피부, 민감피부

CHAPTER

17

해조의 의학에 이용

CHAPTER 17

해조의 의학에 이용

1 thalassotheraphy

Algotheraphy를 이해하기 전에 thalassotheraphy에 대하여 알아둘 필요가 있다. 우리나라에서는 해양요법이라고 번역하고 있는데, thalasso는 그리스어로 바다를 의미하며, theraphy는 프랑스어로 요법을 말한다. 이 단어는 1867년 프랑스이 의사 Ponardier 박사에 의해 붙여진 이름이다. 기원전 484년 Heradotus는 태양에 의한 요법과 바다에 의한 요법은 대개의 질병에 꼭 필요한 것으로 특히 여성의 질병에 효과가 있는 요법이라고 하였다. 기원전 420년 의학의 아버지라 불리우는 Hippocrates는 가려움증과 자극통을 수반하는 피부병 치료에 온해수욕을 권하였으며, 플라톤도 이 생각을 인정하였으며, Aristoteles 자신도 해수의 최선의 처방은 따뜻하게 하여 온욕을 하는 것이라고 하였다. 기원 전이나 현재에도 algotheraphy에 대한 개념은 같으며, 파리의 법원은 이같이 정의하고 있다. 「thalassotherapy란 해수, 해양의 대기, 기후가 갖고 있는 다양한 특성을 이용하여 행하는 요법으로 이 요법을 행하는 데는 오염과 무관한 신선한 해수를 채취할 수 있도록 특별히 만들고, 또한, 온화한 기후라고 알려진 선택된 입지의 해변 시설이 필요하다」고 하였다. 1960년 프랑스 의학 아카데미가 정의한 것을 보면, 「해양 기후 중에서 해수, 해조, 해양 갯벌을 이용하여 행하는 치료」라고 하였다. 백년 이전부터 이와 같은 용어가 사용된 본고장 프랑스에는 해변에 본격적인 시설이 백여 곳 이상 있으며, 우리의 온천요법과 같이 재활이나 휴양시설로 이용되고 있다. 1959년 Bretagne 지방의 Roscoff에서 제 1회 세계 thalassotherapy 회의가 개최된 이후 이런 시설이 급증하였다고 한다.

해변에서 스트레스를 해소시키는 여유로움의 상쾌한 기분이 되는 소위 쾌적 기능이 있고 이를 바탕으로 해조 냄새, 파도의 리듬, 청량한 바람이 주는 피부와, 점막에의 자극 등에 의한 것으로 생각된다.

2 algotheraphy

Thalassotherapy의 일종으로 볼 수 있는 것으로서 algotheraphy가 있다. algo는 해조란 뜻으로 해조요법이나 해조 미용법이라 할 수 있다. 사용되는 해조는 바마다속이나 다시마속으로 가능한 깊은 곳에서 채취하여 50℃ 이하에서 건조하여 냉동 분쇄한다. 이같이 처리하면 생리적 작용을 없어지지 않는다고 한다.

구체적으로는 무기질 응축량을 증가시키므로 목욕탕에 50~60g 정도 넣어서 입욕제로 사용하거나, 피부에 도포하여 해조 팩을 한 다음 적외선을 쬐여 따뜻하게 한다. 양손을 펴서 열을 보호하기 위하여 열 밴드를 감아 준다. 해조 맛사지를 할 경우는 해조의 매끄러움으로 용이하게 마사지할 수 있다. 안면 팩의 경우는 두껍게 발라 10~20분간 적외선을 쬐어준다. 피부미용에서는 탈모후 2차적인 통증 감소에도 사용한다.

이와 같이 다양한 방법으로 사용하고 있고, 그 과학적인 근거로 여러 가지를 제시할 수 있으나 설명이 부족한 것도 있다. 우선 생각할 수 있는 것이 대부분 갈조이므로 알긴산의 이온교환 작용이다. 피부의 털구멍 등에 들어 있는 이물질을 알긴산이 둘러싸 밖으로 내보내는 것을 생각할 수 있는데, 알긴산은 끈적거리는 감이 없이 매끄러운 감촉을 준다. 해조중의 무기질을 피부로 흡수시켜 영양보급을 시키면 대사를 높여 긴장한 근육에 자극을 준다. 방사성 무기질을 이용한 실험에서 약 2시간 후 피부속에 무기질이 스며들어 간다고 한다. 특히 Mg와 K는 주름의 생성을 막는다고 한다.

이상과 같은 것을 생각할 수 있는데, 이유야 어떻든 algotheraphy를 할때는 피부에 기름기를 제거하고 해야 한다. 기름기나 sun 크림 등은 해조의 유효성분 특히 무기질의 흡수를 방해하기 때문이다. 또, 해안에 떠밀려온 해조를 집에 가져와 시험해보려는 사람도 있으나, 이러한 해조에는 대부분의 유효성분이 빠져나가고 없는 경우가 많아 효과를 기대할 수 없을 수도 있다. 무단으로 잠수하여 해조를 채취하는 것은 법에 위반일수도 있으므로 주의하여야 한다.

Thalassotherapy나 algotheraphy 이외에 fangotheraphy란 것도 있는데 이는 해저의 뻘흙을 이용한 요법을 말한다. 우리나라에서도 요즘 유행하고 있는 mud pack이 이에 해당한다고 할 수 있다.

3 한의학에 이용

1) 한의학의 기초

동양철학의 기본이 되는 것은 음양오행설로서 자연현상을 관찰하여 형성된 철학사상이 인간의 몸을 치료하는 한의학의 기본 원리가 되고 있다. 인체를 하나의 소우주로 보고 이 속에서 모든 것들이 조화를 이루고 있는 것이 건강한 상태이며, 어긋날 때 질병에 걸리는 것이다. 인체의 균형이 깨진 상태인 질병이 생기는 이유는 외부의 환경에서부터 기인하는 것과 내부의 정신적인 요인, 그리고, 과도한 활동이나 음식으로 인하여 발생하는 것으로 본다. 한의학의 이론적 배경은 질병이 걸린 후에 치료하는 것이 아니라 평소에 면역력을 증진하여 건강을 유지하는 것을 중시하는 것으로 자연의 법칙에 순응하는 다양한 양생법이 발전하였다.

우리의 몸에서는 질병에 대항하는 면역력인 정기와, 질병의 원인이 되는 사기가 힘겨루기를 하고 있다. 정기가 약해져 조화를 이루던 신체적 균형이 잘못되어 질병이 발생하였을 때는 신체의 전체적인 균형을 만들어내는 적극적인 방법으로 건강관리와 질병치료가 이루어져야 한다.

한의학에서는 식보약공(食補藥攻)-평상시에는 음식으로 몸을 보하고 질환이 발생했을 때 약으로 공격-이라 하여 평상시 생활에 주의점과 체질에 맞는 음식조절을 강조하고 병이 오기 전에 먼저 관리하는 법을 중시하고 있다. 체내 정기(면역력)가 충분하여 질환이 오지 않은 건강한 상태에서는 음식조절, 적당한 운동, 마음의 안정을 조절하는 양생법과 체질관리로 음양의 조화를 맞추고, 사기(邪氣)가 침범하여 자생적 유지능력이 없는 경우는 부족한 것을 채워주고, 남는 것을 덜어내는 침구 및 한약 치료로 인체의 불균형을 조절하여야 한다. 한의학은 질병이 오기 전에 예방의학으로 인체 정기(면역력)를 강화하고 음양의 균형을 유지하기 위한 실천방법으로 응용할 수 있다.

2) 양생법

한의학에서는 미병선방(未病先防)이라 하여 질병이 아직 발생하지 않았을 때 예방을 하는 방법으로 자연에 순응하는 식생활과 기거습관, 운동, 그리고 정신적 안정을 중시하고 있다. 운동, 식사, 수면이 제대로 이루어지면 신체의 균형으로 자신을 정상으로 이끌려는 기능을 제대로 발휘할 수 있어 건강을 유지할 수 있다.

한방에서 운동의 목적은 체력 강화보다는 신체의 균형을 드러내는 기(氣)의 순환을 원활히 하는 것으로 자연스런 기 순환은 자연스런 행동에서 나온다. 따라서 한의학의 입장에서는 과도한 움직임은 기운을 손상하고 자연스럽게 몸을 풀어주는 것이 체질에 관계없이 병을 예방하는 최선의 방법이다. 식사는 칼로리 인식에 기초한 육식 위주 보다는 신체의 균형에 어울리는 음식인 오곡 중심의 식사로 음양 균형을 조절하는데 역점을 둔다. 폭음폭식은 비위의 기능을 손상시킬 있고, 맛있는 음식을 많이 먹고 술을 즐기면 체내에 습이 생성되고, 편식이나 식사 부족은 영양결핍을 초래하여 건강에 나쁜 영향을 미칠 수 있다.

수면 역시 휴식이 아닌 신체의 균형을 유지하는 과정으로 이해한다. 흔히들 수면하면 일찍 자고 일찍 일어나는 것이 좋다고 생각한다. 그러나 이것은 신체의 상황에 따라 옳을 수도 혹은 그를 수도 있다. 일반적으로 나이나 생활환경, 계절에 따라 달라지는데 어린아이는 양기가 발달되어 있으므로 잠을 많이 자는 것이 좋고 노인은 양기를 발달시킬 필요가 있어 일찍 일어나는 것이 좋다.

현대인의 생활은 정신적으로는 양적 경향이 강한 상태이고, 육체적으로는 울체되어 음적 경향이 강한 상태가 되기 쉬우므로 비교적 정기적인 가벼운 육체 활동 후 안정된 수면을 취하는 것이 바람직한 건강법이다.

3) 사상체질

한의학에서는 사람마다 타고난 장기의 강약에 따라 음양체질로 나눈다. 음(陰)은 수렴적, 방어적, 보수적인 것의 표상이고 양(陽)은 확산적, 공격적, 강제적인 것의 표상으로 인체의 전체적인 흐름을 이러한 양적 요소가 주도하는 경우를 양 체질이라 하고, 음적 요소가 주도하는 경우를 음 체질이라 한다. 건강의 비결은 음양의 평형을 유지하는 것이며, 음양의 평형은 자신의 체질에 맞는 생활을 통해 가능하다. 체질에 맞는 생활이란 양 체질은 음적인 요소를 보완할 수 있고, 음체질은 양적인 요소를 보완할 수 있는 생활을 의미한다. 양체질은 비교적 활동력이 많고 신진대사가 활발하므로 음적인 요소를 보완할 필요가 있으며, 이를 위해 운동을 하기보다는 휴식을 하는 것이 좋고 음식은 자극성이 없고 중후한 것을, 수분은 되도록 많이 섭취하는 것이 좋다. 수면은 7~8시간이 적절하며 마음은 안정을 유지하도록 노력해야 하며 음악은 조용한 것이 좋다. 음 체질은 비교적 활동력이 적고 신진대사가 활발치 못하여 양적인 요소를 보완할 필요가 있으며, 이를 위해 휴식보다는 운동을 하는 것이 바람직하며 음식은 자극성이 있고 담백한 것을 섭취하는 것이 좋고 수분은 비교적 적게 섭취하는 것이 좋으며 수면은 5~6시간이 좋다. 적극적인 마음을 갖도록 노력하고 발랄한 음악을 청취하는 것이 좋다.

음양체질을 더 세분하면 조선시대 의학자 동무 이제마 선생이 창안한 한국 고유의 한의학인 사상의학이 있다. 이는 현재까지 약 100년 동안 임상 실험을 통해 과학성이 입증되고 있는 우리나라 고유의 한의학이다. 사상의학은 하늘이 정해준 이치(理)에 의해 이미 태어날 때부터 갖고 있는 고유한 장리(臟理)가 있고, 똑같은 환경이라도 나타나는 병의 양상이 사람마다 다르다는 것을 의서와 경험으로 관찰한 것이다. 사상의학에서는 각 사람들이 가진 장기 기능의 대소 차이와 특징을 파악하고 그것을 기초로 외모, 심성, 병증 등의 차이를 분석 정리하였으며 체질에 맞는 음식을 제시하였다.

체질관리를 하기 위해서는 체질의 분류가 먼저 이뤄져야 하는데, 체질을 분류하는 방법은 여러 가지가 있다. 그중에서 체질 감별에 가장 중요하게 생각하는 3가지를 중점적으로 논의하였으며 부가적인 설명도 곁들였다. 첫째, 체형을 보고 가슴 이상이 발달하면 양인(소양인, 태양인), 가슴 이하 하체가 발달하면 음인(소음인, 태음인)으로 분류한다. 태양인은 뒷목 근육이 발달하며, 소양인은 흉곽이 발달하고, 태음인은 배가 발달하고, 소음인은 엉덩이나 아랫배가 발달한다. 둘째, 성격이나 인상을 관찰하여 눈 광채가 있고 마른편이면 태양인, 마르고 신경질적인 인상은 소양인, 느긋하면서 겁이 많으면 태음인, 소심하면서 답답하면 소음인으로 분류한다. 셋째, 평상시 자주 나타나는 병적증세로 분석한다. 태양인은 열적이나 다리가 무력해지기 쉽고, 소양인은 허리나 무릎이 자주 아프고, 발바닥이 화끈거리고, 태음인은 쉽게 피로를 느끼고 눈이 자주 충혈되고, 고혈압인 경우가 많고, 소음인은 소화불량과 설사가 자주 나타난다. 이외에도 맥을 짚거나, 각각 체질에 따라 특징적인 약을 복용한 후 거부 반응이 나타나거나 병이 악화되면 체질이 맞지 않는다고 확인한다거나, 침 치료를 통하여 알아보는 방법이 있고, 최근에는 사상체질 분류 검사지를 이용하여 분류하기도 한다. 사상의학은 체질의 분류와 선천적인 체질의 특징을 이해함으로써 인간의 질병 예방과, 치료, 수양의 태도를 제시하고 각 개인이 자신의 언행과 마음을 다스림으로써 건강을 유지하고 인간다운 삶을 누릴 수 있는 길을 모색하게 한다.

4) 한의학의 가치

지난 수세기 동안 동양학은 막강한 서양학의 권력에 눌려 비과학적인 것으로, 그 가치를 매도당하고 자리매김을 하지 못하고 표류하였다. 그러나 최근에 서양학 자체적으로 명확한 해결책을 제공하지 않는 각종 문제점이 제기되면서 동양학에 대한 관심과 그 가치에 대한 재고의 움직임이 일고 있다. 특히 한의학은 동양철학의 정체성과, 현실적으로 운용이 가능한 특징으로 현재까지 효과적인 질병치료 수단으로 운용되고 있다. 인체와 자연환경도 하나의 유기체이고 통일적인 정체라고 인정하고 이런 내외 환경의 통일성과 유기체 자신의 정체적 사상을 발전시킨 정체성은, 자연계의 규율인 음양의 변화와 사계절의 운행, 즉 음양오행학설을, 작은 우주(소우주)인 인체에 적용시켜 건강한 상태를 신체가 음양의 조화를 이루고 있는 상태라고 여겼다. 또한 한의학의 질병치료나 건강관리에 대한 방식은 질병을 직접 치료하는 건강관리방식에서 건강의 증진에 대한 다양한 방법을 제시하는 건강관리방식인 양생법으로 설명된다. 양생법은 음식, 수면, 적당한 운동으로 몸의 음양 균형을 맞춰 주게 되면, 신체내의 모든 부분이 정상적인 역할을 하게 되고 이를 바탕으로 신체의 각 부분이 스스로 정상으로 돌아가려는 힘이자 질병을 스스로 퇴치할 수 있는 힘인 정기(생명력)가 강해져서 건강을 유지할 수 있게 하는데 의의를 둔다.

5) 한약재로서 해조류의 이용

한방에서 해조류는 곤포(昆布)와 해조(海藻)라는 이름으로 간(肝), 위(胃), 신장에 생긴 소염이나 수종 및 각기병을 치료하는데 사용되어 왔다. 곤포(昆布)에 속하는 해조류는 다시마, 감태, 미역이 있고, 해조(海藻)에 속하는 종은 주로 모자반류로 알려져 있다. 또한, 해조류는 육상식물에 비해 비타민과 미네랄, 마그네슘, 칼슘, 요오드, 철 등의 함량이 높아 생리활성이 높은 물질이다. 미역과 다시마, 파래 등은 암과 고혈압 억제에 좋으면 김은 콜레스테롤강하작용과 함께 궤양을 막는 작용을 한다. 옛 성인들은 김, 미역, 다시마 등의 해조류가 회춘을 돕는다고 믿었다. 나이가 들수록 이가 빠지고 골격이 약화되는 것은 칼슘이 부족하기 때문인데, 칼슘의 대표적인 음식인 해조류로 보충할 수 있다. 또한 단백질이나 철분, 비타민 등도 풍부하다.

동의보감에서 한약재로 이용한 해조류에 대해서 알아보면 다음과 같다. 녹조류인 청각(녹각채-鹿角菜)은 성질이 몹시 차고(大寒) 독이 없어 열기를 내리고 어린이의 골증(骨症)을 치료하며 메밀 독을 풀어내는 재료로 활용되었다. 갈조류인 미역(해채-海菜)은 열이 나면서 답답한 것을 없애고 양성종양(영류)과 기가 뭉친 것을 치료하며 오줌을 잘 나가게 한다. 모자반(해조-海藻)은 성질이 차고(寒) 맛이 쓰면서 짜고, 영류, 멍울(結核), 산기(疝氣)로 음남이 처진 것, 음낭이 붓고 아픈 것을 치료한다. 12가지 수종도 낫게 하는데 오줌을 잘 나가게 한다. 참다시마(해대-海帶)는 산기(疝氣)를 치료하고 수기(水氣)를 내리며 영류와 기가 뭉친 것을 낫게 하며 굳은 것을 부드럽게 한다. 다시마(곤포-昆布)는 성질이 차고 맛이 짜며 12가지 수종을 치료하는데 오줌을 잘 나가게 하고 얼굴이 부은 것을 내리게 한다. 또한 누창(瘻瘡)과 영류, 기가 뭉친 것(結氣)도 치료한다. 홍조류인 김(甘苔)은 성질이 차고(寒) 맛이 짜서 치질 및 곽란으로 토하고 설사하는 것, 속이 답답한 것도 치료하는데 사용하였다.

표 17.1에 한약재로 이용되는 해조류를 요약하였다.

표 17.1 한약재로 이용되는 해조류

종류	분포	용도
녹조류		
참홑파래	남해	고콜레스레롤
납작파래	남해	고콜레스레롤
창자파래	전 해역	항세포물질, 세포독성
잎파래	전 해역	항바이러스성 감기
가시파래	전 해역	고콜레스레롤, 아구창, 진통제, 염증, 기침, 편도선염, 코피, 기관지염, 해열, 임파선염, 갑상선종, 천식, 일사병
모란갈파래	제주	해열제, 일사병
참갈파래	남해, 제주	응혈, 연주창, 인후염, 후두염, 비뇨기질환, 수종, 임파선결핵, 해열제, 입냄새, 갑상선종
구멍갈파래	전 해역	임파선염, 응집소, 상처, 항균, 갑상선종, 수종 비뇨기질환, 해열제, 고혈압
그물갈파래	남해	용혈
바위대마디말	동해, 남해, 제주	세포독성, 항세포물질, 응집소
돌헛뿌리말	서해, 남해, 제주	상처
이끼깃털말	남해	응집소
참깃털말	전해역	바이러스성 감기, 항균
떡청각	남해	근수축, 쥐의독성
청각	전해역	항균, 구충제, 수종, 비뇨기질환
넓청각	남해, 제주	항균
갈조류		
가온열매실말	서해	항세포물질
참그물바탕말	동해, 서해, 남해	항균
민가지말	남해	약재, 항균, 응고물질
고리매	동해, 서해, 남해	식용, 마른기침, 후두염, 항세포물질, 림프결핵
참산말	동해, 남해	응고물질, 항균
쇠꼬리산말	서해, 남해	응고물질
미역	전지역	니코틴독성, 수종, 치질, 고혈압, 위장질환, 비뇨기질환
감태	제주	고혈압, 알긴산
대황	울릉도	혈압강하제, 알긴산

다시마	동중해	수종, 고혈압, 항응고, 비뇨기, 위장, 갑상선, 연주창, 치질
애기다시마	동중해	생리불순, 항응고, 항미생물
톳	서해, 남해, 제주	약재
들모자반	전 지역	약재
쪽잎모자반	남해, 제주	갑상선종, 연주창
괭생이모자반	전 지역	연주창
미아베모자반	동해, 남해, 제주	약재, 알긴산
비틀대모자반	동해	알긴산, 항미생물
지충이	전 지역	구충제
홍조류		
잇바디돌김	남해, 제주	연주창, 기침, 부종, 홍역, 기관지염, 괴혈병
둥근돌김	서해, 남해	연주창, 폐질환, 치통, 고혈압, 신장-비뇨기질환, 결핵
참김	서해, 남해, 제주	저콜레스테롤, 노화방지, 소화성궤양
갈고리풀	전 해역	항균
개우무	전 해역	항균
우뭇가사리	전 해역	장질환, 항균
애기우뭇가사리	전 해역	이질, 위장질환, 혈소판질병, 치질
산호말	전 해역	구충제
붉은애기산호말	남해, 제주	저혈당, 섬유소용해, 지방분해
뼈지누아리	동해	응집소
참지누아리	전 해역	응집소
털도박	동해, 남해	응집소
명주도박	동해, 남해, 제주	응집소
미끌도박	전 해역	응집소
참도박	동해, 남해, 제주	응집소, 항균
개도박	동해, 남해, 제주	응집소
채기꼴도박	동해, 남해, 제주	응집소
애기풀가사리	남해, 제주	응집소, 안정제
불등가사리	서해, 남해, 제주	응집소, 기침, 천식, 편도선염, 기관지염, 결핵 위장장애, 갑상선종, 관절염
풀가사리	남해, 제주	응집소, 천식, 연주창, 갑상선종, 위장질환, 결핵, 기침, 기관지염, 편도선염, 류마티즘, 관절염, 천식
꼬시래기	전 해역	갑상선종양, 항균, 폐결핵, 위장질환, 비뇨기질환, 수종
부챗살	전 해역	응집소
진두발	전 해역	응집소, 안정제, 장질환, 항균
주름진두발	남해, 제주도	설사, 비뇨기질환, 항균, 만성폐감염

깃꼴진두발	남해	응집소
가시돌가사리	전 해역	응집소
붉은은행초	남해	응집소
술외깃풀	남해	응집소
가시풀	남해, 제주	두통
비단풀	서해, 남해, 제주	응집소
큰사돈비단풀	남해	응집소
참각시혀	서해, 남해, 제주	구충제
개서실	전 해역	구충제
각시서실	전 해역	항균, 항세포물질, 근수축
서실류	전 해역	항균, 항암
새빨간검둥이	전 해역	브롬, 항균, 항세포물질
모로우붉은실	전 해역	항균

4 오끼나와의 장수와 해조식

일본의 남쪽 끝에 있는 섬 오끼나와는 세계에서도 장수하는 곳으로 유명하다. 우리나라에서는 이와 유사하게 바다를 끼고 있는 섬 남해가 장수하는 곳으로 알려져 있는데 일본내에서 오끼나와 장수의 특징은 다음과 같다.

① 암에 의한 사망률이 일본내에서 가장 낮다
② 인구 10만명 당 100세 이상의 노인들의 비율이 다른 곳에 비하여 가장 높다
③ 평균수명이나 평균여명이 가장 길다
④ 65세 이상으로서 80세 까지 사는 비율이 가장 높다
⑤ 80세에서 90세까지 사는 비율도 가장 높다.

장수의 이유로서는 오끼나와가 가지고 있는 자연 풍토와 역사적 배경, 국민성, 식생활 등을 들고 있다. 지리적으로는 아열대 기후에 속하며 1년의 2/3가 여름으로 평균기온 23℃, 평균 습도 77% 이다. 어떤 면에서는 고온다습하지만 매우 따뜻하여 소위 상하의 나라라고 할 수 있는 자연환경이다. 그 위에 어른을 공경하는 경로사상

이 강하여 조상을 잘 섬긴다. 또, 고령자라도 놀지 않고 일하는 문화이며 식생활 습관에 의하면 쌀 보다도 고구마를 많이 섭취하며, 단백질원으로서는 고기보다 두부를 많이 먹는다. 물론 야채를 거르는 일이 없으며 파래, 다시마, 톳 등의 해조를 주 1~3회 또는 그 이상 섭취한다.

1) 오끼나와의 식용해조

오끼나와에서 식용으로 하는 해조들을 표 17.2 에 정리하여 놓았다.

표 17.2 오끼나와에서 자주 식용으로 하는 해조류

분류	해조	방법
녹조류	참홑파래	생즙
	김파래	튀김
	구멍갈파래	조림
홍조류	참가시우무	참가시우무두부
	꼬시래기	초절임
	〃 (*Glacilaria blodgetii*)	해조샐러드
	갈래곰보	생선회에 곁들임
	참김	튀김
	기린채(Eucheuma)	초절임, 된장국
갈조류	다시마	다시마채 요리
	〃 (*Laminaria angustata*)	샐러드, 된장국
	미역	초절임
	톳	기름에 볶음
	미끈가지	미끈가지탕

(1) 오끼나와 다시마 식

오끼나와에서 채취한 다시마는 예부터 일상식으로 이 지방의 대표적인 요리로 다시마채와 곤약, 돼지고기 등을 넣고 볶은 쿠부 이리치가 있다. 일상의 가정요리로도 다시마는 오징어 볶음이나 육즙에 넣어 먹기도 한다.

고급이 아닌 다시마 등은 돼지고기나 어묵, 살짝 튀긴 어묵등과 기름으로 볶아 먹는다. 오끼나와의 전통행사식으로는 많이 튀긴 두부와 다시마가 일체감이 있도록 여러 가지 재료와 섞어서 먹는데 오끼나와의 장수와도 연관이 있는 것 같다.

(2) 오끼나와 미끈가지

이것은 다른 지방의 미끈가지와 달리 두껍고 점질물이 많다. 미끈가지 식이가 혈청콜레스테롤에 미치는 영향을 흰쥐에 실험한 결과 나쁜 콜레스테롤이 감소하고 좋은 콜레스테롤은 증가하여 성인병 예방에 효과가 큰 것으로 나타났다. 또, 간장에 좋은 점과 체중 증가 억제 효과도 있어 오끼나와 장수자들이 즐겨 먹어온 초절임 미끈가지는 장수를 뒷받침하는 식품이다.

(3) 꼬시래기와 *Eucheuma*

오끼나와에서 식용하는 홍조류 중 *Eucheuma*는 콜레스테롤 혈증에 좋다는 것이 확인 되었으며 꼬시래기도 식용으로 이용되고 있다.

(4) 참홑파래와 김파래

이들 녹조류는 튀김이나 국에 넣어 먹는다.

이와 같이 오끼나와에서는 이 지역에서 생산되는 해조류들을 널리 식용하고 있어 이들이 장수의 한 요인이 되고 있다.

CHAPTER

18

해조의 biotechnology

CHAPTER 18

해조의 biotechnology

1 해조류를 이용한 biotechnology

최근에는 해조 biotechnology에 관한 연구가 상당히 활발히 이루어지고 있는데 주로 나세포(protoplast)를 만든 다음, 세포융합(cell fusion)시키거나 유전자 조작(gene manipulation)을 한다. 해조는 녹조, 갈조, 홍조에 따라서 세포벽다당이나 세포간 점질다당의 구성당이 다르고 종류에 따라서도 다르기 때문에 전복, 성게, 군소 등 해산동물의 내장이나 세균, 곰피에서 추출, 정제한 다당 분해효소를 목적에 맞게 단독으로 또는 함께 사용하여 protoplast를 만든다. 해조 다당류는 해조가 생육하는데 없어서는 안 될 성분이며, 그 이용도는 앞서 설명한 대로 매우 폭 넓다. protoplast를 쉽게 만들 수 있다면 지금까지 다당이 공존해 있어 곤란했던 세포내 각종 성분의 생합성 과정이나 효소작용을 밝힐 수 있어 그 또한 응용범위가 매우 넓다.

최근 미생물 분야에서 눈부시게 발전하고 있는 biotechnology란 기술은 동물에서 고등 식물에 이르기까지 대상 생물이 넓혀져 많은 성과를 거두도 있다. 해조 분야에는 1950년대 초기부터 해조의 조직배양의 시도가 시작되었다. 당초는 알콜이나 염소산나트륨 용액을 이용하여 무균조직을 얻기 위하여 여러가지 시도가 이루어졌으나 눈부신 성과를 거두지는 못하였다. 그후, 항생물질의 등장과 기술적 개량에 의해 1980년대에 이르러서야 비로소 일본, 미국, 중국 등에서 여러가지 첨단기술이연구되어 그후 각국에 보급되었다. 현재는 홍조를 중심으로 녹조, 갈조에서도 착실한 연구성과를 올리고 있으며, 장래 유망한 기술로서 급속하게 발전되고 있다.

해조의 biotechnology는 조직배양(tissue culture), callus 유도, protoplast의 작출과 재생, 세포융합(cell infusion), 유전자 조작(gene manipulation) 등 여러 분야가 포함되어 이용되는 용어도 아직 통일되지 않고 있는 등, 금후 해결하여야 할 문제도 아직 많다. 그러나, 이 기술은 해조를 단순히 식량자원으로 이용하는 것 이외에 유용물질의 대량생산이나 생리활성 물질, 또는 에너지원으로서 장래 이용하기 위하여 가능성을 찾는 데에도 매우 중요한 것으로서 그 발전이 기대된다.

1) 무균화

해조의 무균화는 biotechnology의 가장 기초적이며 중요한 단계로서 해조의 biotechnology는 우선 무균화부터 시작된다고 하여도 무리는 아니다. 그러나, 해조 표면에는 점질물이 존재하며 매우 다종 다양한 세균이 부착하고 있어 무균조직을 얻기는 그다지 쉽지 않다. 종래 무균화법으로 시도되었던 것은 pipet 세정법, 묽은 한천판 세정법, 자외선 조사법, 초음파 처리법, 항생물질 처리법, 알콜, 요오드 또는 염소 용액에 의한 살균법 등이 있다. 어느 방법이나 독자적으로는 불충분하며, 혼합한 방법을 쓰는 것이 좋다. 예를 들면, 해양에서 채취하여 온 해조는 우선, 눈에 보이는 부착생물을 제거하고 초음파 처리로서 다시 미세한 부착물을 제거한다. 이어서, 복수의 항생물질 혼합액에 2일 정도 배양 하여 최후에 요오드 또는 염소로서 살균하는 것이 유효하다.

유주자를 방출하는 해조는 그림 18.1에 나타낸 바와 같이 일단계 선택법이 비교적 간단하고 재현성이 좋아 무균화율이 90% 이상 고율로 얻어진다. 또한, 다시마 줄기와 같이 굵은 것은 알콜 살균후 cork borer로 쳐서 뽑아내는 법으로도 무균 조직을 얻을 수 있다. 무균화 처리를 한 해조는 액체 배지에서 무균을 확인하지 않으면 안된다. 무균조직을 얻는 것은 할수 있어도 세포가 살아 있다고 단정할 수는 없다. 조직의 무균화와 활력이 큰 세포를 얻는 것은 때때로 상반되기도 한다.

그림 18.1 간단한 조류 strain의 무균화 방법(1단계 선택법)

2) 조직 배양

대형 해조의 조직배양이 성공한 것은 1978년 Canada의 Chen등에 의한 홍조류를 이용한 무균 조직 배양과 일본의 Saga 등에 의한 다시마 callus형 조직에서 얻은 단세포 clone다시마의 작출이 처음이다. 그 후 많은 유용 해조의 조직배양이 이루어지게 되었다. 조직배양은 전술한 바와 같이 무균화된 조체로서 행하나, 어느 것이라도 한천 배지에 이식후 callus를 얻어 이것에서 유래한 단리조직을 얻을 수 있다. callus는 조체 일부를 절제하여 배양할때 생기는 부정형의 세포덩어리로서 일정조건하에서는 분화능을 갖지 않는다. 일반적으로 callus는 상처난 조직이 한천, carrageenan, 젖은 여과지등 고형물과 해수증기가 포화한 공기중에 놓여졌을 때 유도되며 많은 해조에서 callus 유도가 성공하고 있다.

해수로서는 보강해수 또는 인공해수를 이용하나 인공해수가 일반적이다. 배지로서는 ASPC-1이나 ASS 배지도 개발되어 이들에 당류나 유기산 등을 가하여 callus 형성에 이용하고 있다. 지금까지 보고된 해조류 조직배양 중 수산상 중요한 것을 표 18.1에 정리하였다.

표 18.1 조직배양을 행하고 있는 해조류

녹조	갈조	홍조
Boergesenia forbesii	*Dictyosiphon foeniculaceus*	김류
Bryopsis plumosa(깃털말)	곰피(*Ecklonia stolonifera*)	방사무늬김
Entermorpha linza(잎파래)	다시마	*Agardhiella subulata*
E. intestinalis(창자파래)	*Laminaria angustata*	*Chondrus japonicus*
Kornmannia zostericola(홀파래사촌)	*L. digitata*	우뭇가사리
Monostroma grevillei(물파래)	*L. saccharina*	*Gelidium robustum*
Ulva linza	*Macrocystis pyrifera*	*G. nudifronds*
U. taniata	미역	*Gigartina exasperata*
	Sargassum muticum	*G. epihippisora*
	Sargassum heterophylum	*Gracilalia tikvahiae*
	Sargassum spp. 7종	
	Fucus spiralis	

조직배양에는 배지조성이 무엇보다 중요하며, 최근 빛의 조건, 삼투압이나 한천농도 등 물리적 조건도 검토되어, 홍조 서실속과 지누아리속에서는 한천농도가 0.3%에서 15%에 가까울수록 callus 유도가 촉진된다. 또한, 식물 성장조절 물질(auxin류와 cytokinin류)을 해조의 조직배양에 쓰는 것도 주목되고 있으며, 녹조 파래속에는 indole 초산과 kinetin의 혼합이, 홍조 *Agardhiella*에서는 페놀초산과 zeatin, 2,4,5-trichlorophenoxy초산과 6-benzylaminopurine, indole 초산과 kinetin의 혼합이 유효하다. 식물 성장 조절물질에 관한 연구는 아직 미흡하며 앞으로 발전되어야 할 분야이다.

해조의 조직 배양은 수산상 중요한 조류의 육종을 직접 목적으로 한 것이 많다. 일례를 들면 한천 원조를 대상으로 한 경우이다. 한천 원조인 홍조의 개우무에서

callus를 유도하여 여기에서 다당을 분리 추출한 결과, 다당은 한천을 주다당으로 한 전형적인 agarose이었으나, 황산과 methyl기 함량이 천연산보다 약간 감소하였다. 한천 원료로서 가장 중요한 우뭇가시리속의 품종개량을 목표로 하여 조직배양 기술을 이용한 여러가지 자가불염성 변이주의 개발도 추진되고 있다. 조직배양의 이점은 조직배양으로 작성한 callus와 callus에서 얻어진 단리 세포를 이용함으로서, 영양 번식을 위하여 다른 데로부터 유전정보가 들어가지 않는 부모와 똑같은 동형질의 복사가 많이 만들어져 특정의 우수한 부모주로부터 다수의 종묘를 확보할 수 있다는 것이다.

3) protoplast 작출과 배양

Protoplast는 조직이나 callus로부터 효소에 의해 세포벽을 제거하여 얻은 세포막으로 둘러싸인 원형질로서 원형질체라고도 한다. 조종에 따라서는 물리적 protoplast를 얻을 수도 있다. 세포융합이나 유전자 조작 등에 의한 육종에는 불가결한 것으로서 세포벽의 생성 기구의 해명, 세포의 분화, 영양요구를 연구하는 재료로서 적당하다.

해조의 protoplast는 1979년 녹조 창자파래에서 처음으로 얻어졌다. 이것을 계기로 많은 녹조에서 protoplast가 육상식물에서 사용된 효소를 이용하여 작출되었다. 이에 대하여 갈조나 홍조의 protoplast 작출은 약간 늦게 이루어졌다. 이 원인은 육상식물 모두가 cellulose를 주체로 하는 세포벽을 가지고 있는데 비하여 해조에서는 녹조, 갈조, 홍조에 의해 또, 분류상 동일 문 내라도 종류에 따라 세포벽 구성 다당이나 세포간 점질 다당이 다른 점에 있다. 예를 들면 갈조에는 알긴산과 fucoidan, 홍조 김에는 phorphyran, xylan, mannan등을 분해하여 비로소 protoplast가 얻어진다. 세포벽 용해 효소로서는 전복, 성게, 군소 등 해양 동물 유래의 것, 곰팡이나 세균 유래의 것, 원생동물 아메바 유래의 것 등이 있다. 각각 효소의 성질에 특징이 있으며, 단독으로 사용하거나 혼합하여 사용하는 경우가 있다. 일례로서, 홍조 방사무늬김의 protoplast 단리법을 소개한다. 항생물질과 요오드용액으로 무균화 처리한 조체를 2% protease (pH 6.0)로 10분간 처리하여 세포표면의 단백질을 분해 후 2~3mm의 절편으로 한다. 이 절편 약 0.5~1g을 세포벽 분해효소 용액으로 2% 전복 중장선

아세톤 분말, 2% macelotium, 0.3M mannitol, 0.5M dextran, 황산칼륨을 함유한 해수(pH 6.0)중에서 20~22℃로 하여 2~4시간 진탕한다. 유리한 protoplast는 20㎛의 나일론 체로 여과후 1000rpm에서 5분간 원심분리하여 효소액을 제거한다.

세포벽 분해효소 용액은 갈조에서는 cellulase, pectinase, dorycellase를 추가로 첨가한다. 녹조의 세포벽 분해효소 용액으로서는 시판 celluase로서 충분한 경우가 많다. 지금까지 보고된 protoplast중에서 중요한 것을 표 18.2에 나타내었다.

표 18.2 protoplast가 단리된 해조

녹조	갈조	홍조
Boergesenia forbesii	다시마	*Porphyra lanceolata*
Bryopsis plumosa(깃털말)	미역	*P. leucosticta*
Entermorpha linza(잎파래)	*Macrocystis pyrifera*	*P. nereocystis*
E. intestinalis(창자파래)	*Egregia menziesii*	둥근돌김
Kornmannia zostericola(홑파래사촌)	참그물바탕말	방사무늬김
Monostroma grevillei(물파래)	가시뼈대그물말	갈래곰보
Ulva linza	주름뼈대그물말	미끌지누아리
U. taniata	긴불레기말	참지누아리
U. fasciata	*Sphacelaria sp.*	*Kallymenia perforata*
납작파래	*Scytosiphon lomentaria*	*Chondrus japonicus*
구멍갈파래	*Sargassum natans*	우뭇가사리
가시파래	*S. filipendula*	*Gracilalia tikvahiae*
모란갈파래	*S. echinocarpum*	*G. epihippisora*
Acetabularia ryukyuensis	*S. fluitans*	*Gelidium robustum*
Dervesia marina(초록엉킨실)	*S. polyphylum*	*G. nudifronds*
Bryopsis maxima	*Fucus spiralis*	*Gigartina papilata*
Boergesenia forbessi	*F. distichus*	

녹조갈파래의 protoplast 대부분이 체세포 유래의 것이지만 돌가사리속에는 접합자에서 protoplast가 95% 이상 고수율로 얻어지며, 세포벽 생합성 연구에 이용되고 있다.

방사무늬김의 protoplast는 PES배지중 19.5nE^{-1}m^{-2}의 강도의 빛에서 10시간 명, 14시간 암으로 배양하면 세포벽이 재생하여 세포분열을 반복하며 callus 상의 조직에서 정상적인 엽체로 성장한다. 김속 이외의 홍조는 재생이 어렵다. 또한, 녹조의 protoplast는 재생이 쉬우며 정상개체로 성장하지만 갈조는 매우 어렵다. 방사무늬김에서는 제 1단계의 protease처리 조건에 따라서는 외관적으로 정상적인 protoplast가 얻어져도 단백질이 변성하여 protoplast가 재생하지 않는 경우가 있다. protoplast 작출에 이용하는 효소는 좀더 검토가 필요하며 보다 좋은 세포벽 분해효소의 검색 방법이 검토되고 있다. 이와 같이 하여 얻어진 protoplat를 이용하여 다시마속의 *Laminaria digitata*에서 callus를 유도하고, 그 callus 유래 세포의 현탁배양이 되고 있다. 더욱이 *Macrocystis*속, 김속, 파래속의 protoplast를 알긴산, carrageenan, agarose 등의 다당겔로 고정화 하고, 겔내에 callus를 유도하여 겔 표면에 엽상체를 성장시키는 것도 가능하게 되었다. 또한, 구멍갈파래, 리본갈파래등의 녹조, 참다시마, 미역 등의 갈조, 방사무늬김, 붉은땀띠 등 홍조류의 protoplast를 이용하여 단백질 성질을 조사한 결과 세포벽에 유래하는 단백질은 양적으로는 매우 적은 것으로 알려졌다. protoplast는 해조 다당의 생합성, 구조를 조사하는데 뿐 아니라, 항상 성분 연구에도 이미 사용되고 있다. 금후 조직배양에서 남아있는 문제점에는 해조의 성장과 분화인자의 동정과 단리, 보다 정밀한 세포벽의 성분과 구조 해명, 세포벽 효소분해 표준화법의 개발 등을 들 수 있다. 이미 일부에 대하여는 연구가 개시되고 있다.

4) 세포 융합

세포융합은 교배가 곤란하거나 불가능한 해조간에 품종 개량을 할때 매우 유효한 기술이다.

세포 융합법으로서는 $NaNO_3$법, 고 pH-고 Ca법, polyethyleneglycol(PEG)법, dextran법, 전기 pulse법, 원심력에 의한 법 등이 고등식물에서 이루어지고 있으나, 재현성이 있는 방법은 고 pH -고 Ca법, PEG법 및 전기 pulse법 들이다. 해조에서 재현성이 있는 성공예도 거의 PEG법과 전기 pulse법이며 홍조의 방사무늬김의 색체 변이체간 홍조 꼬시래기속간 뿐아니라 홍조속과 녹조 파래속간 까지도 세포융합이 행하여지게끔 되었다. 그림 18.2에 일례로 PEG법에 의한 세포융합의 원리를 나타낸다.

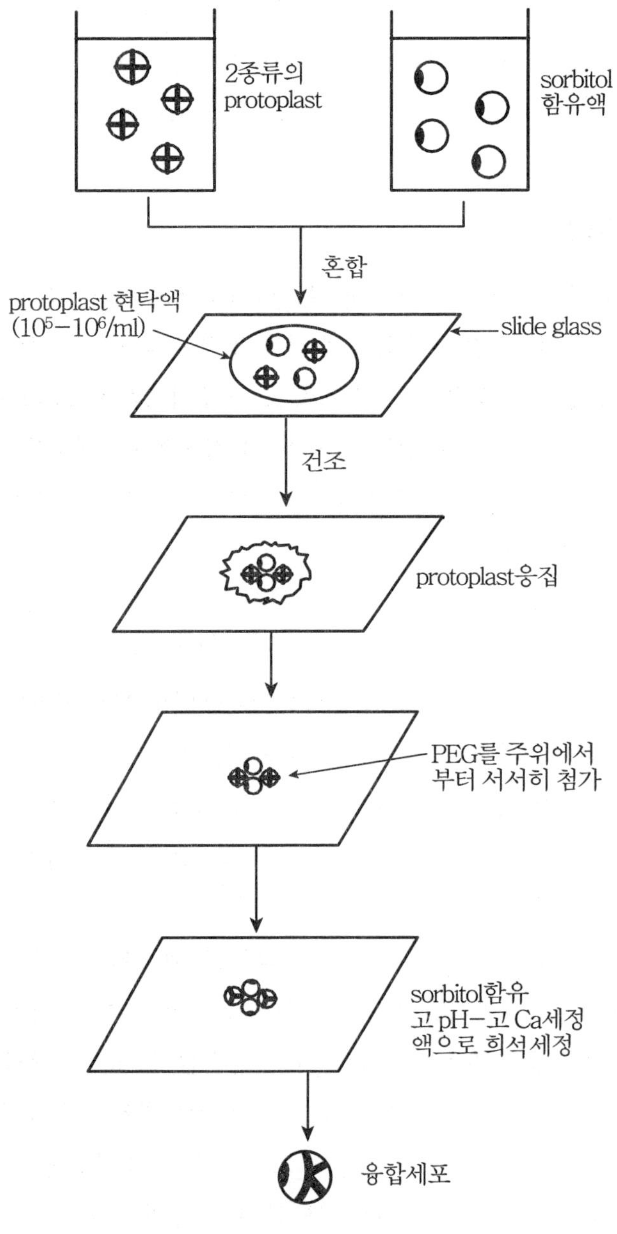

그림 18.2 polyethyleneglycol(PEG)에 의한 세포 융합법

어느 융합방법이라도 세포융합은 무작위로 일어나며, 이종 세포만이 1:1로 융합하는 것만은 아니다. 융합율은 동종간에 10%, 이종간에 1% 전후이며, 동종간 또는 2개 이상의 세포도 융합하므로 그중에서 목적으로 하는 세포를 선발, 배양하는 것이다. 또한, 융합세포에서는 양방의 형질이 발현한다고 할 수 없으며, 목적으로 한 형질이 결합되는 수도 있다. 융합세포의 선발이나 그후의 배양에 의한 재생에는 아직도 해결해야 할 문제가 많고 금후 기술 향상이 기대되고 있다.

5) 유전자 조작

고등식물에 있어서의 biotechnology는 protoplast작출, 조직배양, 세포융합은 이미 실용화된 단계이며, 연구 중심은 유전자 조작에 옮겨지기 시작하고 있다. 이에 대하여 조류의 유전자 조작은 담수산 단세포 조류의 *Chlamidomonas*에서 효모 유래의 plasmid를 vector로하여 형질 전환이 된 정도이며, 해조에는 전혀 손을 대지 않은 분야이다. 그러나, 유전자 조작에 빼수 없는 기술로서 핵산의 단리와 염기배열의 해석이 급속히 진행중에 있다.

DNA와 RNA의 분리에 대하여는 갈조 돌가사리류의 정자 DNA, 갈조 *Macrocystis*의 엽록체 DNA가 단리되어, *Macrocystis*, 홍조 김류, 녹조 창자파래로부터 다당류와 polyphenol 을 제거하여 mRNA를 분리하는 방법도 확립되었다. 더욱이, 녹조의 깃털말류, 갈조의 다시마류, 홍조의 방사무늬김, 왜비단잘룩이에서 엽록체 DNA를 제한 효소로 절단한 fragment를 분석하여 그들 해조의 계통 분류가 행하여지고 있다. 홍조 꼬시래기류 4종에서는 ribosome RNA의 전 염기 배열이 결정되었다. 그외 유용 해조의 염기배열도 가까운 장래에 밝혀질 것으로 보인다.

유전자 조작에는 그외 외래 유전자를 목적하는 해조에 도입하기 위하여 DNA의 운반 역할을 하는 vector의 개발이 불가결하다. vector는 보통 virus DNA와 plasmid이다. DNA실험의 성공여부는 좋은 vector를 발견할 수 있는가 하는데 있다고 할 수 있다. 현재 갈조의 끈말류등 2,3의 갈조에서 virus의 존재가 보고되고 있으며, 다른 해조 34종에서도 이미 세균, 곰팡이 등에 의해 종양성의 세포증식이 일어나고 있는 것이 알려져 있다. 고등식물의 vector와 같이 세균의 plasmid나 virus가 해조의 vector로서 개발될 가능성도 있으므로 유전자 조환(gene recombination) 기술 도입에 의해 신품종의 개발도 크게 기대된다.

세포 융합이나 유전자 조환에 의해 형질 전환(transformation)을 행하여 실용화된 신품종의 해조는 아직 없으나 가까운 장래에 유용해조의 biotechnology에 의한 신품종이 출현할 것이다. 이러한 신품종을 천연 해역에서 양식할때 생태계에 미치는 영향도 충분히 고려하지 않으면 안된다. 어떠한 취급과 관리로 이들 신품종을 유효하게 이용할 것인가를 시급히 검토하여야 할 필요가 있다.

2 미세조류의 생화학과 biotechnology

1) 미세조류의 화학성분

수중 생물 중, 물의 움직임에 역으로 이동하지 않고 생활하는 것을 총칭하여 플랑크톤 (plankton)이라고 한다. 이 정리에 의하면 대형의 해파리도 포함되지만 일반적으로 플랑크톤 net로 채집된 소형의 부유생물 군집을 가리킨다. 부유생물은 다종다양하며, 특히 동물에서는 거의 모든 동물들이 나타나는데, 갑각류에 속하는 지각류(물벼룩 류), 요각류(류)가 특히 많다. 또, 식물에는 남조류, 편모조류, 규조류가 많다. 이들 생물은 체내에 기체, 물, 기름 방울, 지질 등이 다량으로 축적하거나, 체표에 복잡한 돌출물을 발달시키는 등 생화학적, 형태학적인 부유적응이 발견된다.

식물 플랑크톤은 수계의 기초생산, 즉, 광합성에 의한 유기물 생산의 주된 담당자로서 그 체구성성분은 식물연쇄를 통하여 동물 플랑크톤이나 어패류로 모습을 바꾸어 간다. 종래의 플랑크톤 연구는 생물학적 접근이 대부분이었으며, 체구성성분이나 그들의 대사에 관한 지식은 매우 단편적이다. 그러나 최근 플랑크톤이 만드는 다양한 물질이 주목되고 있으며 화학적 연구도 활발하게 되어 금후 기대되는 분야이다.

(1) 일반성분

식물 플랑크톤의 일반성분 조성은 표 18.3에 나타내었다. 이들 조성은 동일종이라도 빛의 밝기와 시간, 배양액의 온도와 pH, 여기에 포함된 영양염의 종류와 농도, 탄산가스의 용존량 등 여러가지 환경조건에 따라 크게 변동할 뿐 아니라, 증식 단계에서도 변화하는 것이 알려져 있다. 또한, 동일종 내의 strain간에도 변화가 있는 경우도 있다. 따라서, 이들 자료는 하나의 참고자료에 지나지 않는다.

단백질은 남색식물문의 spirulina, 녹색식물문의 조류에 대체로 많고, 지질은 분류와는 관계없이 종에 따라 차이가 크다. 탄수화물도 와편모식물문의 2종에 높은 경향이 있으나, 그외는 종류마다 비슷하다.

회분은 유색식물문의 규조류에 많은 경향이 알려지고 있으나 *Phaeodactylum*과 같은 규산 껍질을 거의 형성하지 않는 종에서는 매우 낮다.

표 18.3 식물 플랑크톤의 일반성분 조성(건조물당 %)

종류	단백질	지질	탄수화물	회분
남조류				
Spirulina platensis	58.5	6.5	13.5	9.0
Agmenellum quadruplicatum	36.0	12.8	31.5	10.7
와편모조류				
Amphidinium carteri	28.0	18.0	30.5	14.1
Exviella sp.	31.0	15.0	37.0	8.3
hapto조류				
Isochrysis aff. galbana	33.4	25.1	9.2	26.1
유색조류				
Chatoceros sp.	35.0	6.9	6.6	28.0
Coscinodiscus sp.	17.0	1.8	4.1	57.0
Monochrysis lutheri	49.0	11.6	31.4	6.4
Phaeodactylum tricornutum	55.0	19.8	10.5	11.6
Skeletonema costatum	37.0	4.9	20.8	39.0
녹조류				
Chlamydomonas sp.	56.0	7.5	20.4	11.8
Chlorella sp.	48.4	11.8	19.8	15.6
Dunaliella salina	57.0	6.4	31.6	7.6
Monallantus salina	41.3	20.7	13.9	8.3
Tetraselmis maculata	52.0	2.9	15.0	23.8

(2) 단백질

수종의 식물 플랑크톤 단백질 조성을 표 18.4에 나타내었다. 종간에 현저한 차이가 보이며, 대략 알칼리 가용성 단백질과 불용성 단백질이 많다. 양 획분이 어떠한 단백질에 의해 구성되어 있는가는 금후 연구 과제이다. 또, 이들 5종류의 조류의 아미노산 조성에 대하여는 종간이나 단백질 획분간에 큰 차이가 없고, 전체로서 glutamic acid, aspartic acid, alanine, leucine 등의 함량이 높은 경향이 있다.

표 18.4 식물 플랑크톤의 단백질 조성(동결건조조체 %)

종류	수용성 단백질획분	염용성 단백질획분	알칼리가용성 단백질획분 (0.1N NaOH)	불용성 단백질획분
와편모조류				
Prorocentrum micans	2.6	4.0	21.4	72.0
Noctiluca scintillans	17.7	16.9	55.1	10.3
Olisthodiscus sp.	11.2	5.0	54.7	29.1
유색조류				
Skeletonema costatum	28.2	3.4	28.2	40.2
Asterionella japonica	36.0	10.6	35.0	18.5

플랑크톤의 효소에 대하여는 남극 krill의 protease, laminarinase, β-glucosidase, tyrosinase, 요각류 *Calamus finmarchicus*의 trimethyl amine monoxygenase, 의 알칼리성 protease, 남조 *Plectonema*의 질산 환원효소, 남조 *Spirulina*와 *Mycrocystis*의 superoxidodismutase, 와편모조 *Pyrocystis*의 알칼리성 phosphatase, 규조류의 β-1,3 glucanase 등 여러 가지 관점에서 연구되고 있다. 그외 특수한 단백질로서 남조의 열 충격 단백질(heat shock protein)과 편모나 섬모의 운동에 관련하여 tublin이나 dynein에 대한 연구도 진행되고 있다.

(3) 지질

식물 플랑크톤에는 wax ester이 예외적으로 검출되는 것뿐으로, 동물 플랑크톤이 생합성하는 것으로 생각되어진다.

식물 플랑크톤의 지질조성 개요를 표 18.5에 나타내었다. 지질 함량은 증식속도에 반비례하는 경향이 있으며, 여러가지 환경조건에 의해서도 크게 변동한다. 구성지질은 중성지질, 인지질, 당지질로 대별할 수 있으며, 이들의 비율도 종이나 환경조건에 따라 현저하게 다르다.

중성지질의 주요 성분은 탄소수 14~22 지방산의 glycerol ester이다. 구성 지방산에는 분류강에 따라 다소의 차이가 보이며, 홍조에는 $C_{18:0,\ 18:1,\ 18:2,\ 20:4}$가, 와편모조에는 $C_{16:1,\ 16:3,\ 18:4,\ 20:5,\ 22:6}$이 규조에는 $C_{16:0,\ 16:1,\ 20:5}$가 녹조에는 18:3이 많은 경향을 나타낸다.

표 18.5 식물 플랑크톤의 지질 조성

종류	총지질 (건조중량%)	총지질에 대한 비율(%)			탄화수소 (건조중량%)
		중성지질	인지질	당지질	
남조	2~23	11~68	16~50	12~41	0.005~0.6
홍조		41~58		42~59	0.0035
crypto조	3~17				
와편모조	5~36				0.004~0.2
황금색조	12~17				
규조	1~39	14~60	10~47	13~44	0.2~0.7
황녹조	6~16	44	39	17	2.8
녹조	1~17	21~66	17~53	6~62	0.03~1.0
Botryococcus braunii					39

sterol류에 대하여 함량은 건중량당 1~4%정도의 종류가 많으며, sterol 종류는 매우 다양하여 신기한 구조를 가진 여러가지 sterol이 보고되어 있다. 그러나, 공통으로 널리 검출되는 것은 콜레스테롤과 stigmasterol(24*S*-ethylcholesta-5,22-dien-3β-ol)이다. 탄화수소 함량은 일반적으로 건조중량의 0.1% 이하의 미량이며, 지금까지 알려진 유일한 군체성 미세녹조 *Botyococcus braunii*에서 건조중량의 86%나 탄화수소가 축적하였다는 보고도 있다.

인지질이나 당지질 등의 극성지질에 대하여는 phosphatidylsulfocholin, phosphatidyl glycerol, phosphatidyl inostiol 등과 monogalactosyldiacyl glycerol, digalactosyl diacyl glycerol, sulfoquinovosyl diacyl glycerol 등이 주성분으로서 검출되고 있다.

(4) 당질

식물 플랑크톤은 광합성 일차 산물로서 다양한 당질을 만든다. 세포벽 구성다당, 세포내 당질, 세포외 분비성 당질등으로 나누어지나, 아직 연구가 충분히 이루어지지 않은 분야이다.

세포벽 구성 다당에 관해서는 남조류나 녹조류에 대한 연구가 있다. 남조 세포벽의 화학 조성은 일반적으로 식물보다 세균의 것에 유사하며, N-acetyl 또는 N-glycosyl muramic acid 와 D-아미노산을 함유한 당 peptide의 polymer인 peptidoglycan이 주성분이며, 그외의 당, 아미노산 및 지방산으로 구성된 lipopolysaccharide가 존재한다. lipo 다당의 구성당은 mannose, glucose, galactose, fucose, rhamnose등이다.

녹조의 세포벽 당질은 중성당 주체의 다당으로서 rhamnose와 galactose를 주성분으로하는 형과 mannose와 glucose를 주성분으로 하는 형이 있다. chlorella의 세포벽에는 rhamnose, galactose, uronic acid를 주성분으로 하는 산성다당의 덩어리가 존재하며 여기에 glucosamine 중합체와 혼합된 cellulose 주체의 미세섬유가 다시 망상조직으로 되어 덮고 있다.

세포내 당질에 대하여는 수종의 식물 플랑크톤에서 단, 소당류 및 다당류가 조체 건조 중량에 대하여 각각 1.1~3.4% 및 5.7~16.4%로 확인되었다. 다당류는 glucan이 주체이며, 다소의 수용성 hemicellulose가 공존하고 있다. 특수한 예로서, 내염성 미세 녹조 *Dunaliella*가 세포의 삼투압 조절을 위하여 건조 중량의 50%에 달하는 glycerol을 저장하는 것으로 알려졌다.

식물 플랑크톤은 여러가지 물질을 세포외에 분비하며, 다량의 수용성 점질물을 분비하는 것에는 단세포 홍조 *Porphyrium*이 있다. 해양성의 *P. cruentum*과 담수성의 *P. aerugineum*에 대하여 연구가 잘 되어져 있는데, 그 점질물 중 다당 함량은 65%로서, 구성당은 양종간에 큰 차이가 없고, D-xylose, D-glucose, D-glucuronic acid 등으로 되어 있다. 어느 것이나 약 10%의 황산 ester와 약 50%의 단백질을 함유하고 있다. 이들 다당류의 생물학적 기능은 아직 분명하지 않다.

(5) 기타 성분

① 함질소 엑스성분

남조 *Spirulina*, 녹조 *Dunaliella* 등을 포함한 수종류의 미세조의 함질소 엑스성분은 해산종이 건물 100g당 질소량으로 환산하여 300~1,000mg으로 담수산종의 50~300mg에 비해 다소 많은 경향이 있으며, 이들 성분이 조체의 삼투압 조절에 관계하고 있는 것이 밝혀졌다. 주요성분군은 유리 아미노산, 저분자 peptide, 핵산관련물질, betaine류로서 어패류나 해조의 것과 큰 차이가 없다.

유리 아미노산은 대개 30~40%의 범위에 있는 주요한 함질소 엑스성분이다. 각각의 아미노산으로서는 glutamic acid와 alanine이 많은 경향이 있다. 결합 아미노산도 40~60%로 높으며, 식물 플랑크톤은 다양한 저분자 peptide를 다량 만드는 것을 의미한다. 이것은 어패류와 대형 조류의 다른 특징이라 할수 있다. 핵산관련물질은 nucleotide를 비롯한 다종류의 성분이 검출되며, 전체를 통하여 보면 양적으로 적다. betaine류는 많아도 수 %로서 엑스성분이 점하는 비율은 적으나 homarine, trigonelline이 널리 분포하며 종에 따라 glycine betaine등도 검출된다.

② 색소

식물 플랑크톤이 만드는 색소는 녹색 계통의 chlorophyll류, 황적색 계통의 carotenoid, 청색, 홍색 계통의 phycobilin류로 대별된다. 이들은 모두 광합성에 관여하고 있으며, 조류 분류의 한가지 지표가 된다. 표 18.6에 주요 색소의 분포를 나타내었다. 여기서는 대표적인 조류의 색소에 관하여 설명한다.

남조 *Spirulina*는 chlorophyll a 및 carotenoid류를 조체 유기물 중에서 각각 1.7% 및 0.5% 함유한다. phycobilin은 c-phycocyanin과 allophycocyanin으로 되어있으며, 세포 단백질의 20% 전후를 점하고 있다. 또한, 홍조 porphyridium의 phycobilin은 phycoerythrin이 주성분이며, 건조 중량의 약 8%를 점하고 있다.

녹조 *Dunaliella*는 chlorophyll a 및 b와 β-carotene, α-carotene, cis-γ-carotene, lutein, lutein-5,6-epoxide, antelaxanthin, violaxanthin, zeaxanthin, neoxanthin 등의 carotenoid를 갖고 있다. Carotenoid의 주성분은 β-carotene으로서 고염농도, 고온, 고조도, 질소 결핍 등의 stress 환경하에서 최고 14%(건조중량)의 β-carotene을 축적한다고 한다. 축적된 β-carotene은 거의 동량의 all trans-β-carotene과 9,cis-β-carotene으로 되어 있으며, 후자는 활성산소를 효과적으로 소거하여 all trans형으로 변화하는 것으로 알려져 있다. 따라서, 스트레스하에서 β-carotene축적은 생체 방어를 위한 적응 현상으로 생각되어지고 있다. 녹조 *Haematococcus*도 스트레스하에서 다량의 astaxanthin을 축적한다.

표 18.6 식물 플랑크톤의 색소조성

색소	남조	홍조	와편모조	규조	녹조
chlorophyll a	++	++	++	++	++
chlorophyll b					+
chlorophyll c			+	+	
β-carotene	++	+	+	+	+
lutein					++
fucoxanthin				++	
peridinine		+	++		
zeaxanthin	+	+			+
diatoxanthin			+	+	
mixoxanthophyll	++				
ecnenone	+				
phycoerithrin	++,+	++			
phycocyanin	++,+	+			
allophycocyanin	+	+			

③ 생리활성 물질

식물 플랑크톤의 생물활성 물질에 대하여는 식물연쇄를 통하여 유독물질이 어패류에 축적되기 때문에 식중독의 원인 생물이 되는 유독 플랑크톤과 적조를 형성하여 양식어류의 대량 폐사를 일으키는 적조 플랑크톤의 생산하는 물질을 중심으로 다년간 연구되어 왔다. 그러나, 최근 수년간 항균, 항곰팡이, 항 virus, 항종양, 효소저해 등 여러가지 생리활성을 지표로 식물 플랑크톤이 생산하는 물질의 검색이 이루어져, 구조적으로나 활성면에서도 독특한 화합물이 연이어 얻어지고 있다.

남조 *Oscillatoria acutissima*에서 항종양성 macrolides인 acutiphycin 및 20,21-didehydroacutiphycin가, *Homothamnion enteromorphoides*로부터 수십종의 항종양성 환상 peptide가, *Lyngbya lagerheimii*와 *Phormidium tenue*로부터 항 AIDS virus 활성을 나타내는 sulfolipid이 얻어졌다. 강력한 항암물질인 dolastatin이 해양 방선균 *Symploca hydnoides*로부터 분리되었다.

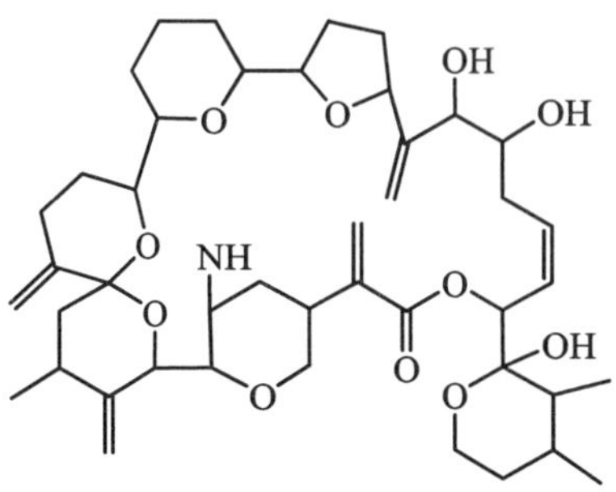

goniodomin A

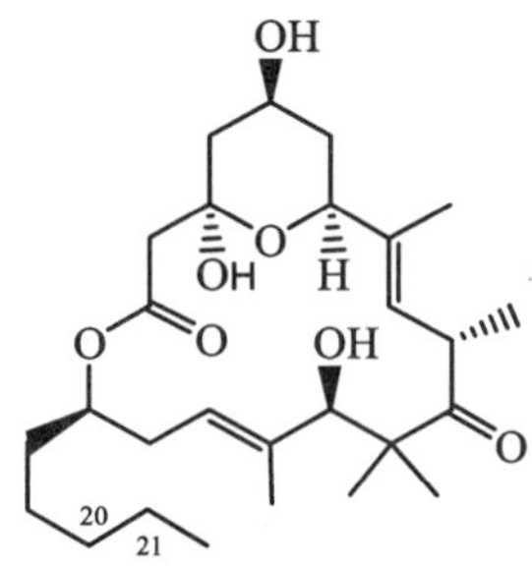

acutiphycin

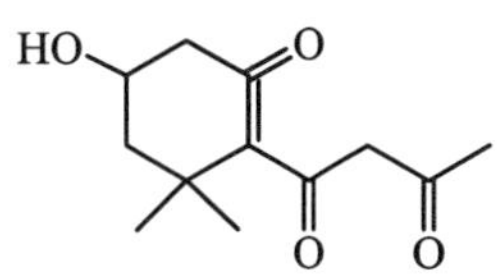

β-diketone

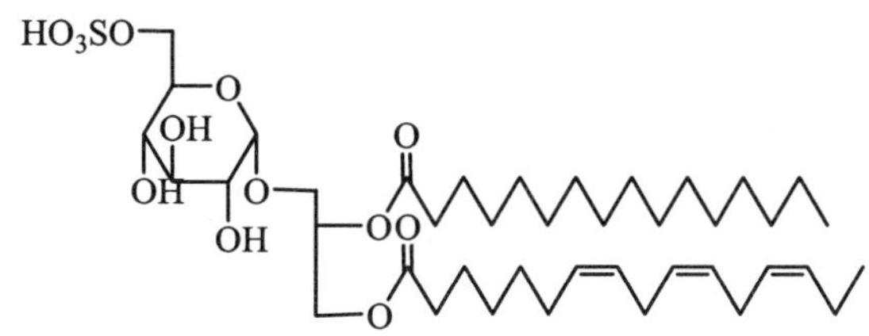

sulfolipid

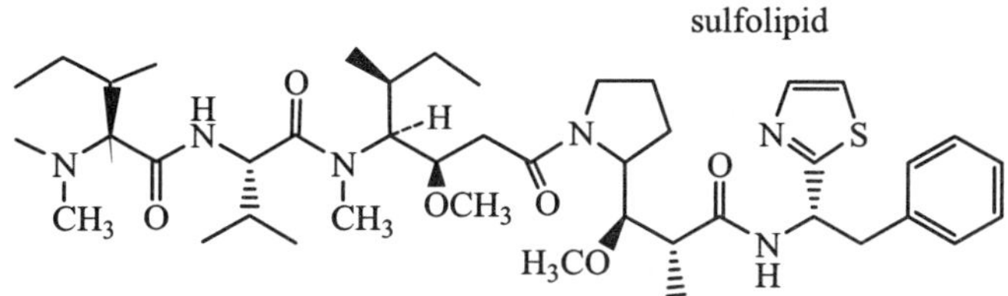

dolastatin

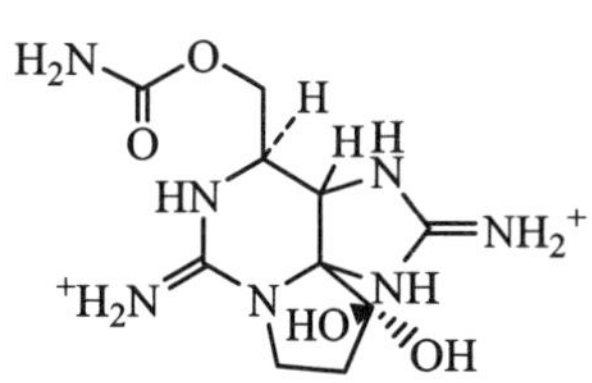

saxitoxin

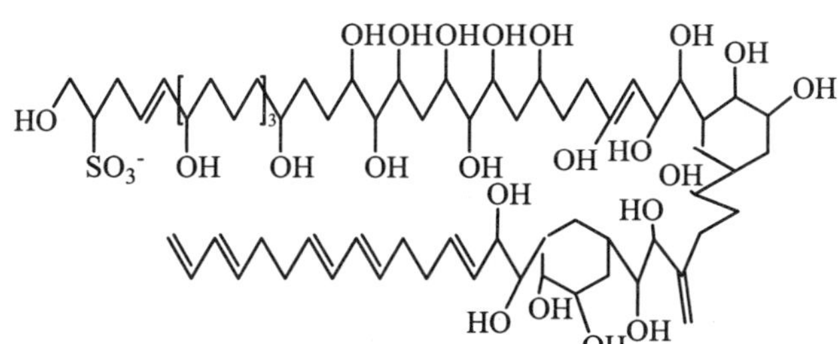

ampidinol

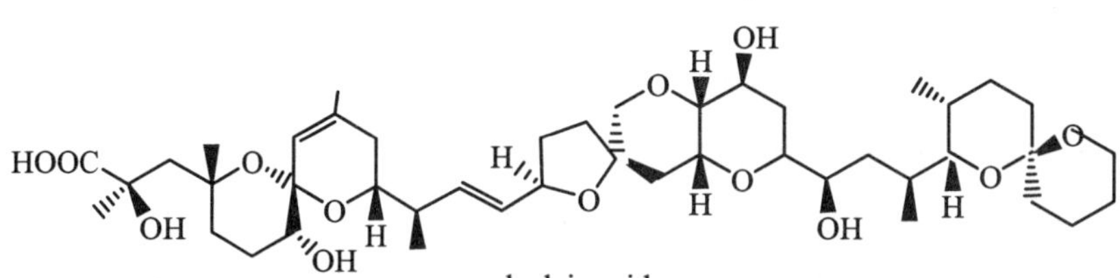

okadaic acid

와편모조에서는 *Prorocentrum minimum*으로부터 항균성 β-diketone이, *Alexandrim hiranoi*로부터는 항곰팡이성을 나타내는 goniodomin A가 얻어지고 있다. 규조와 녹조는 약한 항균활성을 나타내는 경우가 있으며, 활성물질의 대부분은 n-3계열의 유리 지방산인 것이 밝혀졌다. 또, *Alexandrium tamarense*와 *Dinophysis*속으로부터는 패류독의 원인물질인 saxitoxin류와 okadaic acid 등이 분리되었다.

*Amphidinium*속의 와편모조류에서는 항균성을 가진 ampidinol 화합물이 다수 발견되었으며, 그 밖에도 여러 종의 해양 미세조류들로부터 다양한 생리활성을 가진 물질들이 발견되고 있다. 이들의 특징 중 하나는 육상 생물로부터는 거의 발견되지 않는 polyether 화합물로서 이들이 먹이 연쇄나 공생을 통하여 제 3의 생물에서도 발견되기도 한다.

이들 중 인체에 유용한 활성을 가진 것들은 의약품이나 화학 원료로서도 중요한 자원이라고 할 수있다.

2) 미세조류의 biotechnology

Biotechnology는 생체의 기능을 직접 또는 그것을 모방한 것을 이용하여 유용한 물질을 생산하는 기술로 정의된다. 플랑크톤은 생화학 연구용 재료나 양식어패의 치자어용 사료로서 오래전부터 배양기술이 여러 종류에서 확립되어 있기 때문에 biotechnology의 적당한 대상 생물이라고 할수 있다. 그러나, 지금까지 이루어진 연구는 식물플랑크톤의 극히 일부 종에 대하여 변이주의 작출, 유전자 조환, 고정화 등에 국한되어 있는 실정이다.

(1) 변이주 작출

특정 유용물질을 가진 주를 얻을 목적으로 돌연변이를 이용하는 일이 있다· 변이원 물질과의 접촉, 자외선, x선, *r*선 조사등에 의해 돌연변이를 일으켜 선택 처리를 행하여 변이주를 만드는 방법이다. 지금까지는 내성변이주, 영양요구 변이주, 온도, 자외선, 감수성 변이주, 광합성, 질소고정, 탄소대사 결함 변이주, 형태 변이주 등이 얻어지고 있다.

남조에서는 단세포성의 *Anacystis nidulans*(*Synechococcus*)와 다세포성의 *Anabaena* *variabilis*가 가장 많이 사용되며, *Agmenellum guadruplicatu, Synecocystis, synechococcus cedrorum, Aphanocapsa, Gloeocapsa alpicola, Aphanothece halophytica, Nostoc muscorum, Spirlina platensis* 등에서도 변이주의 작출이 시도되고 있다.

녹조에서는 *Chlamydomonas* spp. 특히, *S. reinhardtii*가 널리 쓰이며 *Chlorella, Scenedesmus, Euglena*에 대하여도 산발적으로 연구되고 있다.

(2) 유전자 조환

남조 등의 원핵 생물과 녹조와 같은 진핵 생물간에는 유전자 조작에 영향을 주는 몇개의 근본적인 차이가 있다. 원핵 생물은 반수체인데 비하여 진핵 생물에는 반수체와 2배체의 양세대가 있는 점, 원핵 생물에는 개별의 organella genome간에 상호작용이 없으나, 진핵 생물에는 mitochondria와 엽록체의 genome이 핵 genome과 작용하는 점, 원핵생물의 유전자는 intron을 갖지 않으나, 많은 진핵 생물 유전자에는 intron이 있는 점 등이다. 그 때문에 지금까지는 조작이 용이한 남조가 주로 이용되고 있다.

남조에는 plasmid(자기복제 가능한 염색체와 유전자)를 갖는 것이 많으나, 생리기능이 밝혀지지 않았기 때문에 vector(숙주에 이종 DNA를 운반하는 DNA)로서 이용하려면 어떠한 marker를 도입할 필요가 있다. 예를 들면, 내재plasmid로서 pUH24(7.8kbp)를 가진 *Anacystis nidulans* R2주를, ampicillin 내성(Ap^r)이 code된 transposon(염색체 유전자와 plasmid를 이동하는 이동인자)의 Tn901을 포함한 대장균의 plasmid pRI46에 의하여 형질전환 되었다. 낮은 빈도이기는 하나 얻어진 5개의 Ap^r 형질 전환주를 해석한 결과, pUH 24::Tn901(Tn901이 pUH24에 전이된 것을 말함)의 전환 plasmid가 생성된 것이 밝혀졌다. 이 조환 plasmid를 vector로서 이용하는 데에는 Tn901의 전이가 문제가 되기 때문에 제한 효소 BamHI에 의해 잘라서 축소하여 transposon을 고정하였다. 얻어진 plasmid(pUC1이라고 명명)는 BamHI, XhoⅠ각 1, BgⅠⅡ2의 절단면을 가진 Ap^r을 code하고 있다. 이러한 방법으로 여러가지 남조 vector가 cloning되어 약제 내성 형질 전환주의 작출이 가능하게 되었다.

예를들면, *A. nidulans* R2의 pUH24와 대장균 vector pACYC184로부터 shuttle vector(2종 생물의 어느쪽 세포에서도 자율증식 할 수 있는 vector), pUC303(Cm^r

Sm^r, chloramphenicol과 streptomycin에 내성)을 작제하여 *A. nidulans*, R2.pUH24 결손주에 흡수한 결과 고수율로 형질 전환이 일어나고, 약제 내성이 장기간 안정하게 보존되었다.

또한 shuttle vector 에 phage DNA의 cos 영역을 도입한 cosmid vector pPUC29를 사용하여 *A. nidulans* R2의 질산 환원효소 cloning도 행하여지고 있다. cosmid는 phage vector와 plasmid vector의 중간적 성질을 갖고 있으며, 50 kbp정도까지의 여러가지 DNA조각을 도입하는 것이 가능하며, gene library(염색체 DNA 전단편을 vector에 결합한 조환체로서 염색체상의 모든 영역을 포함하도록 한 것)의 작제가 가능하다.

이상은 형질 전환에 의한 유전자 조환 사례이며, 전기 pulse에 의해세포막에 작은 구멍을 뚫어 유전자를 물리적으로 도입하는 electroporation이나 *Anabaena sp.*, *Nostoc sp.* 등 사상성 남조에는 대장균을 개입하여 접합전달(conjugative transfer)에 의한 유전자 조환도 시도되고 있다. 진핵 생물인 녹조에는 남조와 같은 vector는 아직 개발 되어져 있지 않으나 *Chlamydomonas*에서는 이미 유전자 cloning이 행하여져 있어 vector의 개발도 곧 이루어 질 것이다.

(3) 고정화

효소를 고정화하여 안정적으로 연속 사용하는 기술은 이미 실용화되어 있다. 한편, 식물 플랑크톤의 고정화 시험은 아직 시작 단계이다. 세포를 고정화하는 지지체는 독성이 없고, 다공성으로 보유능력이 큰 것이 필요하며, 일반적으로 알긴산, carrageenan, 한천, polyurethane, 혈청 albumin, glutaraldehyde 등이 쓰이고 있으며, 유리섬유가 사용된 적도 있다.

예를 들면, 알긴산으로 고정화 남조 *Anabaena cylindrica*에 의한 암모니아 생산, 녹조 *Bottycoccus braunii*에 의한 탄화수소 생산, carrageenan 고정화, *Anabaena* N-7363의 수소생산,polyurethane 고정화, 홍조 *Porphyridium cruentan*의 황산다당의 생산 등이 보고되어 있다.

이처럼 플랑크톤의 생화학적 연구와 biotechnology의 응용은 아직 시작 단계라 할 수 있다. 그러나, 플랑크톤은 매우 종류가 많고 고등 동식물에서는 볼 수 없는 생체성분이나 대사기구가 발견될 가능성이 많아 지금부터 비교 생화학의 유망한 연구

대상이다. 또한, 플랑크톤의 배양도 가능하기 때문에 biotechnology의 적용에 의해 유용물질의 생산성 향상을 목적으로 한 연구나 유용 유전자의 cloning 시험도 활발하게 될 것으로 기대된다.

APPENDIX

부록

부록 1 주요 해조류의 학명 및 명칭 대조표

학 명	한국명(영어명)	일본명
Acanthopeltis japonica	새발	ユイキリ(Yuikiri)
Acinetospora crinita (=A. pusilla)	솜말	
Acrosorium flabellata	부채분홍잎	ヤレウスバノリ(Yareusubanori)
Acrosorium polyneurum	잔금분홍잎	スジウスバノリ(suziusubanori)
Acrosorium uncinatum	갈고리분홍잎	カギウスバノリ(Kagiusubanori)
Acrosorium yendoi	누은분홍잎	ハイウスバノリ(Haiusubanori)
Actinotrichia fragilis	고리방사털	ソデガラミ(Sodegarami)
Agarum cribrosum	야기시리구멍쇠미역 (Criburous tangle)	アナメ(Aname)
Ahnfeltia plicata	싹새기(Bushy, Ahnfelt's seaweed)	イタニグサ(Itanigusa)
Alatocladia modesta	화살깃산호말	ヤハズシコロ(Yahazushikoro)
Amphiroa aberrans (=Marginisprum aberrans)	방황게발혹	フサカニノテ(Fusakaninote)
Amphiroa crassissima	둘레게발혹	ヘリトリカニノテ(Heritorikaninote)
Amphiroa dilatata	넓은게발	カニノテ(Kaninote)
Amphiroa ephedraea	에페드라게발	マオウカニノテ(Maoukaninote)
Amphiroa pusilla	애기게발	ヒナカニノテ(Hinakaninote)
Anotrichum furcellatum (=Monospora tenuis)	야기민털이풀	キヌゲグサ(Kinugegusa)
Anotrichum yagii (=Monospora yagii)	야기민털이풀	イトキヌゲ(Itokinuge)
Antithamnion nipponicum	참깃풀	フタツガサネ(Futatsugasane)
Asparagopsis hamifera	참갈고리풀	カギノリ(Kaginori)
Asparagopsis taxiformis	바다갈고리풀	カギケノリ(Kagikenori)
Auduinella codicola	청각나루말	
Bangia atropurpurea (=Bangia fusco-purpurea)	김파래	ウシケノリ(Ushikenori)
Baylesia plumosa	깃털납작풀	ナガオバネ(Nagaobane)
Benzaitenia yenoshimensis	서실더부살이	ベンテンモ(Bentenmo)
Bonnemaisonia hamifera (=Asparagopsis hamifera)	참갈고리풀	カギノリ(Kaginori)

학 명	한국명(영어명)	일본명
Botrytella micromora (=Sorocarpus micromorus)	바다오디	イソブドウ(Isobudou)
Brachtrichia quoyi	남색꽈리	アイミドリ(Aimidori)
Bryopsis hypnoides	이끼깃털말	オバナハネモ(Obanahanemo)
Bryopsis plumosa	깃털말	ハネモ(Hanemo)
Calliarthron modestua	화살깃산호말	ヤハズシコロ(Yahazushikoro)
Callithamnion allophyllidicola	외깃풀	キヌイトグサ(Kinuitogusa)
Callophyllis crispata	주름붉은잎	ヒロハノトサカモドキ (Hirohanotosakamodoki)
Callophyllis japoica	볏붉은잎	ホソバノトサカモドキ (Hosobanotosakamodoki)
Calophyllis rhynchocarpa	부리붉은잎	ヒメトサカモドキ(Himetosakamodoki)
Calothrix pilosa	덩이뾰족말	モサヒゲモ(Mosahigemo)
Campylaephora crassa	굵은석묵	フトイソギ(Futoisugi)
Campylaephora hypnaeoides	석묵 (Seaweed hypnaeoides)	エゴノリ(Egonori)
Capsosiphon fulvescens	매생이 (Seaweed fulvescens)	カプサアオノリ(Kapusaaonori)
Carpomitra cabreare	열매의관말	イチメガサ(Ichimegasa)
Carpopeltis affinis	주름까막살	トサカマツ(Tosakamatsu)
Carpoltis angusta	붉은뼈까막살	キントキ(Kintoki)
Carpopeltis cornea (=Zanardinula cornea)	붉은까막살	ツノムカデ(Tsunomukade)
Caulacanthus okamurai	애기가시덤불	イソダンツ(Isodantsu)
Caulerpa okamurae	옥덩굴(Sea staghorn)	フサイワズタ(Fusaiwazuta)
Centroceras clavulatum	가시풀	トゲイギス(Togeigisu)
Ceramiopsis japonica	비단풀사촌	ハネイギス(Haneigisu)
Ceramium boydenii	단박	アミクサ(Amikusa)
Ceramium japonicum	비단풀사촌	ハネイギス(Haneigisu)
Ceramium kondoi	비단풀 (Silk fabric, Ceramium)	イギス(Igisu)
Ceramium tenerrimum	털비단풀	ケイギス(Keigisu)
Chaetomorpha aerea	애기염주말	タルガタジュズモ(Tarugatajuzumo)
Chaetomorpha crassa	굵은염주말	ホソイズモ(Hosojuzumo)
Chaetmorpha moniligera	염주말	タマジュズモ(Tamajuzumo)
Chaetomorpha spiralis	나선염주말	フトジュズモ(Futojuzumo)
Champia expansa	넓은사슬풀	ウスバワツナギソウ(Usubawatsunagisou)
Champia parvula	사슬풀	ワツナギソウ(Watsunagisou)

학 명	한국명(영어명)	일본명
Chondria crassicaulis	서실	ユナ(Yuna)
Chondria dasyphylla	각시개서실	ヤナギノリ(Yanaginori)
Chondria expansa	덤불개서실	モサヤナギ(Mosayanagi)
Chondrococcus hornemanni	가는잎송진내	ホソバナミノハナ(Hosobanaminohana)
Chondrococcus japnonicus (=Desmia japonica)	왜잎송진내	ナミノハナ(Naminohana)
Chondrus armatus (=C. pinnulatus)	가시깃꼴진두발	トゲツノマタ(Togetsunomata)
Chondrus ocellatus	진두발 (Irish moss, Carageenan)	ツノマタ(Tsunomata)
Chondrus pinnulatus	깃꼴진두발	ヒラコトジ(Hirakotoji)
Chorda filum	끈말 (Bootlace weed, Sea twine)	ツルモ(Tsurumo)
Chordaria flagelliformis	민가지끈말	ナガマツモ(Nagamatsumo)
Chrysymenia wrightii	누른끈적이	タオヤギソウ(Taoyagisou)
Cladophora albida	솜대마디발	ワタシオグサ(Watashiogusa)
Cladophora densa	사카이대마디말	アサミドリシオグサ(Asamidorishiogusa)
Cladophora japonica	큰대마디발	オオシオグサ(Ooshiogusa)
Cladophora opaca	흐린대마디말	ツヤナシシオグサ(Tsuyanashishiogusa)
Cladophora pusilla	애기대마디말	コシオグサ(Koshiogusa)
Cladophora rudolphiana	덤불대마디말	タマリシオグサ(Tamarishiogusa)
Cladophora sakaii	사카이대마디발	アサミドリシオグサ(Asamidorishiogusa)
Cladophora stimpsonii	명주대마디말	キニシオグサ(Kinushiogusa)
Cladophora uncinella	갈고리대마디말	マキシオグサ(Makishiogusa)
Cladophora wrightiana	갈색대마디말	チャシオグサ(Chashiogusa)
Cladophoropsis fasciculatus (=C. zollingeri)	대마디붙이	ミドリゲ(Midorige)
Coccophora langsdorfii	삼나무말	スギモク(Sugimoku)
Codium adhaerens	떡청각(Sea staghorn)	ハイミル(Haimiru)
Codium coactum	누운청각	ネザシオミル(Nezashimiru)
Codium coarctatum	몽우리청각	サキブトミル(Sakibutomiru)
Codium dichotomum	개청각(Sea stagohorn)	イモセミル(Imosemiru)
Codium divaricatum	말청각	クロミル(Kuromiru)
Codium fragile	청각(Sea staghorn)	ミル(Miru)
Codium latum	넓청각	ヒラミル(Hiramiru)
Codium mamillosum (=Codium minus)	구슬청각(Sea staghorn)	タマミル(Tamamiru)

학 명	한국명(영어명)	일본명
Codium tenue	애기청각(Sea staghorn)	イトミル(Itomiru)
Collinsiella cava	공초록혹	シワランソウモドキ(Shiwaransoumodoki)
Colpomenia bullosa	긴불레기말	ワタモ(Watamo)
Colpomenia sinuosa	불레기말 (Oyster thief, Pocket thief)	フクロノリ(Fukuronori)
Corallina officinalis	참산호말 (Nullipore, Coralline algae)	サンゴモ(Sangomo)
Corallina pilulifera	작은구슬산호말	ピリヒバ(Pirihiba)
Costaria costata	쇠미역사촌(Seersucker)	スジメ (Sujime)
Cruoriella japonica *(=Cruoriopsis japonica)*	고둥옷	カイノカワ(Kainokawa)
Cryptonemia tunaeformis	바다선인장	ウミサボテン(Umisaboten)
Cryptopleura membranacea	민잎맥	カクレスジ(Kakuresuji)
Cutleria cylindrica	채찍말	ムチモ(Muchimo)
Cystophyllum sisymbroioides	외톨개모자반	ジョロモク(Joromoku)
Cystophyllum turneri	애기외톨개모자반	ヒエモク(Hiemoku)
Dasya sessilis	민자루다지아	エナシダジア(Enashidajia)
Dasyclonium flaccidum	각시빗꼴털	クシノハ(Kushinoha)
Delesseria serrulata *(=CDelesseria violacea)*	보라잎	ヌメハノリ(Numehanori)
Delisea fimbriata	나도꿩꼬리	タマタダキ(Tamaitadaki)
Derbesia marina	초록엉긴실	ホソツヤノイト(Hosotsuyunoito)
Dermonema pulvinatum	놀래기	カモガヒラノリ(Kamogahiranori)
Desmarestia ligulata	참산말	ウルシグサ(Urushigusa)
Desmarestia tabacoides	담배잎산말	タバコグサ(Tabakogusa)
Desmarestia viridis	쇠꼬리산말 (Color changer)	ケウルシグサ(Keurushigusa)
Desmia hornemanni	가는잎송진내	ホソバナミノハナ(Hosobanaminohana)
Desmia japonica	왜잎송진내	ナミノハナ(Naminohana)
Dictyopteris divaricata	미끈뼈대그물말	エゾヤハズ(Ezoyahazu)
Dictyopteris latiuscula	넓은뼈대그물말	ヤハズグサ(Yahazugusa)
Dictyopteris prolifera	가시뼈대그물말	ヘラヤハズ(Herayahazu)
Dictyopteris undulata	주름뼈대그물말	シワヤハズ(Shiwayahazu)
Dictyosphaeria cavernosa	그물공말	キッコウグサ(Kikkougusa)
Dictyota dichotoma	참그물바탕말	アミジグサ(Amijigusa)
Dictyota linearis	실그물바탕말	イトアミジ(Itoamiji)
Dictyota maxima	큰그물바탕말	オオアミジグサ(Ooamijigusa)

학 명	한국명(영어명)	일본명
Dilophus okamurai	개그물바탕말	フクリナミジ(Fukurinamiji)
Distromium decumbens	두켜부채	フタエオギ(Futaeogi)
Dumontia simplex	미끌풀	リュウモンソウ(Ryumonso)
Ecklonia cava	감태(Sea trumpet)	カジメ(Kajime)
Ecklonia stolonifera	곰피	ツルアラメ(Tsuruarame)
Ectocarpus arctus (=*Ectocarpus confervoides*)	납짝솜털	シオミドリ(Shiomidori)
Ectocarpus mitchellae	밋첼긴털실말	タワラガタシオミドロ (Tawaragatashiomidoro)
Ectocarpus siliculosus	납짝솜털	シオミドロ(Shiomidoro)
Eisenia bicyclis	대황(Sea oak)	アラメ(Arame)
Elachista globosa (=*Elachistea fucicola*)	둥근모자반털	ナミマクラ(Namimakura)
Endarachne binghamiae	미역쇠	ハバノリ(Habanori)
Enteromorpha clathrata		
Enteromorpha compressa	납작파래 (Green laver, Green confertii)	ヒラアオノリ(Hiraaonori)
Enteromorpha intestinalis	창자파래 (Green Laver, Link confertii)	ボウアオノリ(Bouaonori)
Enteromorpha linza	잎파래(Green laver)	ウシバアオノリ(Usubaaonori)
Enteromorpha prolifera	가시파래	スジアオノリ(Sujiaonori)
Erythrocladia irregularis (=*Erythrocladia Subintegra*)	갯불꽃	イソハナビ(Isohanabi)
Erythroglossum minimum	꼬마붉은혀	ヒメウスベニ(Himeusubeni)
Erythroglossum repens	가는분홍잎사촌	ウスベニ(Usubeni)
Erythrotrichia carnea	붉은털	ホシノイト(Hoshinoito)
Euzoniella flaccida	각시빗꼴털	クシノハ(Kushinoha)
Galaxaura falcata	납작갈라가라	ヒラガラガラ(Hiragaragara)
Galaxaura fastigiata	대롱갈라가라	ガラガラ(Garagara)
Gelidium amansii	참우뭇가사리 (Agar-agar, Ceylon moss)	マクサ(Makusa)
Gelidium divaricatum	애기우뭇가사리 (Agar-agar)	ヒメテングサ(Himetengusa)
Gelidium pusillum	실우뭇가사리(Agar-agar)	ハイテングサ(Haitengusa)
Gelidium vagum	막우뭇가사리	ヨレクサ(Yorekusa)
Gigartina intermedia	애기돌가사리	カイノリ(Kainori)
Gigartina teedii	가시돌가사리	シキノリ(Shikinnori)

학 명	한국명(영어명)	일본명
Gigartina tenella	돌가사리 (Seaweed tenella)	スギノリ(Suginori)
Gloioderma iyoensis	애기풀사돈	ヒメヒシブクロ(Himehishibukuro)
Gloiopeltis complanata	애기풀가사리	ハナフノリ(Hanafunori)
Gloiopeltis furcata	불등풀가사리 (Seaweed furcata)	フクロフノリ(Fukurofunori)
Gloiopeltis tenax	풀가사리(Seaweed tenax)	フノリ(Funori)
Gloiosiphonia capillaris	실풀	イトフノリ(Itofunori)
Gracilaria bursa-pastoris	각시꼬시래기	シラモ(Shiramo)
Gracilaria chorda (=*Gracilariopsis chorda*)	개꼬시래기(Sea string)	ツルシラモ(Tsurushiramo)
Gracilaria compressa	각시꼬시래기 (Sea string, Sewing thread)	シラモ(Shiramo)
Gracilaria confervoides (=*Gracilaria verrucosa*)	꼬시래기 (Sewing thread, sea string)	オゴノリ(Ogonori)
Gracilaria incurvata	꼬불꼬시래기	ミゾオゴノリ(Mizoogonori)
Gracilaria textorii	잎꼬시래기 (Sea string, Sewing thread)	カバノリ(Kabanori)
Grateloupia divaricata	뼈지누아리	カタノリ(Katanori)
Grateloupia elliptica	참도박(Buddhas-ear)	タンバノリ(Tambanori)
Grateloupia filicina	참지누아리	ムカデノリ(Mukadenori)
Grateloupia livida	넓은지누아리	ヒラムカデ(Hiramukade)
Grateloupia okamurae	털지누아리 (Typicus & Irishmoss)	キョウノヒモ(Kyounohimo)
Grateloupia prolongata	개지누아리	ウツロムカデノリ(Utsuromukadenori)
Grateloupia sparsa	명주지누아리(Typicus)	ヒジリメン(Hijirimen)
Grateloupia turuturu	미끌지누아리(Typicus)	ツルツル(Tsurutsuru)
Griffithsia coacta	마디비단잘룩이	ワタゲカザシグサ(watagekazashigusa)
Griffithsia japonica	왜비단잘록이	カザシグサ(Kazashigusa) カンザシグサ (Kanzashigusa)
Gymnogongrus flavelliformis	부챗살	オキツノリ(Okitsunori)
Halothrix ambigua	더부살이고분털	ソメワケグサ(Somewakegusa)
Halymenia acuminata	지누아리사촌	オオムカデノリ(Oomukadenori)
Halymeniopsis dilatata	얼룩도박	フイリグサ(Fuirigusa)
Helminthocladia australis	큰가지국수나물	ベニモゾク(Benimozuku)
Helminthocladia yendoana	잔가지국수나물	ホソベニモズク(Hosobenimozuku)
Hemineura schmitziana	반맥비단	ハブタエノリ(Habutaenori)
Herpochondria elegans	잇바디가지	サエダ(Saeda)

학 명	한국명(영어명)	일본명
Herposiphonia parca (=*H. tenella*)	기는거미줄	クモンスヒメゴケ(Kumonosuhimegoke)
Herposiphonia subditicha	두줄거미줄	クロヒメゴケ(Kurohimegoke)
Heterosiphonia japonica	엇가지풀	イソハギ(Isohagi)
Heterosiphonia pulchra	털엇가지풀	シマダギア(Shimadagia)
Hizikia fusiforme	톳(Seaweed fusiforme)	ヒジキ(Hiziki)
Holmesia japonica	개바다참나무잎	スズシロノリ(Suzushironori)
Hyalosiphonia caespitosa	붉은유리관	イソムメモドキ(Isomumemodoki)
Hydroclathus clathratus	그물바구니	カゴメノリ(Kagomenori)
Hydrocoleum lyngbyaceum	남색실다발	オナワモ(Onawamo)
Hypnea charoides	참가시우무 (Thorn gelidium jelly)	イバラノリ(Ibaranori)
Hypnea japonica (=*H. musciformis*)	갈고리가시우무	カギイバラノリ(Kagiibaranori)
Hypnea saidana	사이다가시우무	サイダイバラ(Saidaibara)
	개미역쇠	セイヨウハバノリ(Seiyouhabanori)
Ishige foliacea(=*I. sinicola*)	넓패	イロロ(Iroro)
Ishige okamurai	패	イシゲ(Ishige)
Jania ungulta	발굽애기산호말	サキビロモサズキ(Sakibiromosazuki)
Kallymenia crassiuscula	붉은땀띠	アツバカリメニア(Atsubakarimenia)
Kjellmaniella crassifolia	개다시마 (Sea tangle, Sea kelp)	ガゴメ(Gagome)
Laminaria japonica	다시마(Sea tangle)	コンブ(Konbu)
Laurencia hamata	갈고리서실	カギソゾ(Kagisozo)
Laurencia intermedia	검은서실	クロソゾ(Kurosozo)
Laurencia nipponica	큰서실	ウラソゾ(Urasozo)
Laurencia okamurai	쌍발이서실	ミツデソゾ(Mitsudesozo)
Laurencia pinnata	깃꼴서실	ハネソゾ(Hanesozo)
Laurencia undulata	흑서실	コブソゾ(Kobusozo)
Laurencia venusta	애기서실	ヒメソゾ(Himesozo)
Laurencia difformis (=*Leathesia difformis*)	바위두둑	ネバリモ(Nebarimo)
Leveillea jungermannioides	반달타래	ジャバラノリ(Jabaranori)
Liagora japonica	외회국수나물	ヨゴレコナハダ(Yogorekonahada)
Lithophyllum okamurae	흑돌잎	ヒライボ(Hiraibo)
Lola gracilis (=*Chaetomorpha gracilis*)	곱슬염주말	

학 명	한국명(영어명)	일본명
Lomentaria catenata	마디잘록이	フシツナギ(Fushitsunagi)
Lomentaria hakodatensis	애기마디잘록이	コスジフシツナギ(Kosujifushitsunagi)
Marginisporum crassissima	둘레게발혹	ヘリトリカニノテ(Heritorikaninote)
Marionella schmitziana (=Hemineura schmitziana)	반맥비단	ハブタエノリ(Habutaenori)
Martensia denticulata	비단망사	アヤニシキ(Ayanishiki)
Meristotheaca papulosa	갈래곰보	トサカノリ(Tosakanori)
Microcladia elegans	잇바디가지	サエダ(Saeda)
Microdictyon japonicum	잎맥발	アミモヨウ(Amimoyou)
Monospora tenuis(=M. yagii)	야기민털이풀	イトキヌゲ(Itokinuge)
Monostroma grevillei	그레빌레홑파래	ウス（バ）ヒトエグサ (Usu(ba) hitoegusa)
Monostroma nitidum	참홑파래(Green laver)	ヒトエグサ(Hitoegusa)
Myagropsis myagroides (=Cystophyllum sisymbroides)	외톨개모자반	ジョロモク(Joromoku)
Myagropsis yendoi	애기외톨개모자반	ヒエモク(Hiemoku)
Myelophycus simplexsus	바위수염	イワヒゲ(Iwahige)
Myriogramme crozieri	줄엷은잎	スジキヌ(Sujikinu)
Nemalion pulvinatum	놀래기	カモガヒラノリ(Kamogahiranori)
Nemalion vermiculare	참국수나물	ウミゾウメン(Umizoumen)
Nemastoma nakamurae	나까무라가는잎	ヒカゲノイト(Hikagenoito)
Neoholmesia japonica	개바다참나무잎	スズシロノリ (Suzushironori)
Neorhodomela aculeata (=Rhodomela confervoides, (=Rhodomela larix)	새빨간검둥이(Black pine)	イトフジマツモ(Itofujimatsumo)
Neurocarpus divaricata	미끈뼈대그물말	エゾヤハズ(Ezoyahazu)
Neurocarpus latiuscula	넓은뼈대그물말	コザネモ(Kozanemo)
Neurocarpus prolifera	가시뼈대그물말	ヘラヤハズ(Herayahazu)
Neurocarpus undulata	주름뼈대그물말	シワヤハズ(Shiwayahazu)
Neurocarpus japonica	바다참나무잎아재비	ハスジュギヌ(Hasujuginu)
Odonthalia corymbifera	참빗풀	ハケサキノコギリヒバ (Hakesakinokogirihiba)
Pachyarthron cretaceum	굵은마디말	イソキリ(Isokiri)
Pachydictyon coriaceum	가죽그물바탕말	サナダグサ(Sanadagusa)
Pachymeniopsis elliptica	참도박(Buddhas-ear)	タンバノリ(Tanbanori)
Pachymeniopsis lanceolata	개도박	フダラク(Fudaraku)
Pachymeniopsis yendoi	쐐기꼴도박	アカハダ(Akahada)

학 명	한국명(영어명)	일본명
Padina arborescens	부챗말(Sea fan)	ウミウチワ(Umiuchiwa)
Padina crassa	분부챗말	コナウミウチワ(Konaumiuchiwa)
Padina japonica	엷은부챗말	オキナウチワ(Okinauchiwa)
Padina minor	애기부챗말	ウスユキウチワ(Usuyukiutsiwa)
Papenfussiella kuromo (=Myriocladia kuromo)	파팬푸스말	クロモ(Kuromo)
Pelvetia siliqosa	뜸부기(Seaweed wrightii)	エゾイシゲ(Ezoishige)
Petalonia fascia (=Ilea fascia)	개미역쇠	セイヨウハバノリ(Seiyohabanori)
Petrospongium rugosum	바위주름	シワノカワ(Shiwanokawa)
Peyssonnelia caulifera	자루바다표고	エツキイワノカワ(Etsukiiwanokawa)
Phacelocarpus japonicus	꿩꼬리풀	キジノオ(Kijinoo)
Phycodrys fimbriata	바다참나무잎	カシワバコノハノリ (Kashiwabakonohanori)
Phyllymenia sparsa	명주지누아리 (Typicus & Irishmoss)	ヒフィリメン(Hifirimen)
Platythamnion yezoense	네깃풀	ヨツバグサ(Yotsubagusa)
Plocamium leptophyllum	가는곱슬이	ホソユカリ(Hosoyukari)
Plocamium telfairiae	참곱슬이	ユカリ(Yukari)
Polyneura japonica	바다참나무잎아재비	ハスジギヌ(Hasujiginu)
Polysiphonia codiicola	쇠털붉은실	エンドイトグサ(Endoitogusa)
Polysiphonia harlandii	가시붉은실	トゲイトグサ(Togeitogusa)
Polysiphonia japonica	떨기나무붉은실	キブリイトグサ(Kiburiitogusa)
Polysiphonia morrowii (=P. urceolata, P. enticulosa)	모로우붉은실	モロウイトグサ(Morouitogusa)
Polysiphonia notoensis	검둥붉은실	ノトイトグサ(Notoitogusa)
Polysiphonia spinosa	가시붉은실	トゲイトグサ(Togeitogusa)
Polysiphonia yendoi	쇠털붉은실	エンドイトグサ(Endoitogusa)
Porphyra katadae	카다다돌김(Laver)	ソメワケアマノリ(Somewakeamanori)
Porphyra seriata	모무늬돌김(Laver)	イチマツノリ(Ichimatsunori)
Porphyra suborbiculata	둥근돌김(Laver)	マルバアマノリ(Marubaamanori)
Porphyra tenera	참김(Laver)	ノリ(Nori)
Porphyra yezoensis	방사무늬김 (Laver, Rock laver)	スサビノリ(Susabinori)
Prionitis patens	작은톱니지누아리	ヒラキントキ(Hirakintoki)
Pseudogloiophloea okamurae	매끈껍질	ニセフサノリ(Nisefusanori)
Pterocladia capillacea	개우무(Agar-agar)	オバクサ(Obakusa)

학 명	한국명(영어명)	일본명
Punctaria latifolia	넓은미역쇠(Brown sieve)	ハバモドキ(Habamodoki)
Rhodochorton codicola	청각나릇말	
Rhodoglossum japonica	붉은은행초(Buddhas)	アカバギンナンソウ(Akabaginnansou)
Rhodomela confervoides (=Rhodomela larix)	새빨간검둥이(Black pine)	イトフジマツモ(Itofujumatsumo)
Rhodymenia intricata	차상분홍치	マサゴシバリ(Masagoshibari)
Rhodymenia perusta	구멍분홍치 (Red eyelet silk)	アナダルス(Anadarusu)
Rivularia atra	반구남조	オツブルブラリア(Otsuburuburaria)
Sargassum confusum	큰잎알송이모자반	フシスジモク(Fushisuzimoku)
Sargassum filicinum	고사리모자반	シダモク(Shidamoku)
Sargassum fulvellum	모자반 (Gulf weed, Sea lentil)	ホンダワラ(Hondawara)
Sargassum hemiphyllum	짝잎모자반	イソモク(Isomoku)
Sargassum horneri	괭생이모자반(Sea lentil)	アカモク(Akamoku)
Sargassum kjellmanianum (=S. miyabei)	미야베모자반	ハハキモク(Hahakimoku)
Sargassum macrocarpum	꽈배기모자반	ヨレモク(Yoremoku)
Sargassum microcanthum (=S. microcanthum)	잔가시모자반	トゲモク(Togemoku)
Sargassum patens	쌍발이모자반	ヤツマタモク(Yatsumatamoku)
Sargassum piluriferum	구슬모자반 (Gulf weed, Sea lentil)	マメタワラ(Mametawara)
Sargassum rinngoldianum	큰잎모자반	オオバモク(Oobamoku)
Sargassum sagamianum	비틀대모자반	ネジモク(Nejimoku)
Sargassum serratifolium	톱니모자반 (Gulf weed, Sea lentil)	ノコギリモク(Nokogirimoku)
Sargassum thunbergii	지충이(Silk worm)	ウミトラノオ(Umitoranoo)
Sargassum tortile	꽈배기모자반	ヨレモク(Yoremoku)
Schimmelmannia plumosa	깃털납작풀	ナガオバネ(Nagaobane)
Schizymenia dubyi	갈래잎	ベニスナゴ(Benisunago)
Scinaia japonica	외흐늘풀	フサノリ(Fusanori)
Scytosiphon lomentaria	고리매(Whip tube)	カヤモノリ(Kayamonori)
Sebdenia agardhii	미끌부채	ヌラクサ(Nurakusa)
Solieria mollis	가는끈적살	ホソバミリン(Hosobamirin)
Sorocarpus micromorus	바다오디	イソブドウ(Isobudo)
Spathoglossum pacificum	가시그물바탕말	コモングサ(Komongusa)

학 명	한국명(영어명)	일본명
Sphacelaria furcigera	차상갯쇠털	ワイジガタクロガシラ (Waijigatakurogashira)
Sphacelaria yamadae	야마다갯쇠털	ツクバネクロガシラ (Tsukubanekurogashira)
Sphaerothichia divaricata	잔가지끈말	イシモズク(Isimozuku)
Sporochnus scoparius	털비말	ケヤリ(Keyari)
Spyridia filamentosa	큰비단사돈풀	ウブゲグサ(Ubugegusa)
Symphyocladia latiuscula	보라색우무	イソムラサキ(Isomurasaki)
Symphyocladia linearis	가는보라색무우	
Symphyocladia marchanitioides	넓은보라색무우	コザネモ(Kozanemo)
Tichocarpus crinitus	마른나무	カレキグサ(Karekigusa)
Tinocladia crassa	부푼끈말	フトモズク(Futomozuku)
Tsengia nakamurae	나까무라가는잎	ヒカゲノイト(Hikagenoito)
Ulothrix flacca	초록실	ヒビミドロ(Hibimidoro)
Ulva conglobata	모란갈파래 (Conglobate green laver)	ボタンアオサ(Botanaosa)
Ulva japonica	초록갈파래	ヤブレグサ(Yaburegusa)
Ulva lactuca	참갈파래(Sea lettuce)	アオサ(Aosa)
Ulva pertusa	구멍갈파래(Sea lettuce)	アナアオサ(Anaaosa)
Undaria peterseniana	넓미역	アオワカメ(Aowakame)
Undaria pinnatifida	미역(Sea mustard)	ワカメ(Wakame)
Urospora penicilliformis (=Hormiscia enicilliformis)	초록털말	シリオミドロ(Shiriomidoro)
Wrangelia japonica (=W. tayloriana)	큰깃복술털	ランゲリヤ(Rangeriya)
Zonaria diesengiana	반주름말	シマオギ(Shimaogi)

부록 2 해조 표본 만들기

1. 해조의 채집

해조는 바다에 직접 들어가 원형 그대로 채취한다. 그러나, 물이 빠진 뒤에 갯바위 등에 붙어 있는 해조를 뜯거나 파도가 거칠게 친 다음 바닷가에 나가 보면 밀려온 예쁜 해조들을 쉽게 채집할 수 있다. 이렇게 채집한 해조는 비닐 봉투나 적당한 통에 넣어 될 수 있는 한 햇볕이 쬐이지 않게 하여 가져온다.

(너무 큰 것은 해조의 특징을 나타낼 수 있는 부분을 잘라서 채취한다. 해조는 해수 중에서 살아가기 때문에 해수에 넣어서 운반하는 것이 좋다고 생각할 수 있으나 소량의 해수에 넣어두면 오히려 질식사하여 버린다. 비닐 주머니나 양동이에 넣을 경우는 가능한 한 물을 빼서 공기에 접촉하도록 한다. 망으로 된 주머니나 포대에 넣어 다니면 물도 잘 빠지고 물의 기화에 의해 해조가 차가워져 선도가 잘 유지된다. 운반하는데 시간이 걸리면 비닐 주머니에 넣고 다시 아이스 박스에 넣는다. 보냉제를 신문지로 여러겹으로 싸서 함께 넣어 두면 더 좋다.)

2. 임시보관

1~2일 후에 표본을 만들려면 수돗물로 씻지 말고 비닐 주머니에 넣어 냉장고에 보관한다. 장기간 보관하려면 해수나 수돗물로 씻어 작은 비닐 주머니에 나누어 넣고 물이나 공기를 빼내고 고무줄로 묶어 냉동 보관한다.

(채집한 당일 표본를 만들 수 없거나 양이 많아 남는 경우 1~2일 내에 표본을 만들 수 있는 양은 냉장고에 넣어두면 좋다. 가능하면 해조가 살아 있도록 해조가 든 비닐 주머니를 공기로 팽창시켜 그 입구를 고무밴드 등으로 묶는다. 이 때, 해조를 수돗물로 씻으면 죽어 부패하게 된다. 다만, 모자반이나 톳등은 실온에서 수돗물에 담가 두어도 이틀 정도는 썩지 않는다. 장기보관에는 냉동하는 것이 좋은데, 우선 해수나 수돗물로 흙이나 협잡물을 씻어내고 비닐 주머니에 넣어 두는데 해동과 냉동을 반복하면 색이 용출하게 되므로 일회분씩 나누어 비닐 주머니에 담고 물이나 공기를 빼 내면서 입구를 고무밴드로 묶는다. 비닐 주머니에는 채집지, 날자, 알 수 있다면 해조 이름등도 방수용지에 기록하여 함께 넣어두면 좋다.)

3. 염분 제거

수돗물로 씻어 모래나 협잡물을 없애고 수돗물에 담가 두어 염분을 제거한다. 얇은 것은 수분, 두꺼운 것이라도 10분 정도로 괜찮으나 더 오래 담가두어도 좋다. 냉동품은 해동하는 중에 소금기가 빠진다.

(대부분의 해조는 수돗물에서 수분~10분 정도 담가두면 소금기가 빠지게 되지만 그 후에도 한참동안 담가두면 더 좋은 표본을 만들 수 있는 해조도 있다. 홍조류의 갈래곰보, 잎꼬시래기, 큰잎 꼬시래기 등은 탄력성이 크고 대지위에 잘 펴지지 않지만 갈래곰보는 30분 정도, 잎꼬시래기는 하루밤 정도 수돗물에 담가두면 부드러워진다. 모자반이나 톳은 대지에 갈색의 물이 스며나오는데 하루밤 정도 담가 두면 스며나오지 않는다. 이 때, 수돗물이 바로 갈색으로 되는데 가끔씩 물을 갈아 주든지 수돗물을 조금씩 흘려주면 좋다. 톳은 하루밤 담가 두면 색소가 스며나오지 않게 되며, 이틀간 담가 두면 부드러워져 손질하기도 쉽다. 홍조의 나도꿩꼬리등은 부드럽고 붉은 색으로서 소금빼기는 수분 정도로 충분하지만 30분 정도 담가두는 것이 손질하기 쉽다. 이들은 수돗물에 담가 두면 끝부분부터 등색으로 변하지만 이것은 표본 만드는데 영향을 주지 않는다. 수돗물에 담그면 일단 굳어지지만 30분 정도 담가 두면 전체가 색깔이 변하고 대지 위에서 자연스럽게 펼칠 수 있다. 이들은 냉동 보존시 소금기를 빼지 않으면 색소가 용출되는 특성이 있고 수돗물에 30분 정도 담가 두어 부드러워지지 않으면 비닐 주머니에 넣을 때 부러진다.)

4. 고정

수돗물을 넣은 넓적한 용기나 세면대에 소금기를 뺀 해조를 넣고 가장자리가 해조보다 한 배 정도 큰 대지를 넣는다. 해조와 대지를 수면에 뜰 정도로 손바닥으로 받치면서 핀셋이나 이쑤시개로 해조의 원모양 그대로 잘 편다. 모양이 흐뜨러지지 않도록 가만히 그대로 물속에서 꺼낸다.

(식물포본을 펴 붙이는 종이를 대지라고 하는데 해조 압착표본의 경우는 우편엽서 정도 두께의 모조지가 적당하다. 표준크기는 A3와 A4의 중간정도 크기의 대지를 적당한 크기로 잘라서 이용한다. 우편엽서로 쓰려면 판매하고 있는 우편엽서를 써도 된다. 해조 크기에 따라 적당한 크기의 대지를 사용하면 되지만 물 속에서 대지위에 해조가 생각보다 넓게 펴지므로 적당한 것보다 하나 정도 큰 크기를 이용한다. 세숫대야나 세면대의 물 속에서 대지를 해조 밑에 받치고 해조를 자연 상태의 모양대로 펼쳐 올린다. 해조의 특징을 보아 적당히 핀셋을 이용하거나 물 밖으로 들어내어 부분적으로 물을 빼면서 해도 된다. 해조가 너무 큰 것은 특징적인 부분만 잘라서 고정한다.)

5. 물빼기

비스듬하게 놓은 널판지 등에 해조를 얹은 대지를 붙이고 해조와 대지에서 물기기 빠지는 것을 기다린다. 대지는 경사지게 하는 것이 물방울이 떨어지기 쉽다. 오래 놓아두면 너무 말라 해조가 줄어들거나 대지가 휘게 되므로 5분 정도를 기준으로 한다.

6. 흡수지에 끼우기

골판지(1) 위에 물기를 흡수할 수 있는 흡수지(2)를 놓고 그 위에 해조가 놓인 대지를 빈 공간이 없도록 정열한 다음, 그 위에 다시 얇은 천(3), 흡수지(2), 골판지(1)의 순으로 포개어 얹는다. 이를 반복하여 마지막 위에는 두꺼운 판을 얹고 무거운 돌로 눌러 둔다.

(얇은 천은 해조자체에 있는 끈적한 성분 때문에 해조가 흡수지에 눌러 붙는 것을 막아준다. 이전에는 신문지나 흡수지만을 사용하였으나 골판지를 사이에 끼워 바람을 통하게 하면서 말리는 것이 효과적이다. 흡수지나 골판지도 두꺼운 과자나 가전제품 상자등 폐기물을 이용하여 적당한 크기로 잘라서 쓰면 된다. 천도 이전에는 면으로 된 것을 사용하였으나 해조가 눌러붙어 나중에 떼어내기가 곤란한 경우도 있다. 테트론혼방의 소위 테트론브로드등을 사용하면 해조가 전혀 들러붙지 않고 해조 표면에 섬유가 남지도 않는다. 못 입는 와이셔츠나 시트를 써도 무방하다.)

7. 건조

골판지 공간을 향하여 선풍기 등으로 바람을 불어주면 얇은 것은 하룻밤, 상당히 두꺼운 것이라도 2~3일 이면 마른다. 골판지를 사용하지 않을 경우는 흡수지를 아침 저녁으로 갈아주어도 2~4일 정도 걸린다.

8. 마무리

건조한 골판지와 흡수지를 제거하고 천을 조심스레 걷어낸다. 대부분의 해조는 대지에 붙어있으나 떨어진 것은 합성풀로 붙인 다음 천으로 반나절 정도 눌러둔다. 해조가 쭈그러져 있거나 대지에 주름이 잡힌 것은 해조를 물에 담근 후 눌러 다시 만든다.

(두터운 해조나 부분적으로 잘 마르지 않는 해조류는 대지에 주름이 생기기도 한다. 이때는 마른 다음에 한번 더 전체를 수돗물에 담그어 대지가 펴지게 한 다음에 물빼기부터 다시 시작하여 표본을 만들면 된다. 천, 골판지, 흡수지를 이용하여 하루밤 정도 누르면서 바람을 불어주면 대지가 펴진 상태에서 그대로 마른다. 실온이 높으면 해조의 종류에 따라 수축되어 쭈그러들기도 하는데 이 경우도 역시 다시 만들면 된다. 너무 부드러운 것은 대지에 얹은 채 약간 경사지게 하여 물빼는 판 위에서 물을 빼고 누르지 말고 그대로 또는 선풍기로 바람을 불면서 1~2일 두어 완전히 마른 다음에 다시 수돗물에 담그어 다른 해조처럼 표본을 만든다.)

9. 가공 및 보관

완성품은 뒷면에 해조명칭과 학명, 채집장소, 채집일자, 채집자 등을 기록하여 신분증명서와 같이 laminate하여 두면 상처도 나지 않고 오래 보존할 수 있다. 직사광을 피하여 두면 퇴색도 잘 되지 않는다.

1. 해조의 채집

2. 임시보관

3. 염분 제거

4. 고정

5. 물빼기

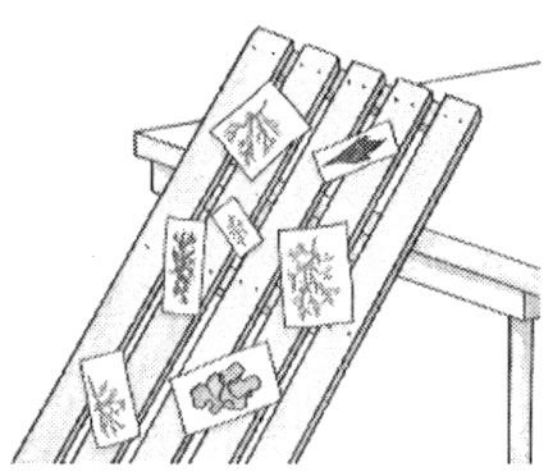

6. 흡수지에 끼우기

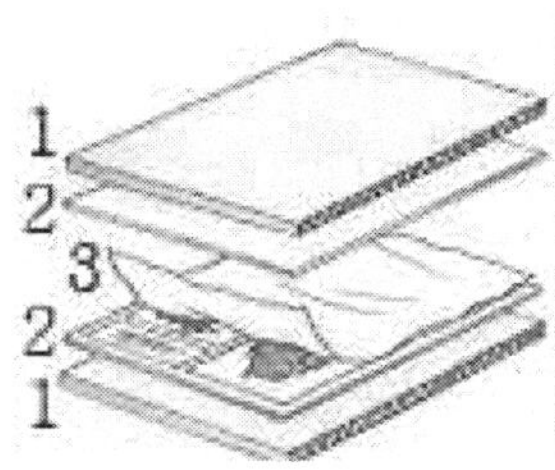

7. 건조

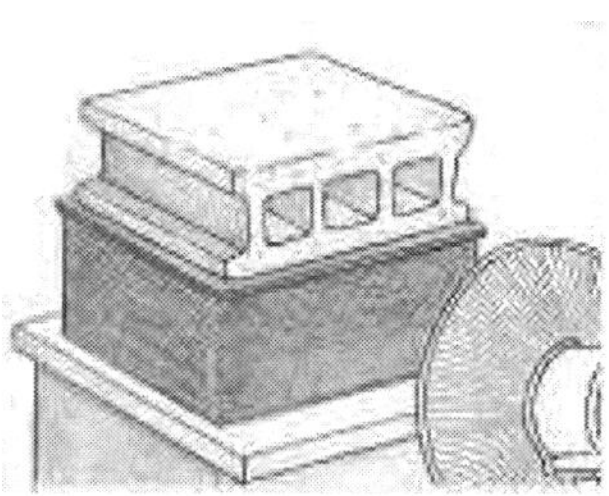

8. 마무리

9. 가공 및 보관

참고문헌

1. 수산가공이용학박영호, 장동석, 김선봉 공저, 형설출판사, 1994.
2. 수산이용화학 鴻巢章二, 橋本周久 編, 변재형, 전중균 공역, 수학사, 1994.
3. 해양식물과 한의학 최한길, 김영식, 남기완, 이해자 공저, 학술정보, 2004.
4. 海藻利用の科學(改訂版), 山田信夫, 成山堂書店(일서), 2000.
5. 海藻の生化學と利用, 水產學シリーズ 45, 日本水產學會編, 恒星社厚生閣刊(일서), 1983.
6. 水產生物化學, 山口勝己編, 東京大學出版會(일서), 1991.
7. 海藻の科學, 大石圭一編, 朝倉書店(일서), 1996.
8. 微細藻類の利用, 水產學 シリーズ91, 日本水產學會監修, 山口勝己編, 恒星社厚生閣刊(일서), 1992.

찾아보기

가

나

다

마

바

사

아

자

차

카

타

파

하

A

E

F

G

H

I

J

L

M

N

O

P

R

S

T

U

α

β

γ

δ

ε

기타

저자약력

◆ 이종수/농학박사

현) 경상대학교 해양생명과학부 교수

1976년 부산수산대학(현 부경대학교) 식품공학과를 졸업 후 동대학원에서 석사과정을 거쳐 일본 문부성 초청 연구원 자격으로 일본 東北大學 농학부의 安元 교수의 연구실에서 박사과정을 수료하였으며, 해양 생물의 독소인 설사성 패류독에 관한 연구로 농학박사 학위를 취득하였다. 또한, 미국 Illinois 주립 대학 화학과의 K.L. Rinehart 교수 연구실에서 해양 천연물에 관련한 연구로 교환교수를 지냈다.

현재 국립 경상대학교 해양생명과학부 교수로 재직 중이며 해조 이용학, 해양 천연물학, 생명 분자 해석학, 생물 독소 정보학등의 강의를 담당하고 있다.

해조류를 비롯한 각종 해양 생물을 재료로 각종 생리활성 천연물의 분리, 정제, 구조해석, 이용 등에 관하여 연구를 하고 있으며, 그동안 다수의 논문을 발표하였으며, 미국 특허와 저서로서 "해양 천연물학"이 있다.

해조의 화학과 이용

2008년 10월 15일 초판 인쇄
2008년 10월 25일 초판 발행

지 은 이 • 이 종 수
발 행 인 • 김 홍 용
펴 낸 곳 • **도서출판 효 일**
주 소 • 서울시 동대문구 용두2동 102-201
전 화 • 02) 928-6644
팩 스 • 02) 927-7703
홈페이지 • www.hyoilbooks.com
e-mail • hyoilbooks@hyoilbooks.com
등 록 • 1987년 11월 18일 제 6-0045 호

값 20,000 원

ISBN 978-89-8489-244-6